高职高专教育“十四五”应用型规划教材

AutoCAD 2022 中文版实用教程

主　编　卢德友
副主编　孟庆伟　陈红中

黄河水利出版社
·郑州·

内 容 提 要

本书采用项目引领、任务驱动的方式编排,知识由浅入深,理论联系实际。本书内容突破过去的知识范围,增加了正等轴测图画法、创建三维立体字、创建实体剖视图和断面图,具体包括 AutoCAD 2022 概述、AutoCAD 2022 绘图环境设置、基本绘图与修改、高级绘图与修改、高级编辑与属性查询、标注文字与创建表格、标注尺寸、绘制工程图样、AutoCAD 2022 在绘制工程图中的运用、AutoCAD 2022 图纸打印、三维基础、三维建模共 12 个项目 46 个任务。每个项目围绕一个主题,均有不同数量的任务,同时每个项目后都有相应的技能训练和巩固练习。任务主要讲解 AutoCAD 2022 的功能、方法和技巧,技能训练和巩固练习则是对知识的运用,着重培养学生应用 AutoCAD 2022 软件绘制工程图样和创建三维模型的能力。

本书可以作为高等院校、高职高专和中等职业学校的教材,也可作为工程技术人员、CAD 爱好者的参考用书。

图书在版编目(CIP)数据

AutoCAD 2022 中文版实用教程/卢德友主编 .—郑州:黄河水利出版社,2024.1

高职高专教育“十四五”应用型规划教材

ISBN 978-7-5509-3776-5

Ⅰ.①A… Ⅱ.①卢… Ⅲ.①AutoCAD 软件-高等职业教育-教材 Ⅳ.①TP391.72

中国国家版本馆 CIP 数据核字(2023)第 212354 号

组稿编辑: 韩莹莹　　电话:0371-66025553　　E-mail:1025524002@qq.com

责任编辑:赵红菲　责任校对:鲁宁　封面设计:黄瑞宁　责任监制:常红昕

出版发行:黄河水利出版社　网址:www.yrcp.com　E-mail:hhslcbs@126.com

地址:河南省郑州市顺河路 49 号　邮政编码:450003

发行部电话:0371-66020550、66028024

承印单位:河南承创印务有限公司

开本:787 mm×1 092 mm　1/16

印张:21.75

字数:500 千字　　印数:1—5 100

版次:2024 年 1 月第 1 版　　印次:2024 年 1 月第 1 次印刷

定价:49.00 元

前　言

CAD是计算机辅助设计的英文缩写,其英文全称为 computer aided design,简称为CAD。AutoCAD是美国Autodesk公司开发的专门用于计算机绘图设计工作的软件。由于该软件具有简单易学、精确无误等特点,因此一直深受广大工程设计人员的欢迎。Autodesk公司于1982年12月推出第一个版本,随后得到蓬勃发展,至今已经到AutoCAD 2023。AutoCAD有着广泛的应用领域,在全球500强企业中有90%的企业使用它来做辅助设计,已成为衡量一个国家科技现代化和工业现代化的重要标志之一。党的二十大报告提出,“深入实施科教兴国战略、人才强国战略、创新驱动发展战略”“加快建设教育强国、科技强国、人才强国”,本书旨在培养学生利用AutoCAD绘图、识图、三维建模的能力,助力广大学子走技能成才、技能报国之路,为推进中国式现代化贡献力量。

AutoCAD提供了点、线、圆、圆弧、多段线、多边形等基本的绘图工具,能绘制出各种基本图形,同时也提供了非常丰富而强大的图形编辑功能,进而设计出各种复杂的工程图。AutoCAD强大的绘图功能几乎可以做任何你想做的事情,“只有你想不到的,没有它做不到的”。

本书基于AutoCAD 2022版本编写,在之前版本功能逐级完善的基础上新增了“跟踪”:提供一个安全空间,用于在AutoCAD Web和移动应用程序中协作更改图形,而不必担心更改现有图形;“计数”:快速、准确地计数图形中对象的实例;“浮动图形窗口”:将某个图形文件选项卡拖离AutoCAD应用程序窗口,从而创建一个浮动窗口;“共享当前图形”:共享指向当前图形副本的链接,以在AutoCAD Web应用程序中查看或编辑;“开始”选项卡重新设计:为Autodesk产品提供一致的欢迎体验;“三维图形技术预览”:为AutoCAD开发的全新跨平台三维图形系统的技术预览,以便利用所有功能强大的现代GPU和多核CPU来为比以前版本更大的图形提供流畅的导航体验。

本书采用项目引领、任务驱动的方式编排,知识由浅入深,理论联系实际。本书内容突破过去的知识范围,增加了正等轴测图画法、创建三维立体字、创建实体剖视图和断面图。全书共有12个项目46个任务,项目1 AutoCAD 2022综述,项目2 AutoCAD 2022绘图环境设置,项目3基本绘图与修改,项目4高级绘图与修改,项目5高级编辑与属性查询,项目6标注文字与创建表格,项目7标注尺寸,项目8绘制工程图样,项目9 AutoCAD 2022在绘制工程图中的运用,项目10 AutoCAD 2022图纸打印,项目11三维基础,项目12三维建模。每个项目围绕一个主题,均有不同数量的任务,同时每个项目后都有相应的技能训练和巩固练习。任务主要是讲解AutoCAD 2022的功能、方法和技巧,技能训练和巩固练习则是对知识的运用。每个项目在介绍知识与技能的同时,融入课程思政,专业教育和思政教育同向同行;深入贯彻党的二十大精神,用社会主义核心价值观铸魂育人，弘扬劳模精神、劳动精神和工匠精神。

本书编写人员及编写分工如下：卢德友编写项目 1、11、12，王蕾编写项目 2、5，包梦编写项目 3，陈红中编写项目 4、8，孟庆伟编写项目 6、7，冀健红编写项目 9、10。本书由卢德友担任主编，并对全书进行了统稿；由孟庆伟、陈红中担任副主编。

由于编者水平有限，书中难免会有不足之处，敬请广大同仁和读者批评指正，同时对本书中相关参考文献的作者表示衷心的感谢！

编　者

2023 年 12 月

目　录

项目 1　AutoCAD 2022 综述

【项目导入】

AutoCAD 是一款具有强大设计功能的软件,具有良好的用户界面,通过交互菜单或命令行方式可以进行各种操作,从而不断提高工作效率。自从 1982 年 Autodesk(欧特克)公司发布了 AutoCAD 第一个版本,至今已走过 40 多个年头。如今 AutoCAD 2022 更加成熟,功能更加强大。本项目主要介绍 AutoCAD 2022 的概述、安装与启动、工作界面和基本操作等基本知识。

【教学目标】

1. 知识目标

(1)了解 AutoCAD 的发展过程和 AutoCAD 2022 的基本功能。

(2)掌握 AutoCAD 2022 的安装与启动。

(3)熟悉 AutoCAD 2022 的各种工作界面。

(4)掌握 AutoCAD 2022 的基本操作。

2. 技能目标

(1)会安装 AutoCAD 2022 软件。

(2)能够熟练切换 AutoCAD 2022 的工作界面。

(3)具备操作 AutoCAD 2022 的基本能力。

3. 素质目标

(1)通过了解 AutoCAD 的发展过程,让学生对学习工程图学产生自豪感。

(2)安装 AutoCAD 2022 软件,培养学生的动手能力。

(3)实操 AutoCAD 2022 软件,建立学生对本课程和专业的热度。

【思政目标】

(1)了解 AutoCAD 的发展过程,对比国内外绘图软件的成果,激发学生奋发努力的斗志。

(2)通过多界面操作 AutoCAD,锻炼学生多角度运用 AutoCAD 知识的综合素养。

(3)通过操作 AutoCAD,激起学生学习工程图学的兴趣,从而培养学生科技兴国的理想。

任务 1.1　AutoCAD 2022 概述

1.1.1　CAD 与 AutoCAD

CAD (computer aided design)软件是指利用计算机快速的数值计算和强大的图文处

理功能来辅助工程师、设计师、建筑师等进行产品设计、工程绘图和数据管理等工作的软件。该类软件承载大量数据信息,能够实现高效、精准地处理各类数据,助力设计人员对不同方案进行大量的计算、分析和比较。

CAD 可以分为 2D CAD 和 3D CAD。2D CAD 软件主要提供二维视图的绘制,更加侧重于图纸的细节表达,广泛应用于工程建设的施工图设计及制造业的二维设计等;3D CAD 软件的核心是三维建模,通过实体/曲面等建立三维模型,以可视化方式进行产品设计,在航空航天、汽车、模具、建筑施工等行业有着广泛应用。

AutoCAD(Autodesk computer aided design)是 Autodesk 首次于 1982 年开发的自动计算机辅助设计软件,用于二维绘图、详细绘制、设计文档和基本三维设计,现已经成为国际上广为流行的绘图工具。

1.1.2　CAD 历史上的五次重大技术革命

第一次技术革命——曲面造型。20 世纪 60 年代出现的三维 CAD 系统只是极为简单的线框式系统。通过贝塞尔算法,用计算机处理曲线及曲面问题,解决计算机单纯模仿工程图纸的三视图模式。曲面造型系统 CATIA(computer-aided three-dimensional interactive application)为人类带来了第一次 CAD 技术革命。

第二次技术革命——实体造型。CAD 的表面模型技术只能表达形体的表面信息,难以准确表达零件的其他特性。1979 年,SDRC(Structural Dynamics Research Corporation)发布了世界上第一个完全基于实体造型技术的大型 CAD 软件 I-DEAS(intergrated design engineering analysis software),实体造型技术的普及标志着 CAD 发展史上的第二次技术革命。

第三次技术革命——参数化技术。进入 20 世纪 80 年代中期,CV(Computer Vision)公司内部以高级副总裁为首的一批人提出了参数化实体造型方法,但是碍于当时参数化技术还有很多技术难点有待攻克,CV 公司内部否决了参数化方案。这一批被 CV 公司拒绝的人,离开 CV 公司成立了一家新的参数化技术公司——PTC(Parametric Technology Corporation),研制了名为 Pro/ENGINEER 的参数化软件,于 1989 年上市并引起机械 CAD 界的巨大轰动。

第四次技术革命——变量化技术。参数化模型都是在原有模型上进行局部、小块的修补。面对“逐渐参数化”或者“彻底改写”这个问题,SDRC 的开发人员大胆地提出了一种更为先进的实体造型技术——变量化技术,经过 1990~1993 年的研发,于 1993 年推出了全新体系结构的 I-DEAS Master Series 软件,为 CAD 技术的发展提供了更大的空间和机遇,驱动了 CAD 发展史上第四次技术革命。

第五次 CAD 技术革命——同步建模技术。进入 21 世纪以后,Siemens PLM Software 公司推出创新的同步建模技术。同步建模技术实时检查产品模型当前的几何条件,并且将它们与设计人员添加的参数和几何约束合并在一起,以便评估、构建新的几何模型并且编辑模型,无须重复全部历史记录。

1.1.3　AutoCAD 的发展过程

CAD 诞生于 20 世纪 60 年代，美国麻省理工学院提出了交互式图形学的研究计划，由于当时硬件设施价格昂贵，只有美国通用汽车公司和美国波音航空公司使用自行开发的交互式绘图系统。70 年代，小型计算机费用下降，美国工业界才开始广泛使用交互式绘图系统。80 年代，由于 PC 机的应用，CAD 得以迅速发展，出现了专门从事 CAD 系统开发的公司。当时 VersaCAD 是专业的 CAD 制作公司，所开发的 CAD 软件功能强大，但由于其价格昂贵，故不能普遍应用。而当时的 Autodesk 公司开发的 CAD 系统虽然功能有限，但因该系统的开放性，使得该 CAD 软件升级迅速，又因其可免费拷贝，故在社会上得以广泛应用。

AutoCAD 的发展大致经过以下几个过程：

V 版本号系列 AutoCAD V(version)：V1.0~V2.6。

(1) AutoCAD V1.0——1982 年 12 月正式出版，容量为 1 张 360 KB 的软盘，无菜单，命令需要背，其执行方式类似 DOS 命令。

(2) AutoCAD V1.2——1983 年 4 月出版，具备尺寸标注功能。

(3) AutoCAD V1.3——1983 年 8 月出版，具备文字对齐、颜色定义、图形输出功能。

(4) AutoCAD V1.4——1983 年 10 月出版，图形编辑功能加强。

(5) AutoCAD V2.0——1984 年 10 月出版，图形绘制及编辑功能增加，如 MSLIDE、VSLIDE、DXFIN、DXFOUT、VIEW、SCRIPT 等。

(6) AutoCAD V2.17 ~ V2.18——1985 年出版，出现了屏幕菜单，命令不需要背，Autolisp 初具雏形，容量为 2 张 360 KB 的软盘。

(7) AutoCAD V2.5——1986 年 7 月出版，Autolisp 有了系统化语法，使用者可以改进和推广，出现了第三开发商的新兴行业，容量为 5 张 360 KB 的软盘。

(8) AutoCAD V2.6——1986 年 11 月出版，新增 3D 功能，AutoCAD 已成为美国高校的选修课。

R 版本号系列 AutoCAD R(release)：R9.0~R14.0。

(9) AutoCAD R9.0——1988 年 2 月出版，出现了状态行、下拉式菜单，至此 AutoCAD 开始在国外加密销售。

(10) AutoCAD R10.0——1988 年 10 月出版，进一步完善 R9.0，Autodesk 公司已成为千人企业。

(11) AutoCAD R11.0——1990 年 8 月出版，增加了 AME(advanced modeling extension)，但与 AutoCAD 分开销售 。

(12) AutoCAD R12.0——1992 年 8 月出版，采用 DOS 与 Windows 两种操作环境，出现了工具条。

(13) AutoCAD R13.0——1994 年 11 月出版，AME 纳入 AutoCAD 之中。

(14) AutoCAD R14.0——1997 年 4 月出版，适应 Pentium 机型及 Windows 95/NT 操

作环境,实现与 Internet 网络连接,操作更方便,运行更快捷,实现中文操作。

年度版本号系列:AutoCAD 2000(R15.0)~ AutoCAD 2023(R24.2)。

(15)AutoCAD 2000(R15.0)——1999 年出版,提供了更开放的二次开发环境,出现了 Vlisp 独立编程环境,同时 3D 绘图及编辑更方便。

(16)AutoCAD 2000i(R15.1)——2000 年 7 月出版,全球设计界引入了新功能,从而提高了图纸的生产率、性能、可用性、速度、设计。引入了诸如折线、快速选择、颜色、绘图、修剪、夹点、圆角等命令。

(17)AutoCAD 2002(R15.6)——2001 年 6 月出版,提供了协作设计的功能。引入了块、编辑和增强属性、文本缩放、拼写检查、层转换器, 以及通过 Web 进行的数据存储等。

(18)AutoCAD 2004(R16.0)——2003 年 3 月出版,包括新的 Express 工具。新的工具选项板, 轻松共享文件和提高效率。

(19)AutoCAD 2005(R16.1)——2004 年 3 月出版,引入了新标准以提高 CAD 的生产率、促进设计技术的发展等。

(20)AutoCAD 2006(R16.2)——2005 年 3 月出版,引入了起草和文档编制工具, 例如剖面线、块、多行文本、尺寸标注、精简、工具选项板等。

(21)AutoCAD 2007(R17.0)——2006 年 3 月出版,实施了可视化、设计、共享和文档编制的概念, 以有效地工作。

(22)AutoCAD 2008(R17.1)——2007 年 3 月出版,包括增强的表、注释缩放、文本、键和图形管理增强。

(23)AutoCAD 2009(R17.2)——2008 年 3 月出版,增加的功能包括用户界面、导航栏、命令(块、阵列和清除)、技术 IPv6、现代界面和增强的外观。

(24)AutoCAD 2010(R18.0)——2009 年 3 月出版,新增功能包括 3D 打印、自由格式设计、参数化绘图和 PDF 增强。

(25)AutoCAD 2011(R18.1)——2010 年 3 月出版,新增功能包括 3D Gizmos, 更新的 UCS 图标、背景和网格颜色、扩展的 X 和 Y 原点线、工作区菜单、2D 框架中的 Viewcube、新的导航栏等。

(26)AutoCAD 2012(R18.2)——2011 年 3 月出版,新增功能包括在线存储、新阵列、多功能夹点、内容浏览器、Pickauto 设置、更好的捕捉模式、删除重复对象等。

(27)AutoCAD 2013(R19.0)——2012 年 3 月出版,新增了附加功能, 例如 OFFSET 预览、阵列和联机增强功能, 改进的 PRESSPULL 命令等。

(28)AutoCAD 2014(R19.1)——2013 年 3 月出版,包括命令行改进、外部参照升级、自然排序、文件选项卡和合并选定的图层。

(29)AutoCAD 2015(R20.0)——2014 年 3 月出版,新增功能包括草稿、视口调整大小、画廊、可打印的在线地图和新文本对齐。

(30)AutoCAD 2016(R20.1)——2015 年 3 月出版,新增功能包括 Mtext 增强功能、智能尺寸标注、易于编辑的修订云线、状态栏换行、变量监视器等。

(31) AutoCAD 2017(R21.0)——2016年3月出版,新增功能包括Autodesk应用程序、共享工程图、中心线、中心标记、制作3D打印文件、迁移自定义设置和增强的图形。

(32) AutoCAD 2018(R22.0)——2017年3月出版,新增功能包括用户界面、PDF导入、对象选择、高分辨率监视器、共享设计、外部文件引用等。

(33) AutoCAD 2019(R23.0)——2018年4月出版,新增功能包括Map 3D、机械设计、电气设计、体系结构、新的AutoCAD Web和移动应用程序、栅格设计及MEP(机械电气泵送)。

(34) AutoCAD 2020(R23.1)——2019年3月出版,新增功能包括块调色板、增强的DWG、工程图注释、快速测量、云存储连接性等。

(35) AutoCAD 2021(R24.0)——2020年3月出版,新增功能包括"在桌面中打开"功能、图形版本历史记录功能、"块"选项板和对手势的支持得到增强,增加了修订云线的曲线弧长调控,增加了快速测量功能等。

(36) AutoCAD 2022(R24.1)——2022年3月出版,改进了桌面、Web和移动设备的工作流程,以及块调色板等新功能。使用新的"块"选项板,"块"插入的速度已大大加快。在这个版本中提高了深色主题的清晰度。

现在较新版本的CAD已经到了AutoCAD 2023(R24.2)版。

AutoCAD 2000对应AutoCAD R15.0版本号。一般情况下,从AutoCAD 2000版本起,不再标注对应的R版本号,为了便于大家参考,上述列出了对应的R版本号。从AutoCAD 2009版本开始默认使用Ribbon(或称为功能区)界面,但仍然保留了传统的菜单工具条的界面,经过5年的过渡期,从AutoCAD 2015版本开始没有了经典模式界面。从AutoCAD 2022版本开始,只有64位操作系统版本,不再提供32位操作系统版本。

1.1.4　我国CAD软件行业发展趋势

我国CAD软件行业经历了5个发展阶段。1981~1990年,我国CAD产业处于初步探索阶段,国家重视产业发展,联合高校进行技术研发;1991~1995年,政府提出"甩图板"口号,CAD软件加大了普及和推广力度;1996~2000年,CAD软件攻关取得阶段性成果,近百种国产CAD应用软件20余万套在国内得到了较为广泛的应用,其中包括大量的基于AutoCAD的二次开发;2001~2010年,中国对于知识产权的保护力度加大,推动软件正版化普及工作,国产CAD企业发展迅速,二维CAD国产市场不断扩大;2011年至今,国家颁布一系列政策促进了工业软件的发展,CAD软件行业持续发展,国内企业不断加大技术研发,拓展三维CAD领域市场。

根据《2023~2029年中国CAD软件行业市场运行态势及未来趋势预测报告》,我国CAD软件行业发展趋势如下。

1.1.4.1　**行业整体趋势**

虽然目前我国大型及复杂制造、建造领域的CAD市场仍被国外软件主导,但随着国内CAD企业的技术水平不断进步,国外企业的技术优势被逐渐弱化。以中望软件等为代表的国内 CAD 企业逐渐凭借着技术的进步、对国内客户需求的深入理解和快速响应,以及成本优势越来越受到国内客户的青睐,叠加国家政策的支持及推动,当前我国正全面提升智能制造创新能力,加快由“制造大国”向“制造强国”转变,国产工业软件厂商未来在技术及产品层面有望快速迭代,加速实现国产替代进程。

1.1.4.2 技术趋势

长久以来由于各设计部门、各环节的 CAD 图纸版本及所使用的 CAD 软件版本不同等,一张 CAD 图纸从初期绘制到中期调整再到最后完成,存在数据分散、图纸难追溯和沟通效率低下等问题。CAD 协同设计系统建立了统一的设计标准,真正实现所有图纸信息元的单一性,实现了一处修改同步修改,提升了设计效率和设计质量。

随着社会经济的快速发展,工程建设、制造行业趋向信息化、智能化转型升级,CAD 技术运用逐渐普及。针对 CAD 系统的应用现状,协同设计系统的开发不仅能够充分利用人才资源,提高设计工作的整体效率,还能够有效地减少研发费用及设计成本,缩短研发周期,已逐步成为当下设计行业技术更新的一个重要方向及设计技术发展的必然趋势。

1.1.5 AutoCAD 基本功能与 AutoCAD 2022 新功能

AutoCAD 具有以下基本功能:

(1)具有完善的图形绘制功能。

(2)具有强大的图形编辑功能。

(3)可以采用多种方式进行二次开发或用户定制。

(4)可以进行多种图形格式的转换,具有较强的数据交换能力。

(5)支持多种硬件设备。

(6)支持多种操作平台。

(7)具有通用性、易用性。

除适用于各类用户外,从 AutoCAD 2000 开始,该系统又增添了许多强大的功能,如 AutoCAD 设计中心(ADC)、多文档设计环境(MDE)、Internet 驱动、新的对象捕捉功能、增强的标注功能及局部打开和局部加载功能,从而使 AutoCAD 系统更加完善。

AutoCAD 2022 除具备上述 AutoCAD 基本功能外,还具有以下新功能:

(1)跟踪。提供了一个安全空间,可用于在 AutoCAD Web 和移动应用程序中协作更改图形,而不必担心更改现有图形。跟踪如同一张覆盖在图形上的虚拟协作跟踪图纸,方便协作者直接在图形中添加反馈。

(2)计数。快速、准确地计数图形中对象的实例。可以将包含计数数据的表格插入到当前图形中。

(3)浮动图形窗口。可以将某个图形文件选项卡拖离 AutoCAD 应用程序窗口,从而创建一个浮动窗口。

(4)共享当前图形。共享指向当前图形副本的链接,以在 AutoCAD Web 应用程序中查看或编辑。包括所有相关的 DWG 外部参照和图像。

(5)推送到 Autodesk Docs(固定期限的使用许可优势)。借助“推送到 Autodesk Docs”,团队可以现场查看数字 PDF 以进行参照。“推送到 Autodesk Docs”可用于将 AutoCAD 图形作为 PDF 上载到 Autodesk Docs 中的特定项目。

(6)“开始”选项卡重新设计。“开始”选项卡已经过重新设计,可为 Autodesk 产品提供一致的欢迎体验。

(7)三维图形技术预览。此版本包含为 AutoCAD 开发的全新跨平台三维图形系统的技术预览,以便利用所有功能强大的现代 GPU 和多核 CPU 来为比以前版本更大的图形提供流畅的导航体验。

AutoCAD 2022 新增强功能包括:

(1)图形历史记录比较。图形的过去和当前版本,并查看工作演变情况。

(2)外部参照比较。比较两个版本的 DWG,包括外部参照(Xref)。

(3)“块”选项板。从桌面上的 AutoCAD 或 AutoCAD Web 应用程序中查看和访问块内容。

(4)快速测量。只需悬停鼠标即可显示图形中附近的所有测量值。

(5)云存储连接。利用 Autodesk 云和一流云存储服务提供商的服务,可在 AutoCAD 中访问任何 DWG™ 文件。

(6)随时随地使用 AutoCAD。通过使用 AutoCAD Web 应用程序的浏览器或通过 AutoCAD 移动应用程序创建、编辑和查看 CAD 图形。

AutoCAD 2022 其他增强功能包括:

(1)性能改进。后台发布和图案填充边界检测将充分利用多核处理器。

(2)图形改进。Microsoft DirectX 12 支持用于二维和三维视觉样式。

任务 1.2　AutoCAD 2022 安装与启动

1.2.1　AutoCAD 2022 系统配置

由于 AutoCAD 2022 只有 64 位操作系统版本,对电脑要求较高,完美支持 Windows 10/Windows 11 系统。安装 AutoCAD 2022 要确保计算机满足最低系统要求,系统配置见表 1-1。

1.2.2　安装 AutoCAD 2022

对下载好的 AutoCAD 2022 安装包进行解压,打开解压后的“CAD 2022”文件夹,鼠标右击“AutoCAD_2022_Simplified_Chinese_Win_64bit_dlm. sfx. exe”安装程序,启动安装程序。

表 1-1　AutoCAD 2022 系统配置

项目	AutoCAD 2022 系统要求(Windows)
操作系统	64 位 Microsoft ®和 Windows 10。有关支持信息,请参见 Autodesk 的产品支持生命周期
处理器	基本要求:2.5~2.9 GHz 处理器; 建议:3.0 GHz 处理器
内存	基本要求:8 GB; 建议:16 GB
显示器分辨率	传统显示器:1 920×1 080 真彩色显示器; 高分辨率和 4 K 显示器:在 64 位 Windows 10 系统(配支持的显卡)上支持高达 3 840×2 160 的分辨率
显卡	基本要求:1 GB GPU,具有 29 Gb/s 带宽,与 Direcit 11 兼容; 建议:4 GB GPU,具有 106 Gb/s 带宽,与 Direcit 12 兼容
磁盘空间	10.0 GB
指针设备	Microsoft 鼠标兼容的指针设备
.NET Framework	.NET Framework 版本 4.8

1.2.2.1　**解压到**

指定解压到哪个文件夹,可以是默认,如图 1-1 所示;也可以选择“更改”,在 D 盘或其他盘里面新建一个 CAD 文件夹(文件夹名称中不要有中文),设置好解压路径后单击“确定”。

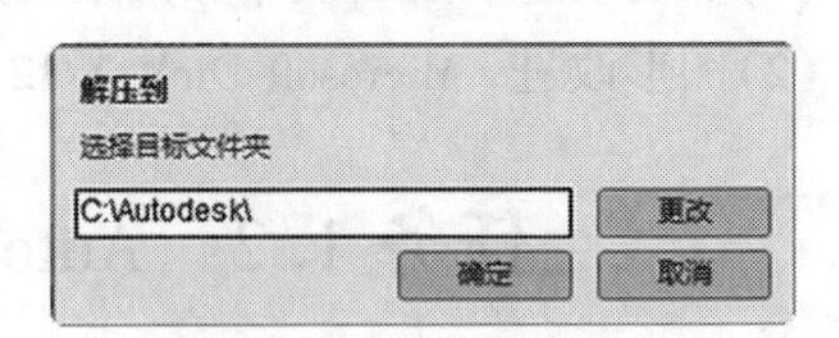

图 1-1　解压到

1.2.2.2　**解压**

开始解压,如图 1-2 所示。

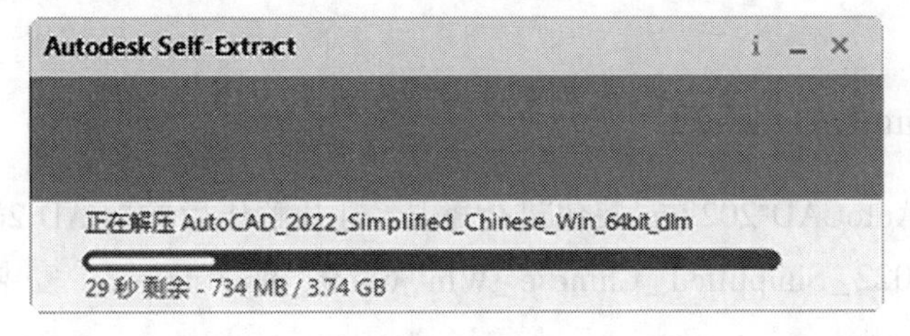

图 1-2　解压

1.2.2.3　安装准备

解压完毕,弹出一个“正在进行安装…”准备的进度条,如图 1-3 所示。正在安装程序初始化中,不用做任何的操作,请耐心等待。

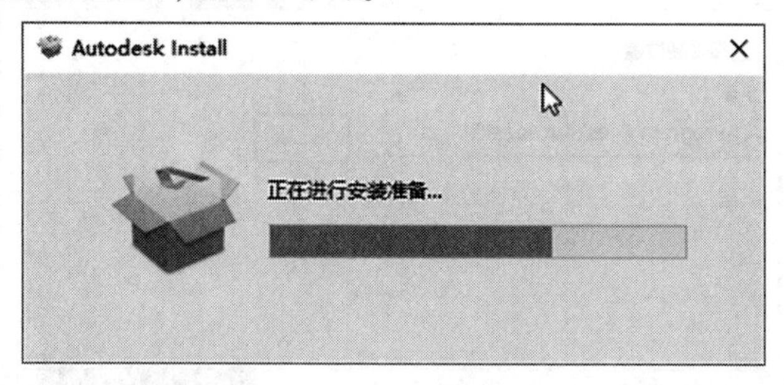

图 1-3　安装准备

1.2.2.4　法律协议

初始化完成,出现法律协议,如图 1-4 所示。选择“我同意使用条款”,然后单击“下一步”,进入安装位置界面。

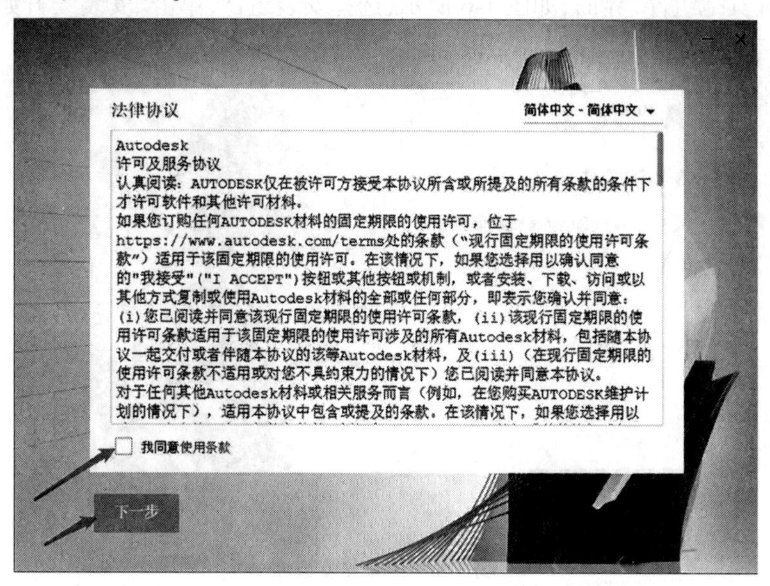

图 1-4　法律协议

1.2.2.5　指定安装目录

在“选择安装位置”界面(见图 1-5),单击图中的三个点,进入指定安装目录的界面,选择要安装的位置。

如果不指定安装目录,系统会自动安装在 C 盘下面的 Program Files 下,也就是在这个目录下新建一个 Autodesk 文件夹。当安装目录指定完毕之后,单击“下一步”。

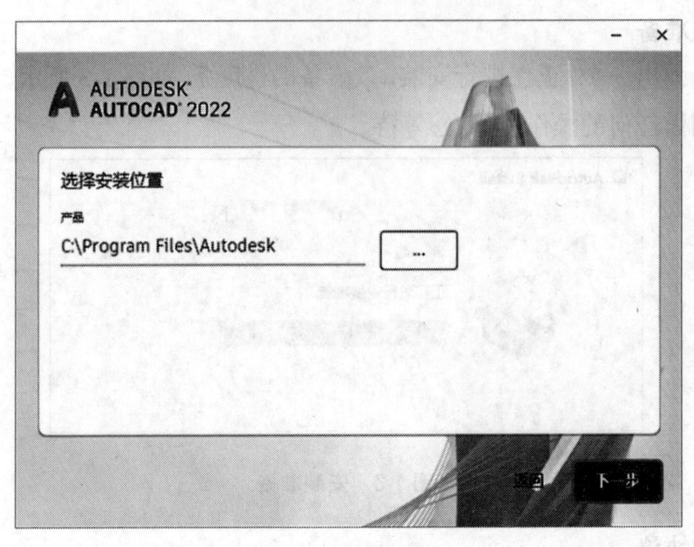

图 1-5　安装位置

1.2.2.6　指定其他安装组件

在"选择其他组件"界面,如图 1-6 所示,选择安装组件,单击"安装",开始安装。

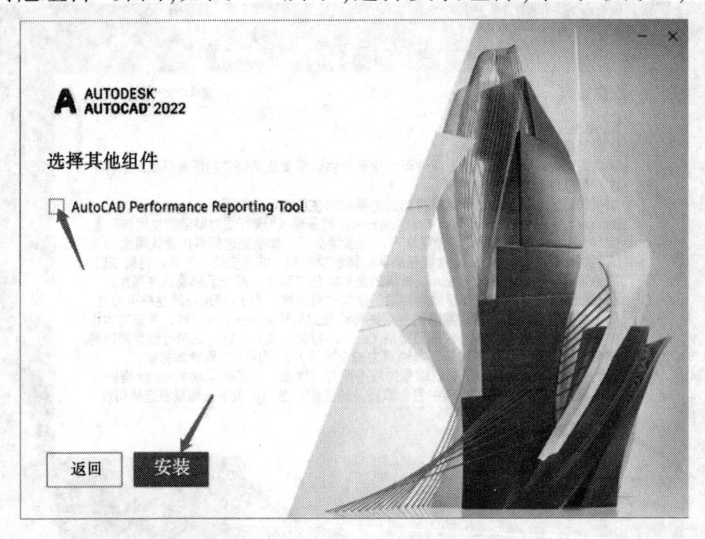

图 1-6　选择安装组件

1.2.2.7　安装

安装过程中,如图 1-7 所示,不要关闭电脑或者进行其他的操作,等待就好。

注意:安装在 50%左右的时候主程序已经安装上,会提示可以打开使用 AutoCAD 2022,这时候不要打开软件,让它继续安装。

1.2.2.8　更新相应文件或服务

安装过程中,如果提示"安装程序必须更新在系统运行时无法更新的文件或服务。如果选择继续,将需要重新启动以完成安装程序。"这个时候单击"确定",电脑将退出重启。此时不要做其他事情,静待系统重启并继续安装。

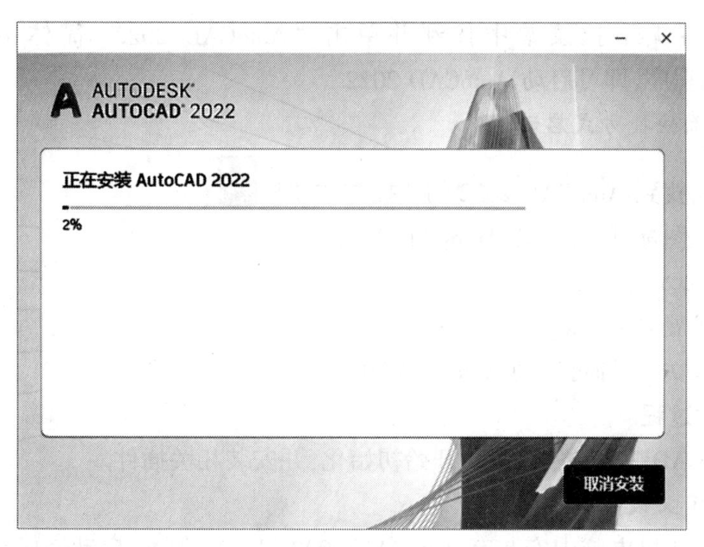

图 1-7　安装

1.2.2.9　安装完成

安装完成会提示重启电脑，单击“重启”，待电脑重启后，AutoCAD 2022 就成功安装好了，如图 1-8 所示。也可以选择“稍后”，以后重启。安装完成后，关闭这个界面。

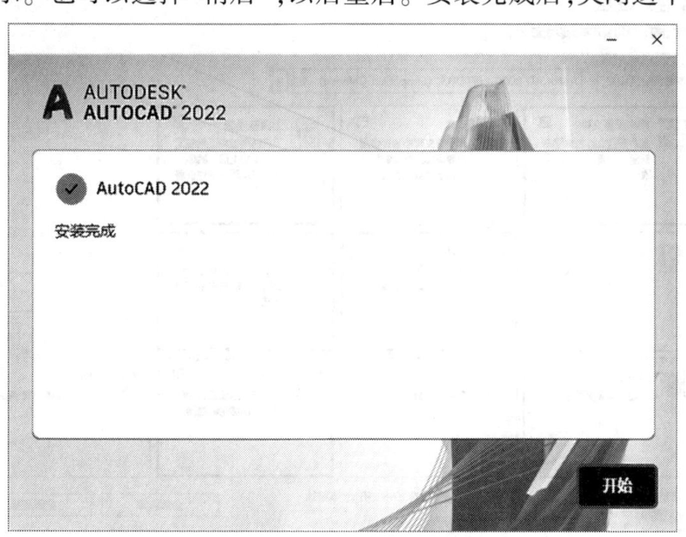

图 1-8　安装完成

1.2.3　启动 AutoCAD 2022

1.2.3.1　启动方法

1. 通过“开始”菜单启动

(1)单击屏幕左下角“开始”图标。

(2)在弹出的菜单中找到“AutoCAD 2022-简体中文(Simplified Chinese)”文件夹并单击。

(3) 在文件夹下拉菜单中找到并单击“AutoCAD 2022 - 简体中文(Simplified Chinese)”应用程序,即可启动 AutoCAD 2022。

2. 通过桌面快捷方式启动

(1)在桌面找到 AutoCAD 2022 的快捷方式图标。

(2)双击该图标,即可启动 AutoCAD 2022。

3. 通过其他方式启动

(1)找到扩展名为. dwg 的文件。

(2)双击该文件,即可启动 AutoCAD 2022。

1.2.3.2　启动过程

启动 AutoCAD 2022 之后,系统开始初始化,并安装相关插件。

1. 移植自定义设置

初次启动,如果电脑中安装有 AutoCAD 2022 早前的版本,启动完成系统会提示“移植自定义设置”,如图 1-9 所示。如果想恢复过去版本的界面,就移植前面的设置和文件;否则,就不要移植。

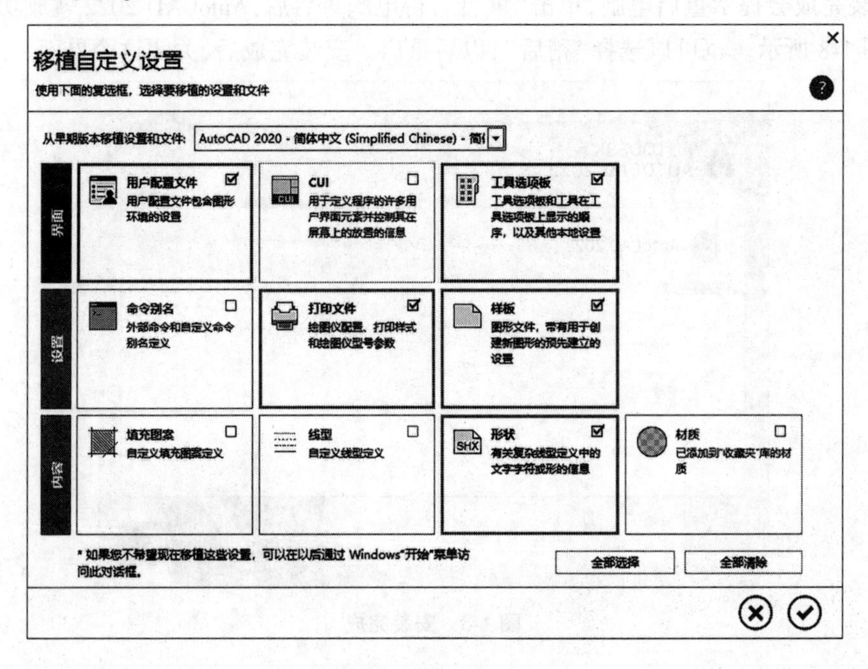

图 1-9　移植自定义设置

2. “AutoCAD-DWG 关联”操作

初次启动,系统还会提示“AutoCAD-DWG 关联”,如图 1-10 所示。根据需要,选择相应的“AutoCAD-DWG 关联”操作。

启动 AutoCAD 2022 之后,系统进入“开始”选项卡界面。

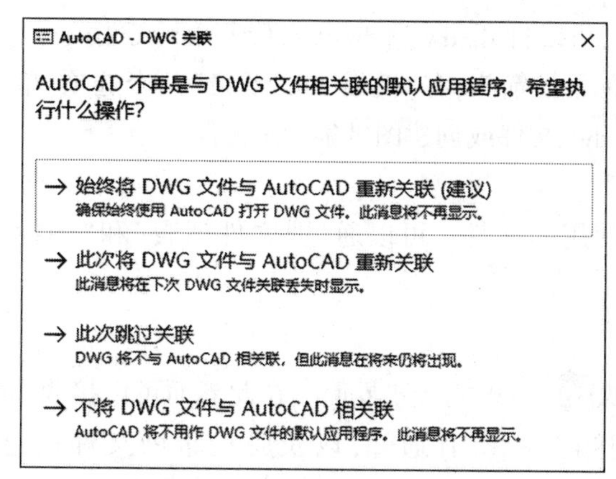

图 1-10　“AutoCAD-DWG 关联”操作

任务 1.3　AutoCAD 2022 工作界面

1.3.1　工作界面

1.3.1.1　“开始”选项卡界面

启动 AutoCAD 2022 后,系统自动进入“开始”选项卡界面,如图 1-11 所示。

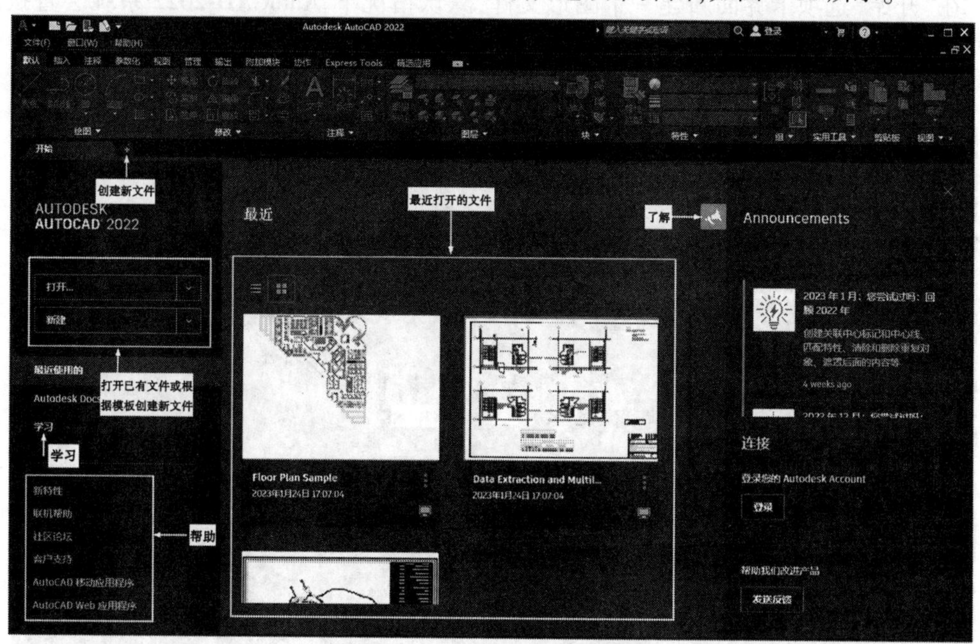

图 1-11　“开始”选项卡界面

1. 创建新文件

在“开始”选项卡后单击“+”号按钮,可以在桌面中创建一个新的绘图文件。

2. 打开与新建

点击“打开”后面的下拉箭头,有“打开文件”“打开图纸集”“了解样例图形”三个选项，选择其中一个选项，可以打开. dwg、. dws、. dxf 或. dwt 文件。

点击“新建”后面的下拉箭头，有“模板”“图纸集”两个选项，单击“浏览模板”或“创建图纸集”，可以打开. dwt 文件或创建图纸集. dst 文件。

3. 最近打开的文件

查看或打开最近使用的文件。可以通过“文件列表”和“图标”两种形式查看文件信息。

4. 了解

单击此处的小喇叭，展开“了解”界面。在此界面可以接收“通知”，显示与产品更新、硬件加速、试用期相关的所有通知，以及脱机帮助文件信息；“连接”登录你的 AutoCAD 账户；访问联机表单以提供反馈和希望看到的任何改进。

注意：如果没有可用的 Internet 连接，则不会显示“通知”页面。

5. 学习

为用户提供了学习提示、快速入门视频、联机资源、AutoCAD 漫游手册和学习资源。

6. 帮助

提供了 AutoCAD 2022 相比以前版本的新功能和其他可用的相关联机内容或服务。

1.3.1.2　“草图与注释”工作界面

在“开始”选项卡界面新建一个图形文件，默认情况下 AutoCAD 2022 系统会直接进入“草图与注释”界面，如图 1-12 所示。系统为用户提供了“草图与注释”“三维基础”与“三维建模”三个工作空间，也对应了三个绘图界面。

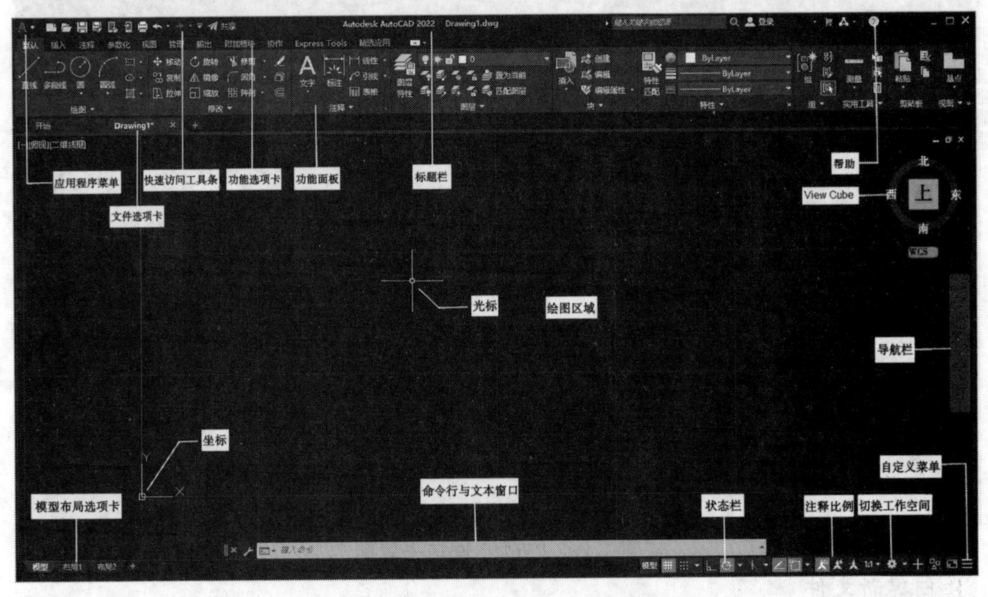

图 1-12　“草图与注释”工作界面

“草图与注释”工作空间主要解决二维图形的绘制与编辑，为构建三维模型确立二维草图。

1.3.1.3　“三维基础”工作界面

在“切换工作空间”按钮的下拉列表框中选择“三维基础”选项，将工作空间切换为“三维基础”，如图 1-13 所示。

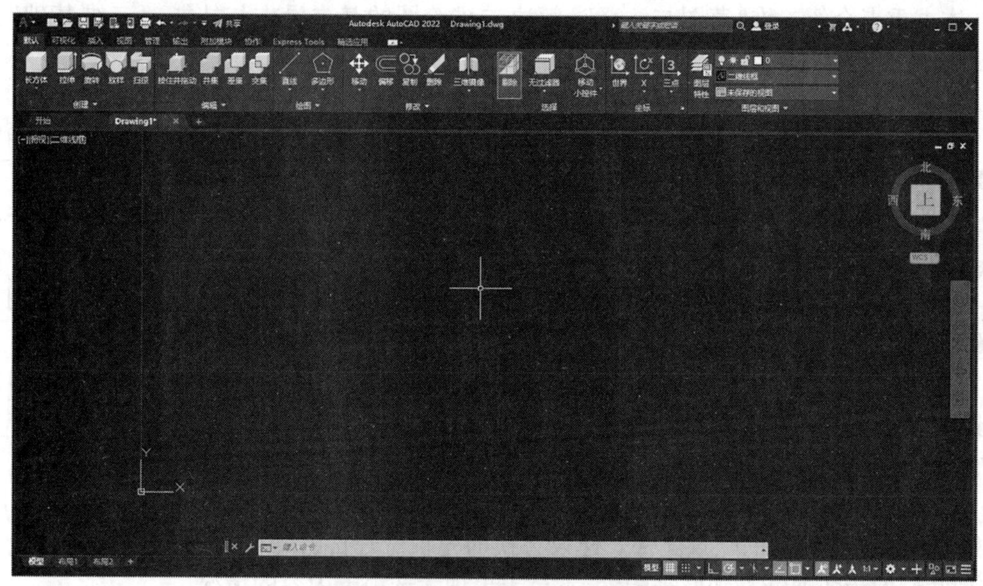

图 1-13　“三维基础”工作界面

在“三维基础”空间中可以构建三维曲面及基本三维模型，并通过一些基础编辑对三维模型进行修改。构建三维曲面常常在此工作空间中操作。

1.3.1.4　“三维建模”工作界面

在“切换工作空间”按钮的下拉列表框中选择“三维建模”选项，将工作空间切换到“三维建模”，如图 1-14 所示。

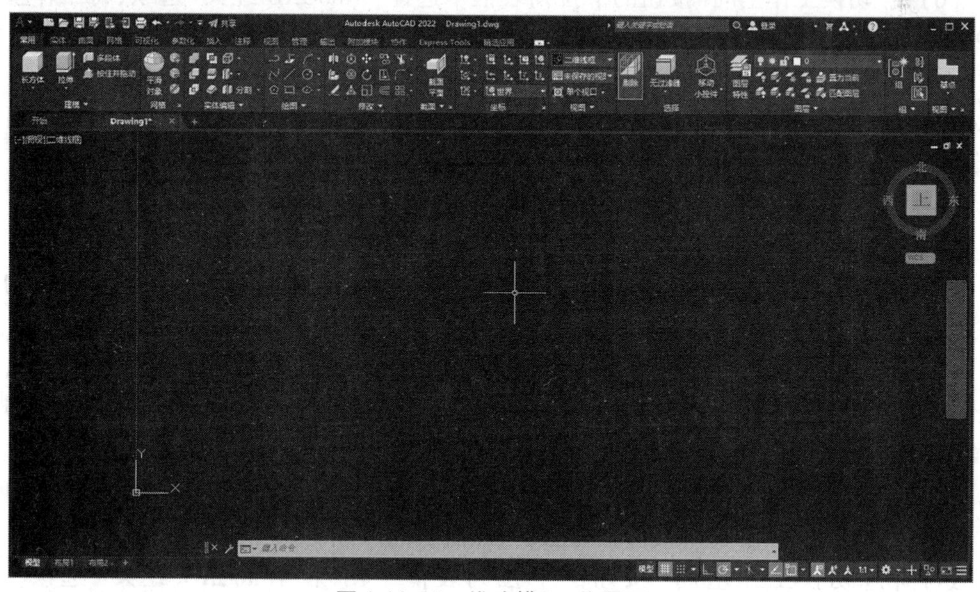

图 1-14　“三维建模”工作界面

在“三维建模”空间中除能构建基本三维形体外，还能通过一些复杂的编辑得到复杂的三维模型。构建复杂三维模型常常在此工作空间中操作。

“三维建模”工作界面对于用户在三维空间中绘制三维图形来说更加方便。

本书重点介绍二维“草图与注释”，解决二维绘图的基本操作与技能，“三维基础”及“三维建模”只做简单介绍。

1.3.1.5　“AutoCAD 经典”工作界面

AutoCAD 2022 没有“AutoCAD 经典”工作界面。AutoCAD 2009 采用 Ribbon 功能区并保留经典模式，AutoCAD 2015 取消经典模式。

功能区模式明显优于经典模式（菜单+工具条）。为满足经典模式的用户，下面介绍用 acad. cuix 文件找回“AutoCAD 经典”的方法：

(1) 在“切换工作空间”按钮的下拉列表框中选择“自定义”选项，进入“自定义用户界面”对话框。

(2) 选择“自定义用户界面”对话框中的“传输”选项，在界面右侧“新文件中的自定义设置”中点击“ ”打开自定义文件，找到 acad. cuix 文件后并打开，这样就在“工作空间”中添加了“AutoCAD 经典”。

如果你的电脑中没有 acad. cuix 文件，从网上下载一份经典模式配置文件 acad. cuix，替换系统中 AutoCAD 的配置文件。建议替换前先备份好自己的 acad. cuix 文件；否则，一旦有问题，便于快速恢复到原来配置，不至于出现无选项卡内容的情况。

(3) 右键单击“AutoCAD 经典”，选择“复制”。

(4) 在“自定义用户界面”对话框左侧“主文件中的自定义设置”中“工作空间”单击鼠标右键选择“粘贴”，这样就在“工作空间”中添加了“AutoCAD 经典”。

(5) 在“自定义用户界面”对话框中单击“确定”，退回到 AutoCAD 工作界面，这样在“切换工作空间”按钮的下拉列表框中就添加了“AutoCAD 经典”选项。

(6) 在“切换工作空间”按钮的下拉列表框中选择“AutoCAD 经典”选项，将工作空间切换到“AutoCAD 经典”，如图 1-15 所示。

不用下载旧版本的经典模式配置文件 acad. cuix 也能设置经典模式。在安装 AutoCAD 2022 之前安装一个较低的版本，并使用经典模式；再安装 AutoCAD 2022，启动时选择移植，AutoCAD 会把原来低版本的经典模式移植过来。

另外，还可以通过自定义用户界面的方式，定义“AutoCAD 经典”界面。

(1) 在 Ribbon 功能选项卡处右键单击“关闭”，关闭当前工作空间。

(2) 在“快速访问工具条”中打开“显示菜单栏”，调出“AutoCAD 经典”界面中的菜单栏。

(3) 单击菜单栏的“工具”→“工具条”→“AutoCAD”→“标准、图层、特性、绘图、修改、对象捕捉、标注、视图、视图样式”等，并调整好他们的位置直至符合“AutoCAD 经典”界面，或者根据自己的绘图习惯调整符合自己的界面。

(4) 在“切换工作空间”按钮的下拉列表框中选择“将当前工作空间另存为…”选项，在“保存工作空间”中输入“AutoCAD 经典”，点击“保存”。

这样在“切换工作空间”按钮的下拉列表框中出现“AutoCAD 经典”选项。选择“AutoCAD 经典”选项，将工作空间切换到“AutoCAD 经典”界面。

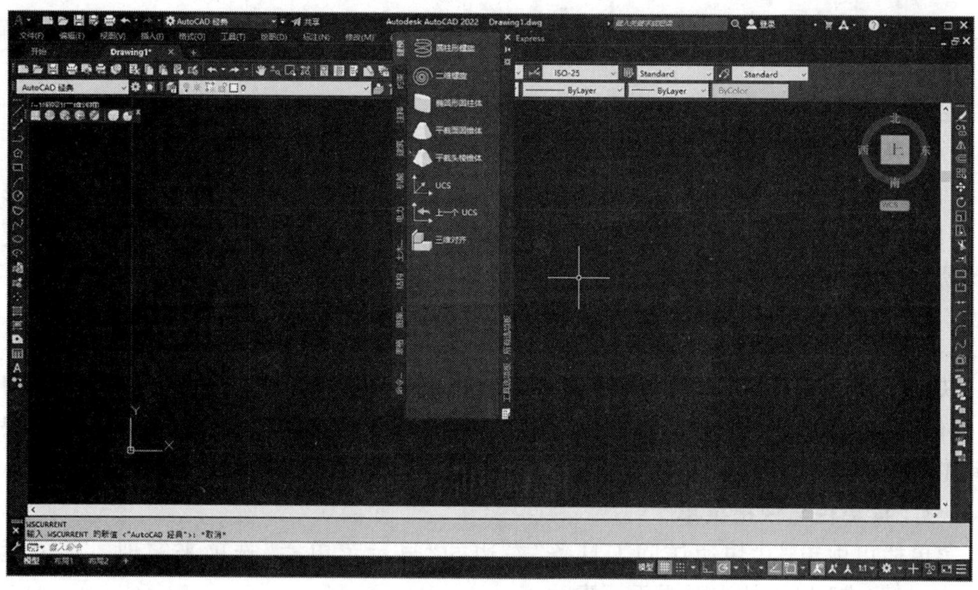

图 1-15 “AutoCAD 经典”工作界面

1.3.1.6 “混合”工作界面

为了灵活使用工作空间，熟练使用 AutoCAD 的用户常常将 Ribbon 功能区和经典模式混合使用。

下面介绍“混合”界面的调用方法。

在“AutoCAD 经典”工作界面，单击“工具”→“选项板”→“功能区”命令，可以实现“草图与注释”工作界面，即调出功能区面板，新旧界面配合使用，如图 1-16 所示。

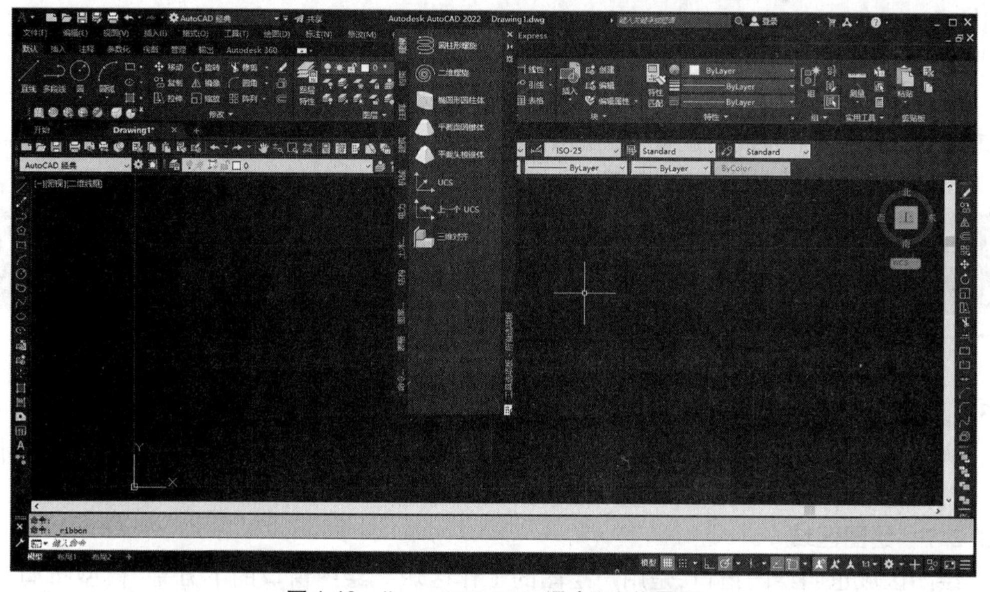

图 1-16 “AutoCAD 2022 混合”工作界面

也可以在“草图与注释”工作界面中，选择“快速访问工具条”中的“显示菜单栏”，调出“AutoCAD 经典”中的“菜单栏”，同样实现新旧界面配合使用。

1.3.2　工作空间的界面元素

这里介绍“草图与注释”工作空间的界面元素，其他界面与此类似。

1.3.2.1　应用程序菜单

应用程序菜单，位于 AutoCAD 界面的左上角，可执行常规的文件操作和图形维护，例如查核和清理，并关闭图形。在应用程序菜单上可以轻松访问最近打开的文档，并可以按已排序列表、访问日期、大小和类型排序，还可访问“选项”。

1.3.2.2　快速访问工具条

快速访问工具条 位于“应用程序菜单”的右侧，存储经常使用的命令，主要包括“新建”“打开”“保存”“打印”等 CAD 命令。在快速访问工具条上单击右键，用户可以自定义快速访问工具条。

1.3.2.3　菜单栏与快捷菜单

菜单栏可由单击“快速访问工具条”右边的“显示菜单栏”选项来实现。菜单栏是“AutoCAD 经典”界面的重要界面元素。

快捷菜单又称为上下文关联菜单。在绘图区域、工具栏、状态行、模型与布局选项卡，以及一些对话框上单击鼠标右键时，将弹出一个快捷菜单，该菜单中的命令与 AutoCAD 当前状态相关。使用它们可以在不启动菜单栏的情况下快速、高效地完成某些操作。

1.3.2.4　标题栏

标题栏位于应用程序窗口的最上面，用于显示当前正在运行的程序名及文件名等信息。在标题栏上单击右键，可以执行还原、移动、最小化、最大化或关闭 AutoCAD 窗口等操作。

1.3.2.5　功能区

不同工作空间有不同的功能区。功能区包括功能选项卡和功能面板，每一选项卡下集成多个面板，每个面板上放置同类型工具。

图 1-17 是“草图与注释”功能区。

图 1-17　“草图与注释”功能区

1.3.2.6　文件选项卡

从 AutoCAD 2016 开始，默认打开软件的时候，会附带“开始”界面和“文件”选项卡。在“文件”选项卡上可以轻松创建和关闭绘图文件。

1.3.2.7　绘图区域

绘图区域也叫绘图窗口，是用户绘图的工作区域。绘图窗口的下方有“模型布局”选项卡。

在绘图区域中除显示当前的绘图结果外，还显示了当前使用的坐标和光标。当鼠标提示选择一个点时，光标变为十字形；当在屏幕上拾取一个对象时，光标变成一个拾取框；

把光标放在工具条时,光标变为一个箭头。

1.3.2.8　命令行与文本窗口

初始"命令行"窗口是一个浮动窗口,可以通过拖动使其位于绘图窗口的底部,用于接收用户输入的命令,并显示 AutoCAD 提示信息。

选择"工具"→"命令行"或按"Crtl+9"键可以打开"命令行"窗口。AutoCAD 通常显示的信息为"键入命令:",表示 AutoCAD 正在等待用户输入命令。默认"命令行"保留一行。

文本窗口是记录 AutoCAD 命令的窗口,是放大的"命令行"窗口,它记录了已执行的命令,也可以用来输入新命令。

选择"视图"→"显示"→"文本窗口"命令、执行 TEXTSCR 命令或按 F2 键来打开 AutoCAD 文本窗口。

1.3.2.9　状态与控制行

状态与控制行在屏幕的最下方,用来显示 AutoCAD 当前的绘图状态与绘图控制方法,如图 1-18 所示。

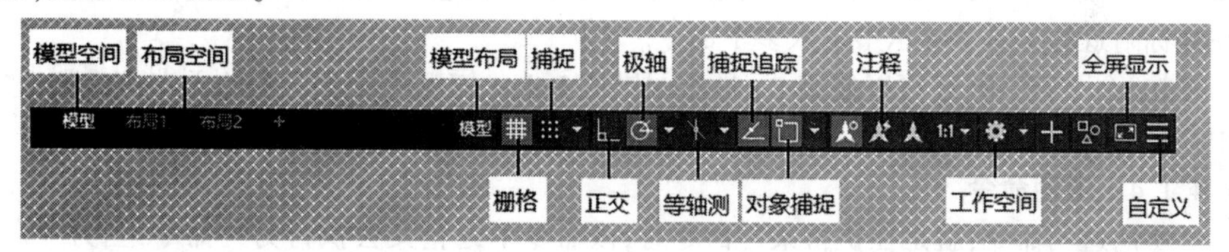

图 1-18　状态与控制行

状态与控制行的内容由自定义来决定。把光标放在"自定义"按钮,左键打开快捷菜单,在该菜单中勾选选项,状态与控制行即可增加或减少相应内容,如勾选坐标、动态输入、线宽等。

任务 1.4　AutoCAD 2022 基本操作

1.4.1　命令操作

1.4.1.1　鼠标操作

鼠标左键:通常指拾取键,用于输入点、拾取实体和选择按钮、菜单、命令,双击文件名可直接打开文件。

鼠标右键:相当于回车键(Enter 键),用于结束当前使用的命令,此时系统将根据当前绘图状态而弹出不同的快捷菜单。另外,单击鼠标右键可以重复上次操作命令。

单击鼠标右键弹出快捷菜单的位置有图形窗口、命令行、对话框、窗口、工具条、状态行、模型标签和布局标签等。

弹出菜单:当使用 Shift 键和鼠标右键的组合时,系统将弹出一个快捷菜单,用于设置捕捉点的方法。

按下鼠标滑轮不松,光标变成手状,可以实施平移动作;双击鼠标滑轮可以实现图形满屏显示;向外推动鼠标滑轮可以实时放大图形,向内推动鼠标滑轮可以实时缩小图形。

1.4.1.2　键盘命令操作

空格键:重复执行上一次命令。在输入文字时不同于回车键。

回车键:重复执行上一次命令,相当于鼠标右键。

Esc 键:中断命令执行。

F1 键:调用 AutoCAD 帮助对话框;F2 键:图形窗口与文本窗口相互切换键;F3 键:对象捕捉开关;F4 键:三维对象捕捉开关;F5 键:等轴测图平面转换开关;F6 键:动态 UCS 开关;F7 键:栅格模式开关; F8 键:正交模式开关;F9 键:捕捉模式开关;F10 键:极轴模式开关;F11 键:对象捕捉追踪开关;F12 键:动态输入开关。

1.4.1.3　命令行操作

在命令行中输入完整的命令名,然后按 Enter 键或空格键。如输入 Line,执行画直线命令。命令名字母不分大小写。某些命令还有缩写名称,例如除通过输入 Line 来启动直线命令外,还可以输入 L。如果启用了"动态输入"并设置为显示动态提示,用户则可以在光标附近的工具条提示中输入多个命令。

在"命令行"中,还可以使用 Backspace 键或 Delete 键删除命令行中的文字;也可以选中命令历史,并执行"粘贴到命令行"命令,将其粘贴到命令行中。

1.4.1.4　透明命令

所谓透明命令,就是在执行某一命令时,该命令不终止又去执行另一命令,当另一命令执行完后又回到原命令状态,能继续执行原命令。

不是所有命令都可以透明执行,只有那些不选择对象、不创造新对象、不导致重生成及结束绘图任务的命令才可以透明执行。

常使用的透明命令多为修改图形设置的命令、绘图辅助工具命令,如 SNAP、GRID、ZOOM 等。要以透明方式使用命令,应在输入命令之前输入单引号(′) 。命令行中,透明命令的提示前有一个双折号(>>)。完成透明命令后,将继续执行原命令。

1.4.2　工具条操作

在"草图与注释"工作空间是没有工具条的,但在标题栏处却有快速访问工具条。

1.4.2.1　工具条的调用

首先通过快速访问工具条"显示菜单栏",在 "菜单栏" 选择"工具"→"工具条"→"AutoCAD"命令,选择所需工具条。如果已有工具条,想调出其他工具条,右键单击任意工具条,然后单击快捷菜单上的某个工具条。

1.4.2.2　浮动工具条与固定工具条

浮动工具条:将光标定位在工具条头部的双条线上,然后按下鼠标左键,将工具条从固定位置拖开并释放按钮。

固定工具条:将光标定位在工具条的名称上或任意空白区,然后按下鼠标左键,将工具条拖到绘图区域的顶部、底部或两侧的固定位置,当固定区域中显示工具条的轮廓时,释放按钮。

要将工具条放置到固定区域中而不固定,请在拖动时按住 Ctrl 键。

1.4.2.3 调整工具条大小

将光标定位在浮动工具条的边上,直到光标变成水平或垂直的双箭头为止。按住按钮并移动光标,直到工具条变成需要的形状为止。

1.4.2.4 工具条的关闭

如果工具条是固定的,使其浮动,单击工具条右上角的“关闭”按钮。如果工具条是浮动的,单击工具条右上角的“关闭”按钮。

1.4.3 对象选择

1.4.3.1 单个选择

当需要选取图素时(命令区出现“选择对象:”或“Select Object:”),鼠标变成一个小方块,用鼠标直接点取被选目标,图素变细或变蓝则表示被选中。

1.4.3.2 “窗口”选择

当执行选择命令时,在“选择对象:”后键入“W”,也可用鼠标在图素对角点击,拾取点从左向右指定一个矩形窗口,窗口区域为蓝色,边框显示为细实线,一次可以选取多个图素,被选中的图素变细或变蓝。如果一个对象仅是其中一部分在矩形窗口内,那么选择集中不包含该对象。

1.4.3.3 “窗交”选项

当执行选择命令时,在“选择对象:” 后键入“C”,也可用鼠标在图素对角点击,拾取点从右向左指定一个矩形窗口,窗口区域为绿色,边框显示为细虚线,同样一次可以选取多个图素,被选中的图素变细或变蓝。如果一个对象仅是其中一部分在矩形窗口内,那么选择集中包含该对象。

1.4.3.4 其他常用选择方式

在出现“选择对象:”后键入“L(Last)”,表示所选的是最近一次绘制的图素;键入“Cp”,可选取多边形窗口;键入“All”,表示所选取是全部(冻结层除外);键入“R(Remove)”,再用鼠标直接点取相应图素,将其移出选择;键入“U(Undo)”,取消选择。

1.4.4 状态控制

绘图状态控制是指利用状态栏中的绘图控制按钮,对绘图过程进行精确控制。在状态控制工具中,状态控制有坐标、模型、栅格、捕捉、正交、动态输入、极轴追踪、等轴测草图、捕捉追踪、对象捕捉、线宽等。

状态控制设置见“任务 2.3 AutoCAD 2022 草图设置”。

1.4.5 显示控制

常用的显示控制命令有显示缩放、显示平移、重画和重生成等。

1.4.5.1 显示缩放(ZOOM)

1. 命令的启动方式

(1)在命令行中用键盘输入:“ZOOM”。

(2)在主菜单中选择:“视图”→“缩放”→“窗口”。

(3)鼠标左键单击“缩放”工具条上的图标。

(4)“导航栏”→“窗口缩放”。

2. 命令的操作过程

命令:'_ZOOM

指定窗口的角点,输入比例因子 (nX 或 nXP),或者

[全部(A)/中心(C)/动态(D)/范围(E)/上一个(P)/比例(S)/窗口(W)/对象(O)] <实时>: _w

指定第一个角点: 指定对角点:

按 Esc 键或 Enter 键退出,或单击右键显示快捷菜单。

3. 参数说明

全部(A):在绘图界限内,所画的图形全部显示在当前屏幕上。

中心(C):指定中心点输入缩放比例或高度,来放大或缩小图形。

动态(D):动态地确定缩放图形的位置,用视图框来调整。

范围(E):不管在绘图界限内或外,把所画的图形全部地显示在屏幕上。

上一个(P):在屏幕显示上一个缩放前的图形。

比例(S):根据输入的比例数值系数来显示图形。

窗口(W):执行该命令时,用矩形窗口来框住所要放大的图形。

对象(O):将选定的一个或多个对象放大后,位于屏幕的中心。

1.4.5.2 显示平移(PAN)

1. 命令的启动方式

(1)在命令行中用键盘输入:“PAN”。

(2)在主菜单中单击:“视图”→“平移”→“实时”。

(3)鼠标左键单击“标准”工具条上的图标。

(4)“导航栏”→“平移”。

(5)在快捷菜单栏中单击平移 平移(A)。

2. 命令的操作过程

命令: '_PAN

按 Esc 键或 Enter 键退出,或单击右键显示快捷菜单。

3. 参数说明

在执行完“PAN”命令后,屏幕上的光标,就变成了一只小手,当我们按住左键进行移动时,屏幕上的图形也随着光标的移动而移动。将图形移动到合适位置后,可以按 Esc 键或 Enter 键退出,也可单击鼠标右键在显示快捷菜单中选择退出。

4. 注意事项

单击“视图”→“平移”→“实时”,提供了六种显示平移的方式,其中“点”平移可以通过指定基点和位移值来平移视图。

1.4.5.3 重画和重生成

重画(REDRAW):可以删除在某些编辑操作时留在显示区域中的加号形状的标记(称为点标记)和杂散像素。

重生成(REGEN):在当前视图中重生成整个图形并重新计算所有对象的屏幕坐标,还重新创建图形数据库索引,从而优化显示和对象选择的性能。

重画(REDRAW)和重生成(REGEN)就是显示数据和显示效果的更新,重画和重生成的速度可以说成软件的显示速度,而显示速度对 CAD 软件的性能起着很重要的作用。

1.4.5.4 图形文件管理

1. 创建新图形文件

(1)选择"文件"→"新建"命令(NEW)。

(2)在"标准"工具条中单击"新建"按钮。

(3)在"快速访问"工具条中单击"新建"按钮。

(4)在"开始"选项卡界面,单击"新建"后面的下拉箭头,单击"浏览模板"。

此时将打开"选择样板"对话框。在"选择样板"对话框中,可以在"名称"列表框中选中某一样板文件,这时在其右面的"预览"框中将显示出该样板的预览图像。单击"打开"按钮,可以以选中的样板文件为样板创建新图形,此时会显示图形文件的布局(选择样板文件 acad. dwt 或 acadiso. dwt 除外)。

在"开始"选项卡后单击"+"按钮,也可以在桌面中创建一个新的绘图文件。

2. 打开图形文件

(1)选择"文件"→"打开"命令(OPEN)。

(2)在"标准"工具条中单击"打开"按钮。

(3)在"快速访问"工具条中单击"打开"按钮。

(4)在"开始"选项卡界面,单击"打开"后面的下拉箭头,选择"打开文件"。

可以打开已有的图形文件。此时将打开"选择文件"对话框,选择需要打开的图形文件,在右面的"预览"框中将显示出该图形的预览图像。可以打开. dwg、. dws、. dxf 或. dwt 文件,默认情况下,打开的图形文件的格式为. dwg。

在 AutoCAD 2022 中,可以以"打开""以只读方式打开""局部打开"和"以只读方式局部打开"四种方式打开图形文件。当以"打开""局部打开"方式打开图形时,可以对打开的图形进行编辑和保存;当以"以只读方式打开""以只读方式局部打开"方式打开图形时,则可以对打开的图形进行编辑,但不能对其保存,也就是说不能对他们进行更改。

如果选择以"局部打开""以只读方式局部打开"打开图形,这时将打开"局部打开"对话框。可以在"要加载几何图形的视图"选项组中选择要打开的视图,在"要加载几何图形的图层"选项组中选择要打开的图层,然后单击"打开"按钮,即可在视图中打开选中图层上的对象。

3. 保存图形文件

(1)选择"文件"→"保存"命令(QSAVE)。

(2)在“标准”工具条中单击“保存”按钮。

(3)在“快速访问”工具条中单击“保存”按钮。

以当前使用的文件名保存图形。

(4)选择“文件”→“另存为”命令(SAVEAS)。

(5)在“快速访问”工具条中单击“另存为”按钮。

将当前图形以新的名称保存。

每次保存创建的图形时,系统将打开“图形另存为”对话框。默认情况下,AutoCAD 2022 文件以“AutoCAD 2018 图形(*.dwg)”格式保存,也可以在“文件类型”下拉列表框中选择其他格式,如 AutoCAD 2013/LT2013 图形(*.dwg)、AutoCAD 图形标准(*.dws)等格式。

4. 关闭图形文件

(1)选择“文件”→“关闭”命令(CLOSE)。

(2)在绘图窗口中单击“关闭”按钮。

可以关闭当前图形文件。如果当前图形没有存盘,系统将弹出 AutoCAD 警告对话框,询问是否保存文件。此时,单击“是(Y)”按钮或直接按 Enter 键,可以保存当前图形文件并将其关闭;单击“否(N)”按钮,可以关闭当前图形文件但不存盘;单击“取消”按钮,取消关闭当前图形文件操作,既不保存也不关闭。

如果当前所编辑的图形文件没有命名,那么单击“是(Y)”按钮后,AutoCAD 会打开“图形另存为”对话框,要求用户确定图形文件存放的位置和名称。

技能训练

1. 下载 AutoCAD 2022 软件,安装并启动软件。

训练指导:

训练过程见“任务 1.2　AutoCAD 2022 安装与启动”。

(过程略)

2. 在绘图工作空间,熟悉“草图与注释”“三维基础”“三维建模”界面。

训练指导:

在“切换工作空间”按钮的下拉列表框中分别选择“草图与注释”“三维基础”与“三维建模”三个工作空间,熟悉三个绘图界面。

(过程略)

3. 练习 AutoCAD 2022 的命令操作、工具条操作、对象选择、状态控制、显示控制。

训练指导:

根据“任务 1.4　AutoCAD 2022 基本操作”内容,练习 AutoCAD 2022 的命令操作、工具条操作、对象选择、状态控制、显示控制。

(过程略)

巩固练习

一、单项选择题

1. 下列哪个命令,能够既刷新视图,又刷新计算机图形数据库(　　)。

A. REDRAW　　B. REDRAWALL

C. REGEN　　D. REGENMODE

2. AutoCAD 2022 默认保存的文件类型是(　　)。

A. AutoCAD 2018 图形文件　　B. AutoCAD 2016 图形文件

C. AutoCAD 图形样板文件　　D. AutoCAD 图形标准文件

3. 按 F1 键可获得(　　)。

A. 打开设计中心　　B. AutoCAD 2022 中文版帮助信息

C. 打开或关闭正交　　D. 打开或关闭栅格捕捉

4. 关于"文本窗口"和"命令窗口",下面说法错误的是(　　)。

A. 文本窗口与命令窗口相似,用户可以在其中输入命令,查看提示和信息

B. 文本窗口显示当前工作任务完整的命令历史记录

C. 命令窗口默认显示为 1 行

D. 只有命令窗口打开时才能显示文本窗口

5. 在"键入命令:"提示下,不能调用帮助功能的操作是(　　)。

A. 键入"HELP"后回车　　B. 按 Ctrl+H 键

C. 键入"?"后回车　　D. 按 F1 键

6. 一般情况下,空格键可代替 Enter 键作回车,以下不能用空格键回车的操作是(　　)。

A. 输入命令　　B. 输入命令选项

C. 输入坐标点　　D. 输入文字

二、多项选择题

1. 新建文件可以从"创建新图形"对话框中选择(　　)创建。

A. 从草图开始　　B. 选择样板　　C. 使用向导　　D. 都不可以

2. 以下可以打开图形文件的方法是(　　)。

A. 在 AutoCAD 中,使用 OPEN 命令　　B. 鼠标左键双击图形文件名

C. 选择文件,利用鼠标右键菜单　　D. "文件"下拉菜单→"打开"

3. 以下哪些命令具有重画功能(　　)。

A. REDO　　B. REDRAW　　C. REGEN　　D. RECTANG

4. 可以利用以下哪些方法来调用命令(　　)。

A. 在命令提示区输入命令　　B. 单击工具栏上的按钮

C. 选择下拉菜单中的菜单项　　D. 在图形窗口单击鼠标左键

5. AutoCAD 2022 为用户提供了(　　)三个工作空间。

A. 草图与注释　　B. 三维基础　　C. 三维建模　　D. AutoCAD 经典

三、判断题

1. 缩放命令“ZOOM”和缩放命令“SCALE”都可以调整对象的大小，可以互换使用。(　　)

2. 打开/关闭正交方式的功能键是 F4。(　　)

3. 在输入文字时，不能使用透明命令。(　　)

4. 在 AutoCAD 中，从键盘输入命令后按空格键与回车键等效。(　　)

5. 执行 REDRAW 和 REGNE 命令的结果是一样的。(　　)

四、实操题

1. 在 AutoCAD 2022“草图与注释”工作界面，调用绘图、修改、标注、标准、图层、特性工具条。

2. 在 AutoCAD 2022 工作界面找回“AutoCAD 经典”界面，并在“AutoCAD 经典”界面创建“AutoCAD 2022 混合”界面。

项目 2 AutoCAD 2022 绘图环境设置

【项目导入】

在绘制专业图之前,需要充分了解 AutoCAD 的基本设置。通过这些基本设置,可以更加精确、方便地绘制图形。本项目主要介绍 AutoCAD 2022 中的图纸设置、图层设置、草图设置和选项设置。

【教学目标】

1. 知识目标

(1)掌握图纸设置中图形单位和图形界限的设置方法。

(2)掌握图层设置中图线属性与线型管理器、图层与图层管理器的相关知识。

(3)熟悉草图设置和选项设置的相关知识。

2. 技能目标

(1)能够运用所学知识设置图形单位和图形界限。

(2)能够运用所学知识进行图层设置和应用。

(3)能够运用所学知识进行草图设置和选项设置。

3. 素质目标

(1)通过设置图形单位和图形界限,培养学生严谨细致的工作作风。

(2)通过学习图层设置和应用,培养学生独立分析问题、解决问题的能力。

(3)通过学习草图设置和选项设置,培养学生独立思考的学习习惯。

【思政目标】

(1)通过学习 AutoCAD 2022 绘图环境的设置,培养学生一丝不苟、精益求精的工匠精神。

(2)掌握 AutoCAD 2022 绘图环境设置的具体方法,为建筑行业大数据的建设积累经验。

任务 2.1 AutoCAD 2022 图纸设置

2.1.1 设置单位

2.1.1.1 命令的启动方式

(1)在命令行中用键盘输入:"Ddunits"或"Units"。

(2)在主菜单中选择:"格式"→"单位"。

2.1.1.2 命令的操作过程

执行"Ddunits"后,会调出"图形单位"对话框,如图 2-1 所示。

2.1.1.3　**参数说明**

在“图形单位”对话框中：

(1)“长度”选项区。

“类型”：通过主列表框来设置长度类型。

“精度”：通过主列表框来设置长度精度。

(2)“角度”选项区。

“类型”：通过主列表框来设置角度类型。

“精度”：通过主列表框来设置角度精度。

(3)“插入时的缩放单位”：一般设置为“毫米”。

(4)“光源”：用于指定光源强度的单位。

(5)“方向”按钮：一般默认以正东的方向为0°角(见图2-2)。

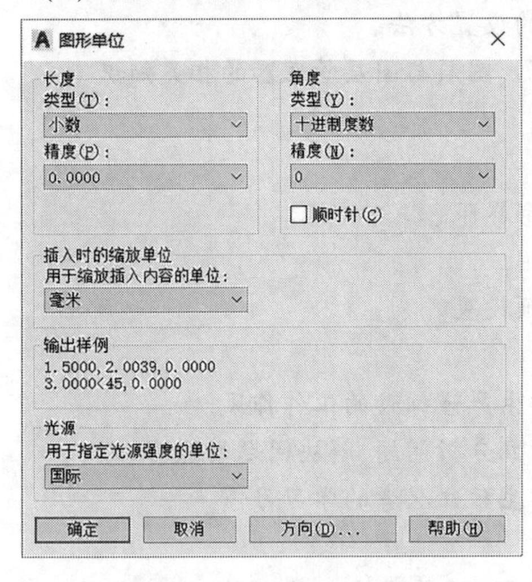

图2-1　“图形单位”对话框

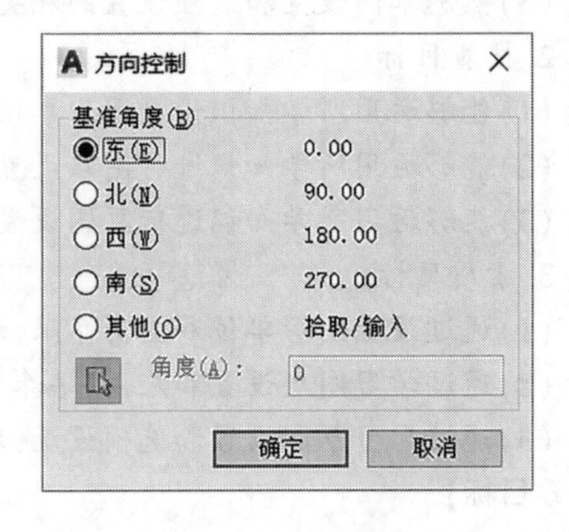

图2-2　方向控制

2.1.2　图形界限

2.1.2.1　**命令的启动方式**

(1)在命令行中用键盘输入：“LIMITS”。

(2)在主菜单中选择：“格式”→“图形界限”。

2.1.2.2　**命令的操作过程**

命令：LIMITS↙

重新设置模型空间界限：

指定左下角点或[开(ON)/关(OFF)] <0.0000,0.0000>：0,0↙

指定右上角点 <12.0000,9.0000>：297,210↙

2.1.2.3　**参数说明**

“指定左下角点”：指定栅格界限左下角点。

“指定右上角点”：指定栅格界限右上角点。

2.1.2.4　示例

以 A3 图幅为例说明图形界限的设置(栅格显示图幅界限),如图 2-3 所示。

命令:LIMITS↙

重新设置模型空间界限:

指定左下角点或[开(ON)/关(OFF)]<0.0000,0.0000>:↙

指定右上角点 <297.0000,210.0000>:420,297↙

命令:<栅格 开>

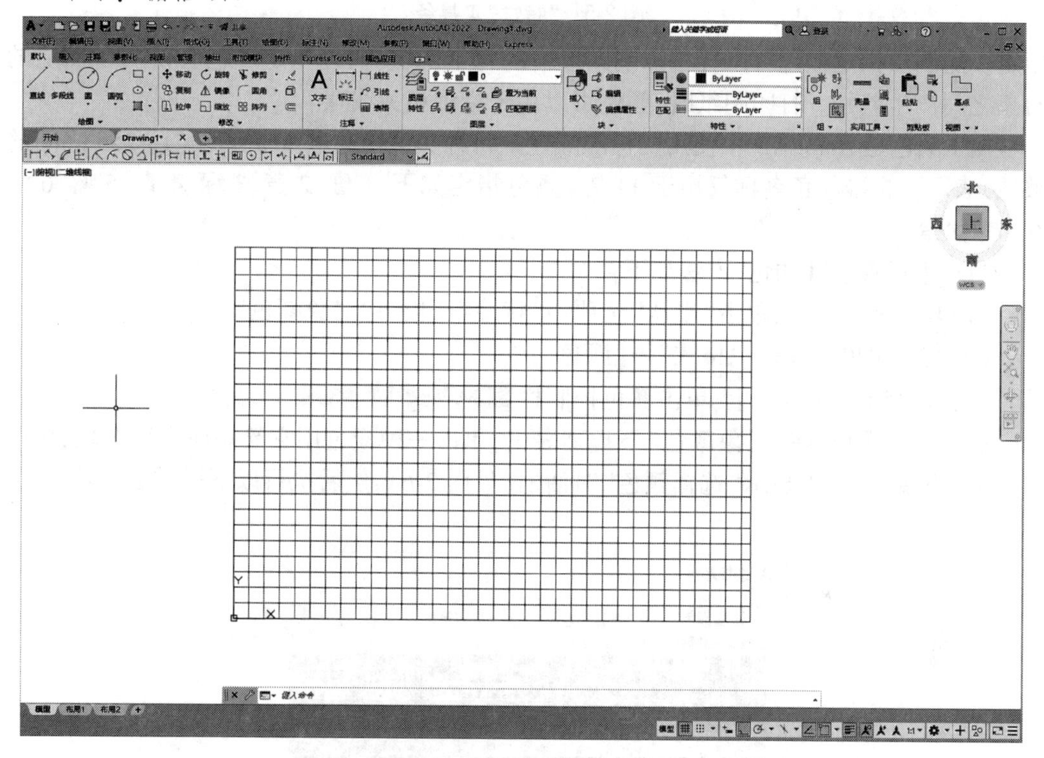

图 2-3　设置 A3 的图形界限

任务 2.2　AutoCAD 2022 图层设置

2.2.1　图线属性与线型管理器

2.2.1.1　图线属性

图线属性包括颜色、线型与线宽。图线属性(见图 2-4)可以通过“默认”选项板上的“特性”面板来进行设置,也可以通过“特性”工具条(见图 2-5)来进行调整。

在一张工程图中,不同的线型与线宽代表了不同的含义。因此,用 AutoCAD 绘图时,要对每条图线赋予颜色、线型与线宽。

1. 颜色的调用

图线颜色可以直观地标识对象。图线颜色可以随图层指定,也可以不依赖图层明确

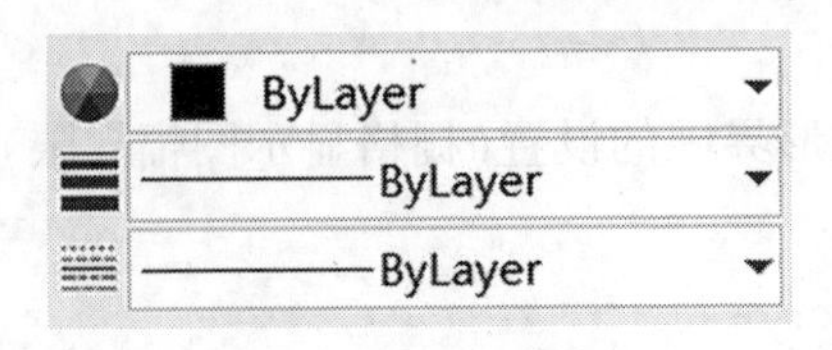

图 2-4　图线属性

图 2-5　“特性”工具条

指定。随图层指定颜色可以轻松识别图形中的每个图层;明确指定颜色会使同一图层的对象之间产生差别。打印图纸时,颜色可以用于指示相关线宽。

ACI 颜色是 AutoCAD 中使用的标准颜色。每种颜色均通过 ACI 编号(1~255 之间的整数)表示。标准颜色名称仅用于 1~7。颜色指定如下:1 红、2 黄、3 绿、4 青、5 蓝、6 洋红、7 白/黑。

为对象设置 ACI 颜色,方法如下:

(1)在功能区,依次单击“默认”选项→“特性”面板→“对象颜色”。

(2)在主菜单中选择:“格式”→“颜色”。

(3)在“特性”工具条上,单击颜色控制栏 ByLayer 。

通过以上操作,在“对象颜色”下拉列表中,单击一种颜色用它绘制所有新对象,也可以单击“更多颜色”以显示“选择颜色”对话框(见图 2-6),然后执行以下操作之一:

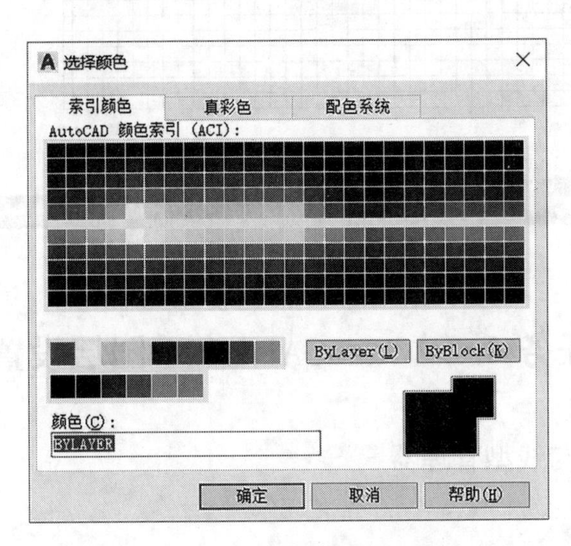

图 2-6　“选择颜色”对话框

(1)在“索引颜色”选项上,单击一种颜色或在“颜色”框中输入颜色名或颜色编号。

(2)在“索引颜色”选项上,单击“ByLayer”以用指定给当前图层的颜色绘制新对象。如果将当前颜色设置为“ByLayer”,则将使用指定给当前图层的颜色来创建对象。如果不希望当前颜色成为指定给当前图层的颜色,则可以指定其他颜色。

(3)在“索引颜色”选项上,单击“ByBlock”以在将对象编组到块中之前,用当前的颜色绘制新对象。在图形中插入块时,块中的对象将采用当前的颜色设置。如果将当前颜色设置为“ByBlock”,则将对象编组到块中之前,将使用 7 号颜色(白色或黑色)来创建对象。将块插入到图形中时,该块将采用当前颜色设置。

2. 线型的调用

(1)在功能区,依次单击“默认”选项→“特性”面板→“线型”。

(2)在主菜单中选择:“格式”→“线型”。

(3)在“特性”工具条上,单击线型控制栏 ByLayer 。

通过以上操作,可以在线型控制栏内选择在线型管理器中设置好的线型,如图 2-7 所示。

3. 线宽的调用

线宽的调用与线型的调用相似。线宽从 0.00 mm 到 2.11 mm,选择其一作为绘制图线的宽度,将在图纸打印时打印出真实宽度。

默认情况下,选用的线宽从 0.00 mm 到 0.25 mm,显示时都是一样粗细,这是因为我们在初始“线宽设置”时设置了“默认”“显示线宽”的“调整显示比例”,如图 2-8 所示。

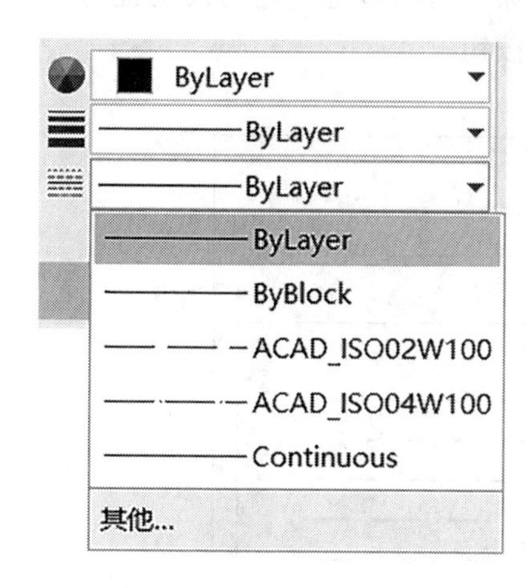

图 2-7　线型控制栏

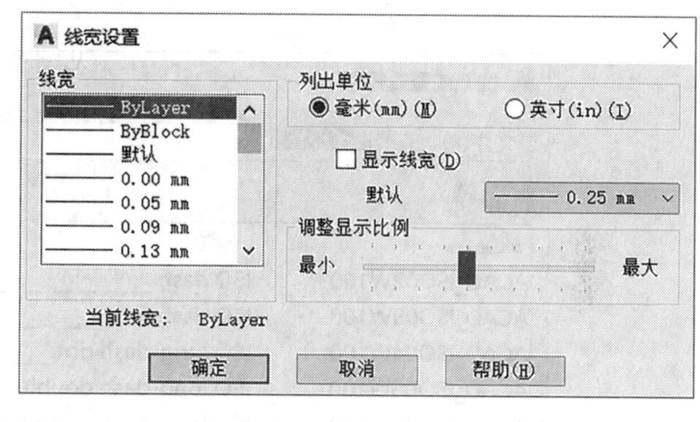

图 2-8　“线宽设置”对话框

2.2.1.2　线型管理器

1. 命令的启动方式

(1)在命令行中用键盘输入:“LINETYPE”。

(2)在主菜单中选择:“格式”→“线型”。

(3)在“特性”工具条单击:“线型”→“其他”。

(4)在功能面板上选择:“默认”→“特性”→“线型”→“其他”。

2. 参数说明

执行该命令后,系统就会弹出“线型管理器”对话框,如图 2-9 所示。

线型管理器
线型过滤器
显示所有线型
□反转过滤器(I)
加载(L)...　删除
当前(C)　显示细节(D)
当前线型：ByLayer

线型	外观	说明
ByLayer		
ByBlock		
ACAD_ISO02W100		ISO dash __ __ __ __ __ __ __
ACAD_ISO04W100		ISO long-dash dot ___ . ___ . ___ . ___ .
Continuous		Continuous

确定　取消　帮助(H)

图 2-9　“线型管理器”对话框

在线型管理器中，可以通过单击“加载”按钮，在“加载或重载线型”对话框(见图 2-10)中来增加不同线型；对已添加的线型，可以“删除”，也可以把选定的线型置为“当前”来使用。如果想了解线型细节，可单击“显示细节”按钮。

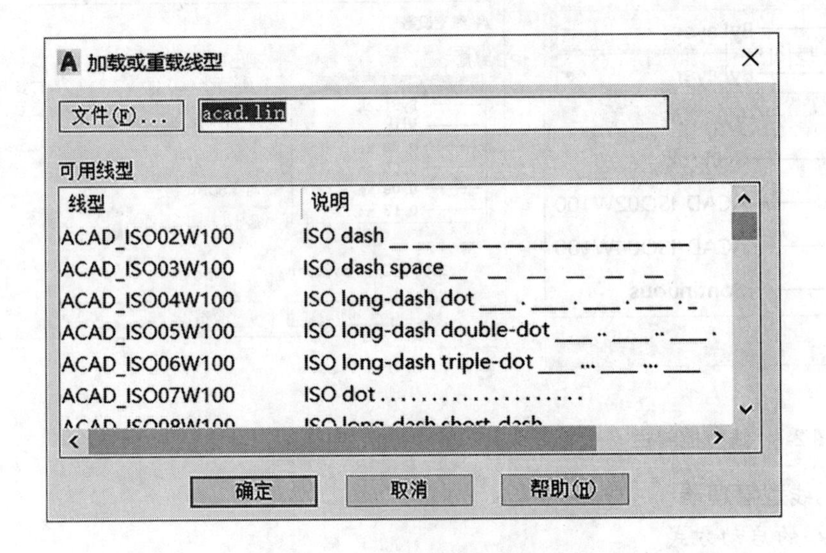

图 2-10　“加载或重载线型”对话框

在“显示细节”状态下，可以给线型设置“全局比例因子”。通过“全局比例因子”，可以全局更改或分别更改每个对象的线型比例，可以以不同的比例使用同一种线型。默认情况下，全局线型和独立线型的比例均设置为 1.0。比例越小，每个绘图单位中生成的重复图案数越多。对于太短，甚至不能显示一条虚线的直线，可以使用更小的线型比例。

通常情况下,在 A3 图纸以下幅面上绘制图形,线型的"全局比例因子"采用 0.3;在 A2 图纸以上幅面上绘制图形,线型的"全局比例因子"采用 0.6 比较合适。

如果线型库中没有需要的线型,可以通过"LINETYPE"建立新的线型。新的线型定义可以按下述方式创建:

命令:LINETYPE↙

当前线型: "ByLayer"

输入选项 [? /创建(C)/加载(L)/设置(S)]: C↙

输入要创建的线型名:

2.2.2　图层与图层管理器

2.2.2.1　图层概念

用 AutoCAD 绘制的每一个图形对象,不仅具有形状、尺寸等几何特性,而且具有相应的图形信息,如颜色、线型、线宽及状态等。

为此,AutoCAD 引入"图层"概念,即在绘制图形时,将每个图形元素或同一类图形对象组织成一个图层,并给每一个图层指定相应的名称、线型、线宽、颜色和打印样式。例如,在一张图纸上包括了图框、实线、虚线、中心线、尺寸标注等众多信息,可以将组成图形各个部分的信息分别指定绘制在不同的图层中,将图框放置在某一个图层上,将尺寸标注放置在另外一个图层上,将实线、虚线、中心线分别放置在另外一些图层上,然后将这些不同的图层重叠在一起就成了一张完整的图纸,如图 2-11 所示。

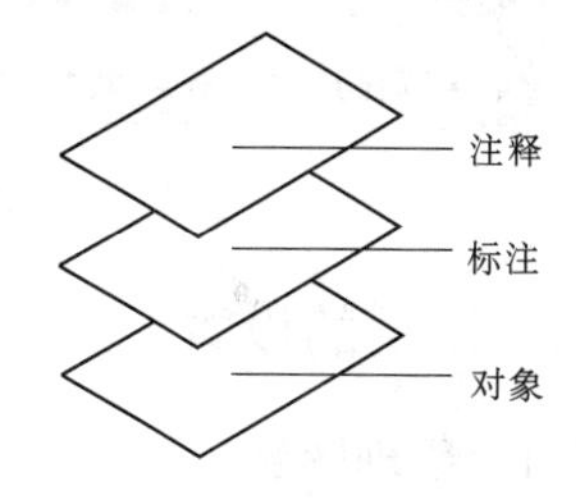

图 2-11　图层的概念

简单地理解图层,就好像一张没有厚度的透明纸。每张透明纸都可以绘制图线、尺寸和文字等不同的图形信息。对于一张含有不同线型、不同颜色且由多个图形对象构成的复杂图形,如果把同一种线型和颜色的图形对象都放在同一张透明纸上,那么一张图纸上的完整图形就可以看成由以上若干张具有相同坐标系的透明纸所绘制的图形叠加而成。

若要对某一类图形对象进行操作,则只需要通过管理工具打开它所在的图层即可。

2.2.2.2　图层特性管理器

AutoCAD 提供了"图层特性管理器"工具,用户通过对话框中的各个选项可以很方便地对图层进行设置,从而实现建立新图层、设置图层的颜色和线型等操作。

启动"图层特性管理器"命令的方式有四种:

(1)在命令行中用键盘输入:"LAYER"。

(2)在主菜单中选择:"格式"→"图层"。

(3)在"图层"工具条单击"图层特性管理器"按钮。

(4)在功能面板上选择:"默认"→"图层"→"图层特性"按钮。

激活此命令后,显示"图层特性管理器"对话框,如图 2-12 所示。

在图 2-12 中,有四个主要部分:

图层管理部分(见图 2-12 中的 1 部分):能够创建新图层、在视口中冻结新建图层、删除图层、将图层置为当前。

图层设置部分(见图 2-12 中的 2、4 部分):置为当前的图层,前面加有"✓";设置并修改图层的名称、颜色、线型、线宽。

图层控制部分(见图 2-12 中的 3 部分):能够打开与关闭、冻结与解冻、锁定与解锁图层。

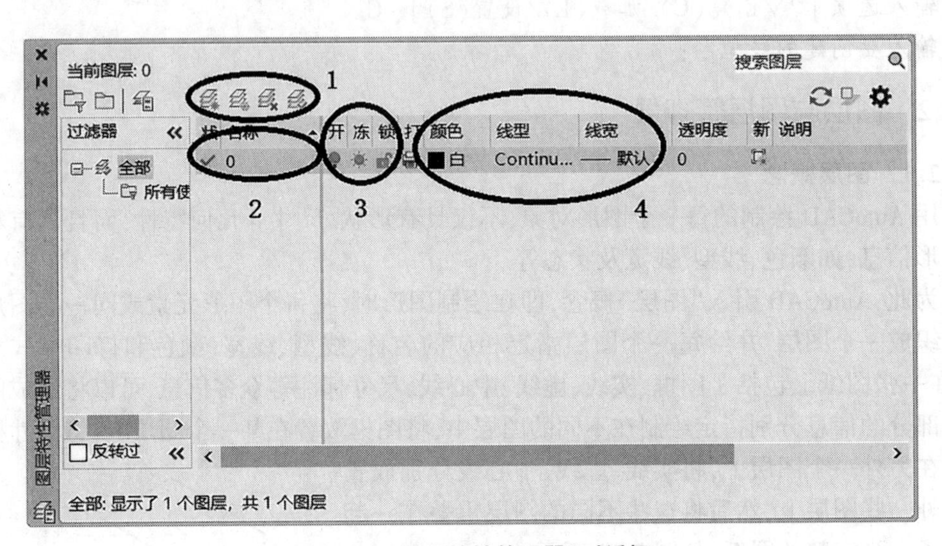

图 2-12 "图层特性管理器"对话框

2. 2. 3　图层的设置

2. 2. 3. 1　管理图层

(1)"新建图层" :单击该按钮,图层列表框中显示新创建的图层。第一次新建,列表中将显示名为"图层 1"的图层,随后名称便递增为"图层 2""图层 3"…该名称处于选中状态,可以直接输入一个新图层名,如"尺寸标注"等。

(2)"冻结新图层" :单击该按钮,创建新图层,然后在所有布局视口中将其冻结。

(3)"删除图层" :单击该按钮,可以删除用户选中的要删除的图层。注意不能删除 0 图层、当前图层及包含图形对象的图层。

(4)"置为当前" :单击该按钮,将选中图层设置为当前图层。将要创建的对象会被放置到当前图层中。

2. 2. 3. 2　设置图层

图层需要设置图层名、图层颜色、图层线宽、图层线型四项内容。

一般情况下,图层名的命名应以无歧义、便于记忆、输入简单为原则,图层颜色的设置符合《CAD 工程制图规则》(GB/T 18229—2000)中的规定,见表 2-1,图层线宽和图层线型的选用应根据有关国家制图标准。

表 2-1　图线的颜色

图线类型		屏幕上的颜色
粗实线		白色
细实线		绿色
波浪线		
双折线		
虚线		黄色
细点画线		红色
粗点画线		棕色
双点画线		粉红色

(1)修改图层名称:选择某一图层名后单击“名称”选项,可修改该图层的名称。图层名和颜色只能在“图层特性管理器”中修改,不能在“图层”控件中修改。通常情况下,图层名称应使用描述性文字,如轴线、墙线、柱子、标注等,为了便于输入,也可以输入汉字的首字母,如 CSX(粗实线)、XSX(细实线)、XX(虚线)等。

(2)设置图层的颜色:选定某层,单击该层对应的颜色选项,弹出“选择颜色”对话框。从调色板中选择一种颜色,或者在“颜色”文本框直接输入颜色名(或颜色号),指定颜色。AutoCAD 提供了丰富的颜色,共 255 种,以颜色号(ACI)来表示,颜色编号是从 1~255 的整数,其中 1~7 号颜色为基本颜色。图层的颜色选用见表 2-1。

(3)设置图层的线型:在所有新建的图层上,如果用户不指明线型,则按默认方式把该图层的线型设置为 Continuous,即实线。选定某层,单击该层对应的线型选项,系统弹出“选择线型”对话框。如果所需线型已经加载,可以直接在线型列表框中选择后单击“确定”按钮。若没有所需线型,可单击“加载”按钮,将弹出“加载或重载线型”对话框,用户可以通过此对话框选择一个或多个线型加载。如果要使用其他线型库中的线型,可单击“文件”按钮,弹出“选择线型文件”对话框,在该对话框线型库中选择需要的线型。

(4)设置图层的线宽:如果用户要改变图层的线宽,可单击位于“线宽”栏下的图标,系统弹出“线宽”对话框。通过“线宽”对话框选择合适的线宽,然后单击“确定”按钮完成操作。

(5)设置图层的可打印性:如果关闭某一层的打印设置,那么在打印输出时就不会打印该层上的对象。但是,该层上的对象在 AutoCAD 中仍然是可见的。该设置只影响解冻层,对于冻结层,即使打印设置是打开的,也不会打印输出该层。

2.2.3.3　控制图层

(1)打开/关闭图层 :如果图层被打开,则该图层上的图形可以在显示器上显示或在打印机(绘图仪)上输出;当图层被关闭时,被关闭的图层仍然是图形的一部分,它们不被显示和输出。用户可以根据需要随意单击图标切换图层开关状态。

(2)冻结/解冻图层 ☀:如果图层被冻结,则该图层上的图形不被显示或绘制出来,而且和关闭的图层是相同的,但前者的实体不参加重生成、消隐、渲染或打印等操作,而关闭的图层则要参加这些操作。所以,复杂的图形中冻结不需要的图层可以大大加快系统重生成图形时的速度。需要注意的是用户不能冻结当前图层。

(3)锁定/解锁图层 🔓:锁定并不影响图形实体的显示,但用户不能改变锁定图层上的实体,不能对其进行编辑操作。如果锁定图层是当前图层,用户仍可在该图层上作图。当只想将某一图层作为参考图层而不想对其修改时,可以将该图层锁定。

2.2.4 图层应用

在工程实际中,对图层的设置常按线宽、线型和图线的专业用途来定。一般情况下,图线设置见表 2-2(仅供参考)。

表 2-2 图线设置

图层名	颜色	线型	线宽	用途
粗实线	白色	实线(Continuous)	0.5	墙线、建筑轮廓线
中粗线	30	实线(Continuous)	0.25	门符号、洞口线等
细实线	绿色	实线(Continuous)	0.15	阳台、台阶等
虚线	黄色	虚线(ACAD_ISO02W100)	0.25	不可见线
中心线	红色	点画线(CENTER)	0.15	轴线、对称线
尺寸线	绿色	实线(Continuous)	0.15	尺寸、轴线编号等
剖面线	青色	实线(Continuous)	0.15	填充剖面图案

在实际应用中,图层的颜色没有硬性的限制,但要以图面清晰、便于识读为原则来选择。

设置好图层后,在主菜单中依次单击"工具""工具栏""AutoCAD""图层"和"特性",就可以调出"图层"和"特性"工具条进行相应设置,如图 2-13 所示;在"草图与注释"工作空间里有一个"图层"面板和一个"特性"面板里显示相应设置,如图 2-14 所示。

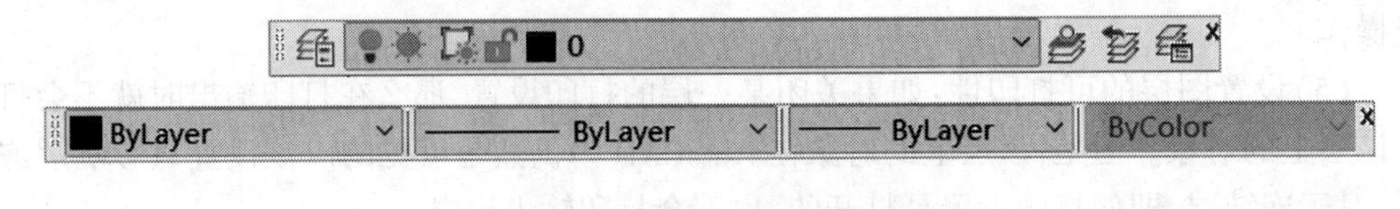

图 2-13 "图层"与"特性"工具条

在图层区域单击,"图层特性管理器"中出现设置好的图层,包括图层名和图层状态控制按钮。可以在此选择需要的图层作为当前图层进行绘图操作,同时还能对相应图层进行开关、冻结和锁定等。

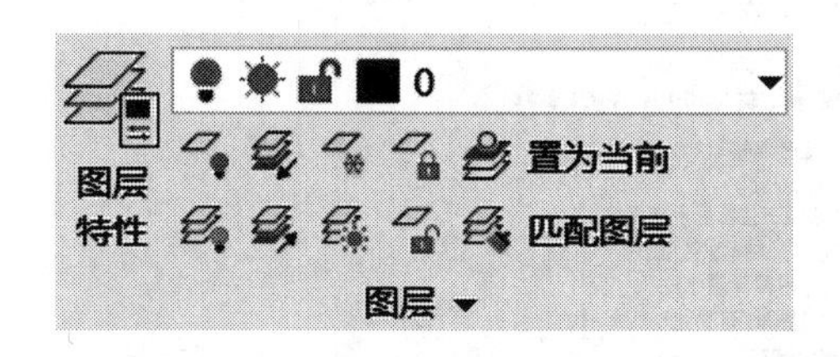

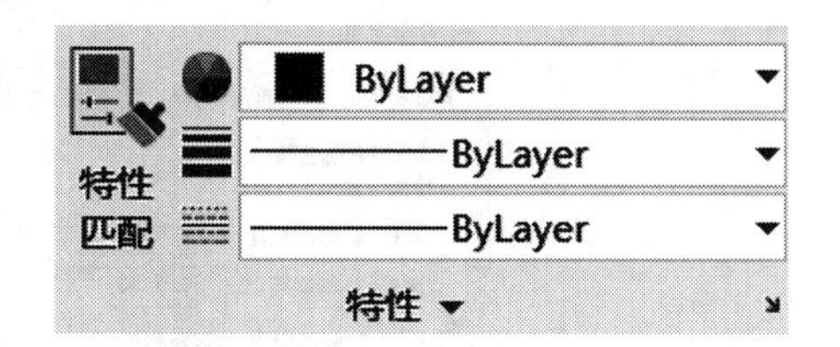

图 2-14　“图层”与“特性”面板

在图层特性区域,随选定图层出现图层颜色、图层线宽、图层线型。在特性区域不同的选项中单击,可以选择不同的颜色、线宽和线型。如果是从事分图层绘图,不要在特性区域修改以上内容,按照 ByLayer(随图层)或 ByBlock(随块)绘制;否则,图层特性混乱,给以后修改带来麻烦。

任务 2.3　AutoCAD 2022 草图设置

2.3.1　草图设置

草图设置是辅助绘图工具,它可以帮助用户精确地绘制图形。

2.3.1.1　命令的启动方式

(1)在命令行中用键盘输入:“DSETTINGS”。

(2)在主菜单中选择:“工具”→“绘图设置”。

(3)光标移到状态控制栏“对象捕捉”按钮上单击右键→“捕捉设置”。

2.3.1.2　命令的操作过程

在命令行中用键盘输入“DSETTINGS”,然后回车,系统弹出“草图设置”对话框。

2.3.1.3　参数说明

在该对话框中有七个选项:捕捉和栅格、极轴追踪、对象捕捉、三维对象捕捉、动态输入、快捷特性、选择循环。

2.3.2　捕捉和栅格

在该选项(见图 2-15)上有启用捕捉、启用栅格、捕捉间距、极轴间距、捕捉类型、栅格样式、栅格间距和栅格行为等选区。其中,比较重要的是捕捉类型选区,当启动“等轴测捕捉”时,光标出现“ ”形状,按 F5 键在“<等轴测平面 右视>”“<等轴测平面 左视>”和“<等轴测平面 俯视>”之间转换,可以绘制轴测图,特别是对绘制等轴测圆非常有用。

2.3.3　极轴追踪

在该选项(见图 2-16)中主要掌握极轴角设置,可以通过“增量角”进行设置,也可以通过“附加角”进行设置。但不管是设置“增量角”,还是设置“附加角”,在绘图时,它们都是以所设角值的整数倍追踪的。另外,启用“附加角”时,可以按要求设置多个“附加角”值。

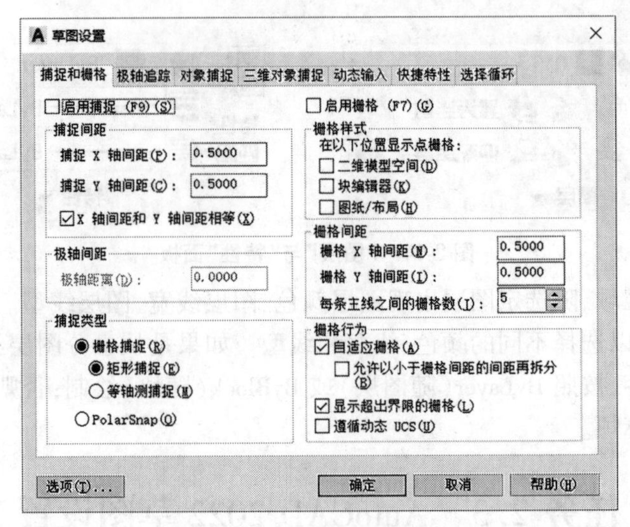

图 2-15 “捕捉和栅格”选项

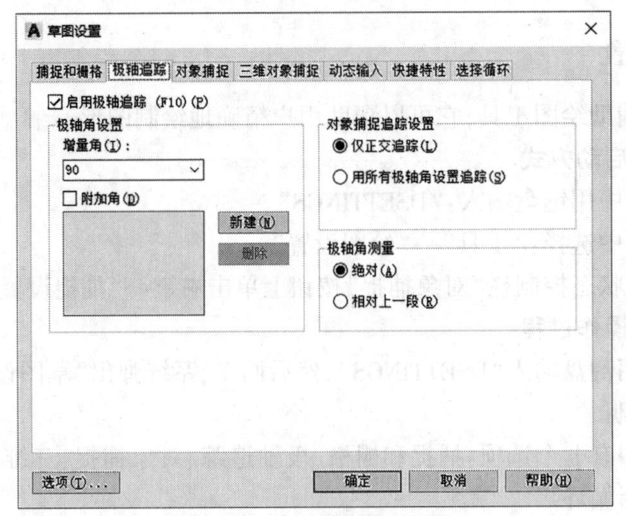

图 2-16 “极轴追踪”选项

2.3.4 对象捕捉

在绘制图形时,利用对象捕捉能够捕捉到指定对象上的精确位置。例如,使用对象捕捉可以精确捕捉到圆的圆心或线段的中点。在绘制图形前要首先进行“对象捕捉”选项(见图 2-17)的设置,最好不要全选,如果全选,可能因这些捕捉点离得太近而无法准确捕捉到想要的点。一般绘图时选择常用的端点、中点、圆心、交点和切点就可以了。如果临时需要其他的捕捉点,可以进行重新设置。

2.3.4.1 单点捕捉

在绘制图形时,有时需要精确地捕捉到某一点,这时就可以利用“对象捕捉”工具条或“对象捕捉”快捷菜单来进行。

启动“对象捕捉”命令的方式有两种:

(1)“对象捕捉”工具条调出方法。单击“工具”主菜单,选择“工具栏”→“AutoCAD” →

“对象捕捉”，则出现“对象捕捉”工具条，如图 2-18 所示。

(2)“对象捕捉”快捷菜单调出方法。在绘图区，按住 Shift 键或 Ctrl 键，同时单击鼠标右键，如图 2-19 所示。

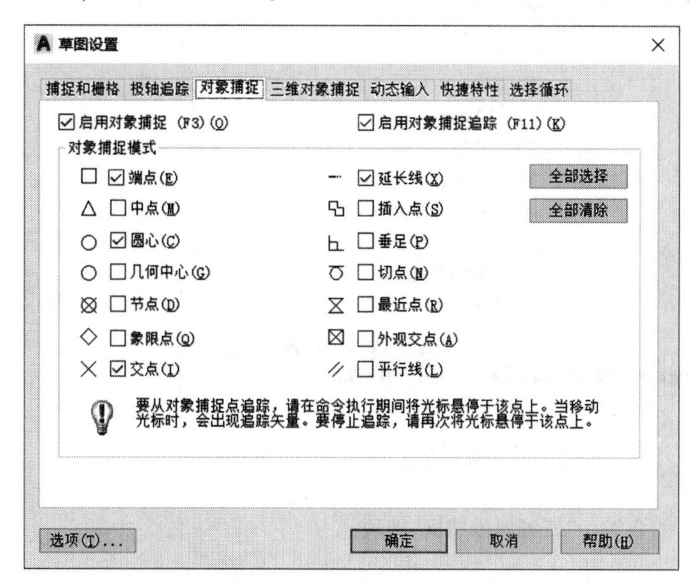

图 2-17　“对象捕捉”选项

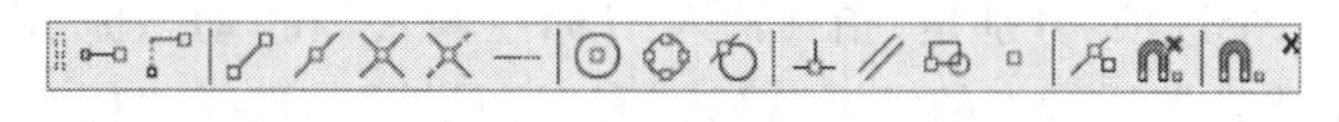

图 2-18　“对象捕捉”工具条

临时追踪点(K)
自(F)
两点之间的中点(T)
点过滤器(T) >
三维对象捕捉(3) >
端点(E)
中点(M)
交点(I)
外观交点(A)
延长线(X)
圆心(C)
几何中心
象限点(Q)
切点(G)
垂直(P)
平行线(L)
节点(D)
插入点(S)
最近点(R)
无(N)
对象捕捉设置(O)...

图 2-19　“对象捕捉”快捷菜单

“对象捕捉”快捷菜单的图标说明如下。

(1)：临时追踪点。
(2)：捕捉自某一点。
(3)：捕捉到端点。
(4)：捕捉到中点。
(5)：捕捉到交点。
(6)：捕捉外观交点。
(7)：捕捉到延长线。
(8)：捕捉到圆心。
(9)：捕捉到几何中心。
(10)：捕捉到象限点。
(11)：捕捉到切点。
(12)：捕捉到垂足点。
(13)：捕捉到平行线。
(14)：捕捉到节点。
(15)：捕捉到插入点。
(16)：捕捉到最近点。
(17)：无捕捉。
(18)：对象捕捉设置。

2.3.4.2　自动捕捉

自动捕捉分为极轴追踪捕捉和对象追踪捕捉。

(1)极轴追踪捕捉：在状态栏上，打开极轴追踪和对象捕捉，移动光标到已设置好极轴角的位置，动点与上一点之间产生一条虚线，并给出极轴角和极轴长度。

(2)对象追踪捕捉：在状态栏上，打开对象捕捉追踪和对象追踪，移动光标到与需要对应的两点位置，结果在两点之间产生两条相交虚线，并给出极轴角。

2.3.5　三维对象捕捉

在绘制三维图形时，可以打开如图 2-20 所示的“三维对象捕捉”选项，根据需要可以选择绘图中常用的一些点，如顶点、边中点、交点和中心线等。

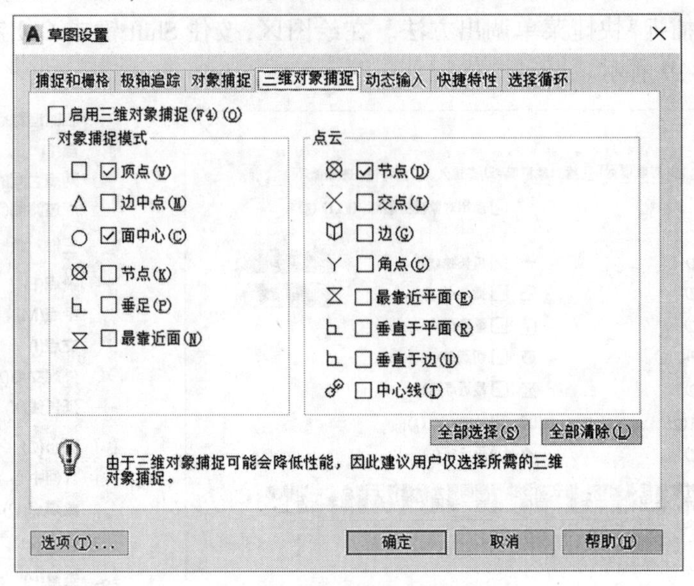

图 2-20 “三维对象捕捉”选项

2.3.6 动态输入

在“动态输入”选项区中有三个选项，分别是“指针输入”“标注输入”和“动态提示”，如图 2-21 所示。“指针输入”主要设置后续点的坐标“格式”和“可见性”的选择；“标注输入”主要设置标注输入的字段数，按 Tab 键可以对标注字段逐个进行切换；“动态提示”主要是对动态光标的“颜色”“大小”和“透明度”进行设置。

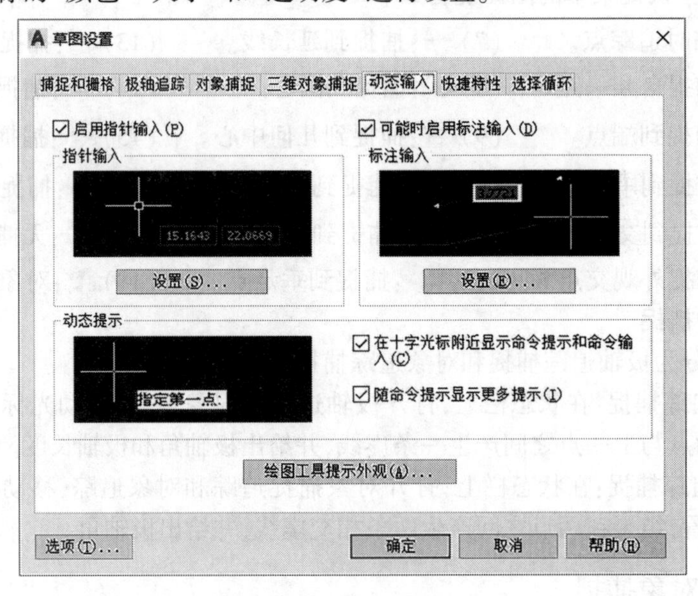

图 2-21 “动态输入”选项

2.3.7　快捷特性

“快捷特性”选项(见图 2-22):主要是针对“快捷特性”选项板显示、选项板位置和选项板行为进行设置。在绘图过程中应根据需要进行设置。

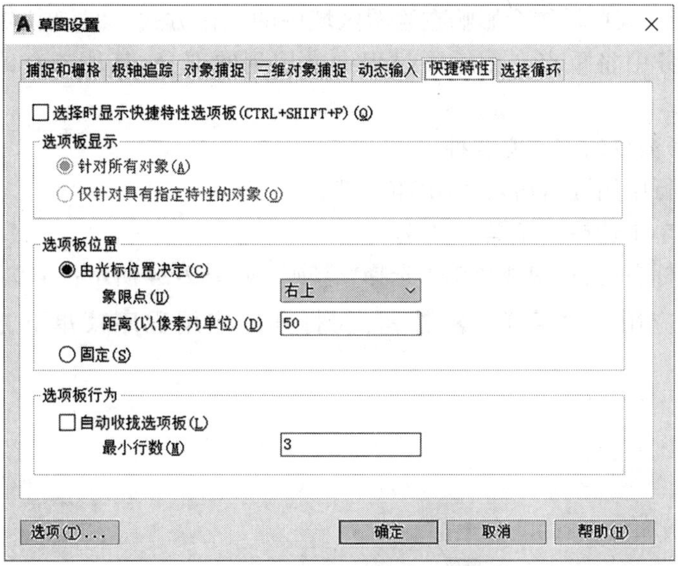

图 2-22　“快捷特性”选项

2.3.8　选择循环

“选择循环”选项(见图 2-23):主要是对重复遮挡的图线进行循环选择,可以通过对话框来完成。

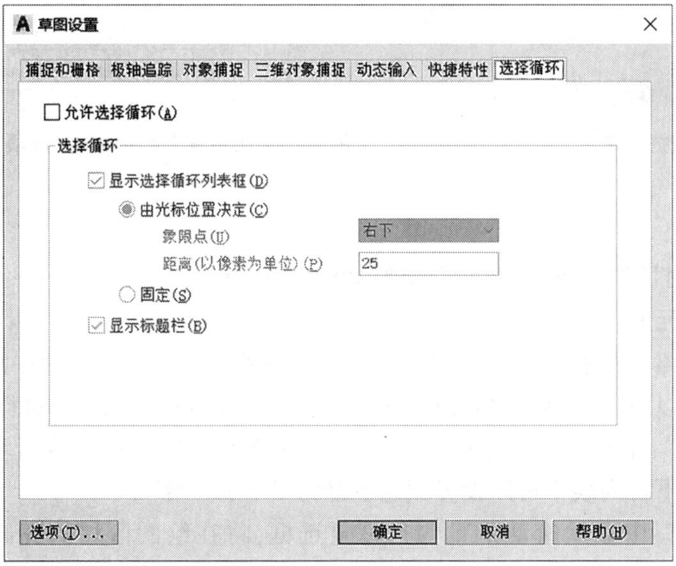

图 2-23　“选择循环”选项

任务 2.4　AutoCAD 2022 选项设置

“选项”对话框可以用来调整应用程序和图形窗口元素的属性，还可以控制 CAD 绘图时的常规功能。某些设置会影响在绘图区域中的工作方式。“选项”对话框共分为 11 个选项，在本任务中将重点介绍绘图过程中常用到的部分，其他未介绍的大家可自行学习。

启动“选项”命令的方式有四种：

(1)在命令行中用键盘输入：“OPTIONS”；

(2)在主菜单中选择：“工具”→“选项”；

(3)单击鼠标右键，在快捷菜单中选择“选项”，如图 2-24 所示；

(4)单击“应用程序菜单”按钮，在打开的应用程序菜单下方单击“选项”，如图 2-25 所示。

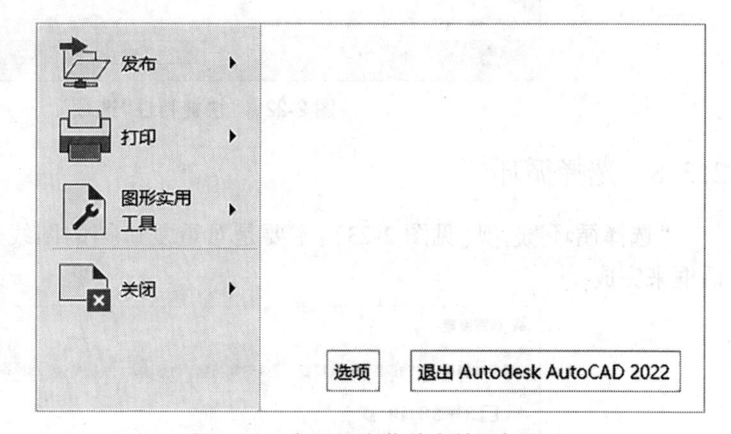

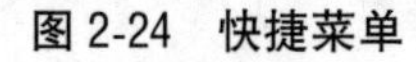

图 2-24　快捷菜单　　　　图 2-25　应用程序菜单中的“选项”

2.4.1　显示

在“选项”对话框中单击“显示”选项，如图 2-26 所示。

2.4.1.1　窗口元素

在“窗口元素”区内，不但可以对窗口元素的颜色主题和图形区域中滚动条的显示进行控制，而且可以对工作界面中界面元素的颜色和命令行窗口的字体进行设置。

“颜色主题”：主要用来设置窗口中标题栏、菜单栏、功能区、命令行和状态栏的明亮程度，在打开的下拉列表中可以设置颜色主题为“明”或“暗”。

“在图形窗口中显示滚动条”：勾选该复选框，将在绘图区域的底部和右侧显示滚动条。

“颜色” 颜色(C)... ：单击该按钮，弹出“图形窗口颜色”对话框(见图 2-27)，在该对话框中可以设置图形窗口的背景颜色、十字光标颜色、栅格颜色等。

“字体” 字体(F)... ：单击该按钮，弹出“命令行窗口字体”对话框，在该对话框中可以设置命令行窗口字体的字体样式、字形和字号。

图 2-26　“显示”选项

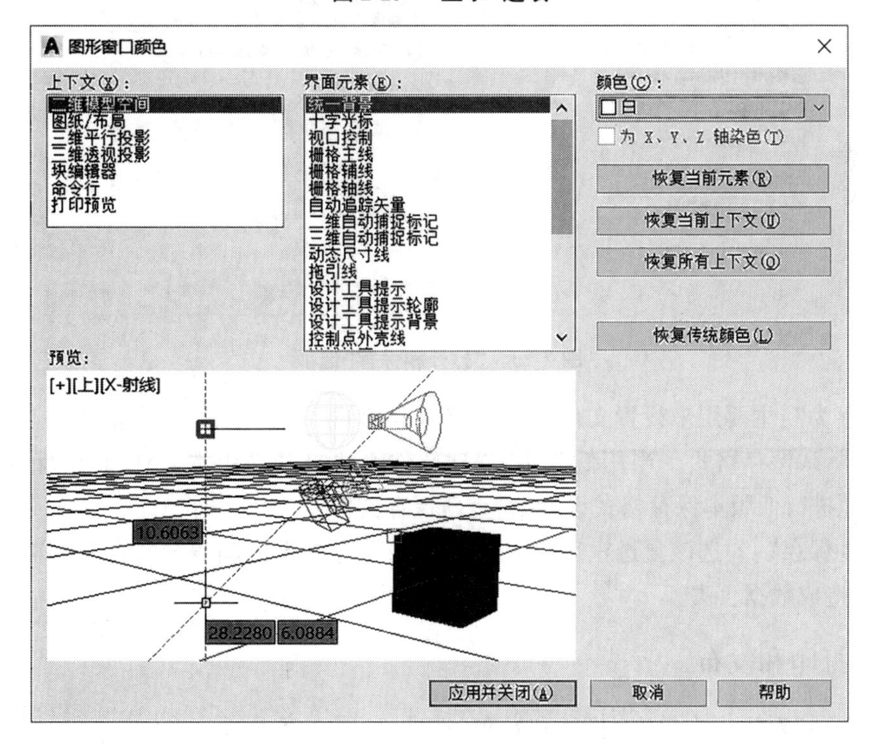

图 2-27　“图形窗口颜色”对话框

2.4.1.2　显示精度

该区选项可以修正二维平面中圆弧和圆的平滑度,以及改变每条多段线曲线的线段数。改变"渲染对象的平滑度"可以使立体效果渲染得更加逼真,改变"每个曲面的轮廓素线"的值可以使立体表面更光滑。

2.4.1.3　十字光标大小

该区选项可以改变绘图区十字光标的大小。大光标有利于捕捉对象。不建议改变此选项的初始默认值。

2.4.2　打开和保存

"打开和保存"选项(见图 2-28)可以设置文件另存为的格式和文件自动保存的时间间隔。

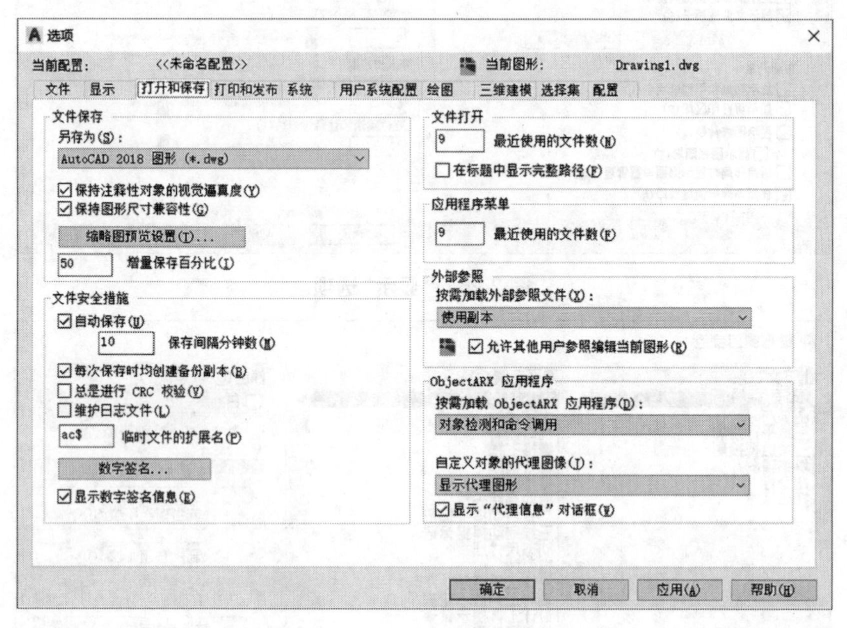

图 2-28　"打开和保存"选项

"另存为":主要用来设置文件保存的格式和版本。这里的另存为格式一旦设定,就将被作为默认保存格式。当用低版本 CAD 软件无法打开高版本 CAD 软件保存的文件时,可在此进行低版本保存格式设置后,重新保存文件。

"自动保存":勾选该复选框后可以设置自动保存文件的间隔分钟数,这样可以避免因为意外造成数据丢失。

2.4.3　打印和发布

在"选项"对话框中单击"打印和发布"选项,如图 2-29 所示。

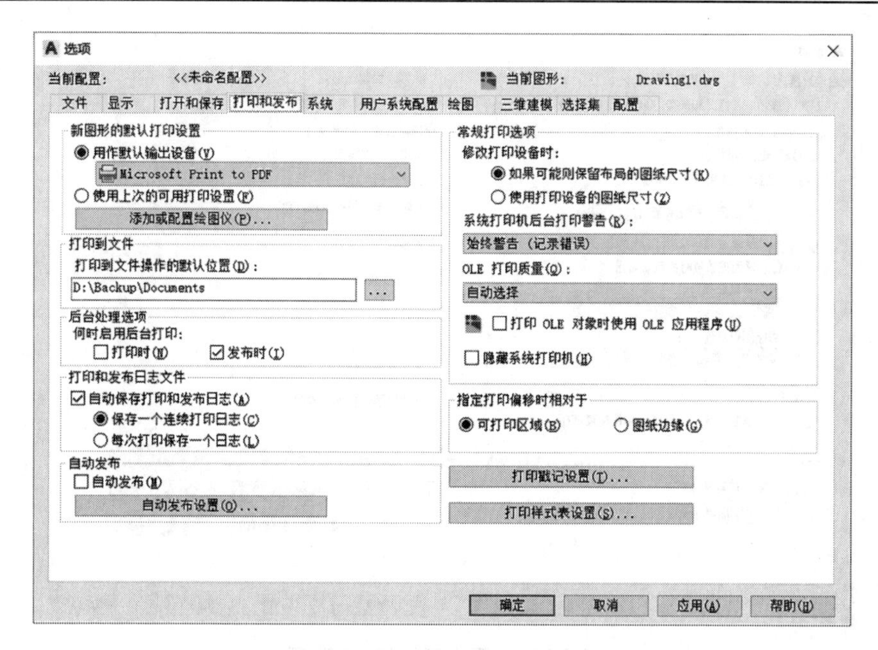

图 2-29　“打印和发布”选项

“新图形的默认打印设置”主要用来设置用作默认的输出设备,以及是否使用上次的可用打印设置。

“打印到文件”主要用来设置打印到文件操作的默认位置。

“常规打印选项”可以设置修改打印设备时,是尽可能保留布局的图纸尺寸,还是使用打印设备的图纸尺寸。同时,可以设置“OLE 打印质量”,分别有“单色”“低质量图形”“高质量图形”和“自动选择”四个选项。

2.4.4　用户系统配置

在“选项”对话框中单击“用户系统配置”选项,如图 2-30 所示。

2.4.4.1　自定义右键

在“Windows 标准操作”区单击 自定义右键单击(I)... ,出现如图 2-31 所示的对话框,在“自定义右键单击”对话框内可以确定鼠标右键的操作功能。

2.4.4.2　线宽设置

单击 线宽设置(L)... ,会弹出“线宽设置”对话框,在此对话框中可以对线宽显示进行设置。

2.4.5　绘图

在“选项”对话框中单击“绘图”选项,如图 2-32 所示。

在“绘图”区,用户可以通过滑块的移动来调节自动捕捉标记和靶框的显示大小。

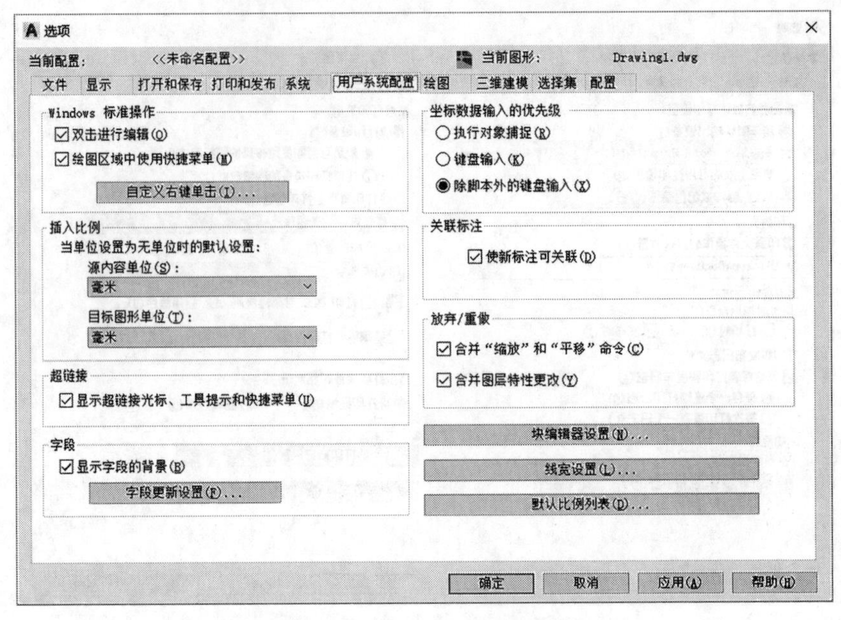

图 2-30　“用户系统配置”选项

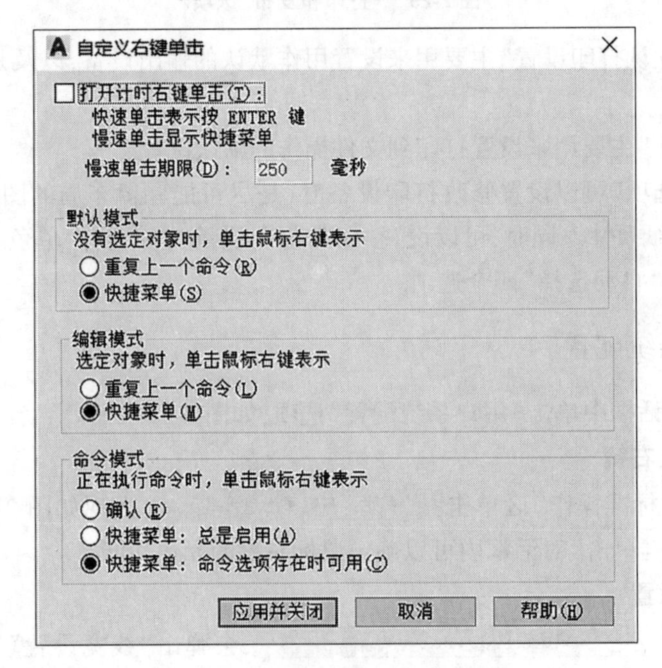

图 2-31　“自定义右键单击”对话框

2.4.6　选择集

在“选项”对话框中单击“选择集”选项，如图 2-33 所示。

2.4.6.1　拾取框大小

用户可以通过滑块的移动来调节拾取框的显示大小。

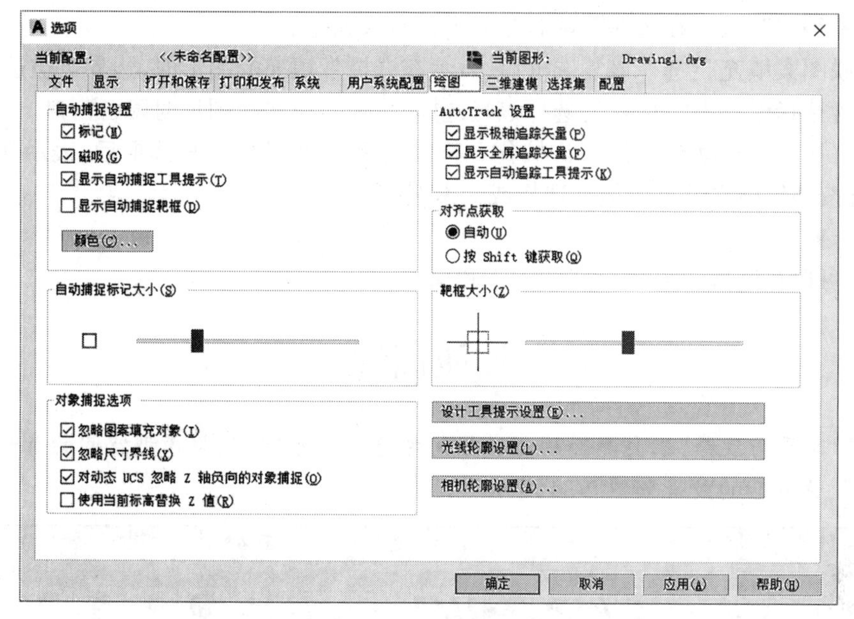

图 2-32　“绘图”选项

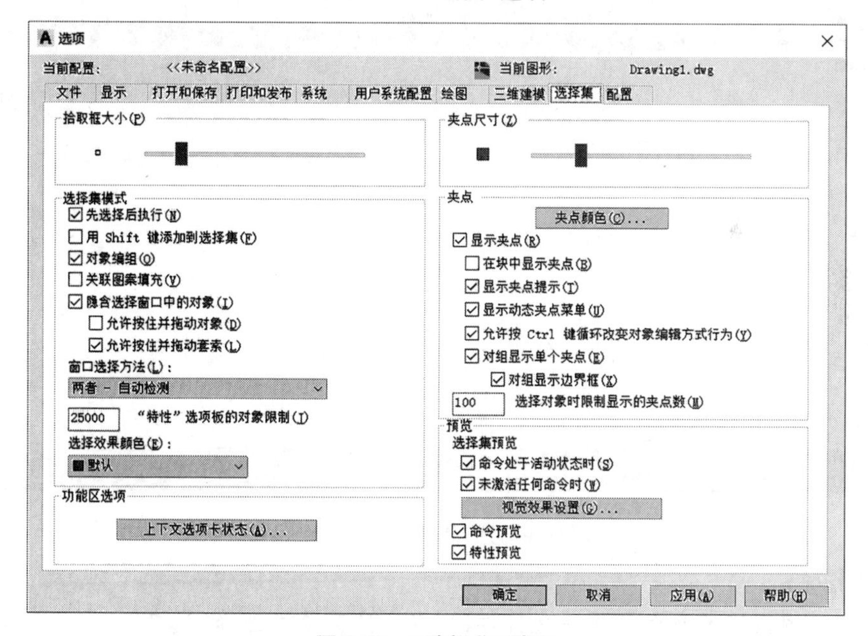

图 2-33　“选择集”选项

2.4.6.2　选择集模式

“先选择后执行”:选择该复选框后,表示先选择几何元素,然后执行编辑命令。

“用 Shift 键添加到选择集”:选择该复选框后,表示在选择第一个几何元素后,按住 Shift 键可以同时选择其他几何元素。

“对象编组”:表示在选择对象时是否进行对象编组。

“关联图案填充”:选择该复选框后,表示在选择带填充的图形时,边界也被选择。

“隐含选择窗口中的对象”:选择该复选框后,表示在选择图形时隐含窗口。

“允许按住并拖动对象”“允许按住并拖动套索”:选择相应复选框后,表示在选择图形时允许按住鼠标左键进行拖动选择或套索选择。

2.4.6.3 夹点

用户可以在这里调节“夹点”的大小和属性。

技能训练

1. 将“草图与注释”工作界面的窗口颜色主题设置为“明”,将模型空间的背景颜色设置为“白”,设置后的效果如图 2-34 所示。

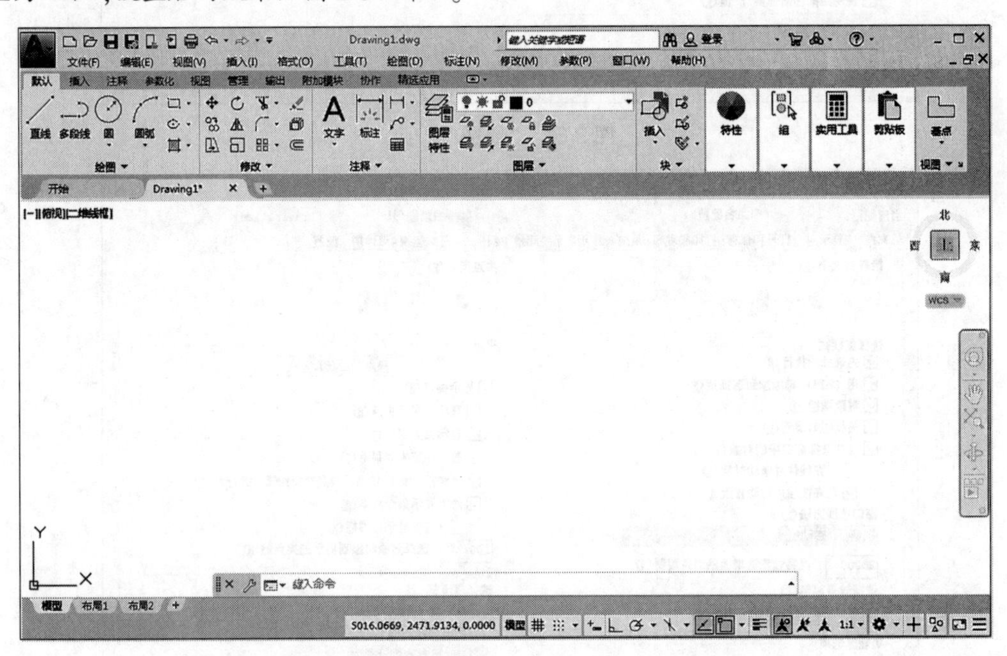

图 2-34 “草图与注释”工作界面颜色设置效果

训练指导:

(1) 在绘图区域的空白处单击鼠标右键,在快捷菜单中选择“选项”。

(2) 在出现的“显示”选项中,将窗口元素的“颜色主题”选为“明”,然后再打开窗口元素中的“颜色”对话框,将“二维模型空间”的“统一背景”选为“白”。

2. 绘制图 2-35 中两圆的公切线。

训练指导:

(1) 先单击“直线”按钮,然后按 Ctrl 键+鼠标右键,再单击“切点”按钮。

(2) 在大圆圆周上找到第一个切点,当出现“切点”图标时,单击鼠标左键。

(3) 先按 Ctrl 键+鼠标右键,再单击“切点”按钮,在小圆圆周上找到第二个切点,当出现"切点"图标时,单击鼠标左键,最后按一次回车键结束。结果如图 2-36 所示。

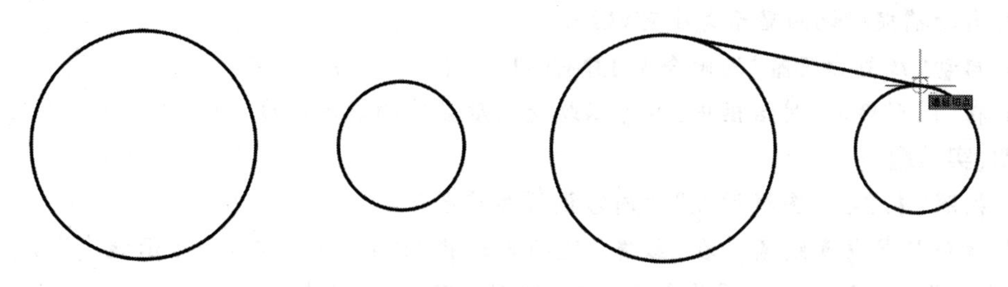

图 2-35　大圆和小圆　　　　图 2-36　绘制公切线

巩固练习

一、单项选择题

1. 用于设置 AutoCAD 图形单位的命令是(　　)。

A. LIMITS　B. DDUNITS　C. LINETYPE　D. OPTIONS

2. 系统预设的十字光标大小为屏幕大小的(　　)。

A. 5%　B. 10%　C. 15%　D. 20%

3. 在 AutoCAD 中,系统默认的文件自动保存间隔时间是(　　)。

A. 5 min　B. 10 min　C. 15 min　D. 20 min

4. 要使对象的颜色随图层而改变,对象的颜色应设置为(　　)。

A. ByLayer　B. ByBlock　C. ByColor　D. Colour

5. AutoCAD 2022 默认另存为的文件类型是(　　)。

A. AutoCAD 2007 图形　B. AutoCAD 2010 图形

C. AutoCAD 2013 图形　D. AutoCAD 2018 图形

二、多项选择题

1. 下列可用于启动 AutoCAD 2022 选项命令的是(　　)。

A. LIMITS　B. OP　C. LINETYPE　D. OPTIONS

2. 下列不能被删除的图层是(　　)。

A. 图层 0　B. 当前图层

C. 包含对象的图层　D. 依赖外部参照的图层

3. "对象捕捉"快捷菜单的调出方法,是按住(　　)键的同时单击鼠标右键。

A. Ctrl　B. Alt　C. Shift　D. Tab

4. AutoCAD 2022 的对象捕捉模式包括(　　)。

A. 中点　B. 圆心　C. 端点　D. 切点

5. 在"选项"对话框的"绘图"选项区,可以改变(　　)的显示大小。

A. 靶框　B. 拾取框　C. 自动捕捉标记　D. 夹点

三、判断题

1. 用户可以冻结当前图层。(　　)

2. AutoCAD 中使用的 ACI 颜色共有 245 种。(　　)

3. 自动捕捉标记的显示大小可以修改。(　　)

4. 启动“线型管理器”的命令是 LINETYPE。(　　)

5. 在“图形单位”对话框中,不可以改变长度数值的显示精度。(　　)

四、实操题

1. 按照“表 2-2　图线设置”的内容设置相应图层。

2. 按照要求设置线宽。在“线宽”选项内选择“ByLayer”,勾选“显示线宽”项,选择“默认”线宽为 0.25 mm,“调整显示比例”按图 2-37 所示调整。

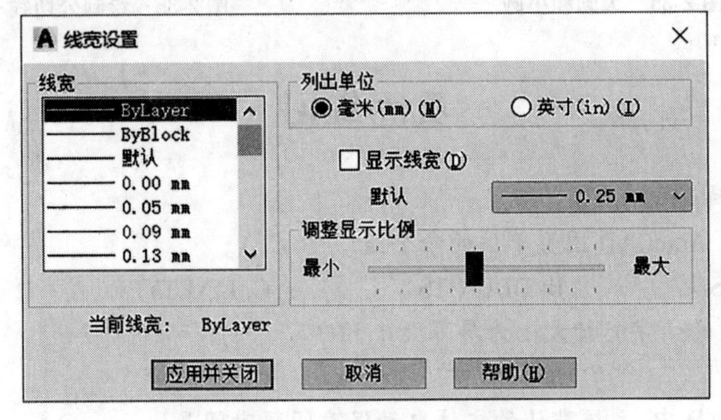

图 2-37　“线宽设置”对话框

项目3　基本绘图与修改

【项目导入】

在绘制专业图时，需要熟练运用AutoCAD 2022中的基本绘图命令与编辑命令。本项目主要讲解这些基本绘图命令与编辑命令的使用方法。

【教学目标】

1. 知识目标

(1)熟悉AutoCAD的基本操作。

(2)掌握二维图形的绘制命令。

(2)掌握二维图形的修改命令。

2. 技能目标

(1)能够运用所学知识绘制基本二维图形。

(2)能够运用所学知识修改基本二维图形。

3. 素质目标

(1)通过绘制基本二维图形，培养学生严谨认真的学习态度。

(2)通过修改基本二维图形，培养学生灵活运用知识的能力。

【思政目标】

(1)通过运用多种基本绘图与修改命令绘制二维图形，培养学生的综合素质。

(2)通过基础绘图与工程实际结合，培养学生崇高的职业精神。

任务3.1　绘制点和线

3.1.1　绘制点

3.1.1.1　设置点样式

1. 命令的启动方式

(1)在命令行中用键盘输入："DDPTYPE"。

(2)在主菜单中选择："格式"→"点样式"。

(3)在功能面板上选择："默认"→"实用工具"→"点样式" 点样式...。

2. 命令的操作过程

命令：DDPTYPE↙

弹出“点样式”对话框,如图 3-1 所示。

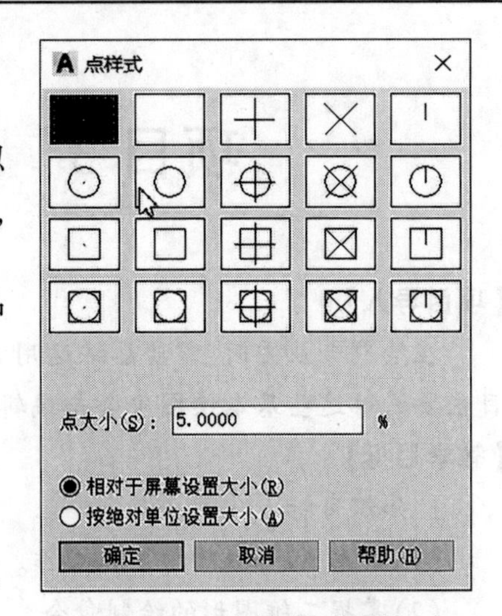

图 3-1 “点样式”对话框

3. 参数说明

“点大小”:选择“相对于屏幕设置大小”时,以“百分比(%)”表示;选择“按绝对单位设置大小”时,以“单位”表示。

在该对话框中列出了 20 种点的样式图例,用户可以根据实际情况进行选择。

3.1.1.2 单点

1. 命令的启动方式

(1)在命令行中用键盘输入:“POINT”。

(2)在主菜单中选择:“绘图”→“点”→“单点”。

2. 命令的操作过程

命令: POINT↙

当前点模式: PDMODE = 0 PDSIZE = 0.0000 (当前要绘制点的模式和大小)

指定点: (输入、选择或指定一点)

3. 参数说明

“指定点”:指定点的方式有两种,一种是键盘输入点的坐标;另一种是选择特殊点。

在需要输入点时,同时按下 Shift 键和鼠标右键,利用弹出的快捷菜单来选择端点、圆心等,或者激活“状态栏”上的“对象捕捉”按钮,这是 AutoCAD 提供的智能化绘图方法之一。

3.1.1.3 多点

“多点”命令一次可以连续绘制多个点对象,直到按下 Esc 键结束命令。

1. 命令的启动方式

(1)在主菜单中选择:“绘图”→“点”→“多点”。

(2)在“绘图”工具条单击“点”按钮。

(3)在功能面板上选择:“默认”→“绘图”→“多点”按钮。

2. 命令的操作过程

执行命令的过程与单点相同。

3.1.1.4 定数等分点

“定数等分”命令用于按照指定的等分数目等分对象。

1. 命令的启动方式

(1)在命令行中用键盘输入:“DIVIDE”。

(2)在主菜单中选择:“绘图”→“点”→“定数等分”。

(3)在功能面板上选择:“默认”→“绘图”→“定数等分”按钮。

2. 命令的操作过程

命令: DIVIDE↙

选择要定数等分的对象:　　　　　　　　　　　　　　(选择要等分的对象)

输入线段数目或[块(B)]:　　　　　　　　　　(输入将对象平均等分的数目)

3. 参数说明

"输入线段数目":输入等分的数目。

"块(B)":在选定的对象上等间距地放置"块"("块"的含义将在任务 4.6 中详细介绍)。

4. 注意事项

在等分前,需要调整点样式。

定数等分可以等分一些基本的二维对象,如直线、圆、多段线和曲线。

5. 示例

将图 3-2 中的直线段进行三等分。

命令: DIVIDE↙

选择要定数等分的对象:　　　　　　　　　　　　　(选择要等分的直线段)

输入线段数目或[块(B)]: 3↙

注意:等分前要先对"点样式"进行设置,如设置为"⊗"。

结果如图 3-3 所示。

图 3-2　直线段

图 3-3　三等分直线段

3.1.1.5　定距等分点

"定距等分"命令用于按照指定的等分距离等分对象。

1. 命令的启动方式

(1)在命令行中用键盘输入:"MEASURE"。

(2)在主菜单中选择:"绘图"→"点"→"定距等分"。

(3)在功能面板上选择:"默认"→"绘图"→"定距等分"按钮。

2. 命令的操作过程

命令:MEASURE↙

选择要定距等分的对象:　　　　　　　　　　　　　　(选择要等分的对象)

指定线段长度或[块(B)]:　　　　　　　　　　　　(输入等分对象的长度)

3. 参数说明

"指定线段长度":输入等分对象的长度数值。

"块(B)":在选定的对象上按指定的长度放置"块"("块"的含义将在任务 4.6 中详细介绍)。

4. 注意事项

在进行定距等分时,点对象或块对象开始放置的位置与选择对象的位置有关。首先从选择对象时离单击左键位置最近的端点处开始放置,最后被分割的一段长度有可能小于或等于输入的长度数值。

5. 示例

将图 3-4 中的圆进行定距等分,等分距离为 10。

命令: MEASURE↙

选择要定距等分的对象:

指定线段长度或 [块(B)]: 10↙

结果如图 3-5 所示。

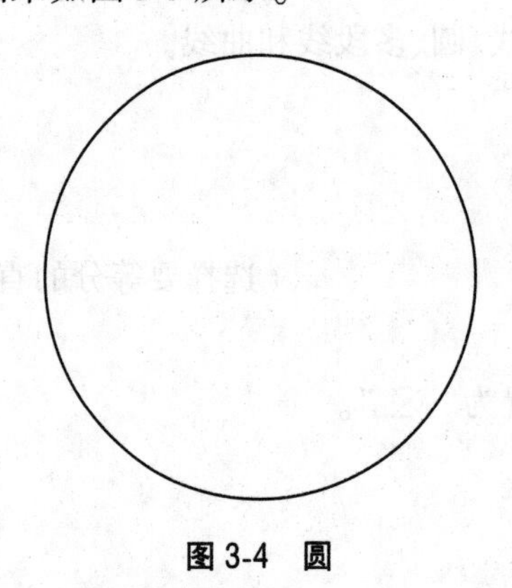

图 3-4　圆

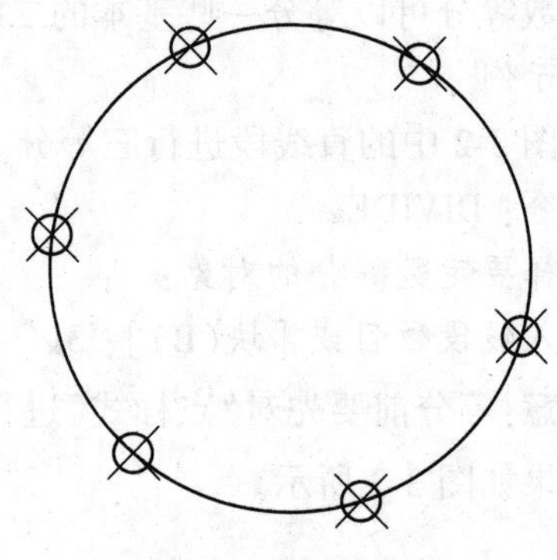

图 3-5　定距等分圆

3.1.1.6　点坐标的输入

在 AutoCAD 中,当命令行提示输入点时,可以在屏幕上指定点,也可以在命令行提示下输入坐标值。点的坐标输入方式有以下几种。

1. 绝对坐标

基于 WCS 原点(0,0)的坐标值叫绝对坐标,常表示为"x,y",表示此点在二维图形中的坐标为(x,y)。

2. 相对坐标

相对坐标是相对上一个点的坐标。如果知道某点与前一点的位置关系,可以使用相对坐标。相对坐标的输入方式是在坐标值前面添加一个"@"符号,常表示为"@x,y",表示此点沿 X 轴正方向相对上一个点增加 x 个单位,沿 Y 轴正方向相对上一个点增加 y 个单位。坐标值为负,则为与坐标轴正向相反的值。

3. 绝对极坐标

绝对极坐标用点距 WCS 原点(0,0)的距离及点和 WCS 原点(0,0)的连线与 X 轴正方向的夹角表示。绝对极坐标的输入方式是在距离和角度之间加上"<"符号,常表示为 $\rho<\theta$,表示此点距离原点有 ρ 个单位,和 X 轴正方向的夹角为 θ(°)。

4. 相对极坐标

相对极坐标用点距上一个点的距离及两点连线与 X 轴正方向的夹角表示。相对极坐标的输入方式是在坐标值前面添加一个"@"符号。常表示为"@$\rho<\theta$",表示此点与上

一个点的连线长度为 ρ 个单位，并且该点与上一个点的连线和 X 轴正方向的夹角为 $\theta(°)$。

3.1.2　绘制线

3.1.2.1　直线

1. 命令的启动方式

(1)在命令行中用键盘输入："LINE"。

(2)在主菜单中选择："绘图"→"直线"。

(3)在功能面板上选择："默认"→"绘图"→"直线"。

(4)在"绘图"工具条单击"直线"按钮。

2. 命令的操作过程

命令：LINE↙

指定第一个点：　(在屏幕上用左键单击选择第一点)

指定下一点或［放弃(U)］：　(在屏幕上用左键单击选择下一点)

指定下一点或［放弃(U)］：　(在屏幕上用左键单击选择下一点)

指定下一点或［闭合(C)/放弃(U)］：

(单击右键选择确认退出，或输入"U"后回车，放弃上一步绘制的直线)

指定下一点或［闭合(C)/放弃(U)］：

(当连续绘制两条以上的直线时，输入"C"后回车，使所绘制的直线闭合)

3. 参数说明

"指定第一点"：在屏幕上指定或用键盘输入直线上的第一点。

"指定下一点"：确定直线上的下一点。

"放弃(U)"：输入"U"后回车，系统放弃上一步绘制的直线。

"闭合(C)"：输入"C"后回车，系统会自动将所绘制的直线闭合。

4. 注意事项

绘制水平方向和竖直方向直线时，可以打开正交模式(单击状态栏上的"正交限制光标"按钮 或按 F8 键)，用鼠标给定所画直线的方向，用键盘直接输入两点之间的距离，来绘制直线。

当把状态栏上的"动态输入"按钮(或按 F12 键)打开后，可以动态绘制任意方向和长度的线段，如图 3-6 所示。在图 3-6 中，执行"直线"命令，在屏幕上确定第一点后，可以先把光标移动到已知夹角，如 45°(直线与水平线的夹角)的位置上，然后输入线段的长度 100 后回车，接着绘制下一段直线。

5. 示例

用直线命令绘制一矩形。

命令：LINE↙

指定第一个点：　(指定 A 点)

指定下一点或［放弃(U)］：<正交 开> 100↙　(向上确定 B 点)

指定下一点或［放弃(U)］: 200↙ （向右确定 C 点）
指定下一点或［闭合(C)/放弃(U)］: 100↙ （向下确定 D 点）
指定下一点或［闭合(C)/放弃(U)］: C↙ （图形自动闭合）
结果如图 3-7 所示。

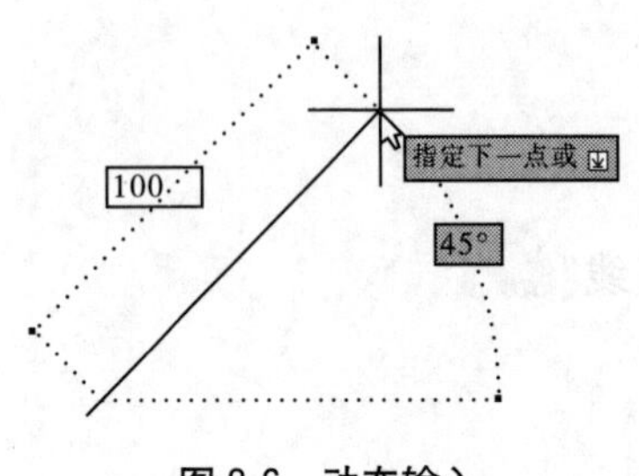

图 3-6　动态输入

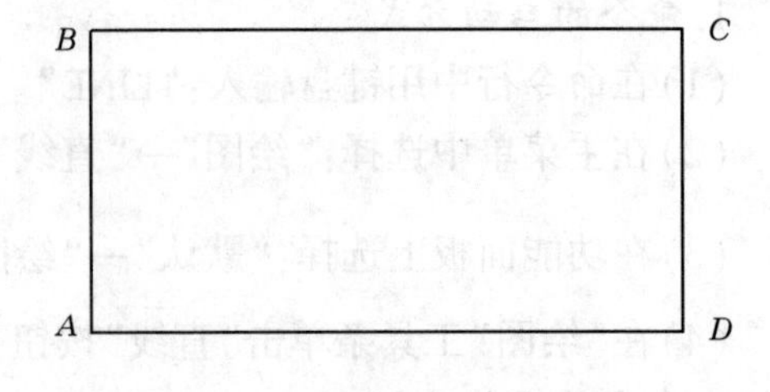

图 3-7　直线命令绘制的图形

3.1.2.2　射线

“射线”命令用于绘制向一个方向无限延伸的直线。

1. 命令的启动方式

(1) 在命令行中用键盘输入:“RAY”。
(2) 在主菜单中选择:“绘图”→“射线”。
(3) 在功能面板上选择:“默认”→“绘图”→“射线”。

2. 命令的操作过程

命令: RAY↙
指定起点:
指定通过点:
指定通过点: ↙ （用回车来结束命令）

3. 参数说明

“指定起点”:指定射线的起点。
“指定通过点”:指定射线通过的点。

3.1.2.3　构造线

“构造线”命令用于绘制向两端无限延伸的直线。

1. 命令的启动方式

(1) 在命令行中用键盘输入:“XLINE”。
(2) 在主菜单中选择:“绘图”→“构造线”。
(3) 在功能面板上选择:“默认”→“绘图”→“构造线”。
(4) 在“绘图”工具条单击“构造线”按钮。

2. 命令的操作过程

命令: XLINE↙
指定点或［水平(H)/垂直(V)/角度(A)/二等分(B)/偏移(O)］:

（在屏幕上指定第一个点）

指定通过点：（在屏幕上指定第二个点）

3. 参数说明

“指定点”:指定构造线上的第一个点。

“指定通过点”:指定构造线通过的第二个点。

“水平(H)”:绘制水平构造线。

“垂直(V)”:绘制垂直构造线。

“角度(A)”:按指定角度绘制构造线(这里的角度指构造线与水平线的夹角,正值与负值构造线方向不同)。选择A↙,系统有如下命令提示:

输入构造线的角度 (A) 或 [参照(R)]:

“输入构造线的角度(A)”: 输入参照线的水平夹角。

“参照(R)” :输入相对线的相对角度。

“二等分(B)”:绘制已知角的平分线。系统有如下命令提示:

指定点或 [水平(H)/垂直(V)/角度(A)/二等分(B)/偏移(O)]:B↙

指定角的顶点:（指定角顶点）

指定角的起点:（指定角起点）

指定角的端点:（指定角端点）

“偏移(O)”:绘制已知线段的平行线。系统有如下命令提示:

指定点或 [水平(H)/垂直(V)/角度(A)/二等分(B)/偏移(O)]:O↙

指定偏移距离或 [通过(T)] <1.0000>:10↙（指定平行复制的距离）

选择直线对象:（选择目标线段）

指定向哪侧偏移:（指定平行复制的方向）

指定偏移距离或 [通过(T)] <1.0000>: T↙

选择直线对象:（选择目标线段）

指定通过点:（指定平行复制线通过点）

4. 注意事项

通常可以利用“构造线”命令的“角度(A)”选项来绘制已知角度的斜线,这里的角度指的是斜线与水平线的夹角。

3.1.2.4　多线

1. 设置多线样式

1)命令的启动方式

(1)在命令行中用键盘输入:“MLSTYLE”。

(2)在主菜单中选择:“格式”→“多线样式”。

2)命令的操作过程

命令: MLSTYLE↙

系统弹出“多线样式”对话框,如图3-8所示。首先在对话框中点击“新建”按钮来创建新的多线样式,如图3-9所示;然后点击“继续”设置新建样式的特性,如图3-10所示。

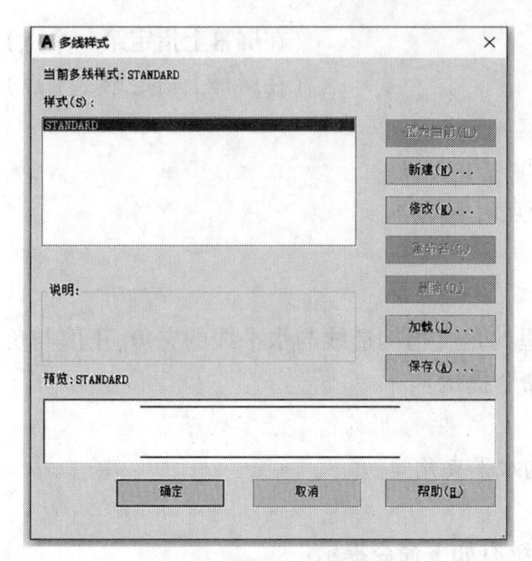

图 3-8 “多线样式”对话框

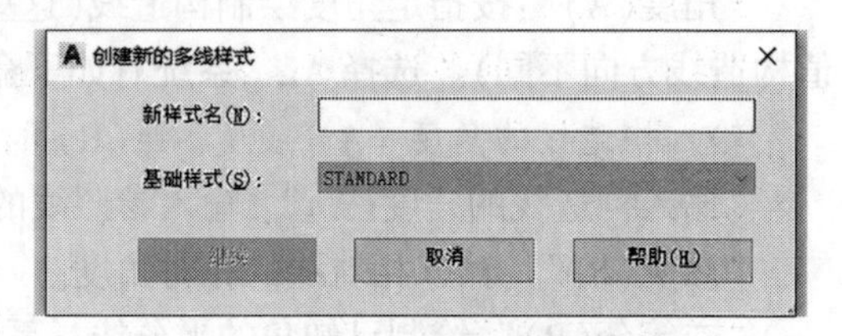

图 3-9 “创建新的多线样式”对话框

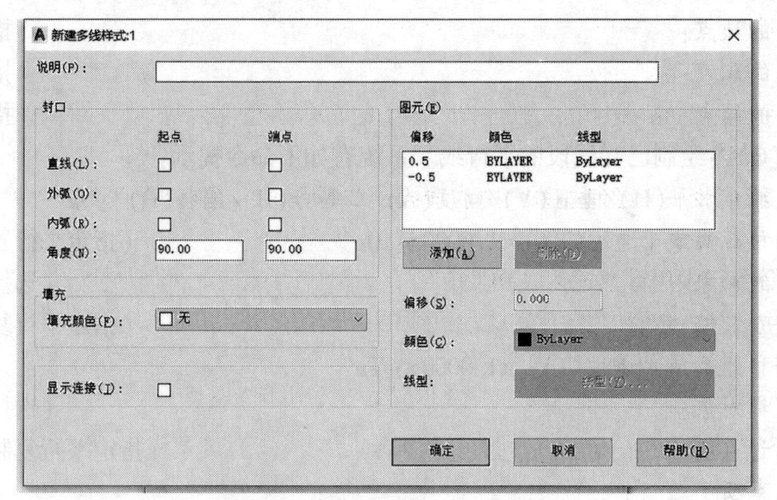

图 3-10 “新建多线样式”对话框

3) 参数说明

“说明”：对新建的多线样式添加一个说明。

“封口”：有四个选项，分别是直线、外弧、内弧和角度，通过选择不同的选项来改变所绘多线起点和端点的封口形状。

“图元”：在这个区域中，可以增加多线的数量，也可设置多线之间的距离，改变多线中每条线的颜色，还可加载不同的线型。

“填充颜色”：设置绘制多线的背景填充色。

“显示连接”：控制相邻的两条多线顶点处接头的显示。

2. 绘制多线

1) 命令的启动方式

(1) 在命令行中用键盘输入：“MLINE”。

(2) 在主菜单中选择：“绘图”→“多线”。

2)命令的操作过程

命令: MLINE↙

当前设置: 对正 = 上,比例 = 20.00,样式 = STANDARD

指定起点或[对正(J)/比例(S)/样式(ST)]:

指定下一点:

指定下一点或[放弃(U)]:

指定下一点或[闭合(C)/放弃(U)]:

3)参数说明

“样式=”:当前多线样式的名称。可以通过“多线样式”对话框来进行设置。

“对正(J)”:设置多线的位置。画多线时,从光标所在的位置绘制多线,有“上”“无”“下”之分。

“比例(S)”:设置绘制多线的间距比例。

“样式(ST)”:设置当前多线的样式。

“指定起点”:指定绘制多线的起点。

“指定下一点”:指定绘制多线的下一个点。

4)注意事项

在用多线命令绘制多线时,首先应根据所绘图形设置好多线样式。

3.1.2.5　多段线

“多段线”命令用于绘制一系列由直线段或圆弧段连接而成的组合线段。

1.命令的启动方式

(1)在命令行中用键盘输入:“PLINE”。

(2)在主菜单中选择:“绘图”→“多段线”。

(3)在功能面板上选择:“默认”→“绘图”→“多段线”。

(4)在“绘图”工具条单击“多段线”按钮。

2.命令的操作过程

命令: PLINE↙

指定起点:

当前线宽为 0.0000

指定下一个点或[圆弧(A)/半宽(H)/长度(L)/放弃(U)/宽度(W)]:

指定下一点或[圆弧(A)/闭合(C)/半宽(H)/长度(L)/放弃(U)/宽度(W)]:

3.参数说明

“圆弧(A)”:进入绘制圆弧模式,系统有如下命令提示:

指定下一个点或[圆弧(A)/半宽(H)/长度(L)/放弃(U)/宽度(W)]: A↙

指定圆弧的端点(按住 Ctrl 键以切换方向)或

[角度(A)/圆心(CE)/方向(D)/半宽(H)/直线(L)/半径(R)/第二个点(S)/放弃(U)/宽度(W)]:

在这段命令行提示中,各选项含义如下:

“角度(A)”:输入所绘圆弧的圆心角。

“圆心(CE)”:输入或指定所绘圆弧的圆心。

“方向(D)”:确定所绘圆弧起点的切线方向。

“半宽(H)”:确定所绘圆弧起点和端点一半的线宽。

“直线(L)”:确定所绘的多段线为直线段。

“半径(R)”:指定所绘圆弧的半径。

“第二个点(S)”:指定所绘圆弧的端点。

“放弃(U)”:只是放弃上一步绘制的圆弧,而不是退出整个命令。

“宽度(W)”:确定所绘圆弧起点和端点的线宽。

4. 注意事项

一个多段线命令绘制的对象是一个整体。利用“多段线”命令不但可以定义整个线段的宽度和半宽,也可以分别定义线段起点、端点的宽度和半宽,使线宽以渐变方式变化。该命令常用来绘制宽线或箭头。

任务 3.2　绘制矩形与多边形

3.2.1　绘制矩形

3.2.1.1　命令的启动方式

(1)在命令行中用键盘输入:“RECTANG”。

(2)在主菜单中选择:“绘图”→“矩形”。

(3)在功能面板上选择:“默认”→“绘图”→“矩形”。

(4)在“绘图”工具条单击“矩形”按钮。

3.2.1.2　命令的操作过程

命令: RECTANG↙

指定第一个角点或［倒角(C)/标高(E)/圆角(F)/厚度(T)/宽度(W)］:

（在屏幕上指定或键盘上输入一角点）

指定另一个角点或［面积(A)/尺寸(D)/旋转(R)］:

（在屏幕上指定或键盘上输入另一角点）

3.2.1.3　参数说明

“倒角(C)”:输入“C”回车后,有如下的命令过程:

命令: RECTANG↙

指定第一个角点或［倒角(C)/标高(E)/圆角(F)/厚度(T)/宽度(W)］:C↙

指定矩形的第一个倒角距离 <0.0000>:10↙　　（指定第一个倒角距离）

指定矩形的第二个倒角距离 <10.0000>:5↙　　（指定第二个倒角距离）

指定第一个角点或［倒角(C)/标高(E)/圆角(F)/厚度(T)/宽度(W)］:

（指定矩形第一个角点）

指定另一个角点或［面积(A)/尺寸(D)/旋转(R)］:　　　(指定矩形第二个角点)

“标高(E)”:输入“E”回车后,命令行要求输入标高。

“圆角(F)”:输入“F”回车后,有如下的命令过程:

命令: RECTANG↙

指定第一个角点或［倒角(C)/标高(E)/圆角(F)/厚度(T)/宽度(W)］:F↙

指定矩形的圆角半径 <0.0000>:30↙　　　(指定圆角的半径)

指定第一个角点或［倒角(C)/标高(E)/圆角(F)/厚度(T)/宽度(W)］:

指定另一个角点或［面积(A)/尺寸(D)/旋转(R)］:

“厚度(T)”:输入“T”回车后,命令行中要求输入矩形的厚度。

“宽度(W)”:输入“W”回车后,命令行中要求输入矩形的线宽。

“面积(A)”:输入“A”回车后,命令行有如下的命令过程:

指定另一个角点或［面积(A)/尺寸(D)/旋转(R)］: A↙

输入以当前单位计算的矩形面积 <500.0000>: 2000↙　　　(输入要绘制矩形的面积)

计算矩形标注时依据［长度(L)/宽度(W)］<长度>:

输入矩形长度 <30.0000>: 50↙　　　(输入要绘制矩形的长度)

“尺寸(D)”:输入“D”回车后,命令行有如下的命令过程:

指定另一个角点或［面积(A)/尺寸(D)/旋转(R)］: D↙

指定矩形的长度 <50.0000>: 30↙　　　(输入要绘制矩形的长度)

指定矩形的宽度 <40.0000>: 20↙　　　(输入要绘制矩形的宽度)

指定另一个角点或［面积(A)/尺寸(D)/旋转(R)］:

(在矩形延伸的方向任意位置单击鼠标左键)

“旋转(R)”:输入“R”回车后,命令行有如下的命令过程:

指定另一个角点或［面积(A)/尺寸(D)/旋转(R)］:R↙

指定旋转角度或［拾取点(P)］<0>:30↙

(输入矩形与水平线的夹角,有正、负之分)

指定另一个角点或［面积(A)/尺寸(D)/旋转(R)］:

(在矩形延伸的方向任意位置单击鼠标左键)

3.2.1.4　注意事项

矩形是多段线中的一种,它同时具有多段线的属性。另外,“标高(E)”“厚度(T)”在绘制三维图形时用到。

3.2.1.5　示例

绘制如图 3-11 所示的矩形。

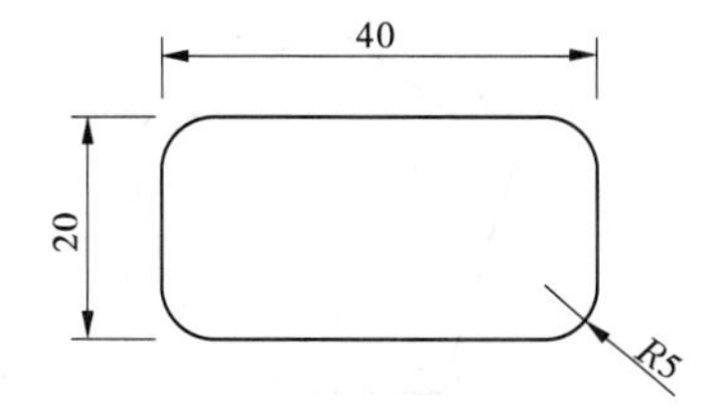

图 3-11　绘制矩形

命令: RECTANG↙

指定第一个角点或［倒角(C)/标高(E)/圆角(F)/厚度(T)/宽度(W)］:F↙

指定矩形的圆角半径 <10.0000>: 5↙

指定第一个角点或［倒角(C)/标高(E)/圆角(F)/厚度(T)/宽度(W)］:

指定另一个角点或［面积(A)/尺寸(D)/旋转(R)］:D↙

指定矩形的长度 <10.0000>: 40↙

指定矩形的宽度 <10.0000>: 20↙

指定另一个角点或［面积(A)/尺寸(D)/旋转(R)］:

3.2.2 绘制多边形

3.2.2.1 命令的启动方式

(1)在命令行中用键盘输入:"POLYGON"。

(2)在主菜单中选择:"绘图"→"多边形"。

(3)在功能面板上选择:鼠标"默认"→"绘图"→"多边形"。

(4)在"绘图"工具条单击"多边形"按钮。

3.2.2.2 命令的操作过程

命令: POLYGON↙

输入侧面数 <4>: 5↙

指定正多边形的中心点或［边(E)］: （指定一点为多边形的中心点）

输入选项［内接于圆(I)/外切于圆(C)］<I>:↙

指定圆的半径: 10↙ （指定内接于圆的半径）

3.2.2.3 参数说明

"指定正多边形的中心点":输入或指定中心点的位置来确定正多边形,正多边形大小由内接于圆或外切于圆的半径确定。

"边(E)":根据正多边形的边长来绘制正多边形。

"内接于圆(I)/外切于圆(C)":输入"I"时,圆的半径等于中心点到正多边形顶点的距离,即正多边形内接于圆;输入"C"时,圆的半径等于中心点到正多边形边的垂直距离,即正多边形外切于圆。

3.2.2.4 注意事项

在应用"正多边形"命令的过程中,注意区分"内接于圆(I)"和"外切于圆(C)"两种方法,如图 3-12 所示。

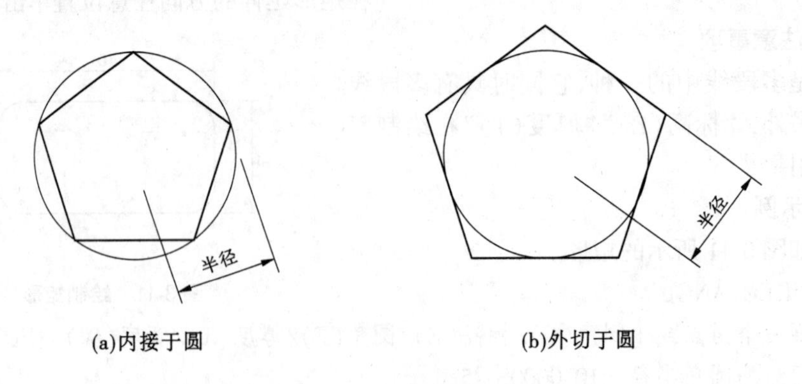

图 3-12 内接于圆与外切于圆

任务3.3　绘制曲线

3.3.1　样条曲线

“样条曲线”命令用于绘制经过(或接近)影响曲线形状控制点(或拟合点)的平滑曲线。

3.3.1.1　命令的启动方式

(1)在命令行中用键盘输入:“SPLINE”。

(2)在主菜单中选择:“绘图”→“样条曲线”。

(3)在功能面板上选择:“默认”→“绘图”→“样条曲线”;

(4)在“绘图”工具条单击“样条曲线”按钮。

3.3.1.2　命令的操作过程

命令:SPLINE↙

当前设置:方式=拟合　节点=弦

指定第一个点或[方式(M)/节点(K)/对象(O)]:　(在屏幕上选择第一点)

输入下一个点或[起点切向(T)/公差(L)]:　(在屏幕上选择第二点)

输入下一个点或[端点相切(T)/公差(L)/放弃(U)]:　(在屏幕上选择第三点)

输入下一个点或[端点相切(T)/公差(L)/放弃(U)/闭合(C)]:

3.3.1.3　参数说明

“方式(M)”:可选择是使用拟合点还是使用控制点来创建样条曲线。通常使用拟合点来创建样条曲线。

“节点(K)”:指定节点参数化,它是一种计算方法。

“对象(O)”:一条绘制好的多段线经过“编辑多段线”命令中的“样条曲线”命令编辑后,执行“对象(O)”将其转化为样条曲线。

“公差(L)”:拟合公差的大小代表曲线离拟合点的距离。拟合公差为0时,曲线通过拟合点。绘制曲线时,可以修改拟合公差而使绘制的曲线更光滑。

“闭合(C)”:将所绘制的曲线闭合。

3.3.1.4　注意事项

绘制样条曲线时,可以通过修改拟合公差值来达到修改样条曲线的目的。

3.3.1.5　示例

通过A、B、C、D点绘制如图3-13所示的一条曲线。

命令:SPLINE↙

当前设置:方式=拟合　节点=弦

指定第一个点或[方式(M)/节点(K)/对象(O)]:　(选择A点)

输入下一个点或[起点切向(T)/公差(L)]:　(选择B点)

输入下一个点或[端点相切(T)/公差(L)/放弃(U)]:　(选择C点)

输入下一个点或[端点相切(T)/公差(L)/放弃(U)/闭合(C)]:　(选择D点)

输入下一个点或［端点相切(T)/公差(L)/放弃(U)/闭合(C)］：↙

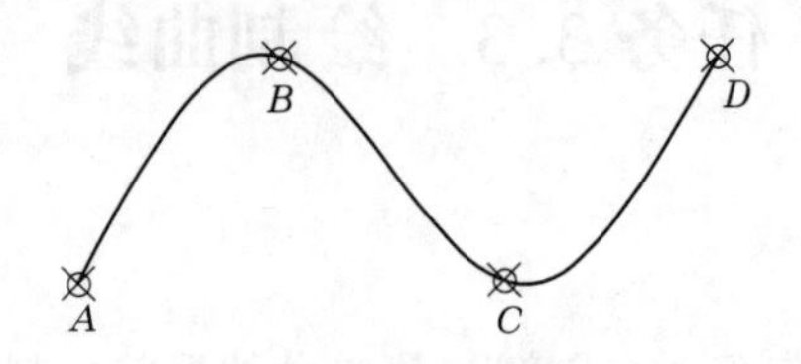

图 3-13　绘制样条曲线

3.3.2　修订云线

修订云线是由连续圆弧组成的多段线,用来构成云线形状的对象。在查看或用红线圈阅图形时,可以使用修订云线功能亮显标记以提高工作效率。可以创建修订云线,也可以将对象(如圆、椭圆、多段线或样条曲线)转换为修订云线。

3.3.2.1　启动命令的方法

(1)在命令行中用键盘输入:"REVCLOUD"。

(2)在主菜单中选择:"绘图"→"修订云线"。

(3)在"绘图"工具栏上单击"修订云线"按钮。

(4)在功能面板上选择:"默认"→"绘图"→"修订云线"。

(5)在功能面板上选择:"注释"→"标记"→"修订云线" 修订云线。

3.3.2.2　执行命令的过程

命令：REVCLOUD↙

最小弧长：13.3894　最大弧长：26.7788　样式：普通　类型：矩形

指定第一个角点或［弧长(A)/对象(O)/矩形(R)/多边形(P)/徒手画(F)/样式(S)/修改(M)］<对象>：F↙

最小弧长：13.3894　最大弧长：26.7788　样式：普通　类型：徒手画

指定第一个点或［弧长(A)/对象(O)/矩形(R)/多边形(P)/徒手画(F)/样式(S)/修改(M)］<对象>：

沿云线路径引导十字光标...

修订云线完成。

3.3.2.3　参数说明

"弧长(A)":指定修订云线中弧线的长度,其中有最小弧长和最大弧长之分。

"对象(O)":将一个对象转换为修订云线。其中,要转换对象的长度应该大于或等于指定的弧长,否则就无法转换。

"矩形(R)":可通过指定矩形对角线上的两个点创建矩形修订云线。

"多边形(P)":可通过指定多边形的顶点创建多边形修订云线。

"徒手画(F)":可手动沿着云线路径移动十字光标绘制云线。要更改圆弧的大小,可以沿着路径单击拾取点。

“样式(S)”:确定修订云线的样式,通过选择圆弧样式［普通(N)/手绘(C)］来实现。

3.3.2.4　注意事项

利用修订云线命令绘制的对象为多段线。还可以利用在功能面板上的“默认”→“绘图”→“修订云线”(或“注释”→“标记”→“修订云线”)中的三个选项:(徒手画修订云线)、(矩形修订云线)、(多边形修订云线)绘制不同的云线。

任务 3.4　绘制曲线图形

3.4.1　绘制圆

3.4.1.1　命令的启动方式

(1)在命令行中用键盘输入:“CIRCLE”。

(2)在主菜单中选择:“绘图”→“圆”。

(3)在功能面板上选择:“默认”→“绘图”→“圆”。

(4)在“绘图”工具条单击“圆”按钮。

3.4.1.2　命令的操作过程

命令: CIRCLE↙

指定圆的圆心或［三点(3P)/两点(2P)/切点、切点、半径(T)］:

(在屏幕上指定一点)

指定圆的半径或［直径(D)］: 10↙

(在屏幕上指定或在键盘上输入圆的半径或直径)

3.4.1.3　参数说明

“指定圆的圆心”:确定圆心的位置。

“三点(3P)”:当输入“3P”回车后,系统会出现以下的命令过程:

指定圆的圆心或［三点(3P)/两点(2P)/ 切点、切点、半径(T)］:3P↙

(输入圆周上的三个点画圆)

指定圆上的第一个点:　　(在屏幕上指定一点)

指定圆上的第二个点:　　(在屏幕上指定一点)

指定圆上的第三个点:　　(在屏幕上指定一点)

“两点(2P)”:当输入“2P”回车后,系统会出现以下的命令过程:

指定圆的圆心或［三点(3P)/两点(2P)/ 切点、切点、半径(T)］:2P↙

(输入圆直径的两个端点画圆)

指定圆直径的第一个端点:　　(在屏幕上指定一点)

指定圆直径的第二个端点:　　(在屏幕上指定一点)

“切点、切点、半径(T)”:当输入“T”回车后,系统会出现以下的命令过程:

指定圆的圆心或［三点(3P)/两点(2P)/ 切点、切点、半径(T)］:T↙

（指定圆上的两个切点并输入半径画圆）

指定对象与圆的第一个切点：（在屏幕上指定切点）

指定对象与圆的第二个切点：（在屏幕上指定切点）

指定圆的半径 <30.0000>：50（输入圆的半径）

3.4.1.4 注意事项

圆有 6 种画法，如图 3-14 所示。其中，最常用的是“相切、相切、半径”。

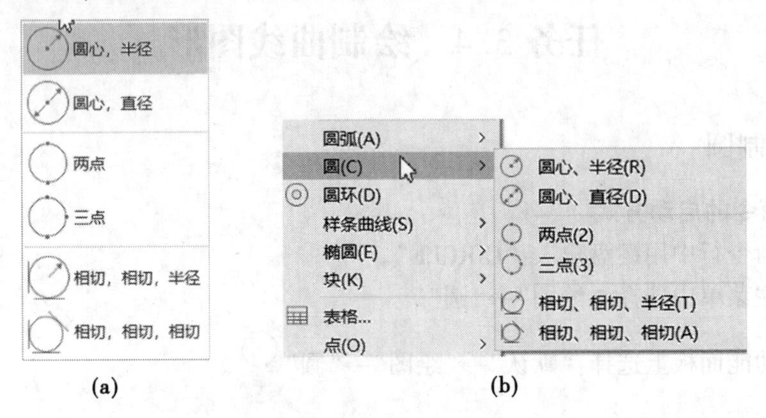

图 3-14 圆的 6 种画法

3.4.2 绘制圆弧

3.4.2.1 命令的启动方式

(1)在命令行中用键盘输入：“ARC”。

(2)在主菜单中选择：“绘图”→“圆弧”→“三点”。

(3)在功能面板上选择：“默认”→“绘图”→“圆弧”。

(4)在“绘图”工具条单击“圆弧”按钮。

3.4.2.2 命令的操作过程

AutoCAD 中提供了 11 种画圆弧的方法，如图 3-15 所示。

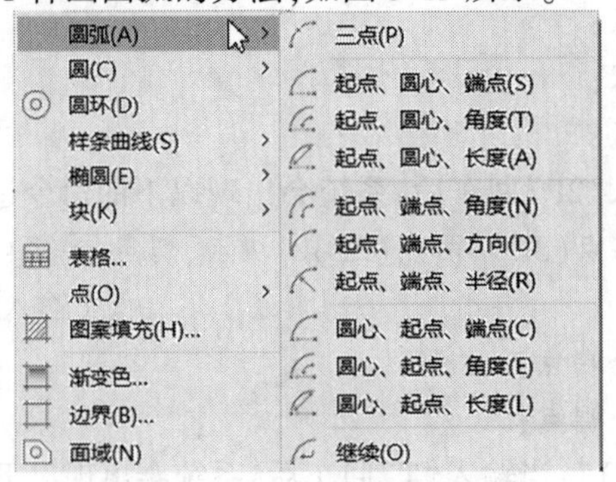

图 3-15 圆弧的 11 种画法

3.4.2.3　参数说明

在这里将绘制圆弧的方法及命令过程介绍如下。

1. 三点

当执行“三点”命令时，系统有如下的命令过程：

命令：_ARC

指定圆弧的起点或［圆心(C)］：　（选择或输入一点作为圆弧的起点）

指定圆弧的第二个点或［圆心(C)/端点(E)］：（选择或输入一点作为圆弧的第二点）

指定圆弧的端点：　（选择或输入一点作为圆弧的端点）

2. 起点、圆心、端点

当执行“起点、圆心、端点”命令时，系统有如下的命令过程：

命令：_ARC

指定圆弧的起点或［圆心(C)］：　（选择或输入一点作为圆弧的起点）

指定圆弧的第二个点或［圆心(C)/端点(E)］：_C

指定圆弧的圆心：　（选择或输入一点作为圆弧的圆心）

指定圆弧的端点(按住 Ctrl 键以切换方向)或［角度(A)/弦长(L)］：

（选择或输入一点作为圆弧的端点）

3. 起点、圆心、角度

当执行“起点、圆心、角度”命令时，系统有如下的命令过程：

命令：_ARC

指定圆弧的起点或［圆心(C)］：　（选择或输入一点作为圆弧的起点）

指定圆弧的第二个点或［圆心(C)/端点(E)］：_C

指定圆弧的圆心：　（选择或输入一点作为圆弧的圆心）

指定圆弧的端点(按住 Ctrl 键以切换方向)或［角度(A)/弦长(L)］：_A

指定夹角(按住 Ctrl 键以切换方向)：30↙　（输入圆弧对应的圆心角）

4. 起点、圆心、长度

当执行“起点、圆心、长度”命令时，系统有如下的命令过程：

命令：_ARC

指定圆弧的起点或［圆心(C)］：　（选择或输入一点作为圆弧的起点）

指定圆弧的第二个点或［圆心(C)/端点(E)］：_C

指定圆弧的圆心：　（选择或输入一点作为圆弧的圆心）

指定圆弧的端点(按住 Ctrl 键以切换方向)或［角度(A)/弦长(L)］：_L

指定弦长(按住 Ctrl 键以切换方向)：　（指定圆弧所对应的弦长）

5. 起点、端点、角度

当执行“起点、端点、角度”命令时，系统有如下的命令过程：

命令：_ARC

指定圆弧的起点或［圆心(C)］：　（选择或输入一点作为圆弧的起点）

指定圆弧的第二个点或［圆心(C)/端点(E)］：_E

指定圆弧的端点：　　（选择或输入一点作为圆弧的端点）
指定圆弧的中心点(按住 Ctrl 键以切换方向)或［角度(A)/方向(D)/半径(R)］：_A
指定夹角(按住 Ctrl 键以切换方向)：　　（输入圆弧的圆心角）

6. 起点、端点、方向

当执行"起点、端点、方向"命令时，系统有如下的命令过程：
命令：_ARC
指定圆弧的起点或［圆心(C)］：　　（选择或输入一点作为圆弧的起点）
指定圆弧的第二个点或［圆心(C)/端点(E)］：_E
指定圆弧的端点：　　（选择或输入一点作为圆弧的端点）
指定圆弧的中心点(按住 Ctrl 键以切换方向)或［角度(A)/方向(D)/半径(R)］：_D
指定圆弧起点的相切方向(按住 Ctrl 键以切换方向)：（确定圆弧起点的切线方向）

7. 起点、端点、半径

当执行"起点、端点、半径"命令时，系统有如下的命令过程：
命令：_ARC
指定圆弧的起点或［圆心(C)］：　　（选择或输入一点作为圆弧的起点）
指定圆弧的第二个点或［圆心(C)/端点(E)］：_E
指定圆弧的端点：　　（选择或输入一点作为圆弧的端点）
指定圆弧的中心点(按住 Ctrl 键以切换方向)或［角度(A)/方向(D)/半径(R)］：_R
指定圆弧的半径(按住 Ctrl 键以切换方向)：　　（确定圆弧的半径）

8. 圆心、起点、端点

当执行"圆心、起点、端点"命令时，系统有如下的命令过程：
命令：_ARC
指定圆弧的起点或［圆心(C)］：_C
指定圆弧的圆心：　　（选择或输入一点作为圆弧的圆心）
指定圆弧的起点：　　（选择或输入一点作为圆弧的起点）
指定圆弧的端点(按住 Ctrl 键以切换方向)或［角度(A)/弦长(L)］：
　　（选择或输入一点作为圆弧的端点）

9. 圆心、起点、角度

当执行"圆心、起点、角度"命令时，系统有如下的命令过程：
命令：_ARC
指定圆弧的起点或［圆心(C)］：_C
指定圆弧的圆心：　　（选择或输入一点作为圆弧的圆心）
指定圆弧的起点：　　（选择或输入一点作为圆弧的起点）
指定圆弧的端点(按住 Ctrl 键以切换方向)或［角度(A)/弦长(L)］：_A
指定夹角(按住 Ctrl 键以切换方向)：30↙　　（输入圆弧对应的圆心角）

10. 圆心、起点、长度

当执行"圆心、起点、长度"命令时，系统有如下的命令过程：
命令：_ARC

指定圆弧的起点或 [圆心(C)]: _C
指定圆弧的圆心: (选择或输入一点作为圆弧的圆心)
指定圆弧的起点: (选择或输入一点作为圆弧的起点)
指定圆弧的端点(按住 Ctrl 键以切换方向)或 [角度(A)/弦长(L)]: _L
指定弦长(按住 Ctrl 键以切换方向): (指定圆弧所对应的弦长)

11. 继续

当执行"继续"命令时,系统有如下的命令过程:
命令: _ARC
指定圆弧的起点或 [圆心(C)]: (系统以上一次命令中的结束点作为起点)
指定圆弧的端点(按住 Ctrl 键以切换方向): (选择或输入一点作为圆弧的端点)

3.4.2.4 注意事项

在绘制简单二维图形时,要根据题目的已知条件,有选择地来使用圆弧的画法。

3.4.3 绘制圆环

3.4.3.1 命令的启动方式

(1)在命令行中用键盘输入:"DONUT"。
(2)在主菜单中选择:"绘图"→"圆环"。
(3)在功能面板上选择:"默认"→"绘图"→"圆环"。

3.4.3.2 命令的操作过程

命令: DONUT↙
指定圆环的内径 <0.5000>: 10 (输入圆环内圆的半径)
指定圆环的外径 <1.0000>: 20 (输入圆环外圆的半径)
指定圆环的中心点或 <退出>: (选择一点作为圆环的中心点)
结果如图 3-16 所示。

图 3-16 圆环

3.4.4 绘制连接圆弧

圆弧连接常指用已知半径的圆弧连接两对象。被连接的两对象可以是点、直线、圆弧和样条曲线、椭圆。用已知半径的圆弧连接直线、圆弧常用"切点、切点、半径"命令解决;连接样条曲线、椭圆常用"圆角"命令解决,这部分内容在任务 4.3 中讲解。

如果圆弧连接的一边是直线或圆弧,另一边通过某一点,则不能用"切点、切点、半径"命令了,这时需要先找连接圆弧的圆心,再用"圆心、半径"画圆,然后修剪得到连接圆弧。

这里讲的绘制连接圆弧就是指用已知半径的圆弧连接一边是直线或圆弧,另一边通过某一点的情况。其解决方法:首先,判别连接圆弧与已知圆弧是外连接还是内连接,然后过已知圆弧的圆心,以半径 R(外连接 $R=R_1+R_2$,内连接 $R=R_1-R_2$)作圆;其次,以连接点为圆心、连接圆弧半径为半径画圆;最后,以两辅助圆的交点为圆心、连接圆弧的半径为半径作圆,修剪即得连接圆弧。

举例见项目 4 的技能训练。

3.4.5　绘制椭圆与椭圆弧

3.4.5.1　命令的启动方式

(1)在命令行中用键盘输入:“ELLIPSE”。

(2)在主菜单中选择:“绘图”→“椭圆”。

(3)在功能面板选择:“默认”→“绘图”→“椭圆”。

(4)在“绘图”工具条单击“椭圆”按钮。

3.4.5.2　命令的操作过程

命令: ELLIPSE↙

指定椭圆的轴端点或[圆弧(A)/中心点(C)]:

(在屏幕上指定一点作为轴的一个端点)

指定轴的另一个端点:　(在屏幕上指定一点作为轴的另一个端点)

指定另一条半轴长度或[旋转(R)]:

(在屏幕上指定或在键盘上输入椭圆的另一条轴的半轴长度)

3.4.5.3　参数说明

“指定椭圆的轴端点”:确定椭圆一条轴的一个端点。

“指定轴的另一个端点”:确定椭圆一条轴的另一个端点。

“指定另一条半轴长度”:确定椭圆另一条轴的半轴长度。

“圆弧(A)”:输入“A”回车后,有如下命令过程:

命令: ELLIPSE↙

指定椭圆的轴端点或[圆弧(A)/中心点(C)]: A↙

指定椭圆弧的轴端点或[中心点(C)]:

指定轴的另一个端点:

指定另一条半轴长度或[旋转(R)]:

指定起点角度或[参数(P)]: 0↙

指定端点角度或[参数(P)/夹角(I)]: 60↙

利用这种方式可以作出椭圆弧。

“中心点(C)”:指椭圆的中心点。

“旋转(R)”: 通过绕第一条轴旋转定义椭圆的长轴短轴比例。该值(从 0°到 89.4°)越大,短轴对长轴的比例(椭圆的离心率)就越大。89.4°到 90.6°之间的值无效。

3.4.5.4　注意事项

椭圆有两种画法:一种是已知椭圆长短轴的尺寸画椭圆;另一种是已知椭圆长短轴的长度和椭圆中心的位置画椭圆。在实际运用过程中要根据已知条件确定采用哪种画法。

椭圆弧的画法包括在椭圆的画法中,这里就不再一一赘述。

任务3.5　删除、分解与偏移

3.5.1　删除

3.5.1.1　命令的启动方式

(1)在命令行中用键盘输入:“ERASE”。

(2)在主菜单中选择:“修改”→“删除”。

(3)在功能面板上选择:“默认”→“修改”→“删除”。

(4)在“修改”工具条单击“删除”按钮。

3.5.1.2　命令的操作过程

命令: ERASE↙

选择对象: 找到 1 个　(选择要删除的对象)

选择对象:　(单击鼠标右键删除对象)

3.5.1.3　注意事项

在绘图过程中,也可以先选择要删除的对象,然后执行删除命令。

3.5.2　分解

分解是将一个完整的对象分解为若干个对象。在AutoCAD中能够成为完整对象的有:块、多行文字、尺寸和多段线等,要想修改这些对象,就必须先将这些对象进行分解。

3.5.2.1　命令的启动方式

(1)在命令行中用键盘输入:“EXPLODE”。

(2)在主菜单中选择:“修改”→“分解”。

(3)在功能面板上选择:“默认”→“修改”→“分解”。

(4)在“修改”工具条单击“分解”按钮。

3.5.2.2　命令的操作过程

命令: EXPLODE↙

选择对象: 找到 1 个　(选择要分解的对象)

选择对象:　(单击鼠标右键分解对象)

3.5.2.3　注意事项

对象被分解后会失去其原有的属性。例如,带有宽度的矩形,在分解后会失去半宽、宽度等属性(见图3-17)。

3.5.3　偏移

3.5.3.1　命令的启动方式

(1)在命令行中用键盘输入:“OFFSET”。

(2)在主菜单中选择:“修改”→“偏移”。

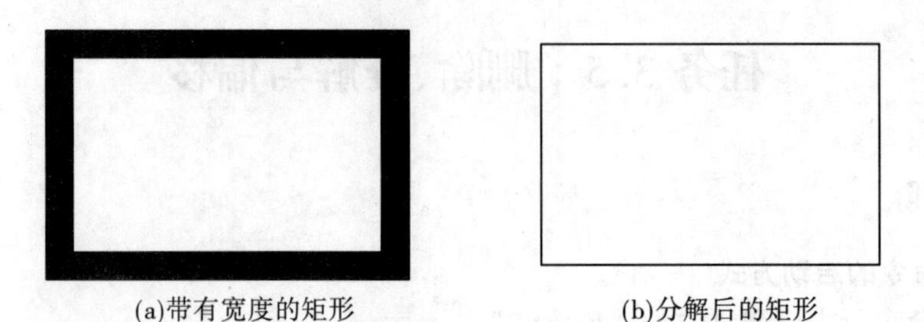

(a)带有宽度的矩形　　(b)分解后的矩形

图 3-17　矩形分解

(3)在功能面板上选择："默认"→"修改"→"偏移"。

(4)在"修改"工具条单击"偏移"按钮。

3.5.3.2　命令的操作过程

命令：OFFSET↙

当前设置：删除源=否　图层=源　OFFSETGAPTYPE=0

指定偏移距离或［通过(T)/删除(E)/图层(L)］<通过>：指定第二点：

选择要偏移的对象，或［退出(E)/放弃(U)］<退出>：

指定要偏移的那一侧上的点，或［退出(E)/多个(M)/放弃(U)］<退出>：

3.5.3.3　参数说明

"指定偏移距离"：偏移距离为偏移后的对象与原对象的距离，这里的距离指的是垂直距离。

"通过(T)"：通过已知点来偏移对象。

"删除(E)"：删除源对象。

"图层(L)"：设置新对象所在的图层。

"多个(M)"：连续偏移多个对象。

3.5.3.4　注意事项

用"偏移"命令可以作一组平行线、一组同心圆和一组相似的图样，"偏移"命令的对象必须是一个完整的对象。图 3-18 为用"偏移"命令绘制的图形。

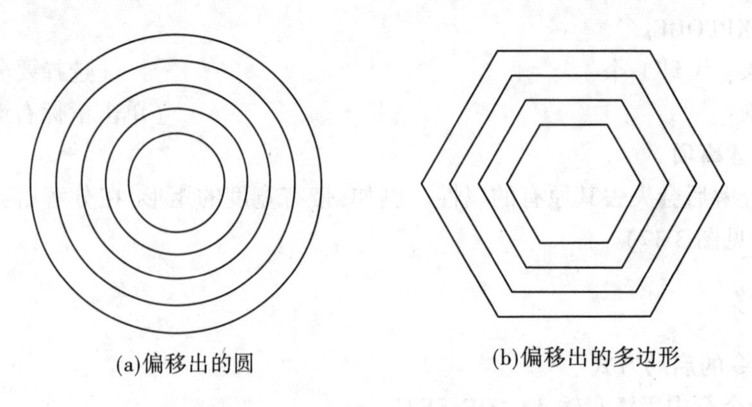

(a)偏移出的圆　　(b)偏移出的多边形

图 3-18　用"偏移"命令绘制的图形

任务3.6　复制、移动、旋转、缩放

3.6.1　复制

3.6.1.1　命令的启动方式

(1)在命令行中用键盘输入:“COPY”。

(2)在主菜单中选择:“修改”→“复制”。

(3)在功能面板上选择:“默认”→“修改”→“复制”。

(4)在“修改”工具条单击“复制”按钮。

3.6.1.2　命令的操作过程

命令:COPY↙

选择对象:找到1个　(选择要复制的对象)

选择对象:

当前设置:　复制模式 = 多个

指定基点或[位移(D)/模式(O)]<位移>:

指定第二个点或[阵列(A)]<使用第一个点作为位移>:

指定第二个点或[阵列(A)/退出(E)/放弃(U)]<退出>:

3.6.1.3　参数说明

“指定基点”:指定一个点作为复制的基准点。

“位移(D)”:输入“D”回车后,命令行要求输入一个坐标值。复制的对象与原对象之间的距离为坐标之差。

“模式(O)”:输入“O”回车后,来设置一次复制单个对象还是一次复制多个对象。

“阵列(A)”:输入“A”回车后,按矩形阵列来复制对象,有如下命令过程:

指定第二个点或[阵列(A)]<使用第一个点作为位移>:A↙

输入要进行阵列的项目数:5↙

指定第二个点或[布满(F)]:

指定第二个点或[阵列(A)/退出(E)/放弃(U)]<退出>:

3.6.2　移动

3.6.2.1　命令的启动方式

(1)在命令行中用键盘输入:“MOVE”。

(2)在主菜单中选择:“修改”→“移动”。

(3)在功能面板上选择:“默认”→“修改”→“移动”。

(4)在“修改”工具条单击“移动”按钮 复制 。

3.6.2.2　命令的操作过程

命令:MOVE↙

选择对象：找到 1 个　　（选择要移动的对象）
选择对象：
指定基点或［位移(D)］<位移>：
指定第二个点或 <使用第一个点作为位移>：

3.6.2.3　参数说明

“指定基点”：指定一个点作为移动的基准点。

“位移(D)”：输入“D”回车后，命令行要求输入一个坐标值。而对象移动的距离就是输入的坐标点与基点之间的距离。

3.6.2.4　注意事项

在绘图过程中，移动复杂图形时，尽量采用“复制”命令，而不采用“移动”命令。

3.6.3　旋转

3.6.3.1　命令的启动方式

（1）在命令行中用键盘输入：“ROTATE”。

（2）在主菜单中选择：“修改”→“旋转”。

（3）在功能面板上选择：“默认”→“修改”→“旋转” 旋转。

（4）在“修改”工具条单击“旋转”按钮。

3.6.3.2　命令的操作过程

命令：ROTATE↙
UCS 当前的正角方向：　ANGDIR = 逆时针　ANGBASE = 0
选择对象：指定对角点：找到 1 个
选择对象：
指定基点：
指定旋转角度，或［复制(C)/参照(R)］<0>：
（输入正值按逆时针旋转，输入负值按顺时针旋转）

3.6.3.3　参数说明

“复制(C)”：使“旋转”命令具有复制功能。

“参照(R)”：旋转的角度是新角度减去参照角度。

3.6.3.4　注意事项

在执行“旋转”命令时要注意 ANGDIR 的取值，当 ANGDIR 的值是 0 时，输入正值按逆时针旋转；当 ANGDIR 的值是 1 时，输入正值按顺时针旋转。

3.6.4　缩放

在这里要注意区分窗口缩放和实时缩放与“缩放”命令的区别，“缩放”命令是改变了图形的尺寸大小，而不只是改变图形的显示大小。

3.6.4.1　命令的启动方式

（1）在命令行中用键盘输入：“SCALE”。

(2)在主菜单中选择:“修改”→“缩放” 缩放。

(3)在功能面板上选择:“默认”→“修改”→“缩放” 缩放。

(4)在“修改”工具条单击“缩放”按钮 。

3.6.4.2　命令的操作过程

命令: SCALE↙

选择对象: 找到 1 个　　(选择所要缩放的对象)

选择对象:

指定基点:　　(选择一点作为缩放的基点)

指定比例因子或 [复制(C)/参照(R)]:

(输入缩放的比例因子或用参照方式进行缩放)

3.6.4.3　参数说明

“指定比例因子”:输入扩大或缩小的比例值。

“复制(C)”:使“缩放”命令具有复制功能。

“参照(R)”:以新长度与参照长度的比值作为缩放的比例。

3.6.4.4　注意事项

比例因子为正值,大于 1 时为放大,小于 1 时为缩小。在实际作图过程中,如果不知道缩放的比例,可以采用“参照(R)”的方法来缩放。

任务 3.7　修剪与延伸、拉伸与拉长

3.7.1　修剪

3.7.1.1　命令的启动方式

(1)在命令行中用键盘输入:“TRIM”。

(2)在主菜单中选择:“修改”→“修剪”。

(3)在功能面板上选择:“默认”→“修改”→“修剪” 修剪。

(4)在“修改”工具条单击“修剪”按钮 。

3.7.1.2　命令的操作过程

命令: TRIM↙

当前设置: 投影=UCS,边=无,模式=快速

选择要修剪的对象,或按住 Shift 键选择要延伸的对象或

[剪切边(T)/窗交(C)/模式(O)/投影(P)/删除(R)]:　　(选择要修剪的对象)

选择要修剪的对象,或按住 Shift 键选择要延伸的对象或

[剪切边(T)/窗交(C)/模式(O)/投影(P)/删除(R)/放弃(U)]:

(选择要修剪的对象)

3.7.1.3　参数说明

“剪切边(T)”:选择此选项,修剪对象前需要先选定剪切边界,然后再选择剪切对象。

“窗交(C)”:采用矩形窗交的方式选择对象。

“模式(O)”:输入修剪模式选项 [快速(Q)/标准(S)], 默认“快速(Q)”。如果选择“标准(S)”,系统有如下的命令提示:

命令: TRIM↙

当前设置: 投影=UCS,边=无,模式=快速

选择要修剪的对象,或按住 Shift 键选择要延伸的对象或

[剪切边(T)/窗交(C)/模式(O)/投影(P)/删除(R)]: O↙

输入修剪模式选项 [快速(Q)/标准(S)] <快速(Q)>: S↙

选择要修剪的对象,或按住 Shift 键选择要延伸的对象或

[剪切边(T)/栏选(F)/窗交(C)/模式(O)/投影(P)/边(E)/删除(R)/放弃(U)]:

“栏选(F)”:采用栏选的方式选择对象。

“边(E)”:输入“E”后回车,系统有如下的命令提示:

[剪切边(T)/栏选(F)/窗交(C)/模式(O)/投影(P)/边(E)/删除(R)/放弃(U)]: E↙

输入隐含边延伸模式 [延伸(E)/不延伸(N)] <不延伸>: E↙

选择要修剪的对象,或按住 Shift 键选择要延伸的对象或↙

[剪切边(T)/栏选(F)/窗交(C)/模式(O)/投影(P)/边(E)/删除(R)/放弃(U)]:

“投影(P)”:输入“P”后回车,系统有如下的命令提示:

选择要修剪的对象,或按住 Shift 键选择要延伸的对象,或

[栏选(F)/窗交(C)/投影(P)/边(E)/删除(R)/放弃(U)]: P↙

输入投影选项 [无(N)/UCS(U)/视图(V)] <UCS>:

(确定在哪个绘图环境中进行修剪)

“删除(R)”:无须退出修剪命令,来删除选定的对象。

“放弃(U)”:放弃上一步操作。

3.7.1.4　注意事项

“修剪”命令默认模式“快速(Q)”,也就是说不用选择修剪边界,可以直接修剪对象。

3.7.2　延伸

3.7.2.1　命令的启动方式

(1)在命令行中用键盘输入:“EXTEND”。

(2)在主菜单中选择:“修改”→“延伸”。

(3)在功能面板上选择:“默认”→“修改”→“延伸” 。

(4)在“修改”工具条单击“延伸”按钮 。

3.7.2.2　命令的操作过程

命令: EXTEND↙

当前设置: 投影=UCS,边=无,模式=快速

选择要延伸的对象,或按住 Shift 键选择要修剪的对象或

[边界边(B)/窗交(C)/模式(O)/投影(P)]:

选择要延伸的对象,或按住 Shift 键选择要修剪的对象或

[边界边(B)/窗交(C)/模式(O)/投影(P)/放弃(U)]:

3.7.2.3 参数说明

“边界边(B)”:选择此选项,延伸对象前需要先选定延伸边界,然后再选择延伸对象。其他参数与“修剪”中的类似。

3.7.2.4 注意事项

“修剪”命令和“延伸”命令可以交互使用,即在修剪(或延伸)时按住 Shift 键可进行延伸(或修剪)。

3.7.3 拉伸

3.7.3.1 命令的启动方式

(1)在命令行中用键盘输入:“STRETCH”。

(2)在主菜单中选择:“修改”→“拉伸”。

(3)在功能面板上选择:“默认”→“修改”→“拉伸” 拉伸。

(4)在“修改”工具条单击“拉伸”按钮 。

3.7.3.2 命令的操作过程

命令: STRETCH↙

以交叉窗口或交叉多边形选择要拉伸的对象 (可以用两种方式选择对象)

选择对象: 指定对角点: 找到 1 个

选择对象:

指定基点或 [位移(D)] <位移>: (指定拉伸的基准点或输入坐标确定位移)

指定第二个点或 <使用第一个点作为位移>: (指定基点拉伸后的位置点)

3.7.3.3 参数说明

“指定基点”:指定某一点为基点拉伸对象。

“位移 D”:输入一个距离值(确定与基点的距离)为位移值,以选中对象上的某个点为基点拉伸对象。

3.7.3.4 注意事项

拉伸命令只拉伸交叉窗口部分选中的对象,移动位于选择框内的顶点和端点,其他在选择框外的顶点和端点不移动,如图 3-19 所示。

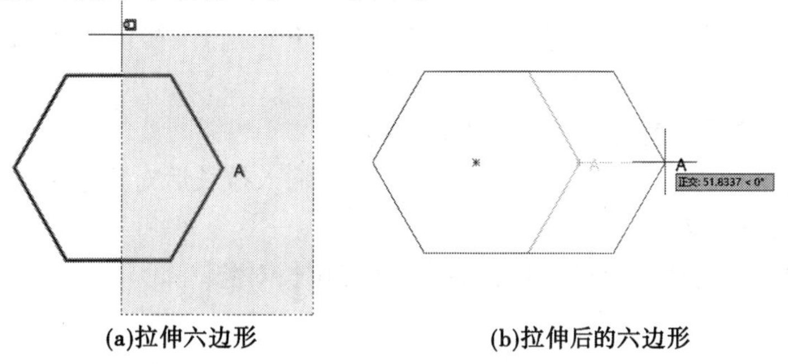

(a)拉伸六边形 (b)拉伸后的六边形

图 3-19 拉伸

3.7.4　拉长

3.7.4.1　命令的启动方式

(1)在命令行中用键盘输入:“LENGTHEN”。

(2)在主菜单中选择:“修改”→“拉长”。

(3)在功能面板上选择:“默认”→“修改”→“拉长” ⁄。

3.7.4.2　命令的操作过程

命令:LENGTHEN↙

选择要测量的对象或[增量(DE)/百分比(P)/总计(T)/动态(DY)] <总计(T)>:

(选择要拉长的对象)

当前长度: 504.2168

选择要测量的对象或[增量(DE)/百分比(P)/总计(T)/动态(DY)] <总计(T)>:

(当前拉长对象的参数)

3.7.4.3　参数说明

“增量(DE)”:定量拉长直线和增加圆弧的弧长(实际上是增加圆弧包含的角度),输入“DE”回车后,系统有以下的命令提示:

选择要测量的对象或[增量(DE)/百分比(P)/总计(T)/动态(DY)] <总计(T)>: DE↙

输入长度增量或[角度(A)] <0.0000>: 100↙

(输入长度或角度的增量,有正负之分,正为拉长,负为缩短)

选择要修改的对象或[放弃(U)]:　　(选择要拉长的对象)

“百分比(P)”:按原直线长的百分比拉长,输入“P”回车后,系统有以下的命令提示:

选择要测量的对象或[增量(DE)/百分比(P)/总计(T)/动态(DY)] <增量(DE)>: P↙

输入长度百分比 <100.0000>: 50↙

(缩短为原长的一半,只能是正值,不能带百分号)

选择要修改的对象或[放弃(U)]:

“总计(T)”:当输入“T”回车后,系统有以下的命令提示:

选择要测量的对象或[增量(DE)/百分比(P)/总计(T)/动态(DY)] <百分比(P)>:T↙

指定总长度或[角度(A)] <1.0000>: 90↙

(输入拉长后对象总长度或总包含角度)

选择要修改的对象或[放弃(U)]:

“动态(DY)”:定性不定量拉长直线,即动态拉长对象。

3.7.4.4　注意事项

“拉长”命令不仅可以用于直线,还可以用于圆弧,不仅可以拉长对象,还可以缩短对象。

技能训练

1. 绘制直线平面图形,如图 3-20 所示。

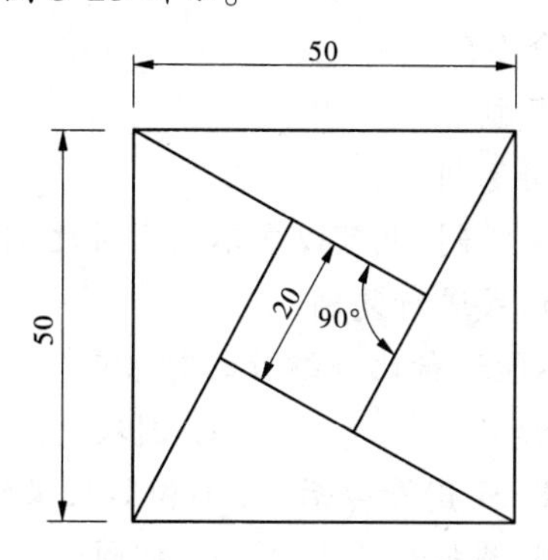

图 3-20　直线平面图形

训练指导:

(1)用“矩形”命令绘制边长为 50 的正方形。

(2)用“圆”命令以矩形中心点为圆心绘制出半径为 10 的圆。

(3)用“直线”命令点击正方形的顶点和圆上切点依次画出四条线段。

(4)将圆删除之后,用“延伸”命令点击线段,使线段之间相交即可。

2. 绘制曲线平面图形,如图 3-21 所示。

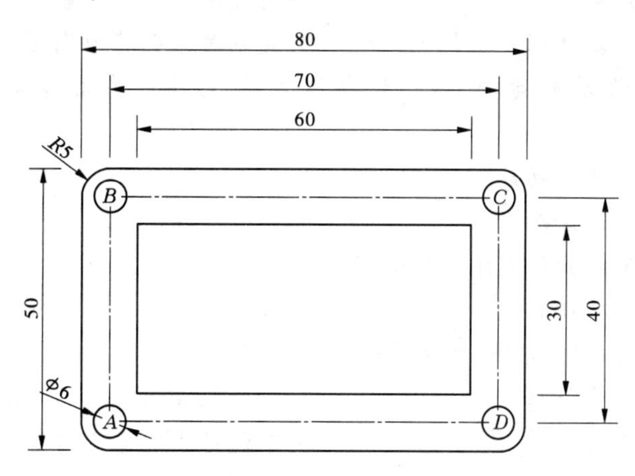

图 3-21　平面图形

训练指导:

(1)用“矩形”命令绘制长 60、宽 30 的矩形。

(2)用“偏移”命令将矩形向外偏移 5,并将其设置为点画线。

(3)以 A 点为圆心、6(ϕ6)为直径绘制圆。

(4)用“复制”命令分别在 B、C、D 点复制出三个圆。

(5)用“矩形”命令绘制圆角半径为 5($R5$)、长 80、宽 50 的圆角矩形。

巩固练习

一、单项选择题

1. AutoCAD 中的 COPY 命令(　　)。

A. 只能在同一文件中复制

B. 可以在不同文件之间复制

C. 既可以在同一文件中复制,也可以在不同文件之间复制

D. 只能将对象以块的形式进行复制

2. 在 AutoCAD 系统中,不能进行比例缩放的对象是(　　)

A. 文字　　B. 点　　C. 图块　　D. 填充的图案

3. 下列对象执行偏移(OFFSET)命令后,大小和形状保持不变的是(　　)。

A. 圆　　B. 圆弧　　C. 椭圆　　D. 直线

4. 不可以分解的对象是(　　)。

A. 多段线　　B. 点　　C. 矩形　　D. 修订云线

5. 以下哪种对象不能使用 BREAK 命令打断(　　)。

A. 椭圆　　B. 多段线　　C. 样条曲线　　D. 多线

二、多项选择题

1. 用复制命令"COPY"复制对象时,可以(　　)。

A. 原地复制对象　　B. 同时复制多个对象

C. 一次把对象复制到多个位置　　D. 复制对象到其他图层

2. 以下关于"移动命令 MOVE 和复制命令 COPY 有相似之处"的正确说法是(　　)。

A. 都有复制实体的功能

B. 操作中都要选择基准点

C. 操作中都不能旋转或缩放所选实体

D. 都能进行多重操作

3. 用旋转命令"ROTATE"旋转对象时,基点的位置(　　)。

A. 根据需要任意选择　　B. 一般取在对象特殊点上

C. 可以选取在对象中心　　D. 不能选在对象之外

4. 对直线、多段线、圆和圆弧执行 OFFSET 命令将产生(　　)。

A. 等距同心圆　　B. 等距等长平行线

C. 等距相等圆心角的同心圆弧　　D. 等距多段线

5. 若图面已有一点 $A(2,2)$ 要输入另一点 $B(4,4)$,以下哪几种方法正确(　　)。

A. 4,4　　B. @2,2　　C. @4,4　　D. @2<45

三、判断题

1. 用多段线编辑命令可以将一条直线变为一条多段线。(　　)

2. 在 AutoCAD 中,不封闭的边界不能转化为多段线。(　　)

3. 用矩形命令绘制矩形时，倒角的大小可以设置成负值。(　　)

4. 用 OFFSET 命令偏移得到的对象是和源对象形状大小相同的对象。(　　)

5. 拉伸既可以拉长图形也可以拉长直线。(　　)

四、实操题

1. 绘制如图 3-22 所示的平面图形。

2. 绘制如图 3-23 所示的平面图形。

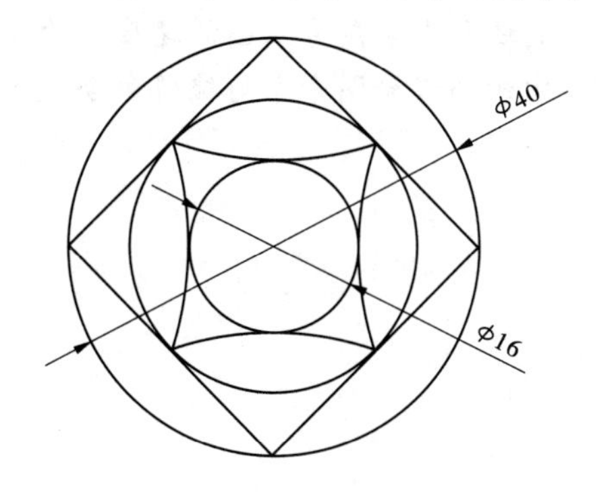

图 3-22　平面图形(一)

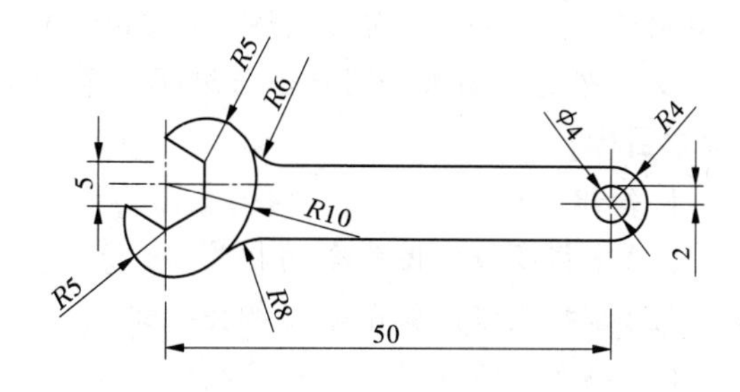

图 3-23　平面图形(二)

项目 4　高级绘图与修改

【项目导入】

在绘制专业图时,不仅要求绘制专业图的准确性,还要求绘制专业图的速度。为了加快绘制专业图的速度,需要熟练运用 AutoCAD 2022 中的高级绘图命令与编辑命令。本项目主要介绍这些高级绘图命令与编辑命令的使用方法。

【教学目标】

1. 知识目标

(1) 掌握高级绘图命令的相关知识。

(2) 掌握高级编辑命令的相关知识。

(3) 熟悉圆弧连接与圆角连接绘制图形的理论。

(4) 了解图块编辑。

2. 技能目标

(1) 能够运用所学知识绘制复杂二维图形。

(2) 能够运用所学知识编辑复杂二维图形。

(3) 能够运用所学知识熟练创建常量图块。

3. 素质目标

(1) 通过绘制复杂二维图形,培养学生精益求精的学习精神。

(2) 通过常量图块的学习,培养学生灵活运用知识的能力。

(3) 通过绘制专业图形,培养学生解决实际问题的能力。

【思政目标】

(1) 通过运用多种高级绘图与编辑的方法绘制二维图形,提高学生综合思维能力。

(2) 通过用专业的眼光解决实际问题,培养学生的工匠精神。

任务 4.1　镜像与阵列

4.1.1　镜像

4.1.1.1　命令的启动方式

(1) 在命令行中用键盘输入:“MIRROR”。

(2) 在主菜单中选择:“修改”→“镜像”。

(3) 在“修改”工具条单击“镜像”按钮⚠。

(4) 在功能面板上选择:“默认”→“修改”→“镜像”。

4.1.1.2　命令的操作过程

命令: MIRROR↙

选择对象：指定对角点：找到 1 个　　（选择要镜像的对象）
选择对象：　　（单击鼠标右键确认）
指定镜像线的第一点：　　（指定对称轴线上的第一点）
指定镜像线的第二点：　　（指定对称轴线上的第二点）
要删除源对象吗？［是(Y)/否(N)］<否>：↙

4.1.1.3　注意事项

文本镜像后有可读与不可读之分，需用系统变量“MIRRTEXT”进行设置。设置“MIRRTEXT”的值为 0(OFF)时，文本镜像后可读；为 1(ON)时，文本镜像后不可读。

4.1.1.4　示例

对图 4-1 进行镜像。
命令：　MIRROR↙
选择对象：找到 1 个　　（选择五边形）
选择对象：　　（单击鼠标右键确认）
指定镜像线的第一点：　　（选择 *A* 点，打开正交）
指定镜像线的第二点：<正交 开>
要删除源对象吗？［是(Y)/否(N)］<否>：↙
结果如图 4-2 所示。

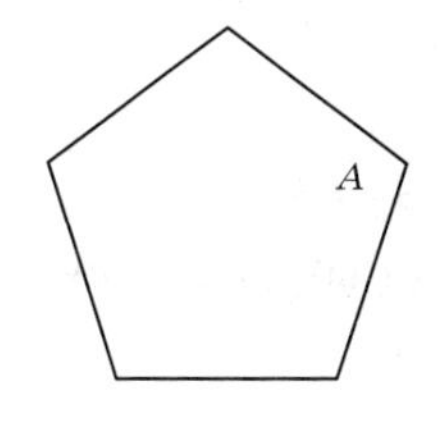

图 4-1　五边形

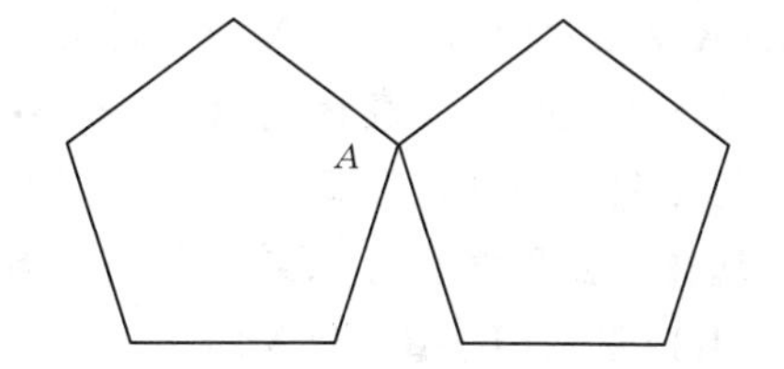

图 4-2　“镜像”五边形

4.1.2　阵列

4.1.2.1　命令的启动方式

(1)在命令行中用键盘输入：“ARRAY”。
(2)在主菜单中选择：“修改”→“阵列”。
(3)在“修改”工具条单击“阵列”按钮䀬。
(4)在功能面板上选择：“默认”→“修改”→“阵列”。

4.1.2.2　命令的操作过程

命令：ARRAY↙
选择对象：找到 1 个
选择对象：
输入阵列类型［矩形(R)/路径(PA)/极轴(PO)］<矩形>：↙
类型 = 矩形　关联 = 是
选择夹点以编辑阵列或［关联(AS)/基点(B)/计数(COU)/间距(S)/列数(COL)/

行数(R)/层数(L)/退出(X)] <退出>:↙

4.1.2.3 参数说明

"矩形(R)":根据给定的行数、列数、行间距和列间距,将图形以"矩形阵列"的方式进行复制。

"路径(PA)":将对象沿指定的路径进行阵列。

"极轴(PO)":将图形对象按照指定的中心点和阵列数目进行"圆形"排列的阵列方式。

4.1.2.4 阵列类型

1. 矩形阵列

矩形阵列是根据给定的行数、列数、行间距和列间距,将图形对象进行有规则的复制,这里只介绍二维矩形阵列的操作。

示例:矩形阵列如图 4-3 所示的六边形。

命令: ARRAYRECT↙

选择对象: 指定对角点: 找到 1 个　　　　(选择六边形)

选择对象:　　　　(单击鼠标右键确认)

类型 = 矩形　关联 = 是

选择夹点以编辑阵列或[关联(AS)/基点(B)/计数(COU)/间距(S)/列数(COL)/行数(R)/层数(L)/退出(X)] <退出>: COL↙

输入列数数或[表达式(E)] <4>: 5↙

指定列数之间的距离或[总计(T)/表达式(E)] <90>: 65↙

选择夹点以编辑阵列或[关联(AS)/基点(B)/计数(COU)/间距(S)/列数(COL)/行数(R)/层数(L)/退出(X)] <退出>: R↙

输入行数数或[表达式(E)] <3>: 4↙

指定行数之间的距离或[总计(T)/表达式(E)] <77.9423>: 60↙

指定行数之间的标高增量或[表达式(E)] <0>:↙

选择夹点以编辑阵列或[关联(AS)/基点(B)/计数(COU)/间距(S)/列数(COL)/行数(R)/层数(L)/退出(X)] <退出>:↙

阵列结果如图 4-4 所示。

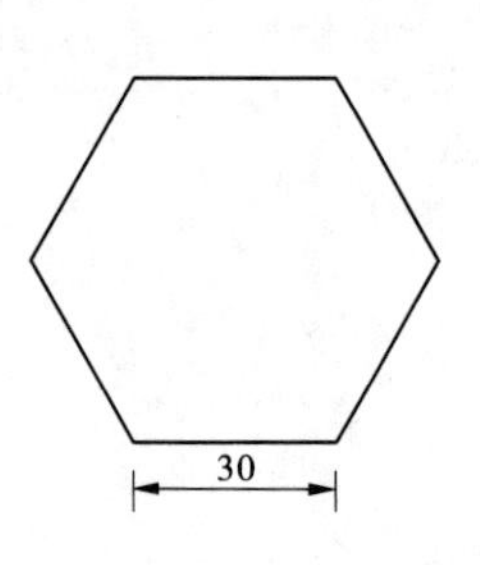

图 4-3 六边形

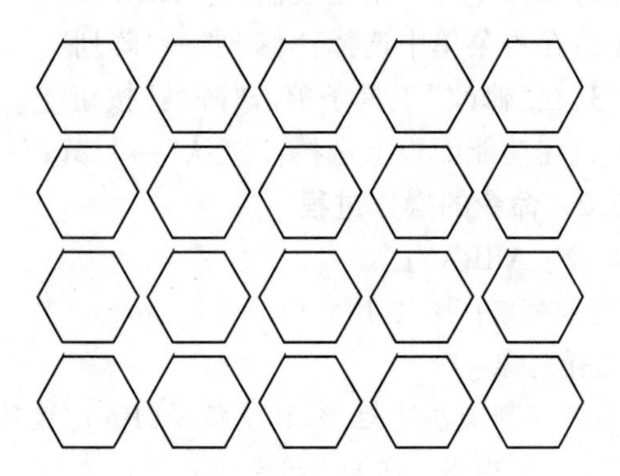

图 4-4 阵列六边形

参数说明：

“关联(AS)”：如果设置为关联，则阵列后的图形与原图形为一个完整的对象，被作为一个独立的图形结构，与图块的性质类似。用户可以使用“分解”命令取消这种关联特性。

“基点(B)”：确定阵列的基本点。

“计数(COU)”：输入阵列的行数、列数。

“间距(S)”：输入阵列的行偏移或列偏移距离。

“列数(COL)”：输入阵列的列数，接着输入列间距。

“行数(R)”：输入阵列的行数，接着输入行间距。

“层数(L)”：在三维阵列时，输入阵列的层数，接着输入层间距。

用户不仅可以在上述命令行中输入命令进行矩形阵列操作，也可以在“阵列创建”选项板上完成，该选项板如图 4-5 所示。

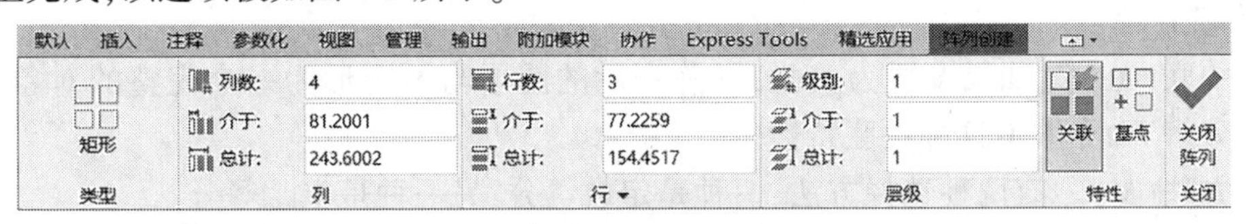

图 4-5　“矩形阵列”选项板

2. 路径阵列

路径阵列是将对象沿着给定的路径进行复制。路径可以是直线类(直线、多段线和三维多段线)，也可以是曲线类(样条曲线、螺旋线、圆、椭圆和圆弧)。

示例：对图 4-6 进行路径阵列。

命令：ARRAYPATH↙

选择对象：找到 1 个

选择对象：找到 1 个，总计 2 个　　(选择如图 4-6 所示的同心圆)

选择对象：↙

类型 = 路径　关联 = 是

选择路径曲线：　　(选择如图 4-6 所示的曲线)

选择夹点以编辑阵列或 [关联(AS)/方法(M)/基点(B)/切向(T)/项目(I)/行(R)/层(L)/对齐项目(A)/z 方向(Z)/退出(X)] <退出>：M↙

输入路径方法 [定数等分(D)/定距等分(M)] <定距等分>：M↙

选择夹点以编辑阵列或 [关联(AS)/方法(M)/基点(B)/切向(T)/项目(I)/行(R)/层(L)/对齐项目(A)/z 方向(Z)/退出(X)] <退出>：I↙

指定沿路径的项目之间的距离或 [表达式(E)] <61.706>：70↙

最大项目数 = 11↙

选择夹点以编辑阵列或 [关联(AS)/方法(M)/基点(B)/切向(T)/项目(I)/行(R)/层(L)/对齐项目(A)/z 方向(Z)/退出(X)] <退出>：A↙

是否将阵列项目与路径对齐？[是(Y)/否(N)] <否>：Y↙

选择夹点以编辑阵列或［关联(AS)/方法(M)/基点(B)/切向(T)/项目(I)/行(R)/层(L)/对齐项目(A)/z 方向(Z)/退出(X)］<退出>: AS↙

创建关联阵列［是(Y)/否(N)］<是>:↙

选择夹点以编辑阵列或［关联(AS)/方法(M)/基点(B)/切向(T)/项目(I)/行(R)/层(L)/对齐项目(A)/z 方向(Z)/退出(X)］<退出>:↙

阵列结果如图 4-7 所示。

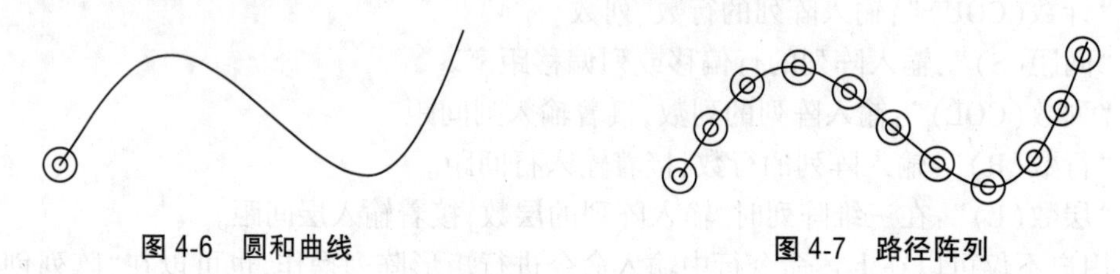

图 4-6　圆和曲线　　　　图 4-7　路径阵列

参数说明:

“关联(AS)”:如果设置为关联,则阵列后的图形与原图形为一个完整的对象,可以使用“分解”命令取消这种关联特性。

“方法(M)”:有两种选择方法,一种是定数等分;另一种是定距等分。

“基点(B)”:确定阵列的基本点。

“切向(T)”:确定路径的切线方向。

“项目(I)”:确定阵列对象的间距和数量。

“行(R)”:确定阵列对象的行数和行间距。

“层(L)”:在三维阵列时,确定阵列的层数和层间距。

“对齐项目(A)”:确定阵列时是否对齐阵列对象。

“z 方向(Z)”:确定阵列时所有项目是否保持 Z 方向。

在使用路径阵列时,可以在命令行中进行参数设置,也可以在“阵列创建”选项板上完成,该选项板如图 4-8 所示。

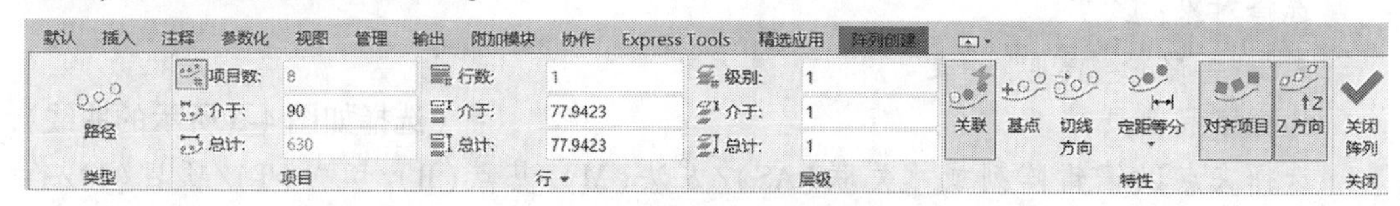

图 4-8　“路径阵列”选项板

3. 环形阵列

环形阵列是将对象进行“圆形”排列复制,对象的数目和自身的位置可以进行设置。

示例:对如图 4-9 所示的箭头进行环形阵列。

命令: ARRAYPOLAR↙

选择对象: 找到 1 个　　　　(选择如图 4-9 所示的箭头)

选择对象:↙

类型 = 极轴　关联 = 是

指定阵列的中心点或［基点(B)/旋转轴(A)］:

（指定如图4-9所示的A点为中心点）

选择夹点以编辑阵列或［关联(AS)/基点(B)/项目(I)/项目间角度(A)/填充角度(F)/行(ROW)/层(L)/旋转项目(ROT)/退出(X)］<退出>：I↙

输入阵列中的项目数或［表达式(E)］<6>：30↙

选择夹点以编辑阵列或［关联(AS)/基点(B)/项目(I)/项目间角度(A)/填充角度(F)/行(ROW)/层(L)/旋转项目(ROT)/退出(X)］<退出>：F↙

指定填充角度(+=逆时针、-=顺时针)或［表达式(EX)］<360>：360↙

选择夹点以编辑阵列或［关联(AS)/基点(B)/项目(I)/项目间角度(A)/填充角度(F)/行(ROW)/层(L)/旋转项目(ROT)/退出(X)］<退出>：AS↙

创建关联阵列［是(Y)/否(N)］<是>：↙

选择夹点以编辑阵列或［关联(AS)/基点(B)/项目(I)/项目间角度(A)/填充角度(F)/行(ROW)/层(L)/旋转项目(ROT)/退出(X)］<退出>：↙

阵列结果如图4-10所示。

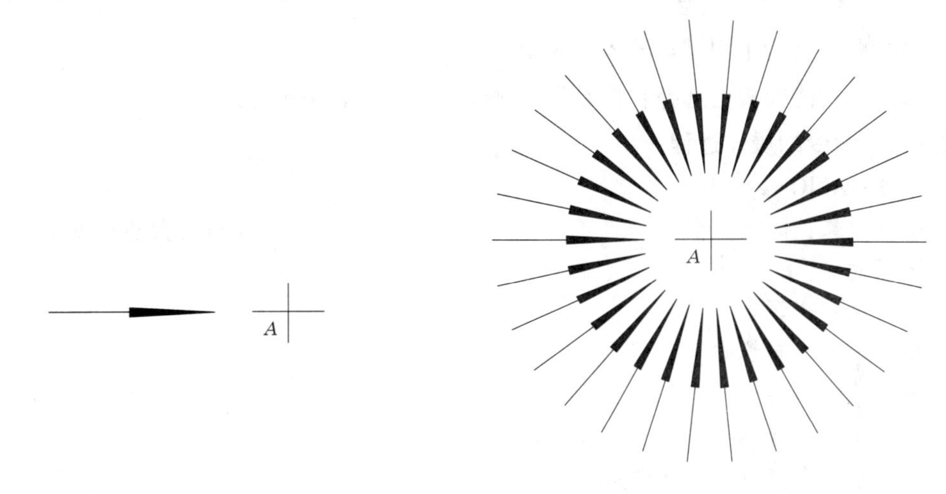

图4-9　箭头　　图4-10　环形阵列

参数说明：

“关联(AS)”：如果设置为关联，则阵列后的图形与原图形为一个完整的对象，可以使用“分解”命令取消这种关联特性。

“基点(B)”：确定阵列对象的中心点。

“项目(I)”：确定阵列对象的数目。

“项目间角度(A)”：确定相邻阵列对象之间的角度。

“填充角度(F)”：确定环形阵列的范围，用角度表示。

“行(ROW)”：确定阵列对象的行数和行间距。

“层(L)”：在三维阵列时，确定阵列的层数和层间距。

“旋转项目(ROT)”：确定是否旋转阵列对象。

与矩形阵列和路径阵列一样，在使用环形阵列时，也可以在“阵列创建”选项板上完成,该选项板如图 4-11 所示。

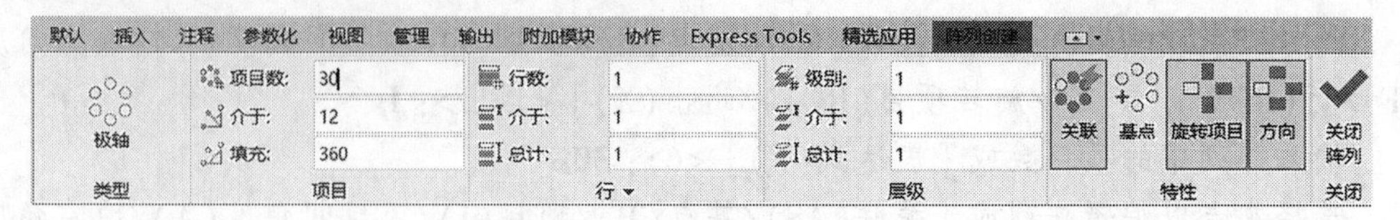

图 4-11　“环形阵列”选项板

任务 4.2　对齐、打断和合并

4.2.1　对齐

“对齐”命令是通过移动、旋转、缩放和倾斜对象来使该对象与另一个对象对齐。“对齐”可以对齐二维图形,也可以对齐三维形体。本任务介绍二维“对齐”命令的用法。

4.2.1.1　命令的启动方式

(1) 在命令行中用键盘输入:“ALIGN”。

(2) 在功能面板上选择:“默认”→“修改”→“对齐”按钮 。

4.2.1.2　命令的操作过程

命令: ALIGN↙

选择对象: 找到 1 个　　　　　　　　　　　　　　(选择要进行对齐的对象)

选择对象: ↙

指定第一个源点:

指定第一个目标点:

指定第二个源点:

指定第二个目标点:

指定第三个源点或 <继续>:↙

是否基于对齐点缩放对象? [是(Y)/否(N)] <否>:↙

4.2.1.3　参数说明

“选择对象”:用鼠标左键选择对象。

“指定第一个源点”:选定对象上的第一个基点。

“指定第一个目标点”:第一个源点要对齐到的目标点。

4.2.1.4　注意事项

“对齐”操作中最多指定三个源点和三个目标点。在二维对齐中,指定两个源点和两个目标点即可,在三维对齐中需指定三个源点和三个目标点。

4.2.1.5　示例

将图 4-12 中的矩形与五边形对齐。

命令: ALIGN↙

选择对象: 指定对角点: 找到 1 个　　　　　　　　　　　　　　(选择矩形)

选择对象: ↙

指定第一个源点：　　（选择 A 点）
指定第一个目标点：　　（选择 C 点）
指定第二个源点：　　（选择 B 点）
指定第二个目标点：　　（选择 D 点）
指定第三个源点或 <继续>：↙
是否基于对齐点缩放对象？[是(Y)/否(N)] <否>：Y↙　　（基于对齐点缩放矩形）
结果如图 4-13 所示。

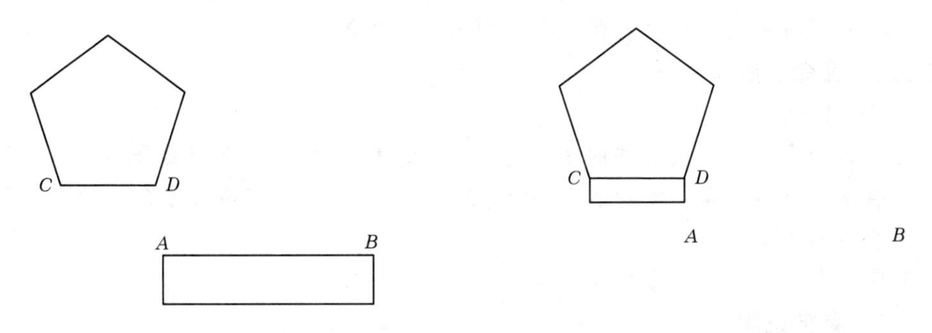

图 4-12　矩形和五边形　　图 4-13　“对齐”的应用

4.2.2　打断

4.2.2.1　命令的启动方式

(1) 在命令行中用键盘输入：“BREAK”。
(2) 在主菜单中选择：“修改”→“打断”。
(3) 在“修改”工具栏上单击“打断”按钮⌴。
(4) 在功能面板上选择：“默认”→“修改”→“打断”。

4.2.2.2　命令的操作过程

命令：BREAK↙
选择对象：
指定第二个打断点或[第一点(F)]：

4.2.2.3　参数说明

“选择对象”：在用鼠标左键选择对象的同时，也选择了第一个打断点。
“指定第二个打断点”：选择第二个打断点。
“第一点(F)”：如果要自定义第一个打断点，可以执行此命令。

4.2.2.4　注意事项

执行“打断”命令时，因为第一个打断点与第二个打断点是按逆时针方向确定的，所以选择对象的位置不同，打断后留下的线段也不同。

与“打断”命令对应的还有一个“打断于点”□命令，它们的区别是：“打断于点”是在指定点处将选择对象截断成两部分；“打断”是将对象在指定两点之间打断成间隔。“打断于点”不能截断封闭的图形,如圆和椭圆。

4.2.3　合并

4.2.3.1　命令的启动方式

(1) 在命令行中用键盘输入:“JOIN”。

(2) 在主菜单中选择:“修改”→“合并”。

(3) 在“修改”工具栏上单击“合并”按钮→←。

(4) 在功能面板上选择:“默认”→“修改”→“合并”。

4.2.3.2　命令的操作过程

命令: JOIN↙

选择源对象或要一次合并的多个对象: 找到 1 个　　(选择要合并的第一个对象)

选择要合并的对象: 找到 1 个,总计 2 个　　(选择要合并的第二个对象)

选择要合并的对象: ↙

2 条直线已合并为 1 条直线

4.2.3.3　参数说明

“选择源对象”:源对象包括直线、多段线、圆弧、椭圆弧或样条曲线等,根据所选择的源对象不同,系统的命令提示也不同。

(1)源对象为直线时,通过“合并”命令可以将多条共线的直线合并为一条直线,而这些直线对象之间可以有空隙。

(2)源对象为多段线时,通过“合并”命令可以将多条直线、圆弧和多段线合并为一个对象,而这些对象之间不能有空隙,并且第一个选择的对象一定要是多段线。

(3)源对象为圆弧时,通过“合并”命令可以将多条圆弧合并为一个圆弧对象,而这些圆弧对象必须有一个共同圆心,并且圆弧之间可以有空隙。

(4)源对象为椭圆弧时,通过“合并”命令可以将多条椭圆弧合并为一个椭圆弧对象,而这些椭圆弧对象必须在同一个椭圆上,并且椭圆弧之间可以有空隙。

(5)源对象为样条曲线时,通过“合并”命令可以将多条样条曲线合并为一个样条曲线对象,而这些样条曲线对象必须在同一个平面上,并且应是闭合的。

4.2.3.4　注意事项

在使用“合并”命令时,因合并的对象不同,命令的过程也不同。经过合并后的对象是一个完整的对象。

4.2.3.5　示例

将图 4-14(a)中的直线 *AB*、圆弧 *CD* 和曲线 *EF* 用“合并”命令连接起来。

命令: JOIN↙

选择源对象或要一次合并的多个对象: 指定对角点: 找到 1 个　　(选择直线 *AB*)

选择要合并的对象: 指定对角点: 找到 1 个,总计 2 个　　(选择圆弧 *CD*)

选择要合并的对象: 指定对角点: 找到 1 个,总计 3 个　　(选择曲线 *EF*)

选择要合并的对象: ↙

3 个对象已合并为 1 条样条曲线

结果如图 4-14(b)所示。

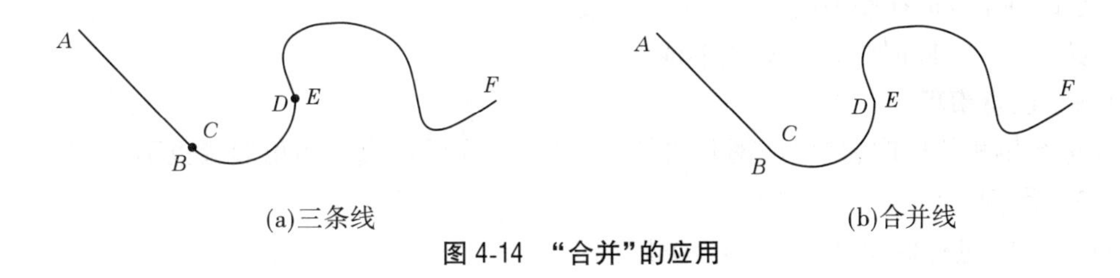

(a)三条线　(b)合并线

图 4-14　“合并”的应用

任务 4.3　倒角、圆角与光顺曲线

4.3.1　倒角

4.3.1.1　命令的启动方式

(1) 在命令行中用键盘输入:“CHAMFER”。

(2) 在主菜单中选择:“修改”→“倒角”。

(3) 在“修改”工具栏上单击“倒角”按钮。

(4) 在功能面板上选择:“默认”→“修改”→“倒角”。

4.3.1.2　命令的操作过程

命令: CHAMFER↙

(“修剪”模式) 当前倒角距离 1 = 0.0000,距离 2 = 0.0000

选择第一条直线或 [放弃(U)/多段线(P)/距离(D)/角度(A)/修剪(T)/方式(E)/多个(M)]:

选择第二条直线,或按住 Shift 键选择直线以应用角点或 [距离(D)/角度(A)/方法(M)]:

4.3.1.3　参数说明

“放弃(U)”:放弃上一次操作命令。

“多段线(P)”:对多段线进行倒角。

“距离(D)”:设置倒角距离。第一个倒角距离值影响选定的第一个对象,而第二个倒角距离值影响选定的第二个对象。

“角度(A)”:系统要求输入距离值和倒角斜线与倒角对象之间的夹角。倒角线取决于距离和角度值。距离值直接影响选定的第一个对象。输入“A”回车后,系统有以下的命令提示:

选择第一条直线或 [放弃(U)/多段线(P)/距离(D)/角度(A)/修剪(T)/方式(E)/多个(M)]:A↙

指定第一条直线的倒角长度 <0.0000>: 30↙

指定第一条直线的倒角角度 <0>: 60 ↙

“修剪(T)”:设置修剪的两种模式,一种是“修剪”;另一种是“不修剪”。它的作用是选择是否将形成倒角的两个对象的多余部分修剪掉。

“方式(E)”:选择修剪的方法(按距离或角度)。

“多个(M)”:同时将多个对象形成倒角。

4.3.1.4　注意事项

在进行倒角绘图时,选择的两条直线顺序不同,最后形成的倒角形状也不同。

4.3.1.5　示例

对图 4-15 进行倒角,距离 1 = 10,距离 2 = 8。

命令: CHAMFER↙

(“修剪”模式) 当前倒角长度 = 30.0000,角度 = 60

选择第一条直线或 [放弃(U)/多段线(P)/距离(D)/角度(A)/修剪(T)/方式(E)/多个(M)]: D↙

指定第一个倒角距离 <10.0000>: 10↙

指定第二个倒角距离 <15.0000>: 8↙

选择第一条直线或 [放弃(U)/多段线(P)/距离(D)/角度(A)/修剪(T)/方式(E)/多个(M)]:　　(选择直线 B)

选择第二条直线,或按住 Shift 键选择直线以应用角点或 [距离(D)/角度(A)/方法(M)]:　　(选择直线 A)

结果如图 4-16 所示。

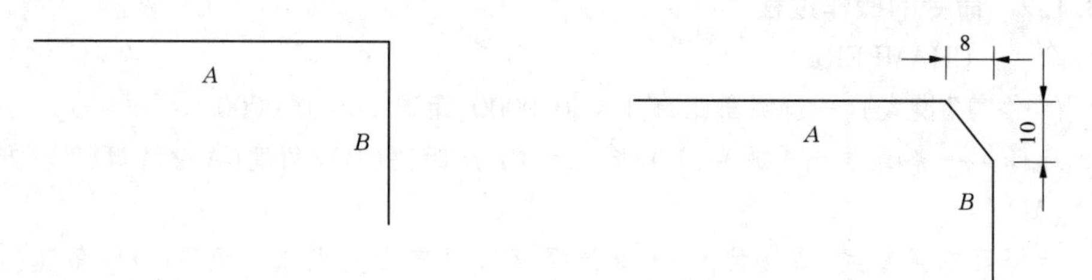

图 4-15　直角　　　　图 4-16　“倒角”的应用

4.3.2　圆角

4.3.2.1　命令的启动方式

(1)在命令行中用键盘输入:“FILLET”。

(2)在主菜单中选择:“修改”→“圆角”。

(3)在“修改”工具栏上单击“圆角”按钮。

(4) 在功能面板上选择:“默认”→“修改”→“圆角”。

4.3.2.2　命令的操作过程

命令: FILLET↙

当前设置: 模式 = 修剪,半径 = 0.0000

选择第一个对象或 [放弃(U)/多段线(P)/半径(R)/修剪(T)/多个(M)]: R↙

指定圆角半径 <0.0000>: 15↙　　(输入形成圆角的半径)

选择第一个对象或 [放弃(U)/多段线(P)/半径(R)/修剪(T)/多个(M)]:

选择第二个对象,或按住 Shift 键选择对象以应用角点或 [半径(R)]:

4.3.2.3　参数说明

“放弃(U)”:放弃上一次操作命令。

“多段线(P)”:对多段线进行圆角。

“半径(R)”:输入形成圆角的半径。

“修剪(T)”:设置修剪的两种模式,一种是“修剪”;另一种是“不修剪”。它的作用为选择是否将形成圆角的两个对象的多余部分修剪掉。

“多个(M)”:同时将多个对象形成圆角。

4.3.2.4　注意事项

圆弧、圆、椭圆、椭圆弧、直线、多段线、射线、样条曲线和构造线都可以进行圆角操作。

4.3.2.5　示例

将图 4-17 中的圆和样条曲线用圆角连接起来。

命令: FILLET↙

当前设置: 模式 = 修剪,半径 = 20.0000

选择第一个对象或 [放弃(U)/多段线(P)/半径(R)/修剪(T)/多个(M)]: R↙

指定圆角半径 <20.0000>: 15　　(设置圆角半径)

选择第一个对象或 [放弃(U)/多段线(P)/半径(R)/修剪(T)/多个(M)]:

(选择圆)

选择第二个对象,或按住 Shift 键选择对象以应用角点或 [半径(R)]:

(选择样条曲线)

结果如图 4-18 所示。

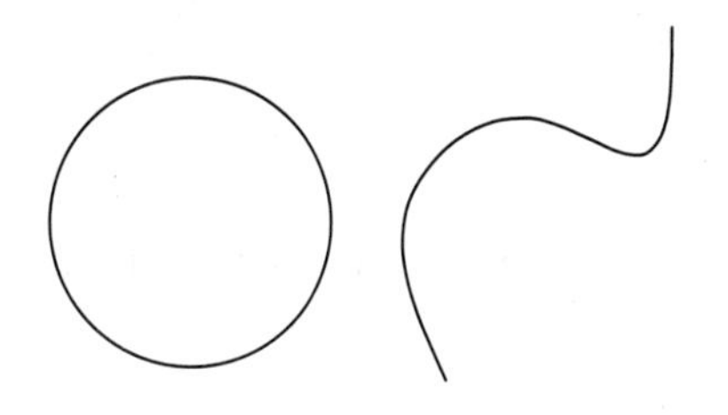

图 4-17　圆与样条曲线

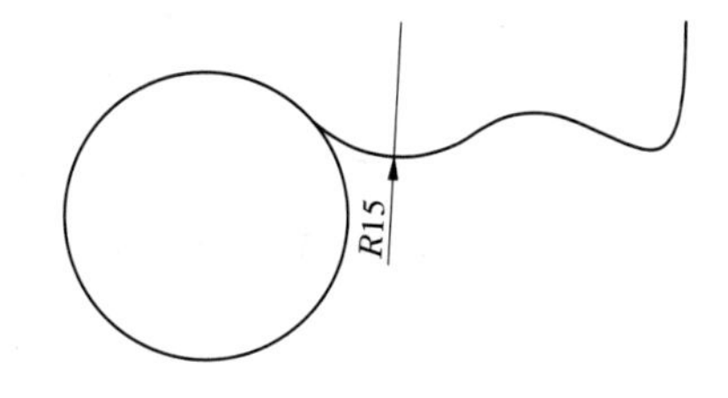

图 4-18　“圆角”的应用

4.3.3　光顺曲线

光顺曲线是在直线、圆弧、多段线和曲线之间创建的相切或平滑的样条曲线。

4.3.3.1　命令的启动方式

(1)在命令行中用键盘输入:“BLEND”。

(2)在主菜单中选择:“修改”→“光顺曲线”。

(3) 在“修改”工具栏上单击“光顺曲线”按钮∾。

(4) 在功能面板上选择：“默认”→“修改”→“光顺曲线”。

4.3.3.2 命令的操作过程

命令：BLEND↙

连续性 = 相切

选择第一个对象或［连续性(CON)］：CON↙

输入连续性［相切(T)/平滑(S)］<相切>：S↙

选择第一个对象或［连续性(CON)］：

选择第二个点：

4.3.3.3 参数说明

“连续性(CON)”：选择光顺的方式。

“相切(T)”：创建一条3阶样条曲线，在选定对象的端点处相切连续。

“平滑(S)”：创建一条5阶样条曲线，在选定对象的端点处具有曲率连续。

4.3.3.4 示例

将图4-19中的圆弧和样条曲线用光顺曲线连接起来。

命令：BLEND↙

连续性 = 平滑

选择第一个对象或［连续性(CON)］：CON↙　　（设置光顺的方式）

输入连续性［相切(T)/平滑(S)］<平滑>：S↙　　（设置光顺方式为平滑）

选择第一个对象或［连续性(CON)］：　　（选择圆弧）

选择第二个点：　　（选择样条曲线）

结果如图4-20所示。

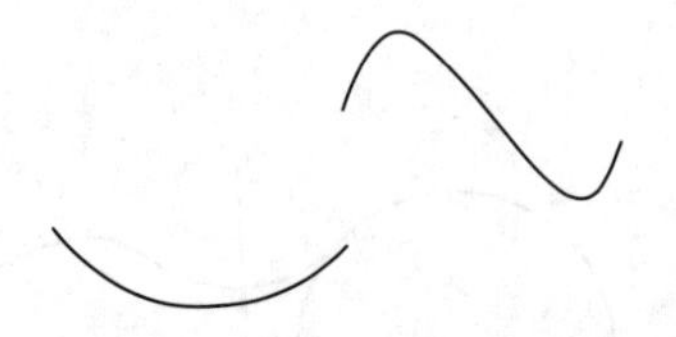

图4-19　圆弧与样条曲线

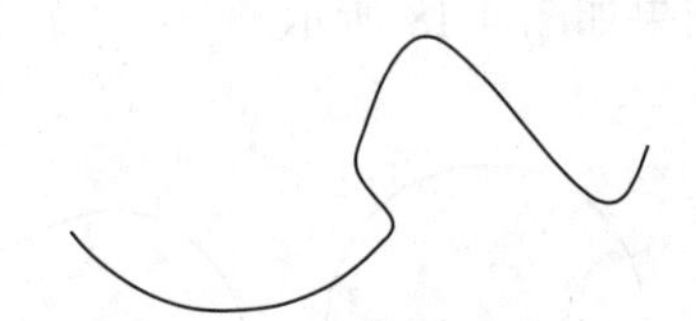

图4-20　“光顺曲线”的应用

任务4.4　夹点编辑绘制图形

用AutoCAD 2022进行绘图时，所绘制的每一个对象都有一系列的控制点。控制点是控制对象形状的特殊点，可以通过修改对象的控制点，来达到编辑对象的目的。

4.4.1　夹点设置

4.4.1.1 命令的启动方式

(1) 在命令行中用键盘输入：“OPTIONS”。

(2)在主菜单中选择:"工具"→"选项"→"选择集"。

4.4.1.2　命令的操作过程

执行"OPTIONS"命令后,系统会弹出如图 4-21 所示的"选项"对话框中的"选择集"选项卡。

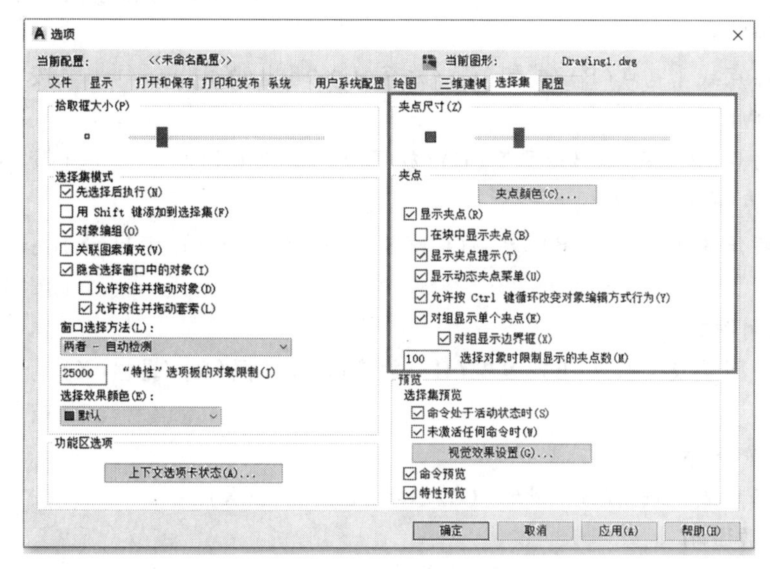

图 4-21　"选项"—"选择集"选项卡

4.4.1.3　参数说明

在该对话框中,只介绍"夹点尺寸"和"夹点"两个区域中常用的功能。

(1)"夹点尺寸":可通过滑块来调节夹点的大小。

(2)"夹点"。

"夹点颜色":单击"夹点颜色"按钮,系统会弹出如图 4-22 所示的"夹点颜色"对话框。在该对话框中,"未选中夹点颜色",确定未被选中的夹点颜色,可通过下拉列表进行选择;"选中夹点颜色",确定选中的夹点颜色,可通过下拉列表进行选择;"悬停夹点颜色",确定光标停留在选中的夹点颜色,可通过下拉列表进行选择;"夹点轮廓颜色",确定夹点的外轮廓颜色,可通过下拉列表选择。

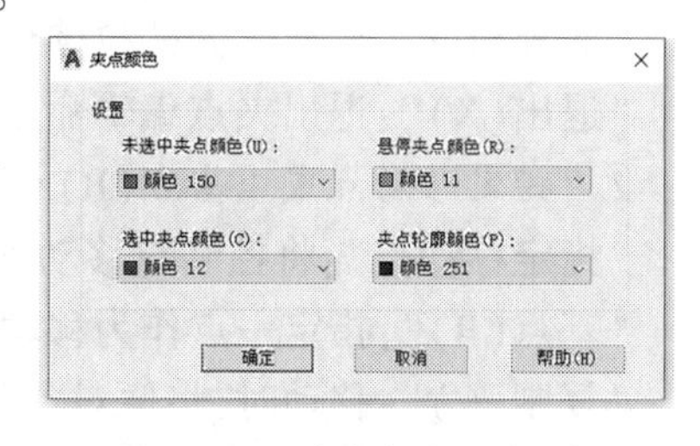

图 4-22　"夹点颜色"对话框

"显示夹点":选中该复选框后,表示系统在选择对象后显示夹点。

"在块中显示夹点":选中该复选框后,系统在选择块后出现夹点。

"显示夹点提示":当光标停留在夹点上时,显示夹点的特定提示。

4.4.1.4　注意事项

在作图过程中,应根据需要启动夹点,因为启动夹点后系统处理图形的速度会明显减慢。

4.4.2　夹点编辑

4.4.2.1　命令的启动方式

(1)在没有任何操作命令下,选择编辑的对象,使它的周围出现一系列的控制点。

(2)把鼠标放在要编辑的控制点上单击鼠标左键,选择该控制点(如果在选择控制点时按 Shift 键,则可以同时选择多个控制点),则系统就进入了对该点的编辑状态。

4.4.2.2 命令的操作过程

命令: (在要编辑的控制点上单击鼠标左键)

* * 拉伸 * *

指定拉伸点或 [基点(B)/复制(C)/放弃(U)/退出(X)]: (按“空格”切换)

* * MOVE * *

指定移动点 或 [基点(B)/复制(C)/放弃(U)/退出(X)]: (按“空格”切换)

* * 旋转 * *

指定旋转角度或 [基点(B)/复制(C)/放弃(U)/参照(R)/退出(X)]: (按“空格”切换)

* * 比例缩放 * *

指定比例因子或 [基点(B)/复制(C)/放弃(U)/参照(R)/退出(X)]: (按“空格”切换)

* * 镜像 * *

指定第二点或 [基点(B)/复制(C)/放弃(U)/退出(X)]: (按“空格”切换)

4.4.2.3 参数说明

1.“指定拉伸点或 [基点(B)/复制(C)/放弃(U)/退出(X)]”

“指定拉伸点”:将控制点拉伸到一个新的位置。

“基点(B)”:指定一点作为拉伸的基点。

“复制(C)”:拉伸时,将原对象复制一份进行拉伸即原对象保持不变。

“放弃(U)”:放弃已做的拉伸命令操作。

“退出(X)”:退出夹点编辑命令。

2.“指定移动点或 [基点(B)/复制(C)/放弃(U)/退出(X)]”

“指定移动点”:将控制点移动到一个新的位置。

“基点(B)”:指定一点作为移动的基点。

“复制(C)”:移动时,将原对象复制一份进行移动即原对象保持不变。

“放弃(U)”:放弃已做的移动命令操作。

“退出(X)”:退出夹点编辑命令。

3.“指定旋转角度或 [基点(B)/复制(C)/放弃(U)/参照(R)/退出(X)]”

“指定旋转角度”:输入旋转的角度,以控制点为圆心,进行旋转。

“基点(B)”:指定一点作为旋转的中心点。

“复制(C)”:旋转时,将原对象复制一份进行旋转即原对象保持不变。

“放弃(U)”:放弃已做的旋转命令操作。

“参照(R)”:指定参照角。

“退出(X)”:退出夹点编辑命令。

4.“指定比例因子或 [基点(B)/复制(C)/放弃(U)/参照(R)/退出(X)]”

“指定比例因子”:输入放大或缩小的比例因子。

"基点(B)":指定一点作为比例缩放的基点。

"复制(C)":缩放时,将原对象复制一份进行缩放即原对象保持不变。

"放弃(U)":放弃已做的缩放命令操作。

"参照(R)":指定参照长度。

"退出(X)":退出夹点编辑命令。

5."指定第二点或［基点(B)/复制(C)/放弃(U)/退出(X)］"

"指定第二点":指定镜像线上的第二点(第一点是控制点)。

"基点(B)":指定一点作为镜像线的第一点。

"复制(C)":镜像时,将原对象复制一份进行镜像即原对象保持不变。

"放弃(U)":放弃已做的镜像命令操作。

"退出(X)":退出夹点编辑命令。

4.4.2.4　注意事项

在切换夹点编辑命令时,也可以用快捷菜单来完成,例如在选择完某一个控制点后,把鼠标放在该控制点上,然后单击右键,系统会弹出如图 4-23 所示的快捷菜单,用户可以通过此快捷菜单进行命令选择。

图 4-23　夹点编辑快捷菜单

4.4.2.5　示例

用夹点编辑绘制如图 4-24 所示的平面图形。

(1)绘制三角形,如图 4-25 所示。

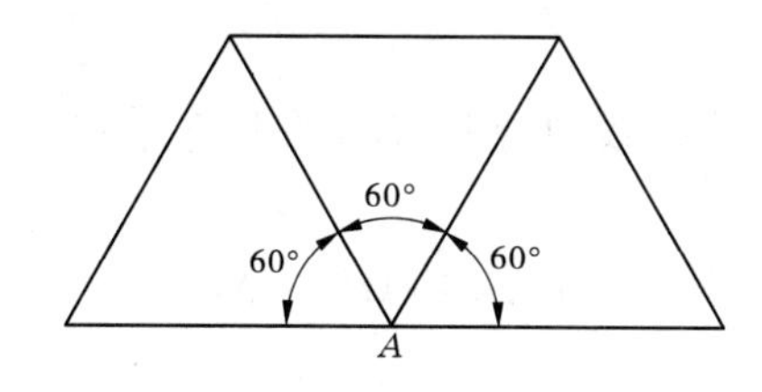

图 4-24　平面图形

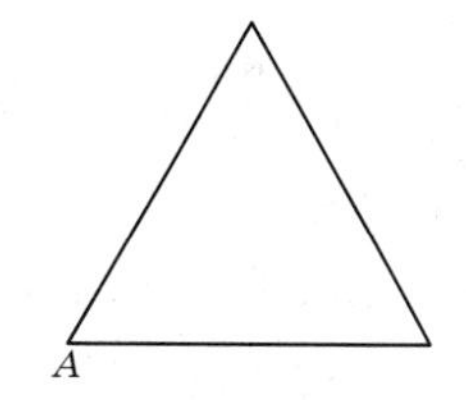

图 4-25　三角形

(2)用夹点编辑绘制其他三角形。

命令:　(选择三角形)

命令:　(鼠标左键点击 A 点)

* * 拉伸 * *

指定拉伸点或［基点(B)/复制(C)/放弃(U)/退出(X)］:　(按"空格"键)

* * MOVE * *

指定移动点 或［基点(B)/复制(C)/放弃(U)/退出(X)］:　(按"空格"键)

* * 旋转 * *

指定旋转角度或［基点(B)/复制(C)/放弃(U)/参照(R)/退出(X)］: C↙

* * 旋转 (多重) * *

指定旋转角度或［基点(B)/复制(C)/放弃(U)/参照(R)/退出(X)］: 60↙

＊＊ 旋转（多重）＊＊

指定旋转角度或［基点(B)/复制(C)/放弃(U)/参照(R)/退出(X)］: 120↙

任务 4.5　参照绘制图形

在使用构造线、缩放和旋转命令时,都有一个“参照”功能。本任务介绍“参照”绘制图形。

4.5.1　参照角度绘制构造线

构造线命令中的角度,不仅能绘制和水平方向直线有一定夹角的构造线,还可以使用参照功能来绘制和任意方向直线有一定夹角的构造线。

命令: XLINE↙

指定点或［水平(H)/垂直(V)/角度(A)/二等分(B)/偏移(O)］: A↙

输入构造线的角度 (0) 或［参照(R)］:R↙

选择直线对象:　　（选择参照线）

输入构造线的角度 <0>: 30↙　　（输入与参照线之间的夹角）

指定通过点:

指定通过点: ↙

在这个命令过程中,直线、多段线、射线和构造线可以作为参照线,输入与参照线之间的夹角,若角度为正,从参照线开始按逆时针方向旋转;若角度为负,从参照线开始顺时针方向旋转。

示例:通过 *A* 点绘制一条构造线,使构造线与多段线(见图 4-26)的夹角为 45°。

命令: XLINE↙

指定点或［水平(H)/垂直(V)/角度(A)/二等分(B)/偏移(O)］: A↙

输入构造线的角度 (0) 或［参照(R)］:R↙

选择直线对象:　　（选择多段线）

输入构造线的角度 <0>: 45↙

指定通过点:　　（选择 *A* 点）

指定通过点: ↙

结果如图 4-27 所示。

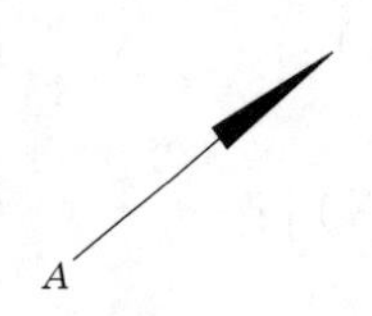

图 4-26　多段线

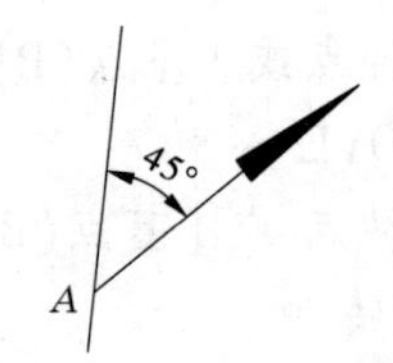

图 4-27　“参照角度”的应用

4.5.2　参照缩放绘制图形

缩放命令中的参照功能是按参照长度和指定的新长度缩放所选对象。它的缩放比例因子是新长度和参照长度的比值。

命令：SCALE↙

选择对象：找到 1 个

选择对象：↙　（选择要缩放的对象）

指定基点：　（选择要缩放对象的缩放基点）

指定比例因子或［复制(C)/参照(R)］:C↙　（缩放时复制对象）

缩放一组选定对象。

指定比例因子或［复制(C)/参照(R)］：R↙　（缩放对象时参照）

指定参照长度 <1.0000>：10 ↙

（指定缩放时参照的长度,也可以指定两点距离作为参照长度）

指定新的长度或［点(P)］<1.0000>:20 ↙

（给缩放时参照的长度指定新长度,也可以指定两点距离作为新长度）

示例:将图 4-28 中的五边形按指定的长度进行缩放。

命令：SCALE↙

选择对象：找到 1 个

选择对象：↙　（选择五边形）

指定基点：　（指定 *A* 点）

指定比例因子或［复制(C)/参照(R)］：R↙

指定参照长度 <10.0000>:指定第二点：　（分别选择 *A* 点和 *B* 点）

指定新的长度或［点(P)］<20.0000>：P↙

指定第一点:指定第二点：　（分别选择 *C* 点和 *D* 点）

结果如图 4-29 所示。

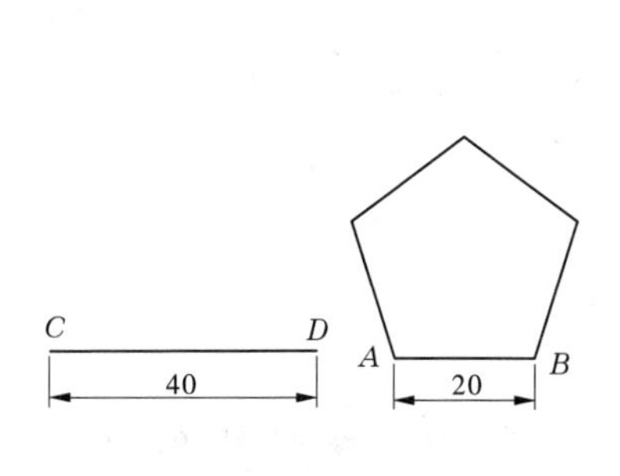

图 4-28　平面图形

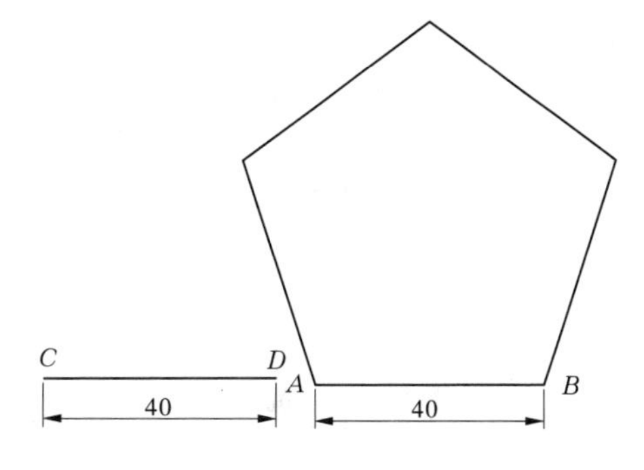

图 4-29　“参照缩放”的应用

4.5.3　参照旋转绘制图形

旋转命令中的参照功能是将对象从指定的角度旋转到新的绝对角度,两个角度的增量值是对象旋转的角度。

命令：ROTATE↙
UCS 当前的正角方向：ANGDIR=逆时针　ANGBASE=0
选择对象：指定对角点：找到 1 个
选择对象：↙
指定基点：
指定旋转角度，或［复制(C)/参照(R)］<30>：R↙
指定参照角 <10>：20↙　　（输入参照的角度）
指定新角度或［点(P)］<40>：50↙　　（输入新的角度）

在这个命令过程中的参照角和新角度也可以通过指定的方式来确定角度。

示例：将图 4-30 中的平面图形按指定的角度 *A* 复制后旋转。

命令：ROTATE↙
UCS 当前的正角方向：ANGDIR=逆时针　ANGBASE=0
选择对象：指定对角点：找到 6 个
选择对象：↙　　（选择菱形）
指定基点：　　（指定 1 点）
指定旋转角度，或［复制(C)/参照(R)］<32>：C↙
旋转一组选定对象。
指定旋转角度，或［复制(C)/参照(R)］<32>：R↙
指定参照角 <120>：　指定第二点：　　（选择 1 点和 2 点）
指定新角度或［点(P)］<62>：　　（选择 3 点）

结果如图 4-31 所示。

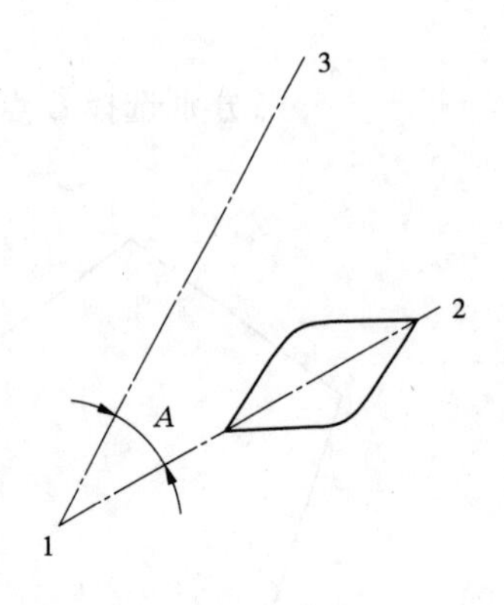

图 4-30　平面图形

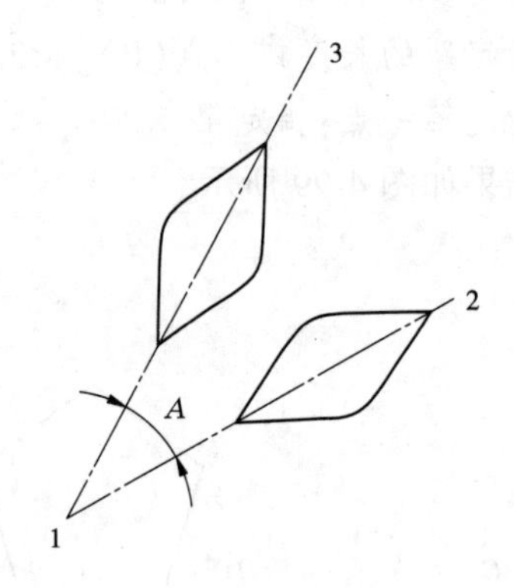

图 4-31　“参照旋转”的应用

任务 4.6　创建图块

4.6.1　创建图块

创建常量图块的方法有两种：一种是创建图块（BLOCK）；一种是写块（WBLOCK）。

4.6.1.1　**创建图块（BLOCK）**

用 Block 创建的图块只能在当前图形文件中使用，而在其他文件中是不能使用的。

1. 命令的启动方式

（1）在命令行中用键盘输入“BLOCK”。

（2）在主菜单中选择：“绘图”→“块”→“创建”。

（3）在“绘图”工具条上单击“创建块”按钮。

（4）在功能面板上选择：“默认”→“块”→“创建”。

（5）在“插入”选项卡上选择：“插入”→“块定义”→“创建块”。

2. 命令的操作过程

执行“BLOCK”命令后，系统会弹出如图 4-32 所示的“块定义”对话框。

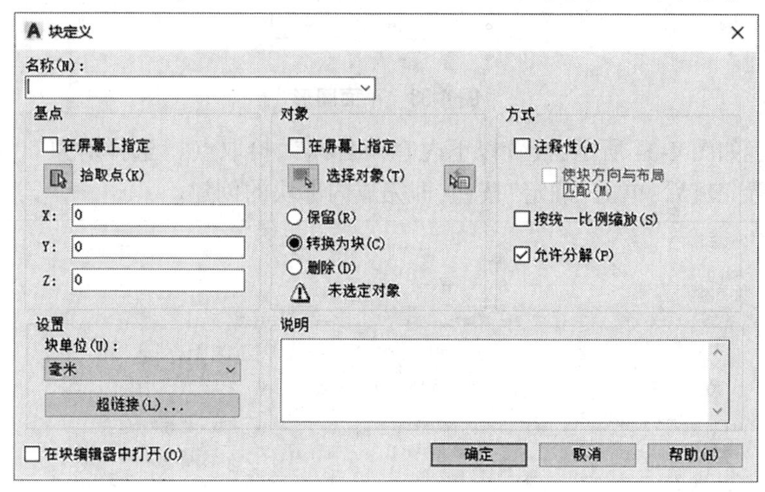

图 4-32　**“块定义”对话框**

3. 参数说明

在图 4-32 对话框中，常用的选项含义如下：

（1）“名称”：输入新创建块的名称。

（2）“基点”：当单击“拾取点”按钮时，系统会回到操作屏幕上，提示让选择插入的点，完成后，系统又回到对话框中，在 X、Y、Z 的空白框内显示插入点的坐标。

（3）“对象”：包括“选择对象”“保留”“转换为块”“删除”等选项。

“选择对象”：单击此按钮后，系统会回到操作屏幕上，提示让选择将转换为块的图形元素，完毕后回车，系统又回到对话框中。

“保留”：将转换为块的图形保留在原图形中。

"转换为块":将选择的图形转换为块。

"删除":将转换为块的图形从原图形中删去。如果需要,可使用 OOPS 恢复它们。

(4)"设置":选择图块插入的单位。

(5)"方式":包括"注释性""按统一比例缩放""允许分解"。

"注释性":按注释性比例进行插入。

"按统一比例缩放":通过点选来确定在插入图块时是否按统一比例缩放。

"允许分解":指定插入图块时是否分解。

4. 示例

将如图 4-33 所示的平面图形创建成块。

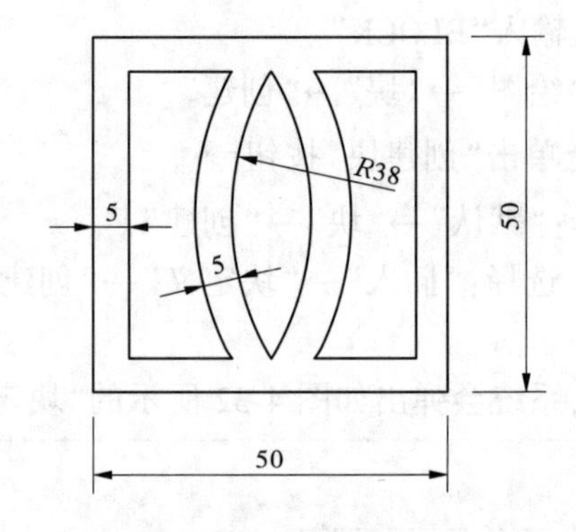

图 4-33　平面图形

内容设置如图 4-34 所示,设置以下内容:"名称""拾取点""选择对象"。其他参数保持不变。设置完成后,单击"确定"按钮,即完成内部块的创建。

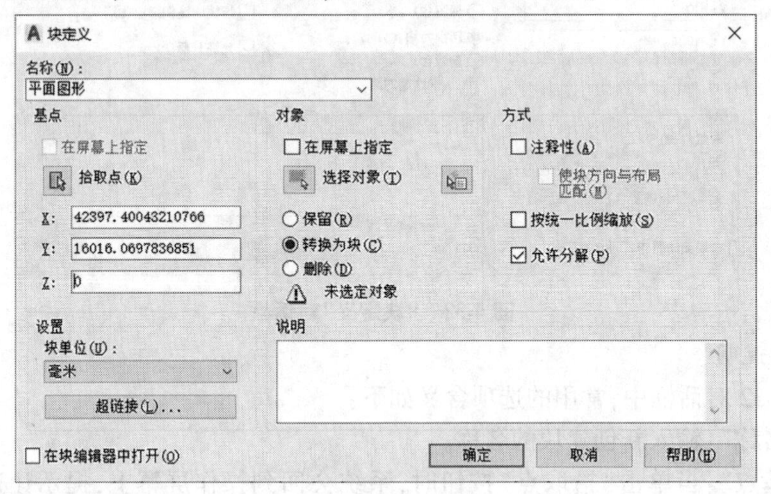

图 4-34　定义"平面图形"图块

4.6.1.2　写块(WBLOCK)

用 WBLOCK 创建的图块不仅能在当前图形文件中使用,也可以在其他文件中使用。

1. 命令的启动方式

(1)在命令行中用键盘输入:"WBLOCK"。

(2)在“插入”选项卡上选择:“插入”→“块定义”→“写块”按钮 。

2. 命令的操作过程

执行“WBLOCK”命令后,系统会弹出如图 4-35 所示的“写块”对话框。

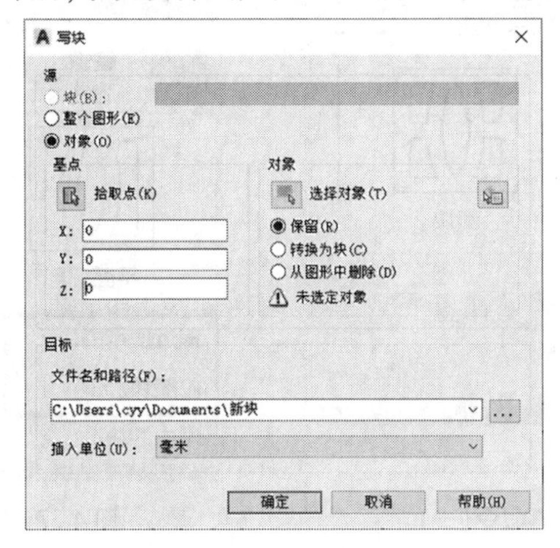

图 4-35　“写块”对话框

3. 参数说明

在该对话框中,各选项含义如下:

(1)“源”部分包括三个选项:“块”“整个图形”“对象”。

“块”:当文件中已经定义有图块时,该项亮显,用户可以通过下拉列表来重新定义图块。

“整个图形”:把整个图形作为一个图块来定义。

“对象”:把图形中的某一部分定义为一个图块。

(2)“基点”和“对象”部分的选项含义与“块定义”中相同。

(3)“目标”部分包括“文件名和路径”“插入单位”。

“文件名和路径”:输入新定义块的名称(包含文件路径)。可以通过其后的按钮选择保存路径。

“插入单位”:插入新定义图块时的单位。

4.6.2　插入图块

4.6.2.1　利用“INSERT”命令插入块

1. 命令的启动方式

(1)在命令行中用键盘输入:“INSERT”。

(2)在主菜单中选择:“插入”→“块选项板”。

(3)在“绘图”工具条上选择:“插入块”按钮 。

(4)在功能面板上:“默认”→“块”→“插入”→“最近使用的块或收藏块”(见图 4-36)。

(5)在“插入”选项卡上:“插入”→“块”→“插入”→“最近使用的块或收藏块”(见图 4-37)。

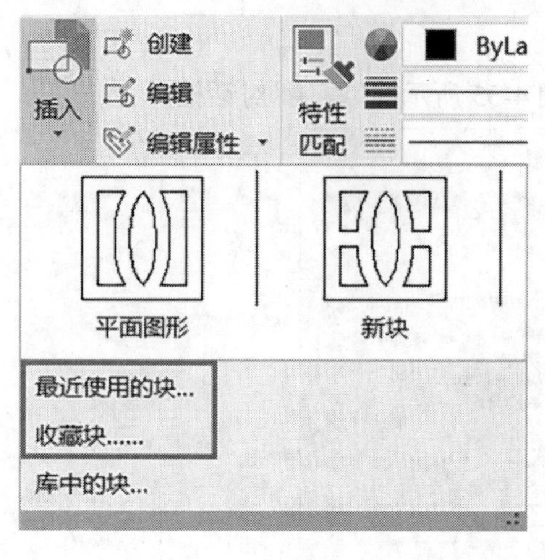

图 4-36 “插入”命令(一)

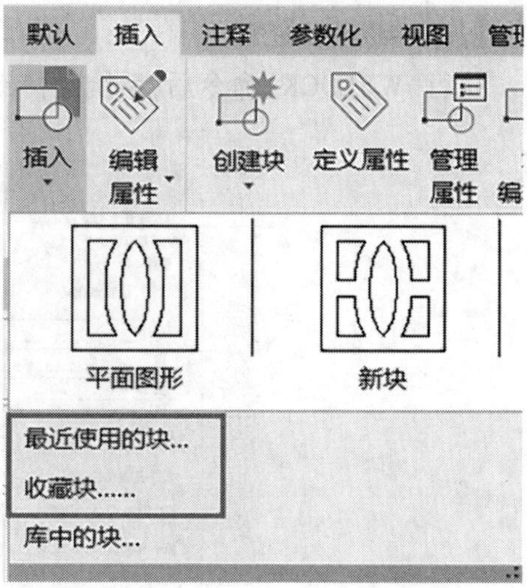

默认 插入 注释 参数化 视图 管理
插入
编辑属性
创建块
定义属性
管理属性
平面图形
新块
最近使用的块...
收藏块......
库中的块...

图 4-37 “插入”命令(二)

2. 命令的操作过程

执行“INSERT”命令后,系统会弹出如图 4-38 所示的“块选项板”对话框。

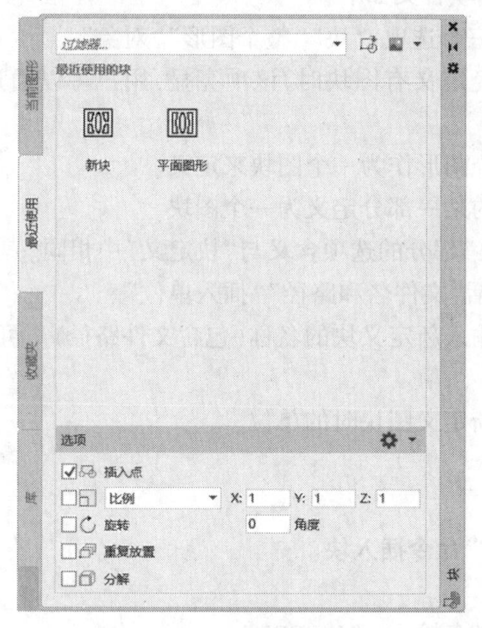

图 4-38 “块选项板”对话框

3. 参数说明

在该对话框中,以“最近使用”选项卡为例来介绍常用的选项含义。

“过滤器”:使用某一个块时,可以输入块名称或其关键字的一部分,来快速选择可用块。也可以通过单击按钮来选择所要插入的图块名称。

“最近使用的块”:在这个文件中已经使用的图块。

“选项”部分:包括“插入点”“比例”“旋转”“重复放置”“分解”。

(1)“插入点”:如果选择该项,则系统让用户在屏幕上选择插入的点,并在命令行出现以下的命令过程:

指定插入点或[基点(B)/比例(S)/X/Y/Z/旋转(R)]:

如果不选择该选项,则就会显示“X”“Y”“Z”。用户可以通过输入 X、Y、Z 的坐标来确定插入点。

(2)“比例”:选择该选项后,要求用户在命令行中输入缩放的比例。如果不选择该选项,则就会显示“X”“Y”“Z”,用户可以通过输入在 X、Y、Z 方向上的比例来确定插入图块的大小。

(3)“旋转”:选择该选项后,系统要求用户在命令行中输入旋转的角度。如果不选择该选项,则就会显示“角度”,用户可以通过输入角度数值来确定插入图块的旋转方向。

(4)“重复放置”:选择该选项后,用户可以在屏幕上重复放置图块。

(5)“分解”:选择“分解”后,插入的图块就会被分解成若干个元素。

4. 注意事项

在输入 X、Y、Z 方向上的缩放比例时,当 X 为负值,则插入的图块将沿着 Y 轴进行镜像;当 Y 为负值,则插入的图块将沿着 X 轴进行镜像。另外,我们在用该对话框插入图块时,插入的点一般是在屏幕上指定的,其他的选项可以直接在命令行中输入完成。

另外,其他常用的“当前图形”和“收藏夹”选项卡上的内容与“最近使用”选项卡的内容大部分相同,这里就不一一介绍了。

4.6.2.2　以矩形阵列的形式插入图块(MINSERT)

1. 命令的启动方式

在命令行中用键盘输入:“MINSERT”。

2. 命令的操作过程

命令: MINSERT↙

输入块名或[?] <新块>: 平面图形↙

单位: 毫米　转换:　1.0000

指定插入点或[基点(B)/比例(S)/X/Y/Z/旋转(R)]:

输入 X 比例因子,指定对角点,或[角点(C)/xyz(XYZ)] <1>: 1↙

输入 Y 比例因子或 <使用 X 比例因子>: 1↙

指定旋转角度 <0>: 0↙

输入行数 (---) <1>: 3↙

输入列数 (|||) <1>: 3↙

输入行间距或指定单位单元 (---): 50↙

指定列间距 (|||): 50↙

3. 参数说明

“输入块名或[?]”:输入已经创建好的图块名或输入“?”来查询图块。

"指定插入点":在屏幕上指定插入图块的基点。

"比例(S)":指定插入图块时图形在 X、Y、Z 轴上统一的比例因子。

"X": 指定插入图块时图形在 X 轴上的比例因子。

"Y": 指定插入图块时图形在 Y 轴上的比例因子。

"Z": 指定插入图块时图形在 Z 轴上的比例因子

"旋转(R)": 指定插入图块时图形旋转的角度。

"输入行数 (---) <1>":指定矩形阵列的行数,默认为 1 行。

"输入列数 (|||) <1>":指定矩形阵列的列数,默认为 1 列。

"输入行间距或指定单位单元 (---)":指定矩形阵列的行间距。

"指定列间距 (|||)": 指定矩形阵列的列间距。

4. 示例

将用图 4-33 中的平面图形创建的图块以矩形阵列的形式插入。

命令过程见"命令的操作过程",插入图块的结果如图 4-39 所示。

图 4-39 插入图块的结果

4.6.2.3 用点命令插入图块

在执行点命令时,其中有两项功能:定数等分和定距等分。在使用这两项功能的过程中,命令行会提示输入图块,如果用户输入相应图块名,则会按定数等分点或定距等分点的形式插入图块。

示例:将如图 4-40 所示的窗定义为"CH"图块,然后以定距等分点的形式插入图形中。

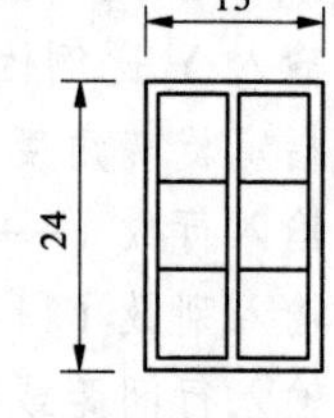

图 4-40 窗

命令: MEASURE↙

选择要定距等分的对象: (选择直线)

指定线段长度或 [块(B)]: B↙

输入要插入的块名: CH↙

是否对齐块和对象? [是(Y)/否(N)] <Y>:↙

指定线段长度: 25↙

结果如图 4-41 所示。

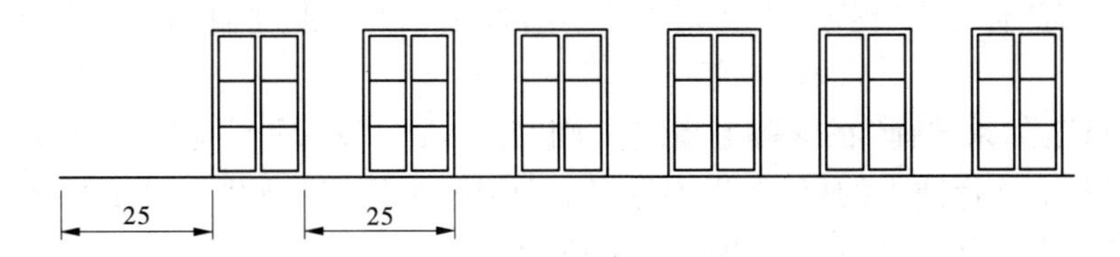

图 4-41　定距等分点插入图块

4.6.3　图块属性

4.6.3.1　创建图块属性

创建图块时,可以在图块上附上一些文字说明及其他一些属性信息,在插入图块时,连同图块和属性一起插入到新的图形中。附属在图块上的属性,随时都能进行更改,因此图块属性使常量图块转变成了变量图块。

1. 命令的启动方式

(1)在命令行中用键盘输入:“ATTDEF”。

(2)在主菜单中选择:“绘图”→“块”→“定义属性”。

(3)在功能面板上选择:“默认”→“块”→“定义属性”。

(4)在“插入”选项卡上,“插入”→“块定义”→“定义属性”。

2. 命令的操作过程

执行“ATTDEF”命令后,系统会弹出如图 4-42 所示的“属性定义”对话框。

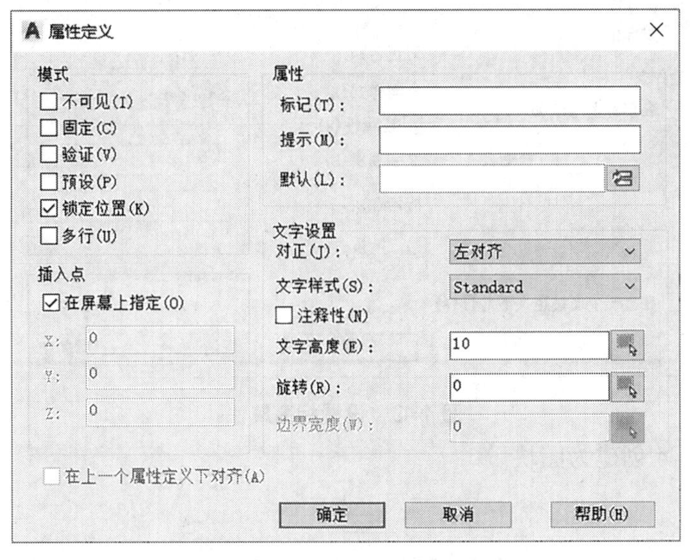

图 4-42　“属性定义”对话框

3. 参数说明

在“属性定义”对话框中有四个选项区,各选项区的含义如下:

“模式”:可以通过“不可见”“固定”“验证”“预设”“锁定位置”“多行”六个可选的模

式选项来选择图块的模式。

“属性”:有“标记”“提示”“默认”三个属性输入框,通过输入数据来确定图块的属性。

“插入点”:如果选择“在屏幕上指定”,则“X”“Y”“Z”均不亮显,系统回到屏幕中,让用户在屏幕上选择插入的点;如果不选择“在屏幕上指定”,则“X”“Y”“Z”均亮显,用户可以通过输入 *X*、*Y*、*Z* 的坐标来确定插入点。

“文字设置”:通过“对正”“文字样式”“文字高度”“旋转”等选项的选择,来设置定义属性文字的特征。

4. 注意事项

图块的属性是图块固有的特性,常用在形状相同而性质不同的图形中,如标高、标题栏、轴线编号等。

5. 示例

给标高符号定义属性,并创建为图块,插入到图形中。

(1)绘制标高符号并定义属性。①绘制标高符号;②设置“属性定义”对话框,设置的内容如图 4-43 所示;③完成标高属性定义(见图 4-44)。

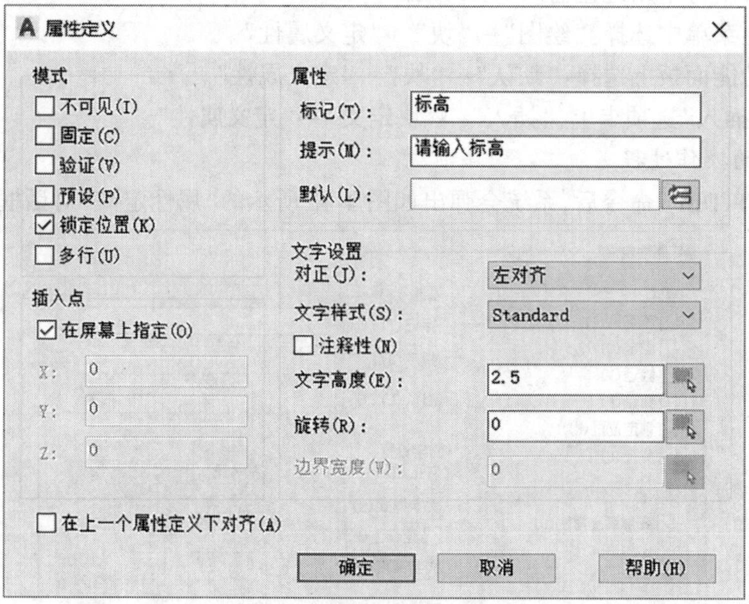

图 4-43　设置标高属性

(2)将图 4-44 创建为图块。

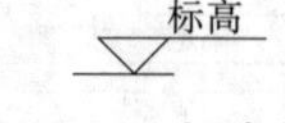

图 4-44　标高符号

(3)在图4-45中插入标高符号。

4.6.3.2　编辑图块属性

1. 命令的启动方式

(1)在命令行中用键盘输入:“DDEDIT”。

(2)在主菜单中选择:“修改”→“对象”→“属性”。

(3)在功能面板上选择:“默认”→“块”→“编辑属性”。

(4)在“插入”选项板上选择:“插入”→“块”→“编辑属性”。

2. 命令的操作过程

命令:DDEDIT↙

TEXTEDIT

当前设置:编辑模式 = Multiple

选择注释对象或[放弃(U)/模式(M)]:

8.100

6.100

图4-45　插入标高图块

3. 参数说明

选择一个有属性的图块后,系统弹出如图4-46所示的“增强属性编辑器”对话框,在该对话框中有“属性”“文字选项”“特性”三个选项卡,各选项卡的含义如下:

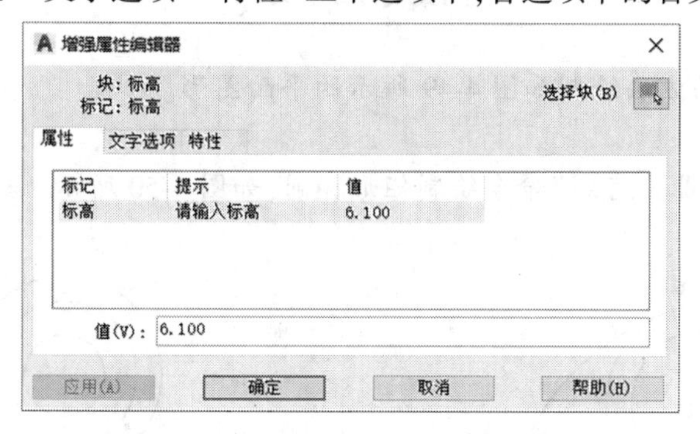

图4-46　“增强属性编辑器”选项卡

“属性”:对图块的变量属性进行修改。分别列出了标记、提示和值这几个属性,能修改的是图块的属性值,而标记和提示则不能修改。

“文字选项”:对图块的文字属性进行修改。如图4-47所示,在“文字选项”选项卡中,分别列出了文字样式、对正、反向、倒置、高度、宽度因子、旋转和倾斜角度这几个图块中文字属性,用户可以根据需要对这几个文字的显示方式属性值进行修改。

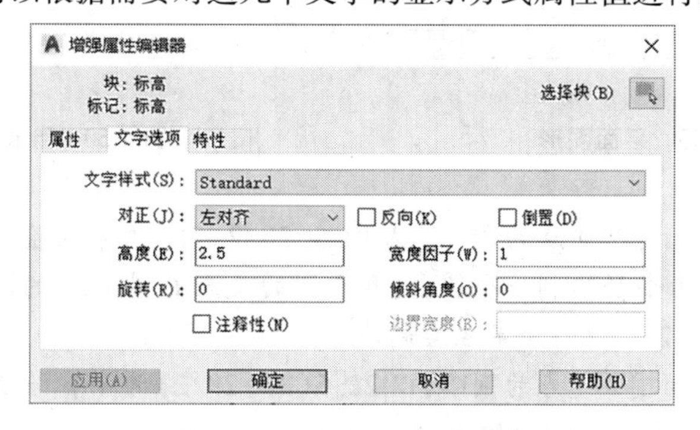

图4-47　“文字选项”选项卡

“特性”:对图块属性中的特征属性进行修改。如图 4-48 所示,在“特性”选项卡中,分别列出了图层、线型、颜色、线宽和打印样式这几个属性,用户可以根据需要对图块所在图层、线型、颜色、线宽等进行修改。

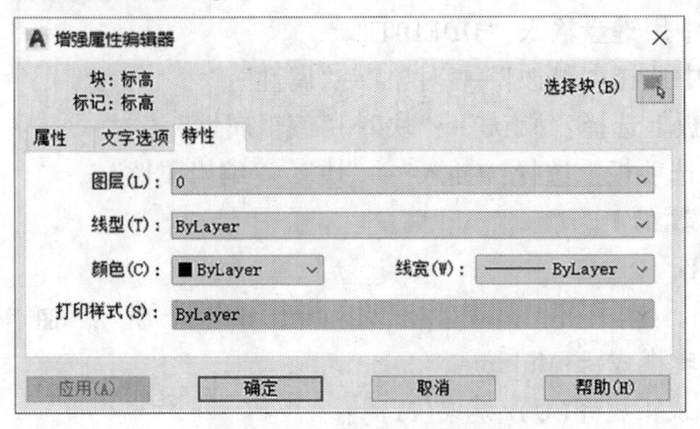

图 4-48　“特性”选项卡

技能训练

1. 用圆弧连接的方法绘制如图 4-49 所示的平面图形。

训练指导:

(1) 用“矩形”“圆”“直线”命令绘制矩形和圆,如图 4-50 所示。

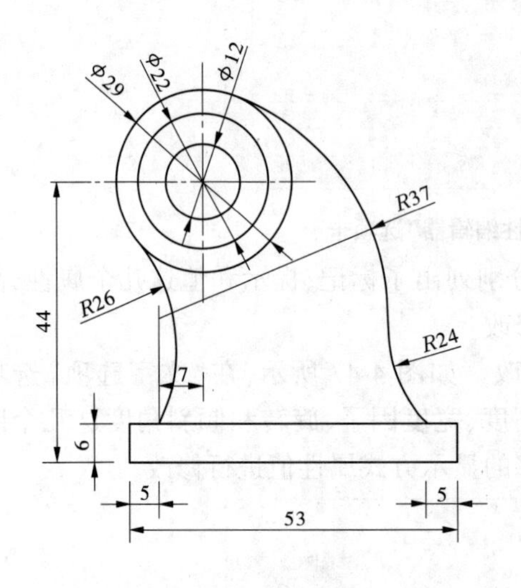

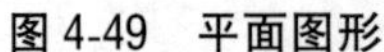

图 4-49　平面图形

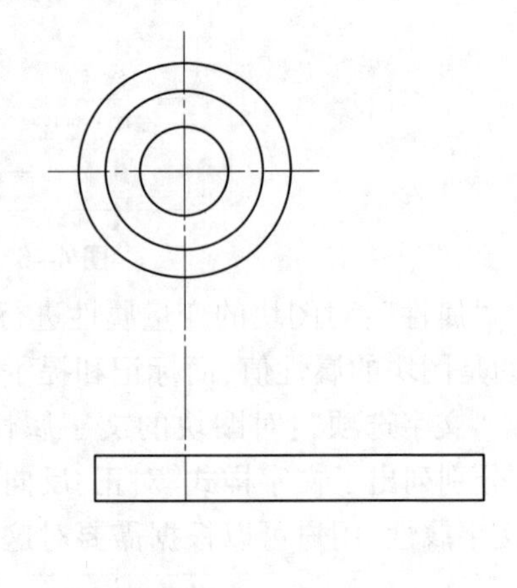

图 4-50　绘制矩形和圆

(2) 如图 4-51 所示,以 *A* 点为圆心,以 40.5(29/2+26) 为半径绘制一个圆,再以 *B* 点为圆心,以 26(*R*26) 为半径绘制一个圆,这两个圆的交点 *C* 是 *R*26 的圆的圆心。

(3) 以 *C* 为圆心,26(*R*26) 为半径绘制圆。

(4) 如图 4-52 所示,以 *A* 点为圆心,以 22.5(37−29/2) 为半径绘制一个圆,这个圆和左边点画线的交点 *D* 为 *R*37 的圆的圆心。

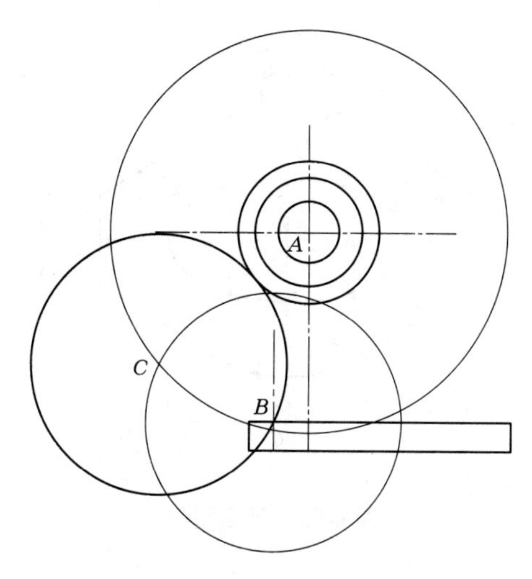

图 4-51　绘制半径为 26 的圆

(5) 以 D 为圆心，37($R37$) 为半径绘制圆。

(6) 以 D 点为圆心，以 61(37+24) 为半径绘制一个圆，再以 E 点为圆心，以 24($R24$) 为半径绘制一个圆，这两个圆的交点 F 是 $R24$ 的圆的圆心。

(7) 以 F 为圆心，24($R24$) 为半径绘制圆，如图 4-52 所示。

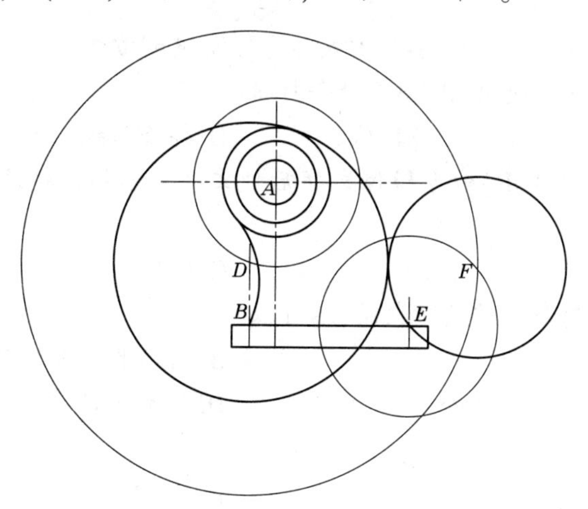

图 4-52　分别绘制半径为 37 和 24 的圆

2. 用“倒圆角”的方式绘制如图 4-53 所示的平面图形。

训练指导：

(1) 用“直线”命令绘制中心线，用“圆”“椭圆”命令绘制图形轮廓。

(2) 用“直线”命令绘制切线，再用“圆角”命令绘制图形内部轮廓。

(3) 用“修剪”命令进行编辑。

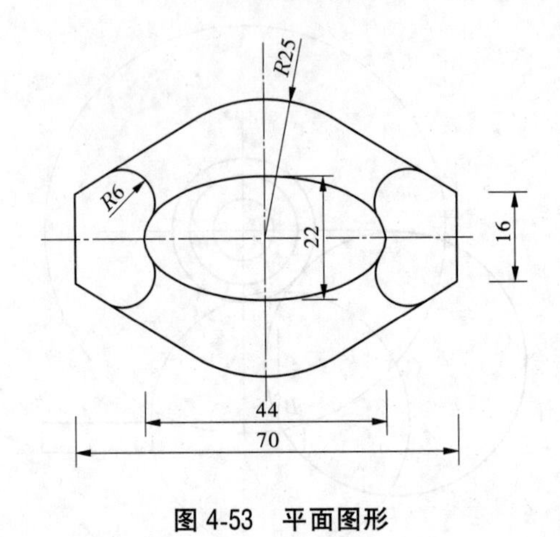

图 4-53　平面图形

巩固练习

一、单项选择题

1. 已知一条线段长度是 1 377，用“SCALE”命令缩小为 323，应采用的缩放方式是(　　)。

A. 指定比例因子　B. 参照方式　C. 复制方式　D. 任意方式

2. 以下哪种对象不能使用 BREAK 命令打断(　　)。

A. 椭圆　B. 多段线　C. 样条曲线　D. 多线

3. 要应用镜像(MIRROR)命令镜像文字后使文字内容仍保持原来排列方式，则应先使 MIRRTEXT 的值设为(　　)。

A. 0　B. 1　C. ON　D. OFF

4. 用缩放(SCALE)命令缩放对象时，不可以(　　)。

A. 只在 X 轴方向缩放　B. 将参照长度缩放为指定的新长度

C. 将基点选择在对象之外　D. 缩放小数倍

5. 如何打开或关闭对象夹点？(　　)

A. ENTGRIP 命令　B. F3 键

C. 在选项对话框的“选择”选项卡中　D. 一直打开“启用夹点”

二、多项选择题

1. 编辑块属性的途径有(　　)。

A. 单击属性定义进行属性编辑　B. 双击包含属性的块进行属性编辑

C. 应用块属性管理器编辑属性　D. 只可以用命令进行属性编辑

2. 有关块属性的定义说法正确的是(　　)。

A. 块必须定义属性　B. 一个块中最多只能定义一个属性

C. 多个块可以共用一个属性　D. 一个块中可以定义多个属性

3. 创建带属性的块的步骤是(　　　)。

A. 画图形　　B. 创建块　　C. 定义属性　　D. 插入块

4. 镜像命令“MIRROR”中镜像线可以是(　　　)。

A. 曲线　　B. 斜线　　C. 水平线　　D. 垂直线

5. 以下不是阵列的两个选项是(　　　)。

A. 矩形阵列　　B. 环形阵列　　C. 移动阵列　　D. 旋转阵列

三、判断题

1. 圆角“FILLET”命令可用于两条相互平行的直线。(　　　)
2. 圆角命令不可以对样条曲线对象进行圆角。(　　　)
3. 当系统变量 MIRRTEXT 的值为 1 时,文字不镜像,即文字的方向不变。(　　　)
4. 块的名字中不能包含数字。(　　　)
5. 带属性的块在插入时不能改变大小。(　　　)

四、实操题

1. 绘制如图 4-54 所示的脸盆,并将其定义为“脸盆”图块保存起来。
2. 绘制如图 4-55 所示的平面图形。

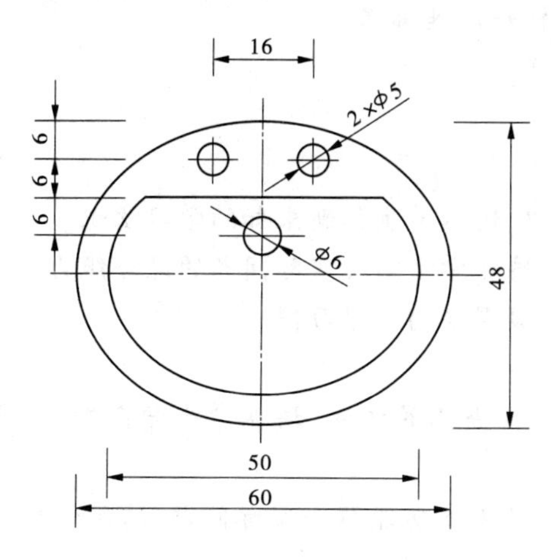

图 4-54　脸盆平面图形

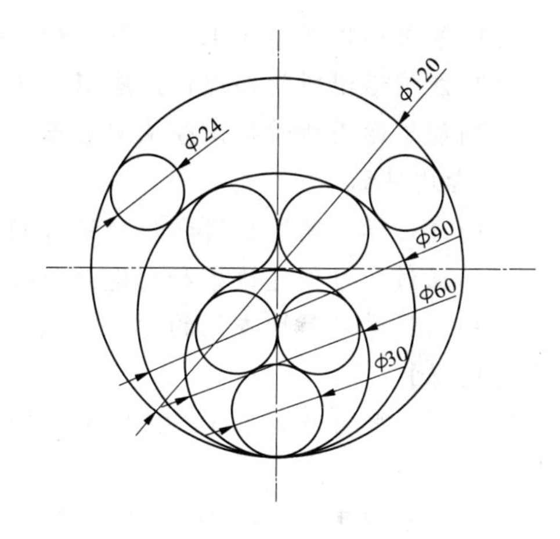

图 4-55　平面图形

项目 5　高级编辑与属性查询

【项目导入】

在 AutoCAD 中,可以利用高级编辑和属性编辑,更加快捷、准确地绘制图形,还可以利用查询功能查询图形属性,进行辅助绘图。本项目主要介绍 AutoCAD 2022 中的高级编辑、属性编辑、创建边界与创建面域、属性查询。

【教学目标】

1. 知识目标

(1)掌握高级编辑和属性编辑的相关知识。

(2)掌握创建边界和创建面域的方法。

(3)熟悉属性查询的内容和方法。

2. 技能目标

(1)能够运用所学知识对图形进行高级编辑和属性编辑。

(2)能够运用所学知识创建图形边界和面域。

(3)能够运用所学知识查询图形属性。

3. 素质目标

(1)通过学习高级编辑和属性编辑相关知识,培养学生创新求知的学习意识。

(2)通过学习创建边界和创建面域的方法,培养学生解决实际问题的综合能力。

(3)通过学习属性查询的方法,培养学生积极探索的学习习惯。

【思政目标】

(1)通过学习 AutoCAD 2022 高级编辑与属性查询的方法,培养学生爱岗敬业、勇于创新的劳模精神。

(2)通过使用 AutoCAD 2022 高级编辑与属性查询功能解决实际问题,培养学生踏实勤奋、探索真理的劳动精神。

(3)掌握 AutoCAD 2022 编辑和查询图形的使用技巧,培养学生刻苦学习、服务社会的爱国情怀。

任务 5.1　高级编辑

5.1.1　剪切

5.1.1.1　命令的启动方式

(1)在命令行中用键盘输入:“CUTCLIP”。

(2)在主菜单中选择:“编辑”→“剪切”。

(3)在“标准”工具条上单击“剪切”按钮。

(4)在功能面板上选择:“默认”→“剪贴板”→“剪贴”。

5.1.1.2　命令的操作过程

命令: CUTCLIP↙

选择对象: 指定对角点: 找到 2 个

选择对象: ↙

5.1.1.3　参数说明

“剪切”命令是将选定的对象先复制到剪贴板,粘贴后源对象删除。剪贴板中的对象可以粘贴到原图形中,也可以粘贴到其他图形和其他应用程序中。

5.1.2　复制与带基点复制

5.1.2.1　复制

1. 命令的启动方式

(1)在命令行中用键盘输入:“COPYCLIP”。

(2)在主菜单中选择:“编辑”→“复制”。

(3)在“标准”工具条上单击“复制”按钮。

(4)在功能面板上选择:“默认”→“剪贴板”→“复制”。

2. 命令的操作过程

命令: COPYCLIP↙

选择对象: 指定对角点: 找到 2 个

选择对象: ↙

3. 参数说明

“复制”命令是将选定的对象复制到剪贴板,粘贴后源对象不删除。剪贴板中的对象可以粘贴到原图形中,也可以粘贴到其他图形和其他应用程序中。粘贴的对象保留源对象的特性。

5.1.2.2　带基点复制

1. 命令的启动方式

(1)在命令行中用键盘输入:“COPYBASE”。

(2)在主菜单中选择:“编辑”→“带基点复制”。

2. 命令的操作过程

命令: COPYBASE↙

指定基点:　(指定复制对象的基准点)

选择对象: 指定对角点: 找到 2 个

选择对象: ↙

3. 参数说明

“剪切”和“复制”命令,在粘贴时,都以选择对象时的左下点为插入点,不能有目的地以图形对象某一点为插入点。而“带基点复制”命令则是选定图形对象的某一点为插入点,在粘贴时以该点为插入点插入对象。

5.1.3　粘贴与粘贴为块

5.1.3.1　粘贴

1. 命令的启动方式

(1) 在命令行中用键盘输入:“PASTECLIP”。

(2) 在主菜单中选择:“编辑”→“粘贴”。

(3) 在“标准”工具条上单击“粘贴”按钮。

(4) 在功能面板上选择:“默认”→“剪贴板”→“粘贴”。

2. 命令的操作过程

命令: PASTECLIP↙

指定插入点:

3. 参数说明

将“剪切”“复制”“带基点复制”的内容粘贴在相应位置。粘贴的对象保留源对象的特性。

粘贴对象有五种粘贴方式(见图 5-1),在使用过程中要根据绘图需要进行选择。

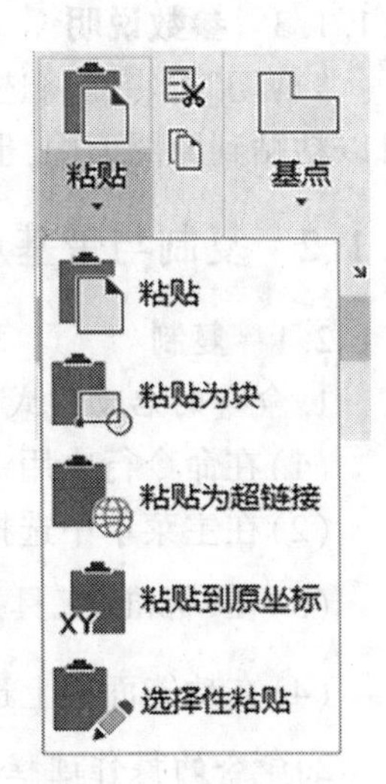

图 5-1　“粘贴”方式

5.1.3.2　粘贴为块

1. 命令的启动方式

(1) 在命令行中用键盘输入:“PASTEBLOCK”。

(2) 在主菜单中:“编辑”→“粘贴为块”。

2. 命令的操作过程

命令: PASTEBLOCK↙

指定插入点:

3. 参数说明

将复制到剪贴板的对象作为块粘贴到图形中指定的插入点,将为块给定随机名称。

5.1.4　多段线、多线、样条曲线编辑

5.1.4.1　多段线编辑

1. 命令的启动方式

(1) 在命令行中用键盘输入:“PEDIT”或“PE”。

(2) 在主菜单中选择:“修改”→“对象”→“多段线”。

(3) 在功能面板上选择:“默认”→“修改”→“编辑多段线”。

2. 命令的操作过程

命令: PEDIT↙

选择多段线或 [多条(M)]:　　(选择要编辑的对象)

输入选项 [闭合(C)/合并(J)/宽度(W)/编辑顶点(E)/拟合(F)/样条曲线(S)/非曲线化(D)/线型生成(L)/反转(R)/放弃(U)]: C↙

输入选项［打开(O)/合并(J)/宽度(W)/编辑顶点(E)/拟合(F)/样条曲线(S)/非曲线化(D)/线型生成(L)/反转(R)/放弃(U)］:↙

3. 参数说明

“闭合(C)”:创建多段线的闭合线,将首尾连接。除非使用“闭合”选项闭合多段线,否则将会认为多段线是开放的。

“打开(O)”:删除多段线的闭合线段。除非使用“打开”选项打开多段线,否则程序将认为它是闭合的。

“合并(J)”:在开放的多段线的尾端点添加直线、圆弧或多段线和从曲线拟合多段线中删除曲线拟合。

“宽度(W)”:为整个多段线指定新的统一宽度。

“编辑顶点(E)”:输入“E”后回车,在多段线的起点会出现一个斜的十字叉,它是当前顶点的标记,此时系统有如下的命令提示:

输入顶点编辑选项

［下一个(N)/上一个(P)/打断(B)/插入(I)/移动(M)/重生成(R)/拉直(S)/切向(T)/宽度(W)/退出(X)］<N>:

可以根据上述命令的提示对多段线的顶点进行编辑操作。

“拟合(F)”:创建圆弧拟合多段线(由圆弧连接每对顶点的平滑曲线)。曲线经过多段线的所有顶点并使用任何指定的切线方向。

“样条曲线(S)”:使用选定多段线的顶点作为近似B样条曲线的曲线控制点或控制框架。

“非曲线化(D)”:删除由拟合曲线或样条曲线插入的多余顶点,拉直多段线的所有线段。

“线型生成(L)”:生成经过多段线顶点的连续图案线型。

“反转(R)”:反转多段线顶点的顺序。使用此选项可反转使用包含文字线型的对象的方向。

“放弃(U)”:输入“U”后回车,系统放弃上一步的多段线编辑操作。

4. 示例

修改如图5-2所示多段线的宽度。

命令: PEDIT↙

选择多段线或［多条(M)］:　(单击图5-2)

输入选项［闭合(C)/合并(J)/宽度(W)/编辑顶点(E)/拟合(F)/样条曲线(S)/非曲线化(D)/线型生成(L)/反转(R)/放弃(U)］: W↙

指定所有线段的新宽度: 0.1↙

输入选项［闭合(C)/合并(J)/宽度(W)/编辑顶点(E)/拟合(F)/样条曲线(S)/非曲线化(D)/线型生成(L)/反转(R)/放弃(U)］: ↙

结果如图5-3所示。

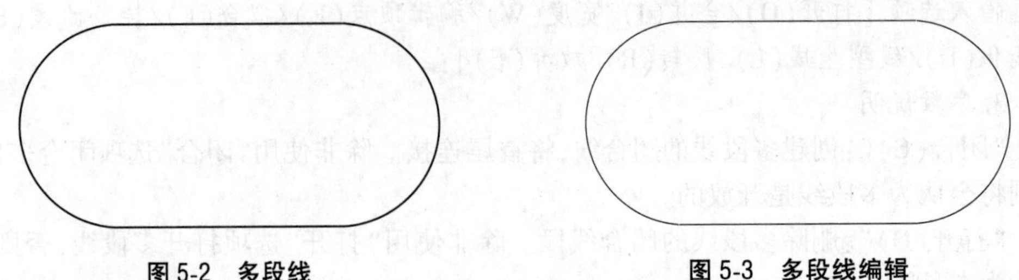

图 5-2　多段线　　　　图 5-3　多段线编辑

5.1.4.2　多线编辑

1. 命令的启动方式

(1) 在命令行中用键盘输入："MLEDIT"。

(2) 在主菜单中选择："修改"→"对象"→"多线"。

2. 命令的操作过程

命令：MLEDIT↙

选择第一条多线：

选择第二条多线：

选择第一条多线 或 [放弃(U)]：↙

3. 参数说明

当输入"MLEDIT"回车后，系统会弹出如图 5-4 所示的"多线编辑工具"对话框。在该对话框中，用户可选择一种工具来编辑多线。该对话框以四列显示样例图像。第一列控制交叉的多线，第二列控制 T 形相交的多线，第三列控制角点结合和顶点，第四列控制多线中的打断。

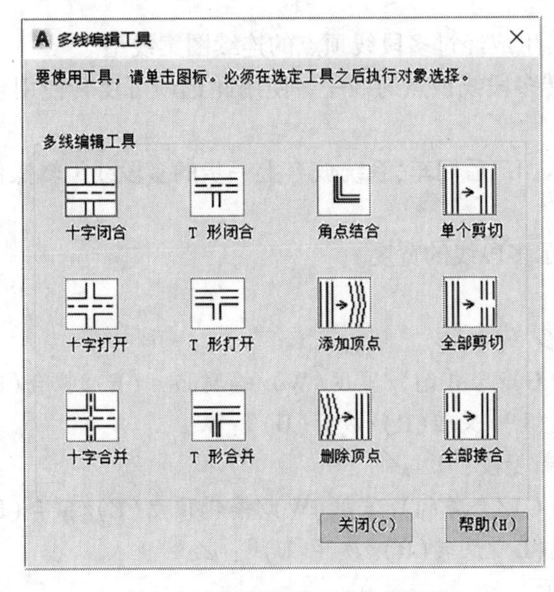

图 5-4　"多线编辑工具"对话框

十字闭合:在两条多线之间创建闭合的十字交点。

十字打开:在两条多线之间创建打开的十字交点。打断将插入第一条多线的所有元素和第二条多线的外部元素。

十字合并:在两条多线之间创建合并的十字交点。选择多线的次序并不重要。

T形闭合:在两条多线之间创建闭合的T形交点。将第一条多线修剪或延伸到与第二条多线的交点处。

T形打开:在两条多线之间创建打开的T形交点。将第一条多线修剪或延伸到与第二条多线的交点处。

T形合并:在两条多线之间创建合并的T形交点。将多线修剪或延伸到与另一条多线的交点处。

角点结合:在多线之间创建角点结合。将多线修剪或延伸到它们的交点处。

添加顶点:向多线上添加一个顶点。

删除顶点:从多线上删除一个顶点。

单个剪切:在选定多线元素中创建可见打开。

全部剪切:创建穿过整条多线的可见打断。

全部接合:将已被剪切的多线线段重新接合起来。

4. 示例

编辑如图5-5所示两相交的多线。

命令: MLEDIT↙ (在如图5-4所示的对话框中选择)

选择第一条多线: (选择多线 A)

选择第二条多线: (选择多线 B)

选择第一条多线 或 [放弃(U)]: ↙

结果如图5-6所示。

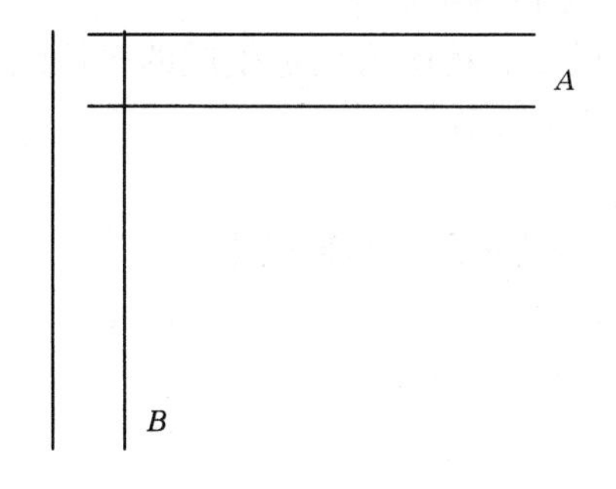

图5-5 两相交的多线

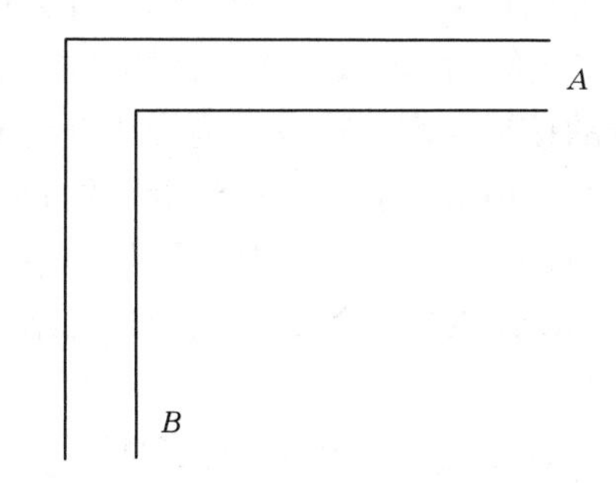

图5-6 相交多线“角点结合”编辑

5.1.4.3 样条曲线编辑

1. 命令的启动方式

(1)在命令行中用键盘输入:“SPLINEDIT”或“SPE”。

(2)在主菜单中选择:“修改”→“对象”→“样条曲线”。

(3)在功能面板上选择:“默认”→“修改”→“编辑样条曲线”。

2. 命令的操作过程

命令: SPLINEDIT↙

选择样条曲线:　　　　　　　　　　　　　　　　　　　　(选择要编辑的对象)

输入选项[打开(O)/拟合数据(F)/编辑顶点(E)/转换为多段线(P)/反转(R)/放弃(U)/退出(X)] <退出>: O↙

输入选项[闭合(C)/合并(J)/拟合数据(F)/编辑顶点(E)/转换为多段线(P)/反转(R)/放弃(U)/退出(X)] <退出>:↙

3. 参数说明

“闭合(C)”:通过定义与第一个点重合的最后一个点,闭合开放的样条曲线。默认情况下,闭合的样条曲线是周期性的,沿整个曲线保持曲率连续性。

“打开(O)”:通过删除最初创建样条曲线时指定的第一个和最后一个点之间的最终曲线段,可打开闭合的样条曲线。

“合并(J)”:将选定的样条曲线与其他样条曲线、直线、多段线和圆弧在重合端点处合并,以形成一个较大的样条曲线。

“拟合数据(F)”:输入“F”后回车,此时系统有如下的命令提示:

输入拟合数据选项

[添加(A)/闭合(C)/删除(D)/扭折(K)/移动(M)/清理(P)/切线(T)/公差(L)/退出(X)] <退出>:

可以根据上述命令的提示对样条曲线进行拟合点数据的编辑操作。

“编辑顶点(E)”:输入“E”后回车,此时系统有如下的命令提示:

输入顶点编辑选项[添加(A)/删除(D)/提高阶数(E)/移动(M)/权值(W)/退出(X)] <退出>:

可以根据上述命令的提示对样条曲线的顶点进行编辑操作。

“转换为多段线(P)”:将样条曲线转换为多段线。精度值决定生成的多段线与样条曲线的接近程度。有效值为介于 0 到 99 之间的任意整数。

“反转(R)”:反转样条曲线的方向。

“放弃(U)”:输入“U”后回车,系统放弃上一步的多段线编辑操作。

“退出(X)”:输入“X”后回车,结束该命令。

4. 示例

闭合如图 5-7 所示的样条曲线。

命令: SPLINEDIT↙

选择样条曲线:　　　　　　　　　　　　　　　　　　　　　　(单击图 5-7)

输入选项[闭合(C)/合并(J)/拟合数据(F)/编辑顶点(E)/转换为多段线(P)/反转(R)/放弃(U)/退出(X)] <退出>: C↙

输入选项[打开(O)/拟合数据(F)/编辑顶点(E)/转换为多段线(P)/反转(R)/放弃(U)/退出(X)] <退出>:↙

结果如图 5-8 所示。

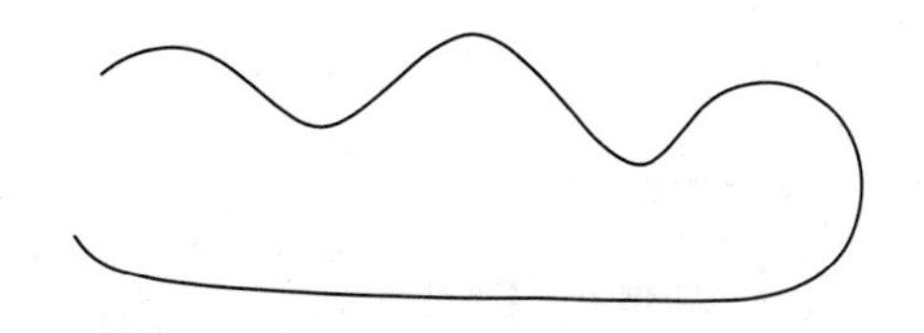

图 5-7　样条曲线

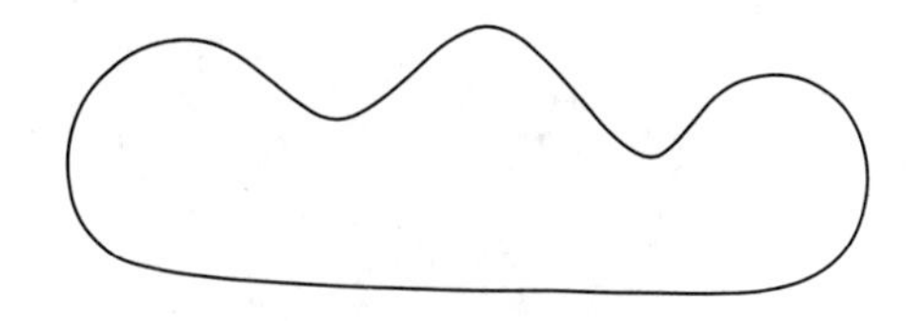

图 5-8　样条曲线编辑

任务 5.2　属性编辑

5.2.1　特性

5.2.1.1　命令的启动方式

(1)在命令行中用键盘输入:“PROPERTIES”或“PR”。

(2)在主菜单中选择:“修改”→“特性”。

(3)在“标准”工具条上单击“特性”按钮。

(4)在功能面板上选择:“视图”→“选项板”→“特性”。

(5)在功能区单击“默认”选项“特性”面板右下角的箭头。

5.2.1.2　命令的操作过程

通过执行“PROPERTIES”命令,系统会弹出如图 5-9 所示的“特性”对话框。

5.2.1.3　参数说明

在“特性”对话框的上面显示了一个下拉列表框,当未选择对象时,显示为“无选择”;当选择对象后,显示为该对象的名称。在该对话框的左边为标题,可以单击标题中的“×”关闭对话框,也可以单击标题中的“”来隐藏对话框和显示对话框,同时也可以对该对话框进行特性操作。在列表框的右上角有一个快速选择按钮“”,单击它会弹出如图 5-10 所示的“快速选择”对话框,可以通过该对话框快速选择对象。

在“特性”对话框中“无选择”时有“常规”“三维效果”“打印样式”“视图”“其他”五项内容,选择对象后则为“基本”“几何图形”等内容,用户可以通过这些选项内容来编辑对象。可以编辑的对象有颜色、图层、线型、线型比例、线宽等。

在编辑对象时,首先应该选择被编辑的对象,然后在“特性”对话框中修改对象的特性。修改对象的特性时,有些可以输入一个新的数据,有些可以通过下拉列表框进行选择。在修改完对象的特性后,按回车键,则对象就随修改内容做相应改变。按“×”退出操作。

注意:特性编辑的快捷启动方式是把光标放在图形上双击鼠标左键。另外,特性操作可以作为一种变量对图形对象进行参数化操作。

图 5-9　“特性”对话框

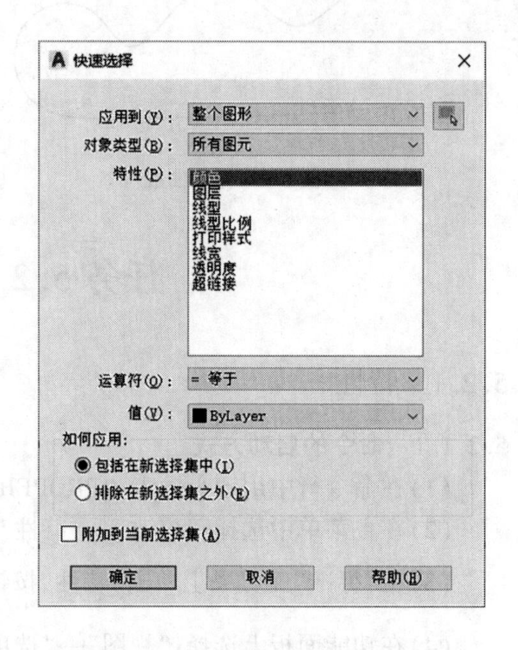

图 5-10　“快速选择”对话框

5.2.1.4　示例

将如图 5-11 所示点画线的线型比例(0.2)调整到 0.1。

(1)左键单击点画线(注意不要连同尺寸标注一起选择)；

(2)单击“特性”按钮；

(3)改变“特性”对话框中“常规”下的线型比例数值为“0.1”；

(4)按回车键；

(5)关闭“特性”对话框。

结果如图 5-12 所示。

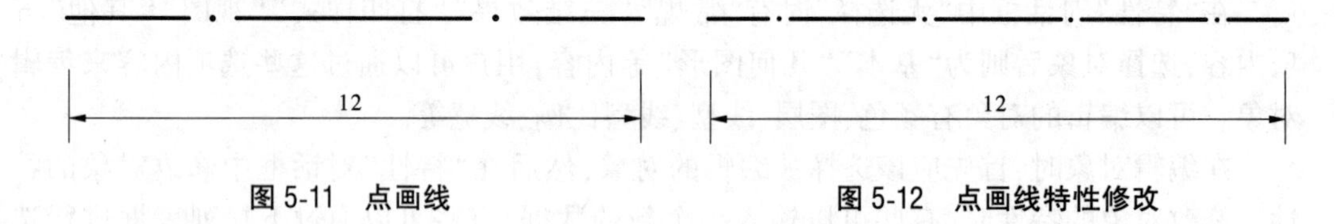

图 5-11　点画线　　　　图 5-12　点画线特性修改

5.2.2　特性匹配

5.2.2.1　命令的启动方式

(1)在命令行中用键盘输入：“MATCHPROP”。

(2)在主菜单中选择：“修改”→“特性匹配”。

(3)在“标准”工具条上单击“特性匹配”按钮。

(4) 在功能面板上单击选择:“默认”→“特性”→“特性匹配”。

5.2.2.2　命令的操作过程

命令: MATCHPROP↙

选择源对象:　　　(选择一个对象作为源对象,选择完后,鼠标变成一毛笔“”)

当前活动设置: 颜色 图层 线型 线型比例 线宽 透明度 厚度 打印样式 标注 文字 图案填充 多段线 视口 表格 材质 多重引线 中心对象　　(当前源对象所具有的特性)

选择目标对象或 [设置(S)]:　　　(选择要修改的对象,可以连续选择)

选择目标对象或 [设置(S)]: ↙　　　(回车结束选择)

5.2.2.3　参数说明

“设置”:输入“S”回车后,系统会弹出如图 5-13 所示的“特性设置”对话框。用户可以通过该对话框来设置要复制源对象的哪些特性。

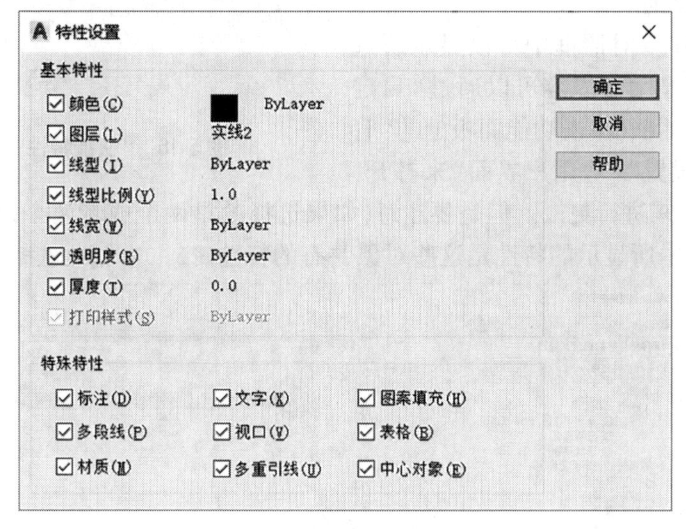

图 5-13　“特性设置”对话框

5.2.2.4　示例

将图 5-14 中多边形的线宽变为圆的线宽。

(1) 单击“特性匹配”按钮。

(2) 单击圆的边线。

(3) 当光标变成毛笔后,将毛笔移到多边形的边线上,如图 5-15 所示。

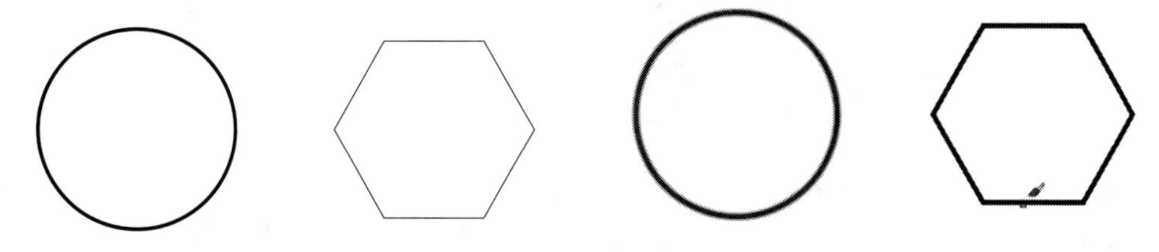

图 5-14　平面图形　　　图 5-15　特性匹配操作

(4)单击多边形的边线。

(5)按 Esc 键或单击鼠标右键选择“取消”结束操作。

5.2.3　快捷特性

5.2.3.1　命令的启动方式

(1)通过状态栏中的自定义功能将“快捷特性”按钮调出,然后激活“快捷特性”。

(2)在“草图设置”对话框的“快捷特性”区中勾选“选择时显示快捷特性选项板”。

5.2.3.2　命令的操作过程

启动“快捷特性”命令,选择对象后,就会在选择对象的旁边出现“快捷特性”对话框,如图 5-16 所示。

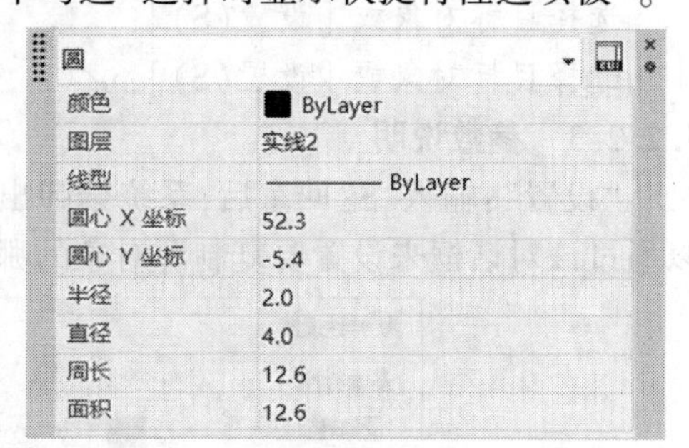

图 5-16　“快捷特性”对话框

5.2.3.3　参数说明

在“快捷特性”对话框中可以显示所选对象的特性,而显示的内容可以通过“自定义用户界面”对话框(单击功能面板上的“管理”→“自定义设置”→“用户界面”来打开,如图 5-17 所示)来进行更改。但是要注意,如果选择的是两个或者两个以上的对象,“快捷特性”对话框中所显示的特性是这些对象共有的特性。

图 5-17　“自定义用户界面”对话框

5.2.3.4　注意事项

在使用快捷特性编辑对象时，有一个非常有用的命令是“QPMODE”命令，它是一个系统变量。它的初始值为-1，当设置它的值为 0 时，关闭“快捷特性”选项板的显示；它的值为 1 时，打开“快捷特性”选项板的显示；它的值为 2 时，“快捷特性”选项板只在“自定义用户界面”中自定义的对象才显示，这对编辑图形是非常有帮助的。

5.2.3.5　示例

将如图 5-18 所示的直径为 8 的圆改为直径为 4 的圆。

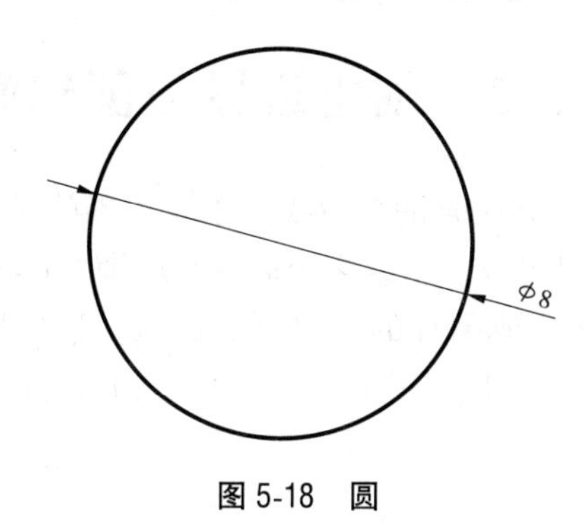

图 5-18　圆

操作过程如下：

(1)选择圆和尺寸标注；

(2)在“快捷特性”对话框中选择“圆”(见图 5-19)；

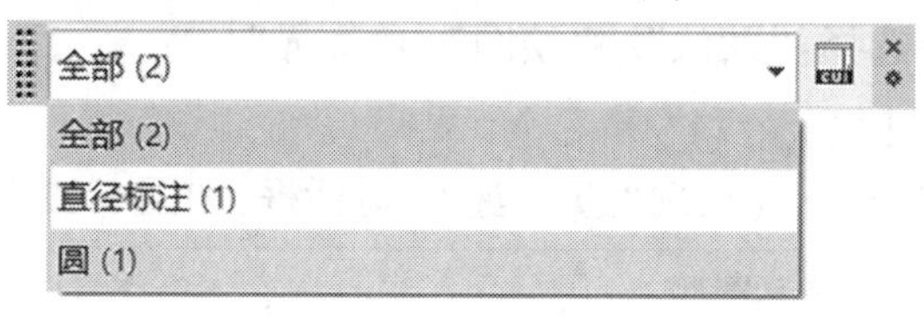

图 5-19　选择“圆”

(3)在“直径”选项中，将 8 改为 4，如图 5-20 所示；

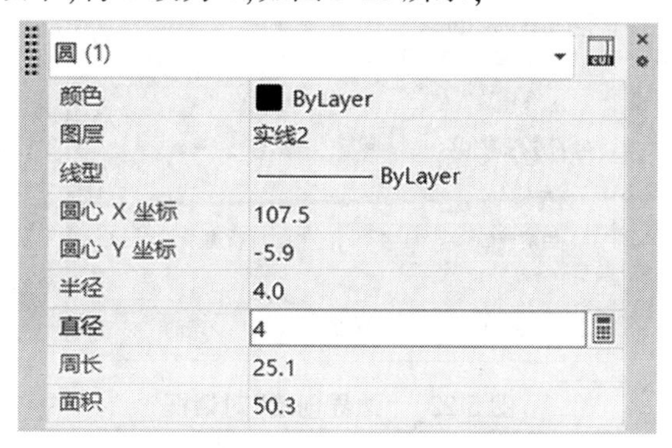

图 5-20　修改圆直径

(4)按回车键；

(5)按 Esc 键退出“快捷特性”对话框。

结果如图 5-21 所示。

注意:在“快捷特性”对话框中修改圆的直径的同时,圆标注的尺寸也随之变化。

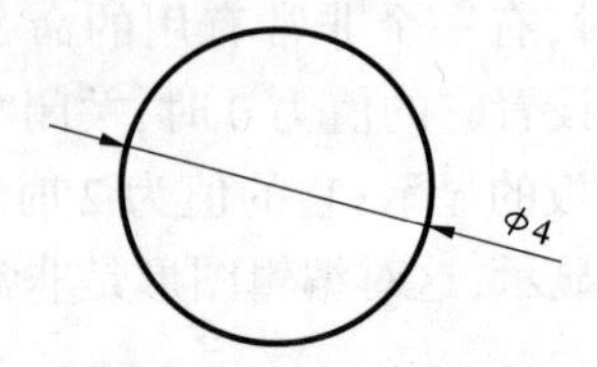

图 5-21 修改直径后的圆

任务 5.3 创建边界与创建面域

所谓“边界”,其实就是一条闭合的多段线。创建边界就是从多个相交对象中提取一条或多条闭合多段线,也可以提取一个或多个面域。所谓“面域”,是具有物理特性(如质心)的二维封闭区域,可以从形成闭环的对象创建面域。这里所指的环可以是封闭某个区域的直线、多段线、圆、圆弧、椭圆、椭圆弧和样条曲线的组合。

5.3.1 创建边界

5.3.1.1 命令的启动方式

(1)在命令行中用键盘输入:“BOUNDARY”或“BO”。

(2)在主菜单中选择:“绘图”→“边界”。

(3)在功能面板上选择:“默认”→“绘图”→“边界”。

5.3.1.2 命令的操作过程

命令: BOUNDARY↙ (出现“边界创建”对话框,如图 5-22 所示,单击“拾取点”)

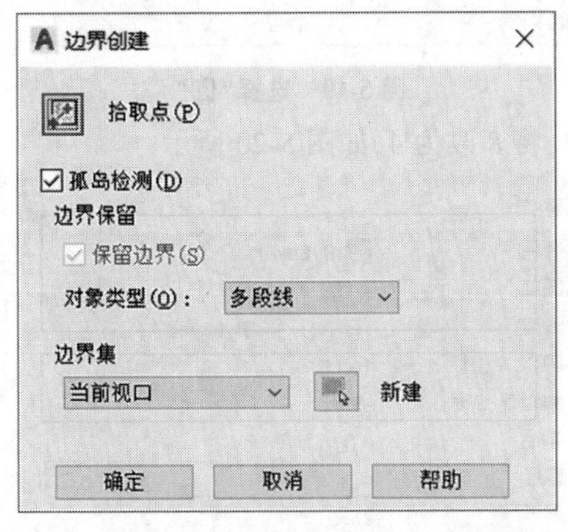

图 5-22 “边界创建”对话框

拾取内部点: 正在选择所有对象…

(在需要创建边界对象的图形内部单击拾取内部点)

正在选择所有可见对象…

正在分析所选数据…

正在分析内部孤岛…

拾取内部点：↙

BOUNDARY 已创建 1 个多段线

5.3.1.3　参数说明

在“边界创建”对话框中，可以通过单击“拾取点”进行拾取图形内部点的操作，还可以设置是否检测内部闭合边界（称为孤岛）、生成面域还是多段线、定义通过指定点定义边界时“BOUNDARY”命令要分析的对象集。

拾取点：根据围绕指定点构成封闭区域的现有对象来确定边界。

孤岛检测：控制“BOUNDARY”命令是否检测称为“孤岛”的所有内部闭合边界（除包围拾取点的对象外）。

对象类型：控制新边界对象的类型，可以是多段线，也可以是面域。

边界集：“当前视口”是根据当前视口范围中的所有对象定义边界集，选择此选项将放弃当前所有边界集；“新建”是提示用户选择用来定义边界集的对象，“BOUNDARY”命令仅包括可以在构造新边界集时，用于创建面域或闭合多线段的对象。

5.3.1.4　注意事项

创建边界后形成的多段线边界线，是一个新的独立的图形，可用移动命令进行移动操作。

5.3.1.5　示例

创建如图 5-23 所示的平面图形边界线。

命令：BOUNDARY↙　　（出现“边界创建”对话框，单击“拾取点”）

拾取内部点：正在选择所有对象…　　（在需创建边界的图形内部单击）

正在选择所有可见对象…

正在分析所选数据…

正在分析内部孤岛…

拾取内部点：↙

BOUNDARY 已创建 1 个多段线　　（用移动命令将创建的多段线边界移出）

结果如图 5-24 所示。

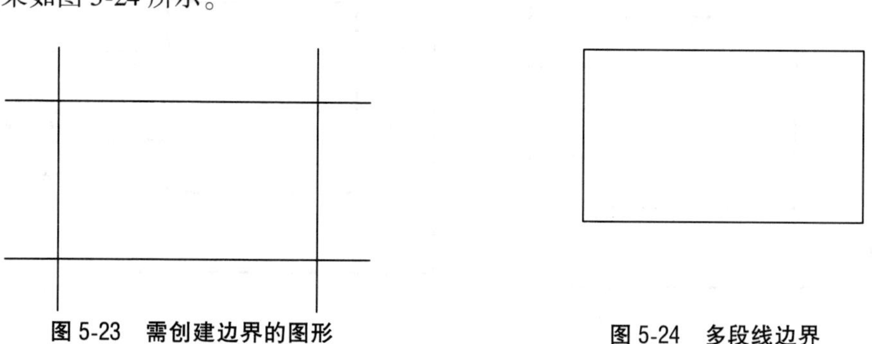

图 5-23　需创建边界的图形　　图 5-24　多段线边界

5.3.2　创建面域

5.3.2.1　命令的启动方式

(1)在命令行中用键盘输入:“REGION”或“REG”。

(2)在主菜单中选择:“绘图”→“面域”。

(3)在“绘图”工具条上选择“面域”[图标]。

(4)在功能面板上选择:“默认”→“绘图”→“面域”[图标]。

5.3.2.2　命令的操作过程

命令: REGION↙

选择对象: 指定对角点: 找到 4 个　　(选择要创建面域的对象)

选择对象:↙

已提取 1 个环。

已创建 1 个面域。

5.3.2.3　参数说明

创建面域可用于提取设计信息、应用填充和着色,以及使用布尔操作将简单对象合并为更复杂的对象。

5.3.2.4　示例

用直线命令绘制如图 5-25 所示的 C 形平面图形。

命令: REGION↙

选择对象: 指定对角点: 找到 12 个　　(选择要创建面域的 C 形平面图形)

选择对象:↙

已提取 1 个环。

已创建 1 个面域。

完成创建面域操作后,将十字光标移动至平面图形上,结果如图 5-26 所示。

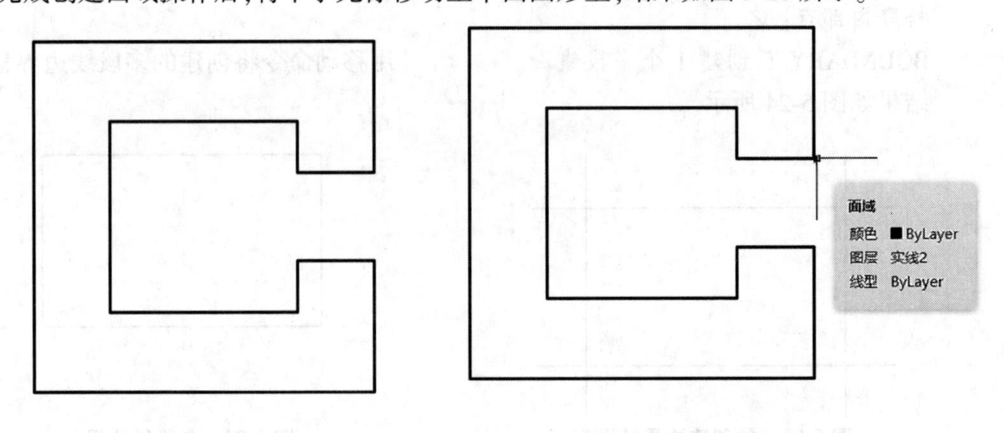

图 5-25　C 形平面图形　　图 5-26　创建面域

任务 5.4　属性查询

在 AutoCAD 中,可以利用查询功能查询两点之间的距离,以及图形的半径、角度、面积、体积和面域等。AutoCAD 的查询功能既可以辅助绘制图形,也可以对图形的各种状态信息进行查询。

查询命令的启动方式如下:

(1)在命令行中用键盘输入:“MEASUREGEOM”。

(2)在主菜单中选择:“工具”→“查询”(见图 5-27)。

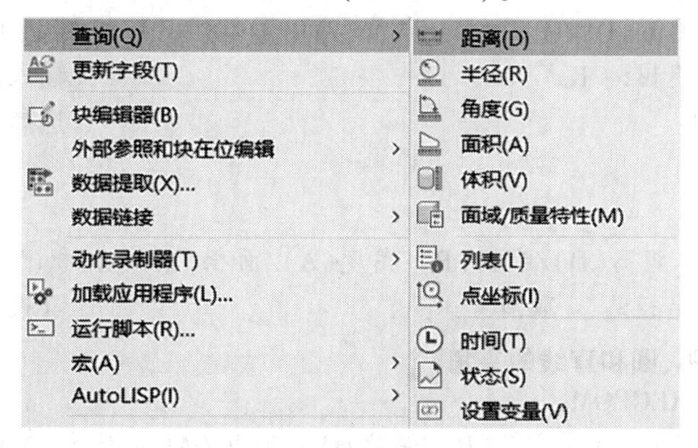

图 5-27　“工具”→“查询”

(3)在功能面板上选择:“默认”→“实用工具”→“测量”(见图 5-28)。

(4)调出“查询”工具条(见图 5-29)。

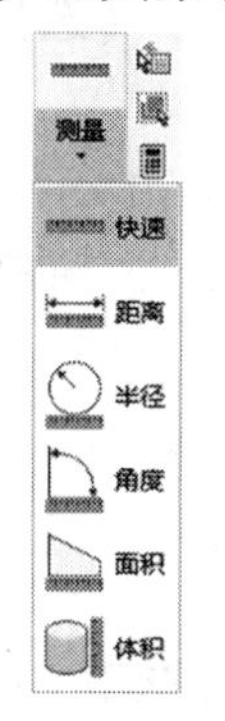

图 5-28　“默认”→“实用工具”→“测量”

图 5-29　“查询”工具条

5.4.1　查询距离

查询两点之间的距离。

命令:MEASUREGEOM↙

移动光标或[距离(D)/半径(R)/角度(A)/面积(AR)/体积(V)/快速(Q)/模式(M)/退出(X)] <退出>: D↙　(输入需要查询的内容)

指定第一点:　(选择线段的第一个端点)

指定第二个点或［多个点(M)］: （选择线段的第二个端点）

距离 = 10.0,XY 平面中的倾角 = 0， 与 XY 平面的夹角 = 0

X 增量 = 10.0， Y 增量 = 0.0， Z 增量 = 0.0

输入一个选项[距离(D)/半径(R)/角度(A)/面积(AR)/体积(V)/快速(Q)/模式(M)/退出(X)] <距离>: *取消* （按 Esc 键取消操作）

5.4.2 查询半径、角度

5.4.2.1 查询圆弧和圆的半径

命令: MEASUREGEOM↙

移动光标或[距离(D)/半径(R)/角度(A)/面积(AR)/体积(V)/快速(Q)/模式(M)/退出(X)] <退出>: R↙ （输入需要查询的内容）

选择圆弧或圆: （选择需要查询的对象）

半径 = 2.0

直径 = 4.0

输入一个选项[距离(D)/半径(R)/角度(A)/面积(AR)/体积(V)/快速(Q)/模式(M)/退出(X)] <半径>: *取消* （按 Esc 键取消操作）

5.4.2.2 查询圆弧、圆和直线的夹角

命令: MEASUREGEOM↙

移动光标或[距离(D)/半径(R)/角度(A)/面积(AR)/体积(V)/快速(Q)/模式(M)/退出(X)] <退出>: A↙ （输入需要查询的内容）

选择圆弧、圆、直线或 <指定顶点>: （选择直角的第一条边）

选择第二条直线: （选择直角的第二条边）

角度 = 90°

输入一个选项[距离(D)/半径(R)/角度(A)/面积(AR)/体积(V)/快速(Q)/模式(M)/退出(X)] <角度>: *取消* （按 Esc 键取消操作）

5.4.3 查询面积、体积

5.4.3.1 查询对象的面积和周长

命令: MEASUREGEOM↙

移动光标或[距离(D)/半径(R)/角度(A)/面积(AR)/体积(V)/快速(Q)/模式(M)/退出(X)] <退出>: AR↙ （输入需要查询的内容）

指定第一个角点或［对象(O)/增加面积(A)/减少面积(S)/退出(X)］<对象(O)>: ↙

选择对象: （选择需要查询的对象）

区域 = 50.3,圆周长 = 25.1

输入一个选项[距离(D)/半径(R)/角度(A)/面积(AR)/体积(V)/快速(Q)/模式(M)/退出(X)] <面积>: *取消* （按 Esc 键取消操作）

查询面积示例:

(1)用“对象(O)”查询如图5-30所示的正八边形的面积。

命令：MEASUREGEOM↙

移动光标或[距离(D)/半径(R)/角度(A)/面积(AR)/体积(V)/快速(Q)/模式(M)/退出(X)] <退出>：AR↙

指定第一个角点或[对象(O)/增加面积(A)/减少面积(S)/退出(X)] <对象(O)>：O↙

选择对象：　　(选择正八边形)

区域 = 181.0,周长 = 49.0

(2)用“增加面积(A)”查询如图5-31所示的正八边形和圆的面积之和。

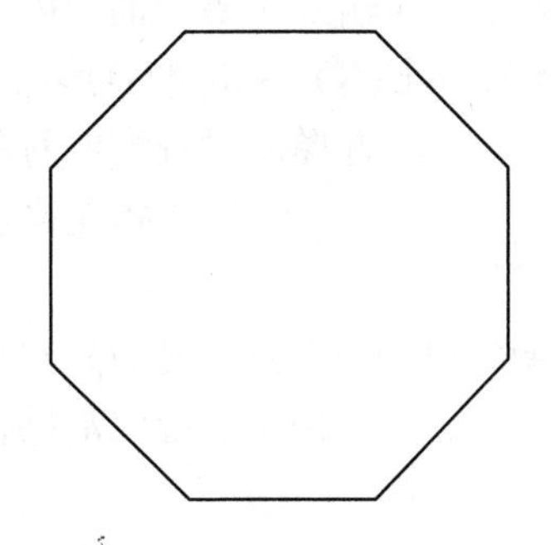

图5-30　正八边形

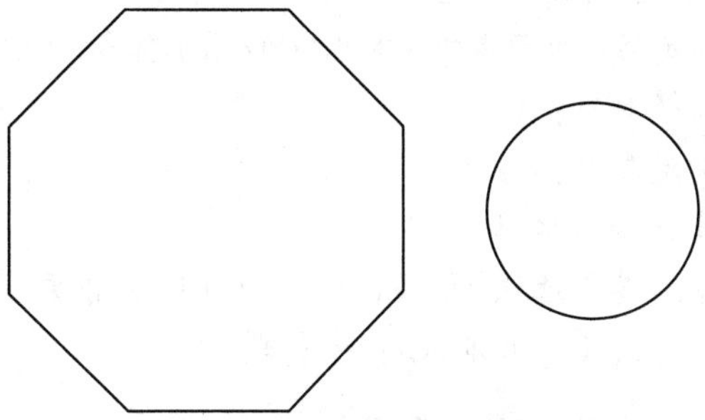

图5-31　正八边形和圆

命令：MEASUREGEOM↙

移动光标或[距离(D)/半径(R)/角度(A)/面积(AR)/体积(V)/快速(Q)/模式(M)/退出(X)] <退出>：AR↙

指定第一个角点或[对象(O)/增加面积(A)/减少面积(S)/退出(X)] <对象(O)>：A↙

指定第一个角点或[对象(O)/减少面积(S)/退出(X)]：O↙

(“加”模式) 选择对象：　　(选择正八边形)

区域 = 181.0,周长 = 49.0

总面积 = 181.0

(“加”模式) 选择对象：　　(选择圆)

区域 = 50.3,圆周长 = 25.1

总面积 = 231.3

(3)用“减少面积(S)”查询如图5-31所示的正八边形和圆的面积之差。

命令：MEASUREGEOM↙

移动光标或[距离(D)/半径(R)/角度(A)/面积(AR)/体积(V)/快速(Q)/模式(M)/退出(X)] <退出>：AR↙

指定第一个角点或[对象(O)/增加面积(A)/减少面积(S)/退出(X)] <对象(O)>：A↙

指定第一个角点或[对象(O)/减少面积(S)/退出(X)]：O↙

(“加”模式) 选择对象：　　(选择正八边形)

区域 = 181.0,周长 = 49.0

总面积 = 181.0

指定第一个角点或［对象(O)/减少面积(S)/退出(X)］: S↙

指定第一个角点或［对象(O)/增加面积(A)/退出(X)］: O↙

(“减”模式) 选择对象:　　(选择圆)

区域 = 50.3,圆周长 = 25.1

总面积 = 130.8

5.4.3.2　查询对象的体积

命令: MEASUREGEOM↙

移动光标或[距离(D)/半径(R)/角度(A)/面积(AR)/体积(V)/快速(Q)/模式(M)/退出(X)] <退出>: V↙　　(输入需要查询的内容)

指定第一个角点或［对象(O)/增加体积(A)/减去体积(S)/退出(X)］<对象(O)>: ↙

选择对象:　　(选择需要查询的对象)

指定高度: 4↙　　(输入指定高度)

体积 = 724.1

输入一个选项[距离(D)/半径(R)/角度(A)/面积(AR)/体积(V)/快速(Q)/模式(M)/退出(X)] <体积>: ＊取消＊　　(按 Esc 键取消操作)

5.4.4　查询面域/质量特性

5.4.4.1　查询面域的质量特性

先把图形转化为面域,然后再查询该图形的质量特性。

示例:查询如图 5-32 所示的心形图形面域的质量特性。

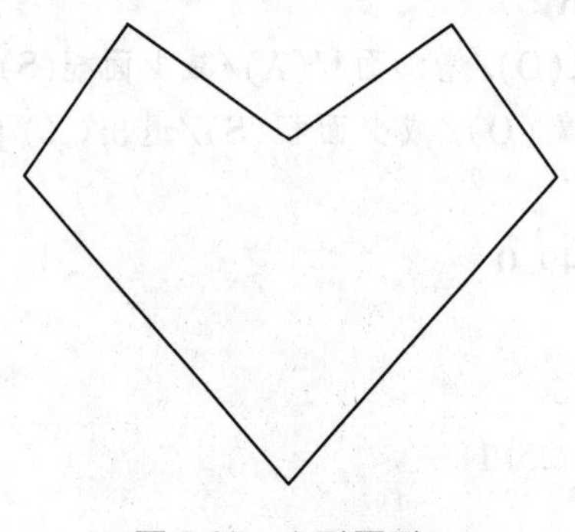

图 5-32　心形图形

命令: REGION↙

选择对象: 找到 1 个　　(选择心形图形)

选择对象: 找到 1 个,总计 2 个

选择对象: ↙

已提取 1 个环。

已创建 1 个面域。

创建面域后,可查询心形图形的质量特性。

命令：MASSPROP↙
选择对象：找到 1 个　　（选择心形图形）
选择对象：↙

```
----------------   面域   ----------------
面积：                309.0
周长：                77.5
边界框：              X：93.5   --   119.9
                      Y：-18.6   --   3.7
质心：                X：106.7
                      Y：-5.9
惯性矩：              X：17596.7
                      Y：3529173.2
惯性积：              XY：194727.7
旋转半径：            X：7.5
                      Y：106.9
主力矩与质心的 X-Y 方向：
                      I：6817.3 沿 [1.0 0.0]
                      J：11475.5 沿 [0.0 1.0]
```

是否将分析结果写入文件？[是(Y)/否(N)] <否>：↙
命令：*取消*　　（按 Esc 键取消操作）

5.4.4.2 查询三维实体的质量特性

示例：查询如图 5-33 所示圆柱体的质量特性。

图 5-33　圆柱体

命令：MASSPROP↙

选择对象：找到 1 个　　　　(选择圆柱体)

选择对象：↙

```
----------------  实体  ----------------
质量：            2814.9
体积：            2814.9
边界框：          X：166.2 -- 182.2
                  Y：-14.0 -- 2.0
                  Z：0.0 -- 14.0
质心：            X：174.2
                  Y：-6.0
                  Z：7.0
惯性矩：          X：329553.5
                  Y：85644317.9
                  Z：85606062.1
惯性积：          XY：2931505.7
                  YZ：117801.2
                  ZX：-3432377.2
旋转半径：        X：10.8
                  Y：174.4
                  Z：174.4
主力矩与质心的 X-Y-Z 方向：
                  I：91014.0 沿 [1.0 0.0 0.0]
                  J：91014.0 沿 [0.0 1.0 0.0]
                  K：90075.7 沿 [0.0 0.0 1.0]
```

是否将分析结果写入文件？[是(Y)/否(N)] <否>：↙

命令：*取消*　　　　(按 Esc 键取消操作)

5.4.5 列表查询、查询点坐标

5.4.5.1 列表查询

命令：LIST↙

选择对象：找到 1 个　　　　(选择图 5-32 的心形图形)

选择对象：↙

```
            REGION    图层："实线 2"
                      空间：模型空间
            句柄 = aee
                      面积：309.0
                      周长：77.5
```

边界框：边界下限 X= 124.8　　,Y=-16.7　　,Z = 0.0
　　边界上限 X=151.2　　,Y= 5.7　　,Z = 0.0

5.4.5.2　查询点坐标

命令：ID↙

指定点：　X = 61.4　　Y = -4.6　　Z = 0.0　　（选择要提取坐标的点）

5.4.6　快速查询

快速查询对象信息。当在对象之间移动其上方的鼠标时，将动态显示图形的尺寸、距离和角度。

快速查询执行命令的过程如下：

命令：MEASUREGEOM↙

移动光标或[距离(D)/半径(R)/角度(A)/面积(AR)/体积(V)/快速(Q)/模式(M)/退出(X)] <退出>:Q

将十字光标移动到需要查询信息的图形相应位置上（见图 5-34），即可看到图形的尺寸、距离和角度等信息。

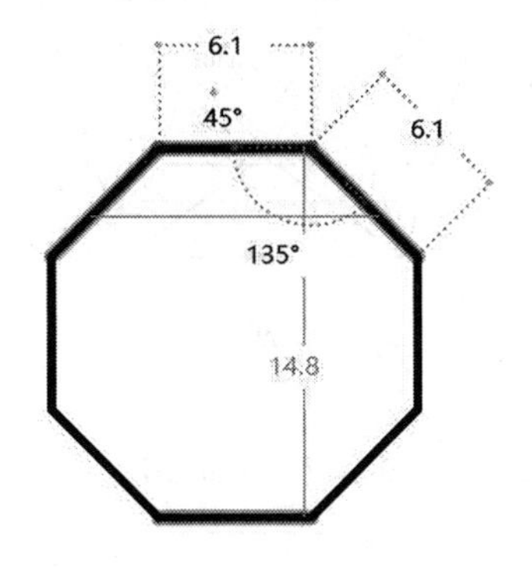

图 5-34　快速查询

移动光标或[距离(D)/半径(R)/角度(A)/面积(AR)/体积(V)/快速(Q)/模式(M)/退出(X)] <退出>：*取消*　　（按 Esc 键取消操作）

技能训练

1. 用“特性”编辑如图 5-35 所示椭圆的尺寸，将长轴长度改为 14，短轴长度改为 8。

训练指导：

(1) 鼠标左键单击椭圆边线（注意不要连同尺寸一起选择）。

(2) 单击“特性”按钮。

(3) 改变“特性”对话框中“几何图形”下的长轴半径为“7”，短轴半径为“4”。

(4) 按回车键。

(5) 关闭“特性”对话框。

结果如图 5-36 所示。

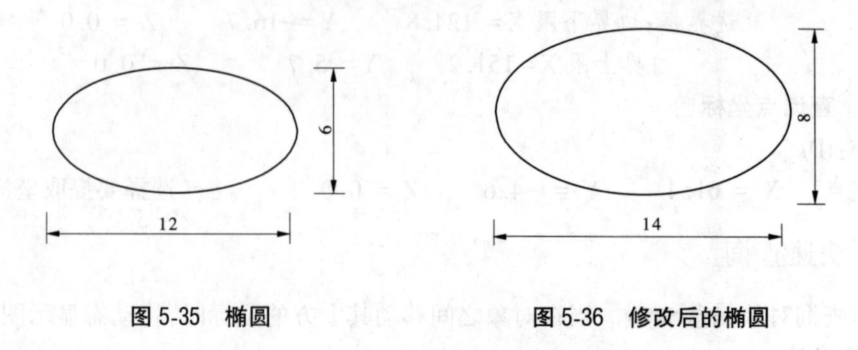

图 5-35　椭圆　　图 5-36　修改后的椭圆

注意:在“特性”对话框中修改椭圆长轴半径和短轴半径值的同时,椭圆标注的尺寸也随之变化。

2. 绘制如图 5-37 所示的平面图形,并查询阴影部分面积。

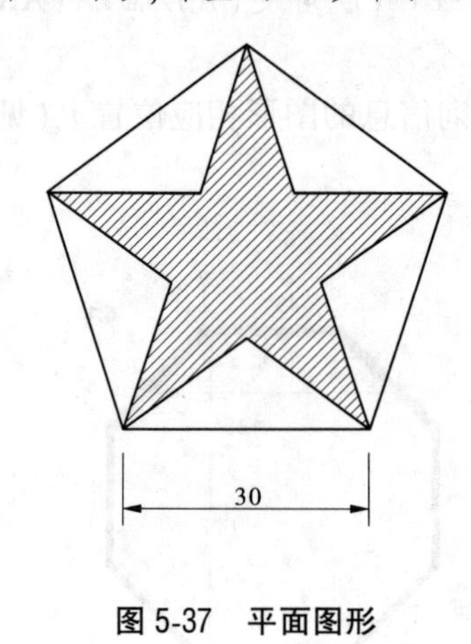

图 5-37　平面图形

训练指导:

(1)用“多边形”命令绘制边长为 30 的正五边形。

(2)用“直线”命令在正五边形内绘制五角星,如图 5-38 所示。

(3)用“修剪”命令修剪五角星内部多余线段,如图 5-39 所示。

(4)在功能面板上,单击“绘图”→“边界”,出现“边界创建”对话框,在该对话框的“对象类型”中选择“多段线”,然后单击“拾取点”按钮,在图形阴影部分中单击鼠标左键,创建边界图形。

(5)用“移动”命令将创建的边界图形移出,如图 5-40 所示。

(6)在主菜单中,单击“工具”→“查询”→“面积”。命令执行过程如下:

命令: _MEASUREGEOM

输入一个选项[距离(D)/半径(R)/角度(A)/面积(AR)/体积(V)/快速(Q)/模式(M)/退出(X)] <距离>: _AR

指定第一个角点或[对象(O)/增加面积(A)/减少面积(S)/退出(X)] <对象(O)>:O↙

选择对象:　　(选择图 5-40 的五角星)

区域 = 731.1,周长 = 185.4

图 5-38　绘制五角星　　图 5-39　修剪五角星　　图 5-40　五角星

3. 绘制如图 5-41 所示的拱门图形。

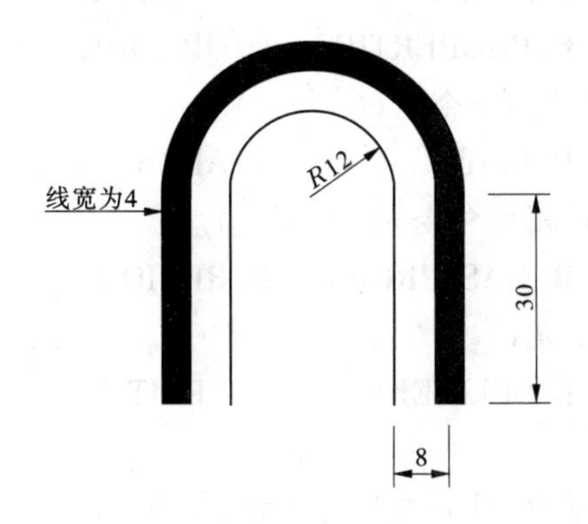

图 5-41　拱门图形

训练指导:

(1)用“多段线”命令绘制内部的拱门线,如图 5-42 所示。

(2)用“偏移”命令,指定偏移距离为 8,将已绘制的拱门线向外偏移,得到如图 5-43 所示的两条拱门线。

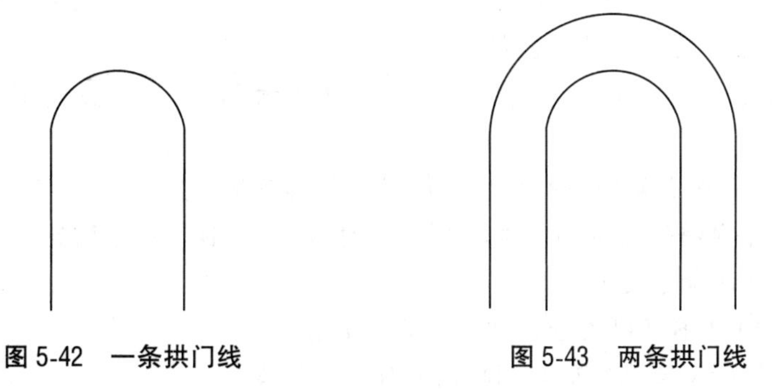

图 5-42　一条拱门线　　图 5-43　两条拱门线

(3)在功能面板上,单击“默认”→“修改”→“编辑多段线”,用“编辑多段线”命令修改第二条拱门线线宽为 4。命令执行过程如下:

命令：_PEDIT

选择多段线或[多条(M)]： (选择第二条拱门线)

输入选项[闭合(C)/合并(J)/宽度(W)/编辑顶点(E)/拟合(F)/样条曲线(S)/非曲线化(D)/线型生成(L)/反转(R)/放弃(U)]：W↙

指定所有线段的新宽度：4↙

巩固练习

一、单项选择题

1.“剪切”的命令是(　　)。

A. COPYCLIP　B. CUTCLIP　C. COPYBASE　D. PASTECLIP

2.在使用“快捷特性”编辑对象时，有一个实用的系统变量命令是(　　)。

A. MATCHPROP　B. PROPERTIES　C. QPMODE　D. PASTECLIP

3.查询“面域/质量特性”的命令是(　　)。

A. MASSPROP　B. LIST　C. AREA　D. MEASUREGEOM

4.启动“边界创建”对话框的命令是(　　)。

A. REG　B. MASSPROP　C. REGION　D. BOUNDARY

5.“编辑多段线”的命令是(　　)。

A. MLEDIT　B. SPLINEDIT　C. PEDIT　D. BOUNDARY

二、多项选择题

1.在“边界创建”对话框中，对象类型有2种，分别是(　　)。

A. 边界　B. 多段线　C. 面域　D. 曲线

2. AutoCAD 2022 中的粘贴方式有(　　)。

A. 粘贴　B. 粘贴为块　C. 粘贴到原坐标　D. 选择性粘贴

3.“快速查询”命令可以查询的内容包括(　　)。

A. 半径　B. 尺寸　C. 距离　D. 角度

4.多线编辑工具包括(　　)。

A. 十字打开　B. 十字闭合　C. 角点结合　D. T形合并

5. AutoCAD 2022 的查询功能包括(　　)。

A. 查询距离　B. 查询半径　C. 查询面积　D. 查询体积

三、判断题

1.“复制”和“带基点复制”的命令一样，只是操作不同。(　　)

2.“剪切”命令是将选定的对象先复制到剪贴板，粘贴后源对象删除。(　　)

3.查询点坐标的命令是ID。(　　)

4. AutoCAD 2022 不可以用查询功能查询圆的直径。(　　)

5.编辑多段线命令可以改变绘制中的多段线的宽度。(　　)

四、实操题

1. 作如图 5-44 所示的平面图形，并查询阴影部分的面积。

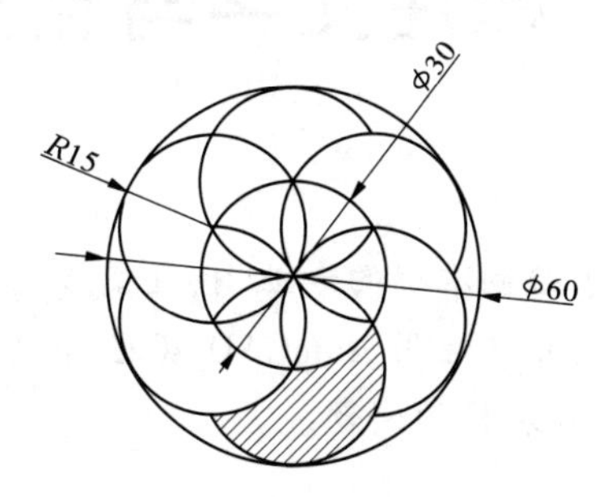

图 5-44　平面图形(一)

2. 作如图 5-45 所示的平面图形，并查询阴影部分的面积。

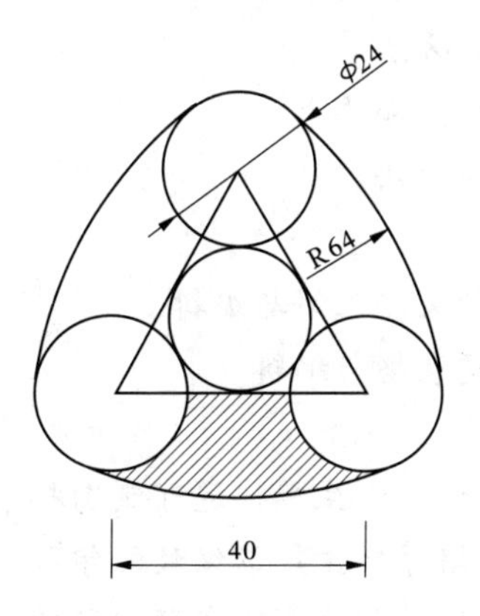

图 5-45　平面图形(二)

3. 作如图 5-46 所示的平面图形，并查询阴影部分的面积。

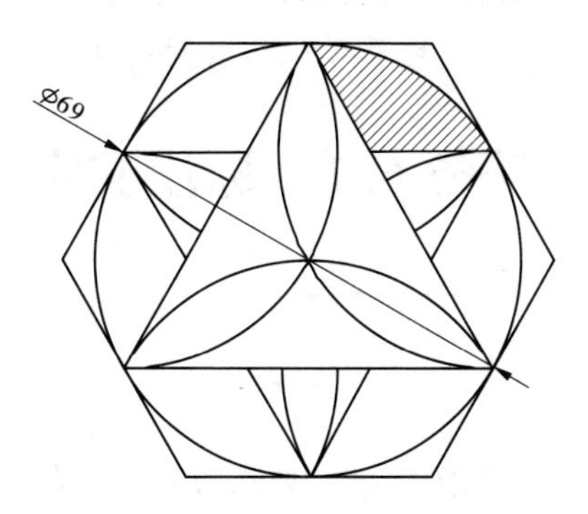

图 5-46　平面图形(三)

项目 6　标注文字与创建表格

【项目导入】

在绘制专业图时,不仅要求绘制准确的专业图,还需要标注必要的文字说明,有时还需要绘制相应的表格,为此需要熟练运用 AutoCAD 2022 中的文字注写与表格绘制功能。本项目主要解决标注文字与创建表格的问题。

【教学目标】

1. 知识目标

(1)掌握文字样式的设置方法和要求。

(2)掌握文字标注与编辑的方法。

(3)掌握表格样式的设置方法和要求。

(4)掌握表格创建与编辑的方法。

2. 技能目标

(1)能够运用所学知识进行文字注写与编辑。

(2)能够运用所学知识创建表格与编辑。

3. 素质目标

(1)通过文字样式的设置,培养学生严格遵守制图标准的职业精神。

(2)通过文字注写与编辑,培养学生严谨细致的学习态度。

(3)通过表格创建与编辑,培养学生解决实际问题的能力。

【思政目标】

(1)通过按国家或行业制图标准的要求设置文字样式,引导学生厚植爱国主义情怀。

(2)通过文字注写与表格绘制,培养学生认真对待工作的职业道德。

任务 6.1　标注文字

6.1.1　设置文字样式

6.1.1.1　创建文字样式

在注写文字时,首先要根据制图标准的要求设置文字样式,当前的文字样式决定输入文字的字体、字号、角度、方向和其他文字特征。

1. 命令的启动方式

(1)在命令行中用键盘输入:“STYLE”。

(2)在主菜单中选择:“格式”→“文字样式”。

(3)在“样式”工具条上单击“文字样式”按钮。

(4)在功能面板上选择:“默认”→“注释”→“文字样式”。

2. 命令的操作过程

执行 STYLE 命令后,系统会弹出如图 6-1 所示的“文字样式”对话框。

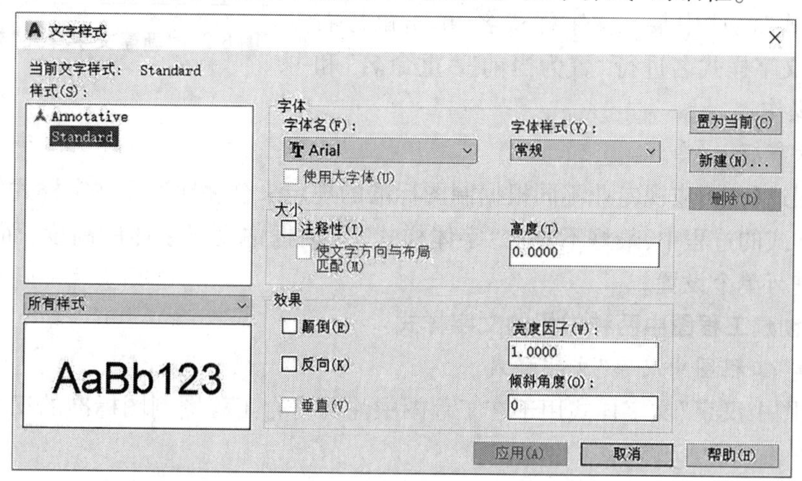

图 6-1　“文字样式”对话框

3. 参数说明

在“文字样式”对话框中,各选项的含义如下:

(1)“样式”区。上部列出已经建立的文字样式名,在中间下拉列表框中可选择所有样式或正在使用的样式,下部为所选择文字样式的预览效果。

(2)“字体”区。

“字体名”:列出 Fonts 文件夹中所有注册的 True Type 字体和 Shx 字体的字体族名,用户可以选择其中的一种字体使用。

“字体样式”:指定字体格式,如斜体、粗体或常规字体格式。

(3)“大小”区。可设置文字的高度。如果选中“注释性”,“高度”改变为“图纸文字高度”。

(4)“效果”区。

“颠倒”:选择该复选框后,字体会倒置过来。

“反向”:选择该复选框后,字体的前后顺序会反过来。

“垂直”:当字体名支持双向时,“垂直”才可用。选择该复选框后,字体会垂直排列。

“宽度因子”:用来设置文字的宽度比例。

“倾斜角度”:输入负角度值时,字体向左边倾斜;反之,向右边倾斜。

(5)“置为当前”。将在“样式”区选定的文字样式用于当前文本。

(6)“新建”。新建一种文字样式。鼠标左键单击“新建”按钮后会弹出如图 6-2 所示的“新建文字样式”对话框,在该对话框中,用户可直接输入新建文字样式的名称。如输入“汉字”。

(7)“删除”。删除指定的文字样式。

文字样式设置完成后，在“样式”区自动增加一个新的文字样式名。可单击“应用”按钮，文字样式自动保存。

在“样式”区选中某一文字样式名，单击鼠标右键，可对该文字样式名进行“置为当前”“重命名”和“删除”等操作。

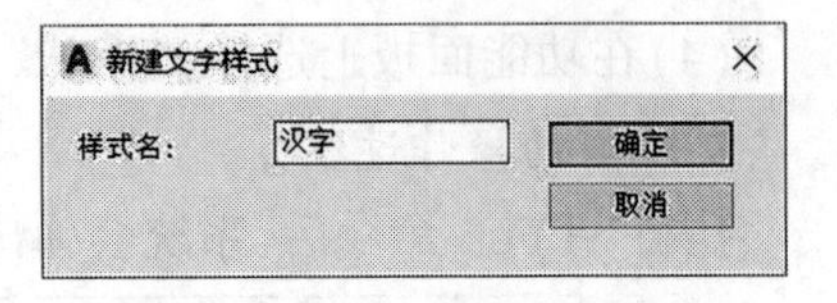

图 6-2　“新建文字样式”对话框

4. 注意事项

在绘图过程中，应视专业不同根据制图标准的规定来合理地设置文字样式。另外，在设置字体样式的过程中，最好不要在“字体样式”对话框中设置字体的高度，而是在注写文字时再进行单个设置。

6.1.1.2　创建工程图中两种常用的文字样式

1. 创建“工程图中汉字”文字样式

“工程图中汉字”文字样式用于在工程图中注写符合工程图制图标准的汉字，其创建过程如下：

(1)输入“STYLE”命令后回车，系统会弹出如图 6-1 所示的对话框。

(2)把“使用大字体”复选框取消。

(3)单击“新建”按钮，新建一种文字样式，样式名为“工程图中汉字”。

(4)在“字体名”列表框中，选择“T 仿宋”。

(5)在“宽度因子”下输入 0.7000。其他参数采用系统默认值。

(6)单击“应用”按钮。

(7)关闭对话框，完成设置。

各项设置如图 6-3 所示。

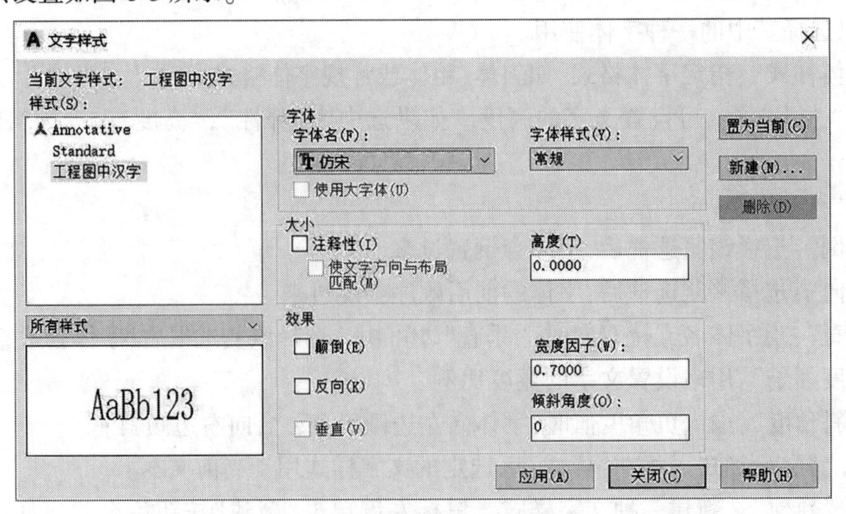

图 6-3　创建“工程图中汉字”文字样式

2. 创建“工程图中数字和字母”文字样式

“工程图中数字和字母”文字样式用于在工程图中注写符合工程图制图标准的数字

和字母,其创建过程如下:

(1)输入“STYLE”命令后回车,系统会弹出如图 6-1 所示的对话框。

(2)“使用大字体”复选框可不取消。

(3)单击“新建”按钮,新建一种文字样式,样式名为“工程图中数字和字母”。

(4)在“字体名”列表框中,选择“gbeitc. shx”,其他参数采用系统默认值。

(6)单击“应用”按钮。

(7)关闭对话框,完成设置。

各项设置如图 6-4 所示。

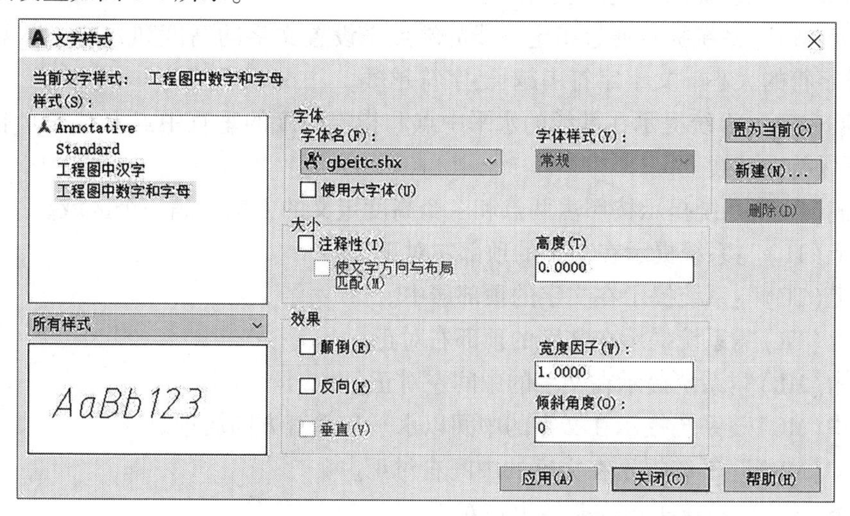

图 6-4　创建“工程图中数字和字母”文字样式

6.1.2　单行文字标注与编辑

6.1.2.1　单行文字标注

1. 命令的启动方式

(1)在命令行中用键盘输入:“TEXT”。

(2)在主菜单中选择:“绘图”→“文字”→ “单行文字”。

(3)在“样式”工具条上单击“单行文字”按钮 A 。

(4)在功能面板上选择:“默认”→“注释”→“单行文字” A 。

2. 命令的操作过程

命令: TEXT↙

当前文字样式: “工程图中汉字”　文字高度: 2.5000　注释性: 否　对正: 左

指定文字的起点 或 [对正(J)/样式(S)]:

指定高度 <2.5000>:↙

指定文字的旋转角度 <0>:↙

3. 参数说明

(1)“指定文字的起点”:指定输入文字的起点,系统默认状态下,起点是文字的左下角。可在屏幕上选择一点,作为输入文字的起点。

(2)[对正(J)/样式(S)]。

输入“J”回车后,命令行提示如下:

[左(L)/居中(C)/右(R)/对齐(A)/中间(M)/布满(F)/左上(TL)/中上(TC)/右上(TR)/左中(ML)/正中(MC)/右中(MR)/左下(BL)/中下(BC)/右下(BR)]:

“左(L)”:系统提示在基线上左对正。

“居中(C)”:系统提示从基线的水平中心对齐。

“右(R)”:系统提示在基线上右对正。

“对齐(A)”:系统提示通过指定基线的端点来设置文字的高度和方向。根据高度按比例调整字符的大小。文字字符串越长,字符越矮。

“中间(M)”:系统提示在基线的水平中点和指定高度的垂直中点上对齐。中间对齐的文字不保持在基线上。

“布满(F)”:系统提示按照由两点和一个高度定义的方向布满一个区域。

“左上(TL)”:系统提示在文字的顶部左对正。

“中上(TC)”:系统提示在文字的顶部居中。

“右上(TR)”:系统提示在文字的顶部右对正。

“左中(ML)”:系统提示在文字的中间左对正。

“正中(MC)”:系统提示在文字的中间以水平和垂直方向居中。

“右中(MR)”:系统提示在文字的中间右对正。

“左下(BL)”:系统提示在基线上左对正。

“中下(BC)”:系统提示在基线上居中。

“右下(BR)”:系统提示在基线上右对正。

输入“S”回车后,命令行提示如下:

输入样式名或[?] <Standard>:

“输入样式名”:输入将要使用的样式名。

“?”:输入“?”后,命令行提示如下:

输入要列出的文字样式 <*>:

“<Standard>”:系统默认的一种文字样式。

(3)“指定高度 <2. 5000>”:指定输入文字的高度。

(4)“指定文字的旋转角度 <0>”:指定输入的文字与水平线的倾斜角度,正值向左边旋转,负值向右边旋转。

4. 注意事项

用单行文字输入文字时,有些分支的命令只可以输入水平文字,如:“布满(F)”“左上(TL)”“中上(TC)”“右上(TR)”等。

5. 示例

示例1:用“单行文字”命令注写文字“土坝设计图”,要求:文字高度为10,水平注写。这里采用前面设置的“工程图中汉字”文字样式。

命令:TEXT↙

当前文字样式:“工程图中汉字”　文字高度:2.5000　注释性:否　对正:左

指定文字的起点 或 [对正(J)/样式(S)]:

指定高度 <2.5000>:10↙

指定文字的旋转角度<0>:↙

在屏幕上直接输入“土坝设计图”。效果如图 6-5 所示。

土坝设计图

图 6-5　单行文字效果

示例 2:用“单行文字”命令注写文字“横断面图”,要求垂直注写。

文字样式设置与上面例子相同。

命令: TEXT↙

当前文字样式: “工程图中汉字”　文字高度: 10.0000
注释性: 否　对正: 左

指定文字的起点 或[对正(J)/样式(S)]:

指定高度 <10.0000>:↙

指定文字的旋转角度<0>:90↙

在屏幕上直接输入“横断面图”。效果如图 6-6 所示。

图 6-6　垂直文字效果

6.1.2.2　单行文字编辑

1. 命令的启动方式

(1)在命令行中用键盘输入:“TEXTEDIT”。

(2)在主菜单中选择:“修改”→“对象”→ “文字”→ “编辑”。

(3)在“文字”工具条上单击“编辑”按钮 。

(4)将光标放在文字上,双击文字进行编辑。

2. 命令的操作过程

命令: TEXTEDIT↙

当前设置: 编辑模式 = Multiple

选择注释对象或 [放弃(U)/模式(M)]:

3. 参数说明

“选择注释对象”:如果选择的文字是用“单行文字”命令输入的,则系统就将文字激活直接进行文字内容的修改,修改完成后按回车键确认。

4. 注意事项

对单行文字编辑时,只能对文字的内容进行编辑,而不能对文字的属性进行编辑。因此,在进行文字标注时,要进行周密考虑。如果标注的内容可能要进行属性的修改,如大小、字体等,在标注文字时就不要用单行文字标注。

6.1.3　多行文字标注与编辑

6.1.3.1　**标注多行文字**

1. 命令的启动方式

(1)在命令行中用键盘输入:“MTEXT”。

(2)在主菜单中选择:“绘图”→“文字”→ “多行文字”。

(3)在“样式”工具条上单击“多行文字”按钮 A 。

(4)在功能面板上选择:“默认”→“注释”→“单行文字” A 。

2. 命令的操作过程

命令: MTEXT↙

当前文字样式: "工程图中汉字"　文字高度: 10　注释性: 否

指定第一角点:　　　　　　　　　　　　　(在屏幕上指定矩形框的第一个角点)

指定对角点或 [高度(H)/对正(J)/行距(L)/旋转(R)/样式(S)/宽度(W)/栏(C)]:

在指定第二个角点后,系统会弹出如图 6-7 所示的“文字编辑器”选项卡。

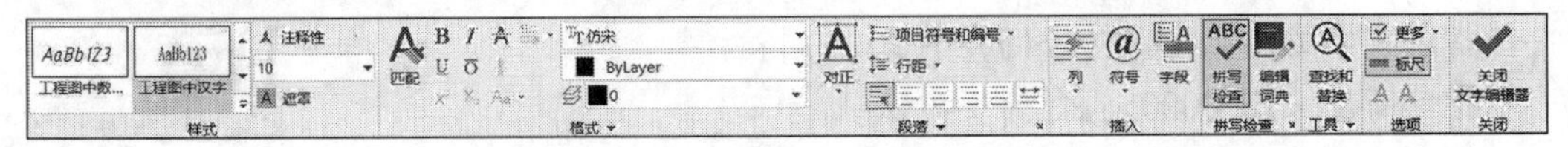

图 6-7　“文字编辑器”选项卡

在“文字编辑器”选项卡中,有八个面板:

(1)“样式”面板:对已设置的文字样式进行修改。

(2)“格式”面板:对选中的文字样式进行文字格式和文字颜色的修改。

(3)“段落”面板:对文字的段落进行编排。

(4)“插入”面板:插入分栏、符号、字段等。

(5)“拼写检查”面板:对输入的文字进行拼写检查。

(6)“工具”面板:从其他文件输入文本,对文字大小写进行转换,对文字进行查找和替换。

(7)“选项”面板:进行文字操作、文本标尺操作等。

(8)“关闭”面板:关闭文字编辑器。

3. 参数说明

1)“样式”面板

“样式”:显示已设置的文字样式,默认情况下,标准文字样式处于活动状态。

“注释性” 注释性 :打开或关闭当前文字对象的注释性。

“文字高度”:设置当前文字的高度或更改选定文字的高度。

“遮罩” A 遮罩 :在文字后放置不透明背景。

2)“格式”面板

“匹配文字格式” :将选定文字的格式应用到目标文字。

“粗体” :打开和关闭新文字或选定文字的粗体格式。此选项仅适用于使用 TrueType 字体的字符。

“斜体” :打开和关闭新文字或选定文字的斜体格式。此选项仅适用于使用 TrueType 字体的字符。

“删除线” :打开和关闭新文字或选定文字的删除线。

“清除格式(下拉列表)” :删除选定字符的字符格式,或删除选定段落的段落格式,或删除选定段落中的所有格式。

“下画线” :打开和关闭新文字或选定文字的下画线。

“上画线” :为新建文字或选定文字打开和关闭上画线。

“堆叠” :如果选定文字中包含堆叠字符,则创建堆叠文字(例如分数)。如果选定堆叠文字,则取消堆叠。

默认情况下,正斜杠(/)以垂直方式堆叠文字,由水平线分隔。磅字符(#)以对角形式堆叠文字,由对角线分隔。插入符(^)创建公差堆叠(垂直堆叠,且不用直线分隔)。

“上标” :将选定文字转换为上标。

“下标” :将选定文字转换为下标。

“更改大小写(下拉列表)” :将选定文字更改为大写或小写。

“字体” :为新输入的文字指定字体或更改选定文字的字体。

“颜色” :指定新文字的颜色或更改选定文字的颜色。

“倾斜角度” :确定文字是向前倾斜还是向后倾斜。倾斜角度表示的是相对于 90°方向的偏移角度。输入一个-85 到 85 之间的数值使文字倾斜。倾斜角度的值为正时文字向右倾斜。倾斜角度的值为负时文字向左倾斜。

“追踪” :增大或减小选定字符之间的空间。1.0 设置是常规间距。

“宽度因子” :扩展或收缩选定字符。1.0 设置代表此字体中字母的常规宽度。

3)“段落”面板

(1)“文字对正” :显示文字对正菜单,如图 6-8 所示,有九个对齐选项可用。“左上”为默认。

(2)“项目符号和编号” :显示项目符号和编号菜单,如图 6-9 所示。

“关闭”:如果选择此选项,将从应用列表格式的选定文字中删除字母、数字和项目符号,但不更改缩进状态。

“以数字标记”:将带有句点的数字用于列表中的项的列表格式。

“以字母标记”:将带有句点的字母用于列表中的项的列表格式。如果列表含有的项多于字母中含有的字母,可以使用双字母继续序列。

“以项目符号标记”:将项目符号用于列表中的项的列表格式。

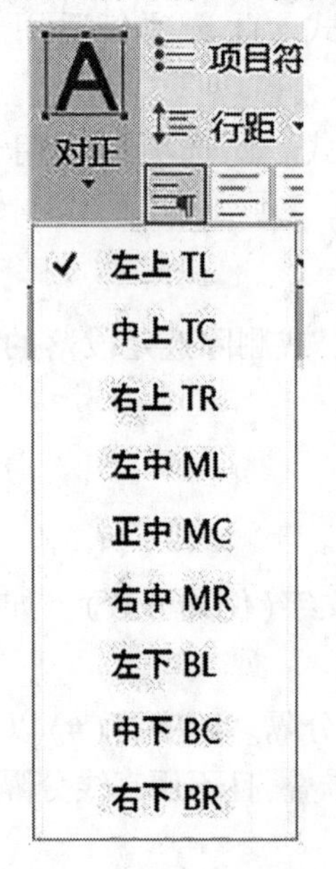

图 6-8　文字对正菜单

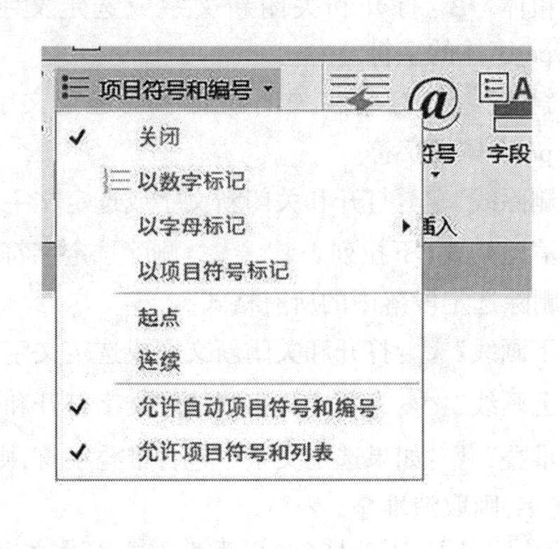

图 6-9　项目符号和编号菜单

“起点”:在列表格式中启动新的字母或数字序列。如果选定的项位于列表中间,则选定项下面未选中的项也将成为新列表的一部分。

“连续”:将选定的段落添加到上面最后一个列表然后继续序列。如果选择了列表项而非段落,选定项下面未选中的项将继续序列。

“允许自动项目符号和编号”:在键入时应用列表格式。以下字符可以用作字母和数字后的标点,但不能用作项目符号:句点(.)、逗号(,)、右括号())、右尖括号(>)、右方括号(])和右花括号(})。

“允许项目符号和列表”:如果选择此选项,列表格式将应用到外观类似列表的多行文字对象中的所有纯文本。

(3)“行距” :显示建议的行距选项或“段落”对话框。在当前段落或选定段落中设置行距。预定义的选项为:“1.0×”“1.5×”“2.0×”或“2.5×”。在多行文字中将行距设定为 0.5×的增量。

(4)“左对齐、居中、右对齐、两端对齐和分散对齐” :设置当前段落或选定段落的左、中或右文字边界的对正和对齐方式。包含在一行的末尾输入的空格,并且这些空格会影响行的对正。

(5)“段落”:显示“段落”对话框,如图 6-10 所示。

4)“插入”面板

“栏” :显示栏弹出菜单,该菜单提供三个栏选项:“不分栏”“静态栏”和“动态栏”。

“符号”@符号：在光标位置插入符号或不间断空格。单击“符号”后，系统会弹出如图 6-11 所示的“符号”快捷菜单。

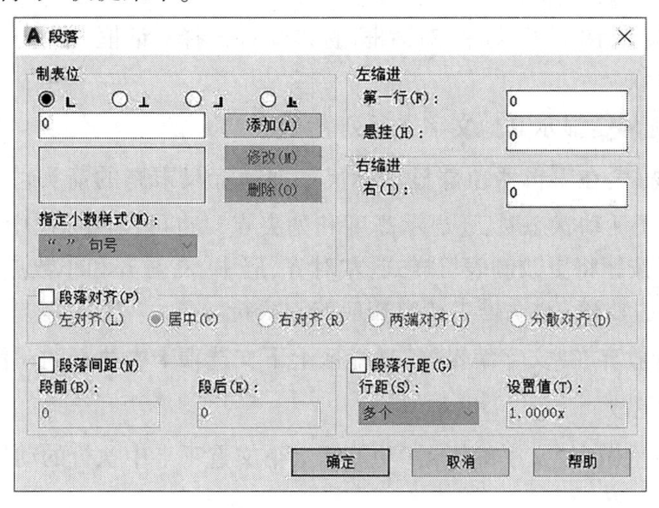

图 6-10　“段落”对话框

“字段”字段：单击“字段”，显示如图 6-12 所示的“字段”对话框，从中可以选择要插入到文字中的字段。

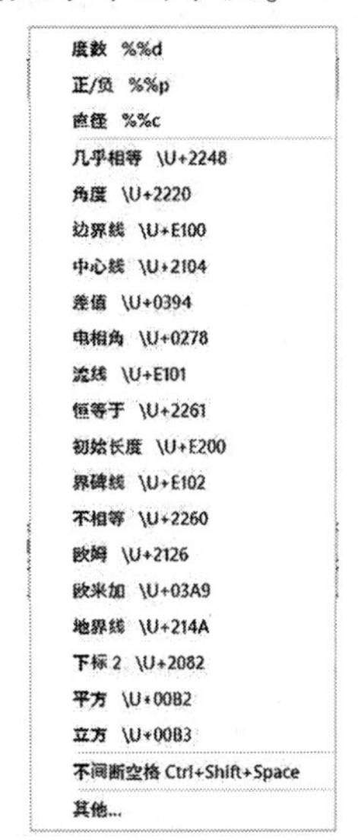

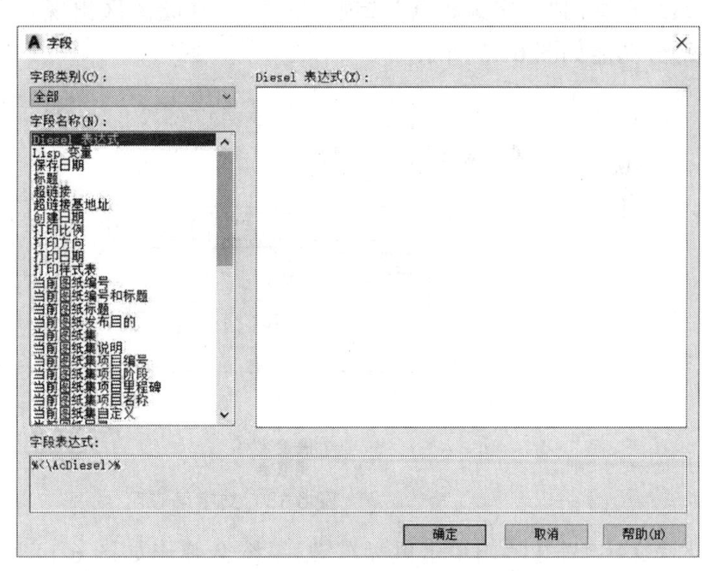

图 6-11　“符号”快捷菜单　　　　图 6-12　“字段”对话框

5）“拼写检查”面板

“拼写检查”ABC拼写检查：确定键入时拼写检查是处于打开还是关闭状态。

“编辑词典”编辑字典：显示“词典”对话框，从中可添加或删除在拼写检查过程中使用的自定义词典。

6)“工具”面板

“查找和替换”：显示“查找和替换”对话框。

“输入文字”：显示“选择文件”对话框(标准文件选择对话框)。

7)“选项”面板

“其他” 更多：显示其他文字选项列表。

“标尺” 标尺：在编辑器顶部显示标尺。拖动标尺末尾的箭头可更改文字对象的宽度。列模式处于活动状态时，还显示高度和列夹点。也可以从标尺中选择制表符。单击“制表符选择”按钮将更改制表符样式：左对齐、居中、右对齐和小数点对齐。进行选择后，可以在标尺或“段落”对话框中调整相应的制表符。

“放弃”：放弃在“文字编辑器”功能区上下文选项卡中执行的动作，包括对文字内容或文字格式的更改。

“重做”：重做在“文字编辑器”功能区上下文选项卡中执行的动作，包括对文字内容或文字格式的更改。

8)“关闭”面板

“关闭文字编辑器”：结束命令。

系统在弹出“文字编辑器”选项卡的同时，在绘图区出现一个文字编辑区。文字编辑区各部分功能如图 6-13 所示

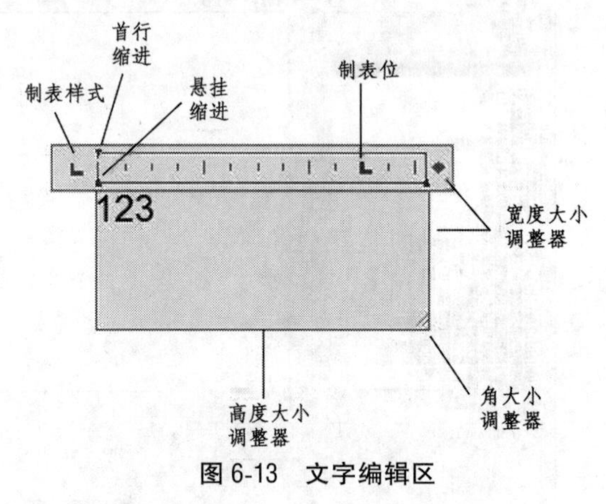

图 6-13　文字编辑区

在“文字编辑区”内单击鼠标右键，系统会弹出如图 6-14 所示的“文字编辑”快捷菜单，然后依次单击“编辑器设置”→“显示工具栏”，系统会弹出如图 6-15 所示的“文字格式”工具栏。

“文字格式”工具栏中各命令的功能同“文字编辑器”中的功能。

4. 注意事项

双击多行文字，可以激活“文字编辑器”，可以在“文字编辑区”中对文字内容和属性等进行编辑。

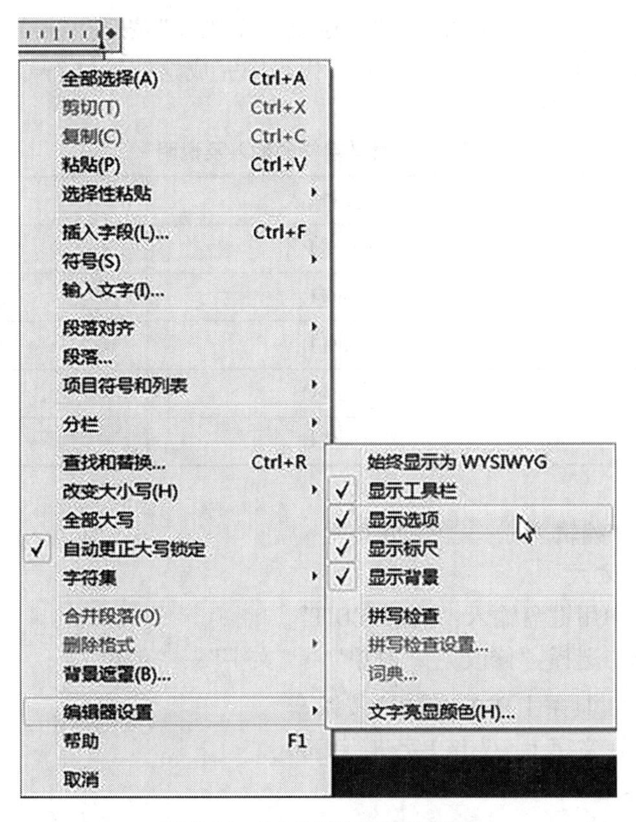

图 6-14　"文字编辑"快捷菜单

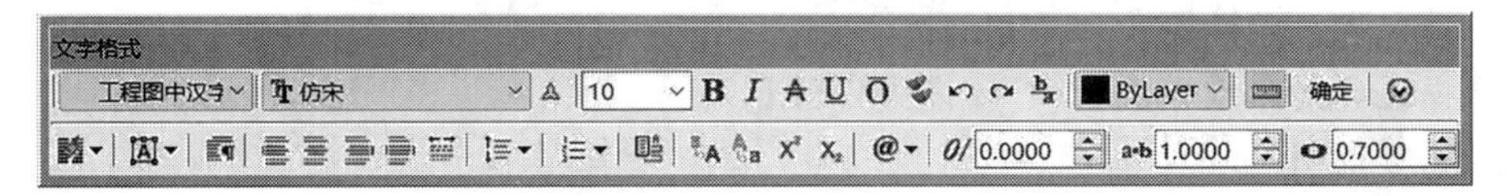

图 6-15　"文字格式"工具栏

5. 示例

用"MTEXT"命令输入一段文字，如图 6-16 所示。

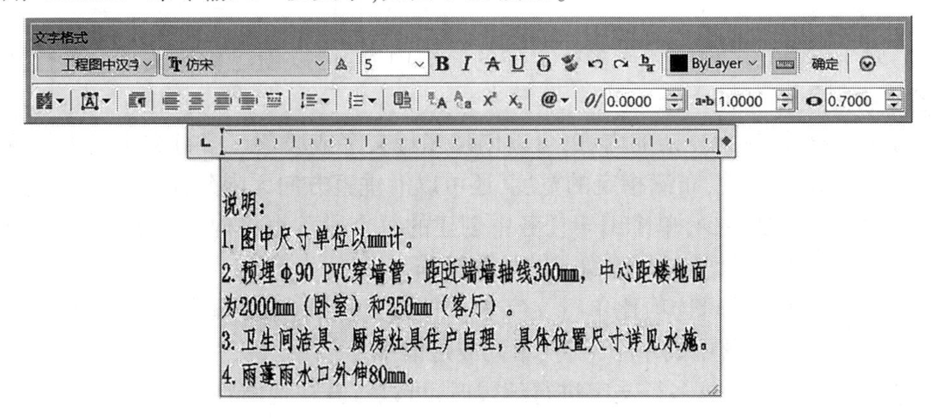

图 6-16　多行文字标注示例

在标注文本时，常常需要输入一些特殊字符，如上画线、下画线、直径符号、公差符号和角度符号等。对于多行文字,可采用“上画线”“下画线”按钮和符号快捷菜单来实现特殊字符的输入。对于单行文字,可以用输入代码来完成这些特殊符号。表 6-1 列出了一些特殊字符的控制代码及说明。

表 6-1　特殊字符的输入及说明

特殊字符	代码输入	说明
±	%%P	±符号
∅	%%C	直径符号
°	%%D	度符号
‾	%%O	上画线
_	%%U	下画线

6.1.3.2　多行文字编辑

1. 命令的启动方式

(1)在命令行中用键盘输入:“TEXTEDIT”。

(2)在主菜单中选择:“修改”→“对象”→“文字”→“编辑”。

(3)在“文字”工具条上单击“编辑”按钮 。

(4)将光标放在文字上,双击文字进行编辑。

2. 命令的操作过程

命令: TEXTEDIT↙

当前设置: 编辑模式 = Multiple

选择注释对象或 [放弃(U)/模式(M)]:

3. 参数说明

“选择注释对象”:如果选择的文字是用“多行文字”命令输入的,则系统就会激活“文字编辑器”,同时进入文字编辑区,在文字编辑区中可以直接进行文字内容的修改,修改完成后单击“关闭文字编辑器”或“文字格式”工具栏中的“确定”按钮。

4. 注意事项

(1)对于不需要多种字体或多行文字的简短内容,可以创建单行文字。单行文字对于标签非常方便。

(2)对于较长、较为复杂的内容,可以创建多行文字或段落。多行文字是由任意数目的文字行或段落组成的,布满指定的宽度,还可以沿垂直方向无限延伸。

(3)无论行数是多少,单个编辑任务中创建的每个段落都将构成单个对象,用户可对其进行移动、旋转、删除、复制、镜像或缩放等操作。

(4)多行文字的编辑选项比单行文字多。例如,可以将对下画线、字体、颜色和文字高度的修改应用到段落中的单个字符、单词或短语中。

(5)在对单行文字或多行文字进行编辑时,可以打开快捷特性状态,此时用鼠标左键单击要修改的单行文字或多行文字,系统会弹出如图 6-17 所示的“快捷特性”对话框,在该对话框中可以直接进行文字内容和设置的修改。修改完成后关闭对话框。

另外,还可对文字进行缩放、更改文字的对正点、检查文字的拼写错误、查找和替换文字等,这里就不一一详述了。

说明:
1.图中尺寸单位以mm计。
2.预埋φ90 PVC穿墙管,距近端墙轴线300mm,中心距楼地面为2000mm(卧室)和250mm(客厅)。
3.卫生间洁具、厨房灶具住户自理,具体位置尺寸详见水施。
4.雨蓬雨水口外伸80mm。

多行文字	
图层	0
内容	\P说明:\P1.图中尺寸单位以mm...
样式	工程图中汉字
注释性	否
对正	左上
文字高度	5
旋转	0

图 6-17　“快捷特性”对话框

任务 6.2　创建表格

6.2.1　设置表格样式

6.2.1.1　命令的启动方式

(1)在命令行中用键盘输入:“TABLESTYLE”。

(2)在主菜单中选择:“格式”→“表格样式”。

(3)在“样式”工具条上单击“表格样式”按钮 。

(4)在功能面板上选择:“默认”→“注释”→“表格样式” 。

6.2.1.2　命令的操作过程

执行 TABLESTYLE 命令后,系统会弹出如图 6-18 所示的“表格样式”对话框。

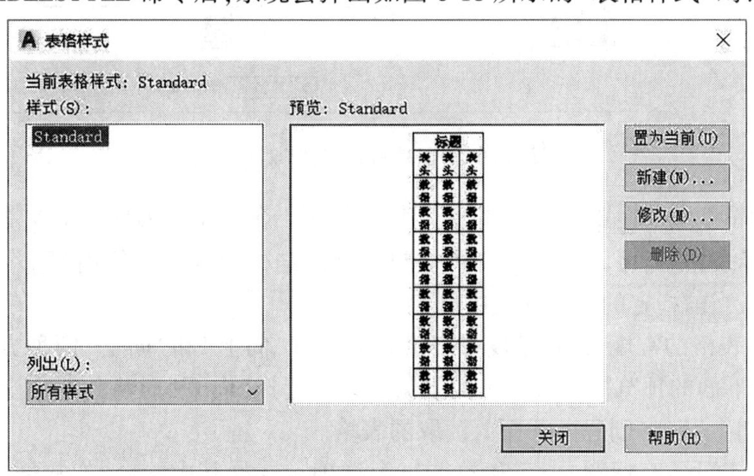

图 6-18　“表格样式”对话框

6.2.1.3　参数说明

在“表格样式”对话框中,各选项的含义如下。

(1)“当前表格样式”:显示当前表格样式的名称。

(2)“样式”:创建的所有表格样式的名称列表。

(3)“列出”:控制在“样式”中的显示内容。包括两个选项:所有样式和正在使用的样式。

(4)“预览”:对所选定的表格样式进行预览。

(5)“置为当前”:将选定的表格样式设置为当前样式。

(6)“新建”:创建新的表格样式,单击后系统会弹出一个“创建新的表格样式”对话框,如图 6-19 所示。在该对话框中可以输入新样式名,选择相应的基础样式。

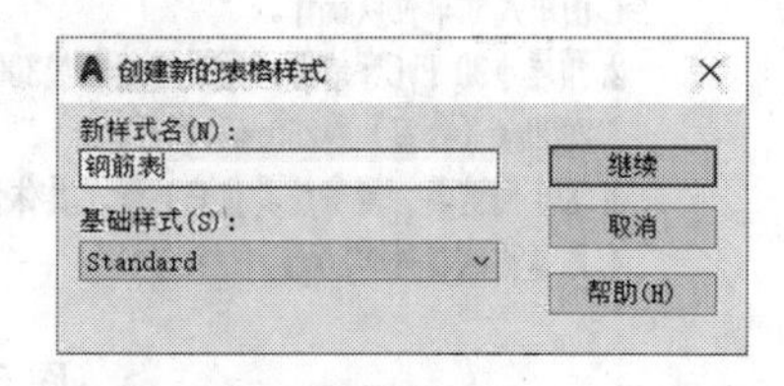

图 6-19　“创建新的表格样式”对话框

在“创建新的表格样式”对话框中,单击“继续”按钮后,系统会弹出如图 6-20 所示的“新建表格样式”对话框,该对话框中各选项的含义如下:

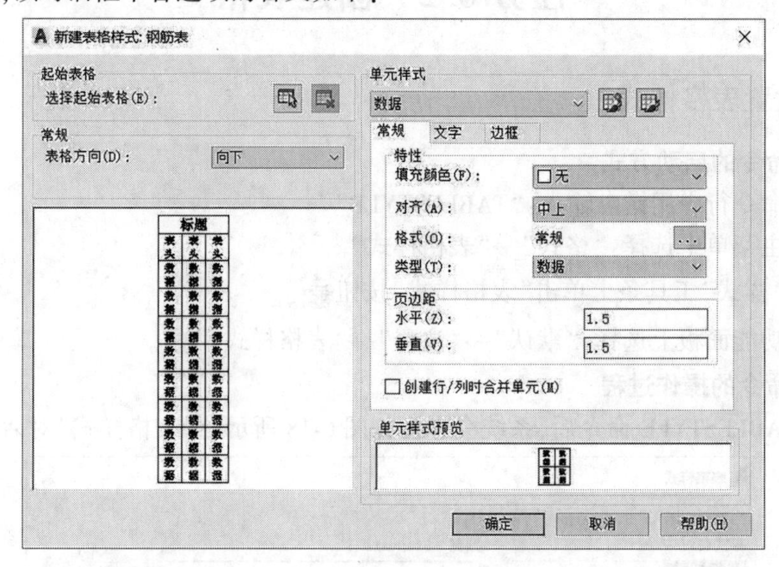

图 6-20　“新建表格样式”对话框

“起始表格”:单击[图标],用户可以在图形中指定一个表格作为样例来设置此表格样式的格式。选择表格后,可以从指定表格复制表格的结构和内容。使用“删除表格”图标,可以将表格从当前指定的表格样式中删除。

“常规”:表格的常规表达,可设置表格方向。有“向上”和“向下”两种方式。选择其中的一种,在下面的预览框中有相应的预览显示。选择“向下”时将创建由上而下读取的表格,选择“向上”时将创建由下而上读取的表格。

“单元样式”区:有标题、表头和数据三个选项。选择其中一个,如数据,可对数据的常规、文字和边框进行设置。图 6-21 为数据的文字样式,图 6-22 为数据的边框样式。

单击“单元样式”中的[图标],可创建新单元样式。

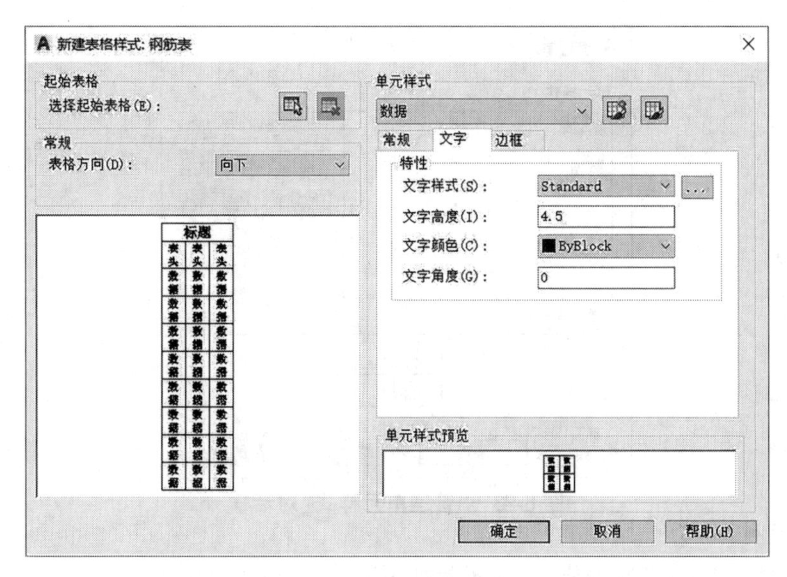

图 6-21　数据的文字样式

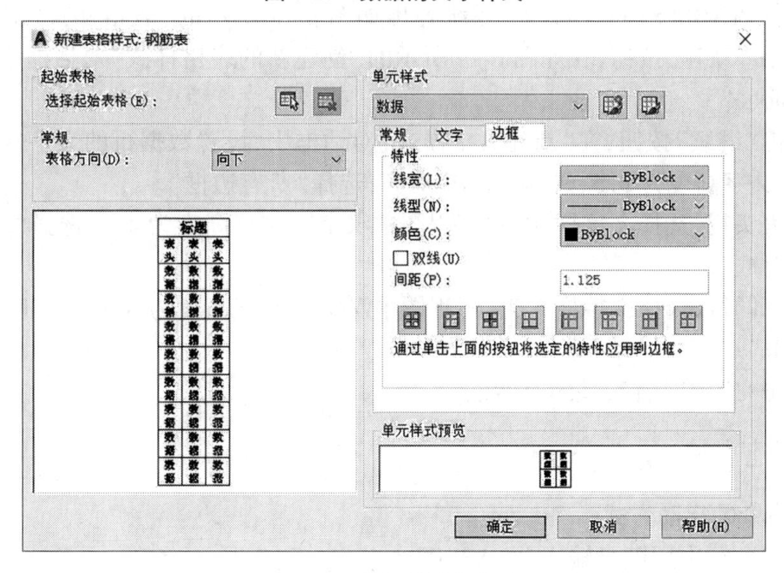

图 6-22　数据的边框样式

单击“单元样式”中的，会弹出如图 6-23 所示的“管理单元样式”对话框。

“创建行/列时合并单元”：将使用当前单元样式创建的所有新行或新列合并为一个单元。可以使用此选项在表格的顶部创建标题行。

“单元样式预览”区：显示当前表格样式设置效果。

(7)“修改”：可对选定的表格样式进行修改。

(8)“删除”：可删除选定的表格样式。不能删除图形中正在使用的表格样式。

6.2.1.4　注意事项

在图 6-18 的表格样式中，第一行是标题行，由文字居中的合并单元行组成；第二行是表头行；其他行均为数据行。

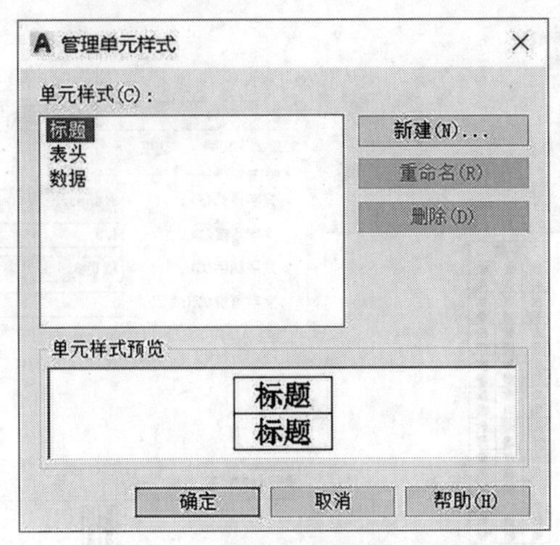

图 6-23　“管理单元样式”对话框

6.2.1.5　示例

创建一个“钢筋表”的表格样式，步骤如下：

(1)执行“TABLESTYLE”命令，系统弹出如图 6-18 所示的“表格样式”对话框，在该对话框中单击“新建”按钮，在如图 6-19 所示的“创建新的表格样式”对话框中，输入新样式名为“钢筋表”。

(2)单击“继续”按钮，在“新建表格样式”对话框中，设置数据行的文字样式为“工程图中汉字”，文字高度为 3.5，选择“正中”对齐，选择“所有边框”。

(3)在表头行，选择文字样式为“工程图中汉字”，文字高度为 4.5，选择“正中”对齐，选择“所有边框”。

(4)在标题行，选择文字样式为“工程图中汉字”，文字高度为 6，选择“正中”对齐，选择“底部边框”。

(5)单击“确定”按钮，关闭对话框。

6.2.2　创建表格

6.2.2.1　命令的启动方式

(1)在命令行中用键盘输入：“TABLE”。

(2)在主菜单中选择：“绘图”→“表格”。

(3)在“绘图”工具条上单击“表格”按钮▦。

(4)在功能面板上选择：“默认”→“注释”→“表格” ▦。

6.2.2.2　命令的操作过程

执行“TABLE”命令后，系统会弹出如图 6-24 所示的“插入表格”对话框。

6.2.2.3　参数说明

“插入表格”对话框中各选项的含义如下：

(1)“表格样式”区。选择已创建的表格样式，如“钢筋表”。

(2)“插入选项”区。

“从空表格开始”：在图形文件中插入一个可以手动填充数据的空表格。

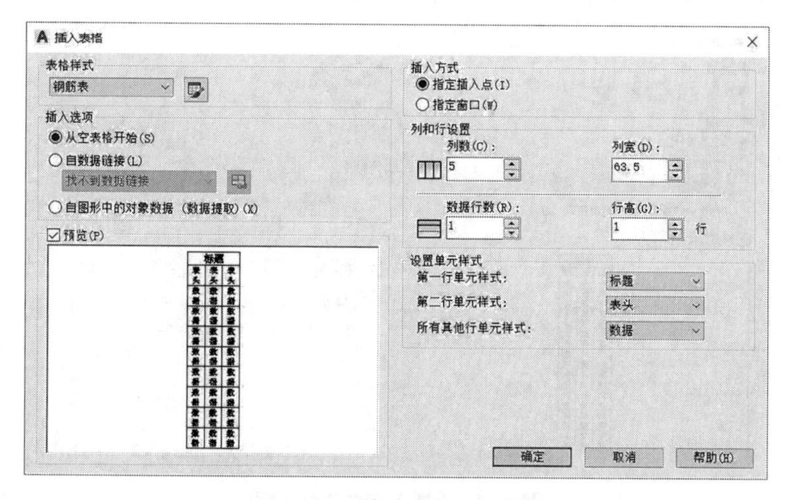

图 6-24　**“插入表格”对话框**

“自数据链接”:根据外部电子表格中的数据创建表格。

“自图形中的对象数据(数据提取)”:从已知表格中提取数据。

(3)“插入方式”区。

“指定插入点”:在屏幕上指定或用键盘输入坐标来确定表格左上角的位置。

“指定窗口”:在屏幕上指定两个角点或用键盘输入坐标来确定表格的大小,选择此项后,列宽和行高取决于表格的大小。

(4)“预览”。显示表格样式的样例。

(5)“列和行设置”区:“列数”“列宽”“数据行数”和“行高”:分别设置列数、列宽、行数和行高。

(6)“设置单元样式”区:设置表格的第一行、第二行和其他行的内容是标题、表头还是数据。

6.2.2.4　注意事项

(1)“插入表格”对话框设置好后,插入的表格是一个空表格,可以在表格的单元中添加内容。另外,行高是以文字的行数为基准而进行设置的。

(2)行高由表格的高度控制,可按照行数来指定。文字“行高”基于文字高度和单元边距。

6.2.2.5　示例

将前面创建的“钢筋表”插入到图中,步骤如下:

(1) 执行“TABLE”命令后,系统弹出如图 6-25 所示的“插入表格”对话框,在该对话框中选择表格样式名为“钢筋表”。

(2)选择“指定插入点”作为插入方式。

(3)在“列和行设置”区设置 6 列 5 行,列宽和行高分别为 20 个单位和 1 行。

(4)单击“确定”按钮,在屏幕上指定插入点插入表格。

结果创建一个如图 6-26 所示的一个 6 列 5 行数据的空表格。

注意:创建好一个空表格后,系统要求输入文字。在输入文字前,还可利用特性或快

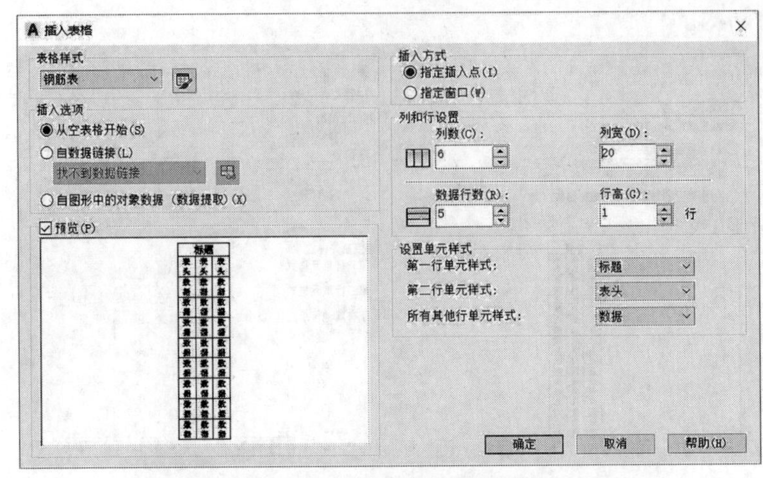

图 6-25　“插入表格”对话框

	A	B	C	D	E	F
1						
2						
3						
4						
5						
6						
7						

图 6-26　插入的表格

捷特性对空表格进行编辑。在表格中输入文字时，采用 Tab 键或方向键进行单元格切换。

6.2.3　编辑表格

创建表格后，可以修改其行和列的大小、更改其外观、合并和取消合并单元及创建表格打断等。

6.2.3.1　编辑表格外观

(1)用户可以单击该表格上的任意网格线以选中该表格，使用夹点编辑，可通过拉伸改变表格的高度或宽度，或整体移动表格，如图 6-27 所示。

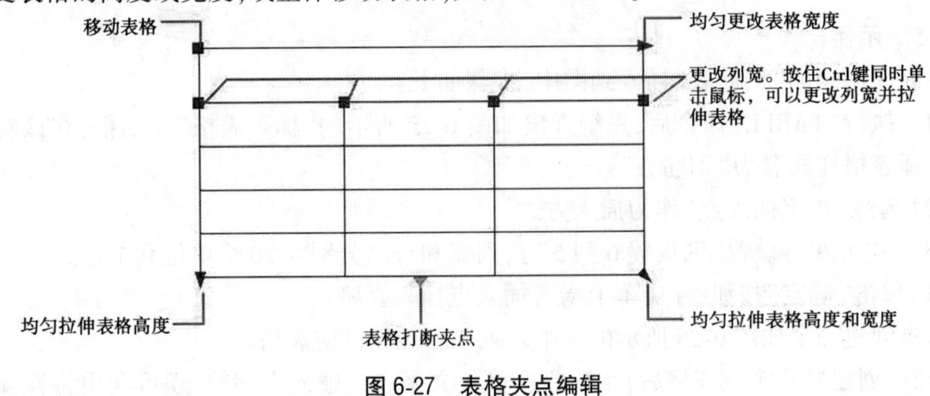

图 6-27　表格夹点编辑

（2）更改表格的高度或宽度时，只有与所选夹点相邻的行或列将会更改。表格的高度或宽度保持不变。可以根据正在编辑的行或列的大小按比例更改表格的大小，在使用列夹点时按 Ctrl 键，如图 6-28 所示。

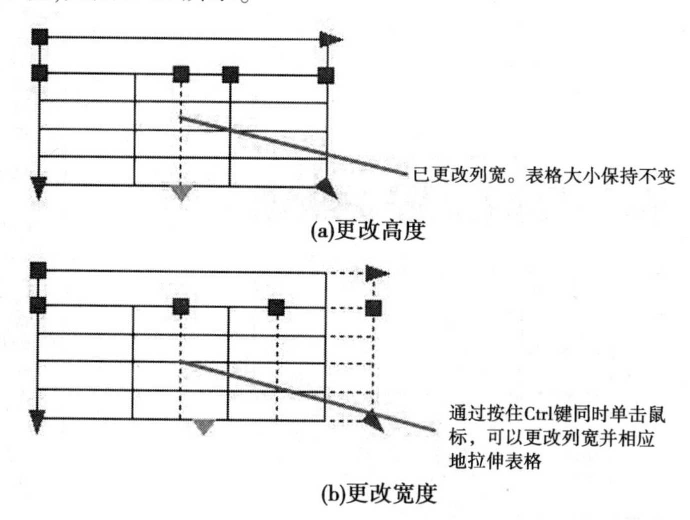

图 6-28　编辑表格高度或宽度

（3）在表格夹点编辑状态，只能修改表格的外观，不能改变表格内部结构，如插入与删除行和列、合并单元格等。

6.2.3.2　编辑表格单元

在准备编辑的表格单元格中单击鼠标左键，系统在功能区上增加一个“表格单元”选项卡，如图 6-29 所示。

图 6-29　“表格单元”选项卡

在“表格单元”选项卡中，有七个面板。

（1）“行”：对表格的行进行插入与删除。

（2）“列”：对表格的列进行插入与删除。

（3）“合并”：对表格进行单元合并与取消合并。

（4）“单元样式”：对选定的单元格进行匹配，对单元格的背景、表格内容及单元格边框进行修改。

（5）“单元格式”：对选定的单元格进行锁定与解锁，同时也可以改变单元格数据的格式。

（6）“插入”：对选定的单元格插入块、字段、计算公式和管理单元格内容。

（7）“数据”：向选定单元格链接数据或下载数据。

进入表格单元格编辑时，表格单元处于夹点编辑状态，如图 6-30 所示。在此状态下可以改变单元格的大小，并可以自动添加数据。也可以在选择表格单元后，单击鼠标右键，系统会弹出如图 6-31 所示的“表格单元编辑”快捷菜单，使用快捷菜单上的选项来插入或删除列和行、合并相邻单元或进行其他更改。

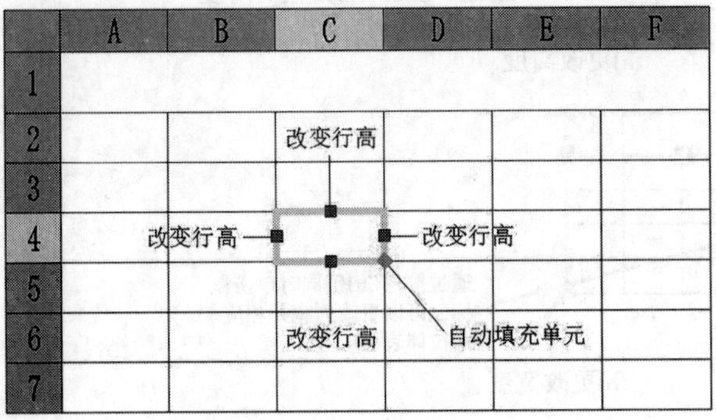

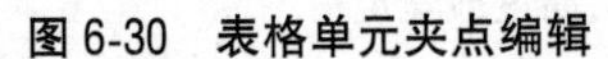

A
B
C
D
E
F
1
2
3
4
5
6
7
改变行高
改变行高
改变行高
改变行高
自动填充单元

图 6-30　表格单元夹点编辑

剪切
复制
粘贴
最近的输入
单元样式
背景填充
对齐
边框...
锁定
数据格式...
匹配单元
删除所有特性替代
数据链接...
插入点
编辑文字
管理内容...
删除内容
删除所有内容
列
行
合并
取消合并
特性(S)
快捷特性

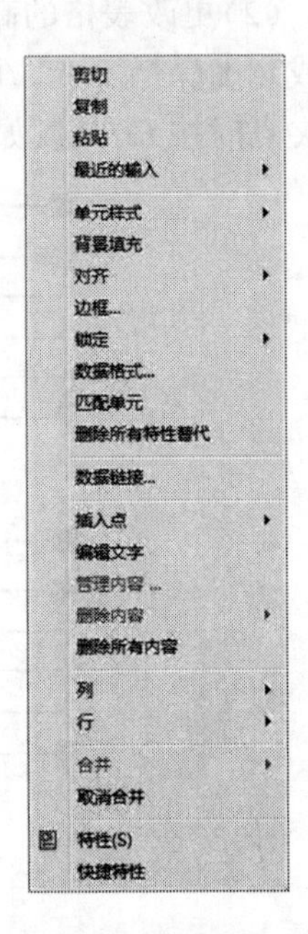

图 6-31　“表格单元编辑”快捷菜单

6.2.3.3　**编辑表格内容**

(1)在命令行中用键盘输入:“TABLEDIT”。

(2)在表格单元格中双击鼠标左键。

执行上述命令后,系统在功能区弹出如图 6-7 所示的多行文字编辑器,在绘图区弹出如图 6-15 所示的“文字格式”工具栏(启动“文字格式”工具栏)。在绘图区,表格处于编辑状态。

在表格编辑状态,用户可根据需要对表格内容进行修改。

技能训练

1. 用“MTEXT”的命令输入图 6-32 所示的多行文字。

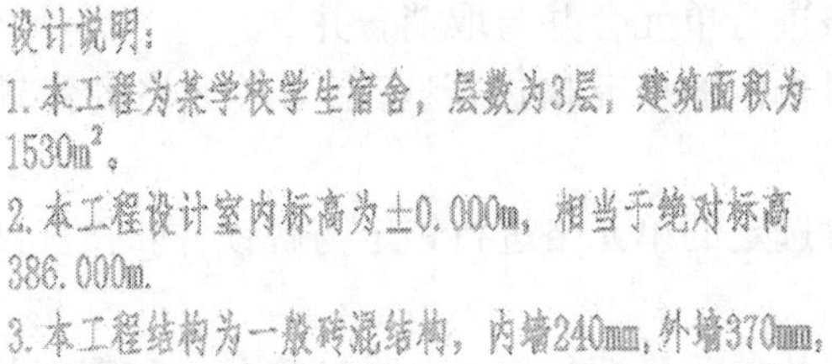

设计说明:
1.本工程为某学校学生宿舍,层数为3层,建筑面积为
1530m²。
2.本工程设计室内标高为±0.000m,相当于绝对标高
386.000m.
3.本工程结构为一般砖混结构,内墙240mm,外墙370mm,
横墙承重,预应力空心楼板。
......

图 6-32　多行文字

训练指导：

(1) 用“STYLE”命令设置如图 6-3 所示的“工程图中汉字”文字样式。

(2) 执行“MTEXT”命令，在文字编辑区中输入多行文字，如图 6-33 所示。

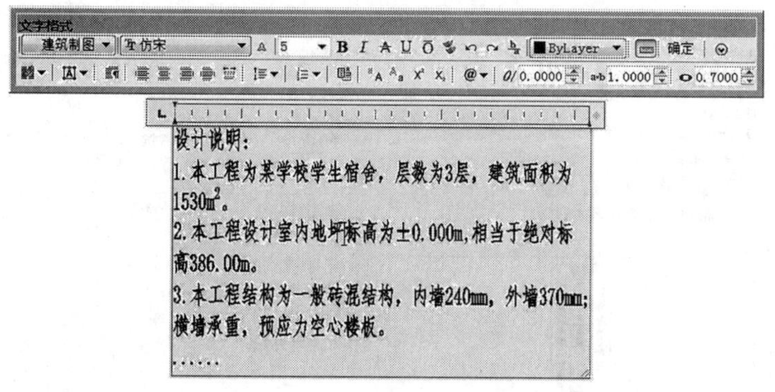

图 6-33　注写多行文字

(3) 单击“确定”按钮完成输入。

注意：在注写文字时，如果数字和字母单独使用时，应为斜体，如果数字和字母与汉字混用，应为直体。

2. 绘制如图 6-34 所示的表格。

构件统计表

序号	构件名称	构件代号	所有图纸	数量	备注
1	空心板	YKB4252	结施4	351	
2	空心板	YKB3652	结施4	263	
3	空心板	YKB1852	结施4	16	
4	檐口板	YB	结施5	16	
5	梁	YL	结施4	2	
6	梯梁	ZTL	结施6	12	

图 6-34　构件统计表图

训练指导：

(1) 设置表格样式。

用“TABLESTYLE”命令设置表格样式，在“数据”区设置文字参数如图 6-35 所示；在

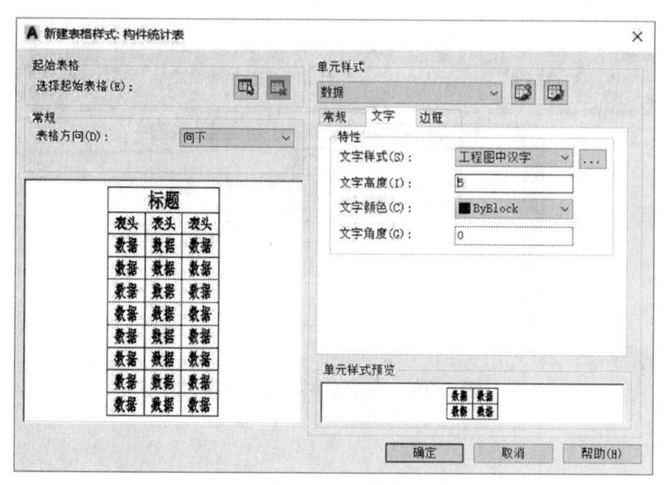

图 6-35　设置表格样式

“表头”区设置文字高度为 7，边框采用外边框，其余采用默认；在“标题”区将文字高度设为 10，边框采用底部边框，其余采用默认。

(2) 用“TABLE”命令插入表格，设置参数如图 6-36 所示。

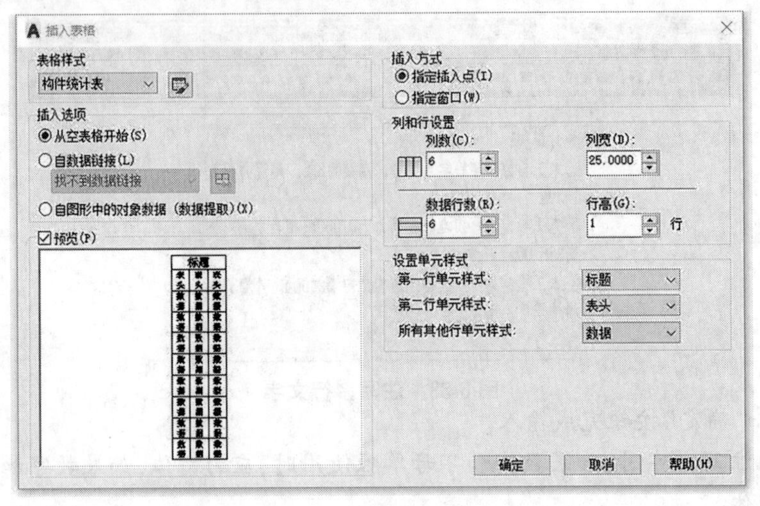

图 6-36　设置表格行与列

(3) 用快捷菜单对表格进行编辑并插入一个空表格，结果如图 6-37 所示。

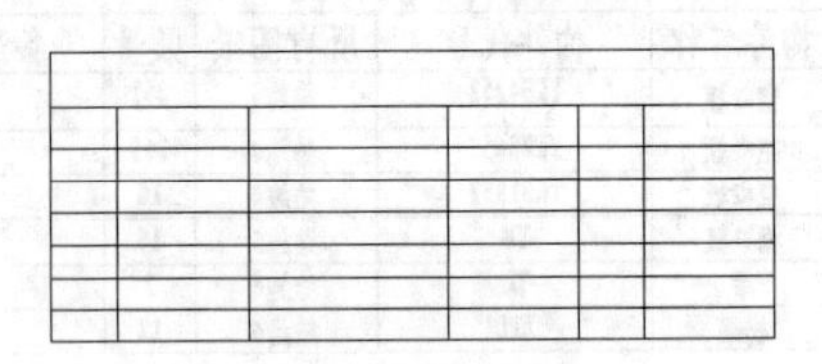

图 6-37　插入空表格

在表格编辑过程中，注意表格内单元格合并时的操作。

(4) 在表格中输入文字。如图 6-38 所示，完成后单击“确定”按钮。

图 6-38　在表格中输入文字

巩固练习

一、单项选择题

1. 工程图样中的汉字通常应尽可能选择(　　)字体。

A. 楷体　B. 宋体　C. 仿宋体　D. 长仿宋体

2. 图样中书写长仿宋体字时,字宽应为字高的(　　)倍。

A. 0.5　B. 0.6　C. 0.7　D. 0.8

3. 在 AutoCAD 中用文字命令输入"±"的控制符号是(　　)。

A. %%D　B. %%U　C. %%C　D. %%P

4. AutoCAD 中的字体文件的扩展名是(　　)。

A. shx　B. lin　C. pat　D. scr

5. 在"文字样式"对话框中,"文字"选项卡中的"宽度因子"是指文字的(　　)。

A. 高宽比　B. 宽高比　C. 文字宽度　D. 以上都不对

二、多项选择题

1. (　　)命令可以绘制文字。

A. TEXT　B. DTEXT　C. MTEXT　D. 以上均不可以

2. 下列文字特性能在"多行文字编辑器"对话框中设置的是(　　)。

A. 高度　B. 字体　C. 旋转角度　D. 文字样式

3. 编辑文字内容,以下说法正确的是(　　)。

A. 双击文字对象　B. "特性"窗口

C. MTEXT 命令　D. DDEDIT 命令

4. AutoCAD 中以下(　　)是中文大字体文件。

A. gbcbig. shx　B. chineset. shx　C. bigfont. shx　D. txt. shx

5. "文字编辑器"选项卡有下面(　　)选项卡。

A. 样式　B. 格式　C. 段落　D. 插入

三、判断题

1. 特殊符号的输入只允许用多行文本输入。(　　)

2. 在标题栏中输入文字时,选择文字的对正方式是正中(MC)对齐。(　　)

3. DDEDIT 命令可以修改各种类型文字的文字样式、宽度和内容等。(　　)

4. 设置文字样式时,如果采用了默认字高 0,那么每次使用该样式创建文字时,系统会在命令行提示指定文字的高度。(　　)

5. 设置文字样式时将文字高度设为 3.5,则在不同大小比例的图形中标注的文字高度可以在命令行中修改高度。(　　)

6. 文字样式设置的宽度比例系数大于 1 时,字体则变窄,反之变宽。(　　)

四、实操题

1. 用“多行文字”命令输入如图 6-39 所示的设计说明。

说明:1. 本图尺寸除高程以米为单位外，其余均以厘米为单位。
2. 混凝土的标号为 150 号。
3. 主筋保护层皆为 30mm。
4. 基础防潮层为 1:2 水泥砂浆厚 30mm。

图 6-39　设计说明

2. 绘制如图 6-40 所示的门窗明细表,并进行编辑。

门窗明细表					
类别	代号	洞口尺寸		数量	备注
		宽	高		
窗	C-1	1800	2100	86	
	C-2	1200	1800	13	
	C-3	900	1200	15	
门	M-1	900	2700	38	
	M-2	3200	2700	1	
	M-3	1200	2700	1	

图 6-40　门窗明细表

项目 7　标注尺寸

【项目导入】

在绘制专业图时,不仅要求用图形准确表达物体或建筑物的形状,还需要通过尺寸标注清晰准确表达物体或建筑物的大小。为此需要熟练运用 AutoCAD 2022 中的尺寸标注功能。本项目主要解决尺寸标注的相关问题。

【教学目标】

1. 知识目标

(1)掌握标注样式的设置方法和要求。

(2)掌握尺寸标注的方法。

(3)掌握尺寸标注的编辑方法。

2. 技能目标

(1)能够运用所学知识进行标注样式的设置。

(2)能够运用所学知识正确合理标注尺寸。

(3)能够对标注的尺寸进行编辑。

3. 素质目标

(1)通过标注样式的设置,培养学生严格遵守制图标准的职业精神。

(2)通过标注尺寸,培养学生严谨细致的学习态度。

(3)通过尺寸标注和编辑尺寸,培养学生解决实际问题的能力。

【思政目标】

(1)通过按国家或行业制图标准的要求设置标注样式,引导学生厚植爱国主义情怀。

(2)通过尺寸标注和编辑尺寸,培养学生认真对待工作的职业道德。

任务 7.1　设置尺寸标注样式

标注样式是标注设置的命名集合,可用来控制标注的外观,如箭头样式、文字位置和尺寸公差等。用户可以创建标注样式,以快速指定标注的格式,并确保标注符合行业或工程标准。在工程制图中,由于各专业的制图标准不同,因此设置的尺寸标注样式也不尽相同。

7.1.1　标注样式管理器

7.1.1.1　命令的启动方式

(1)在命令行中用键盘输入:“DIMSTYLE”。

(2)在主菜单中选择:“格式”→“标注样式”。

(3)在“样式”工具条上单击“标注样式”按钮。

(4)在功能面板上选择:“默认”→“注释”→“标注样式”。

7.1.1.2 命令的操作过程

执行 DIMSTYLE 命令后，系统会弹出如图 7-1 所示的“标注样式管理器”对话框。可在该对话框中进行新的标注样式设置。

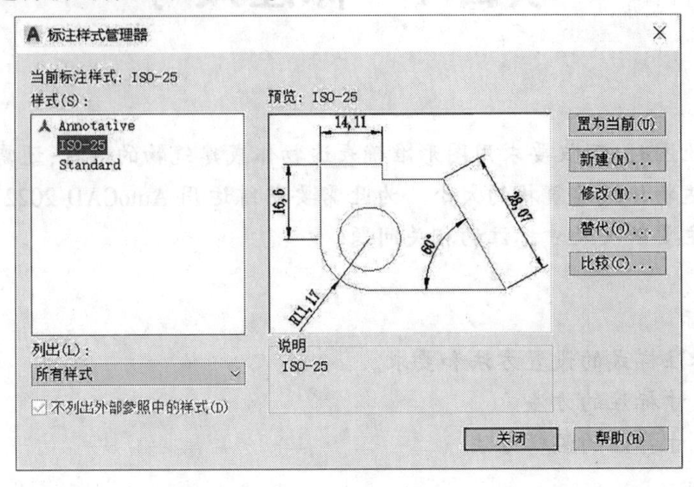

图 7-1 “标注样式管理器”对话框

7.1.1.3 参数说明

在“标注样式管理器”对话框中，各选项的含义如下：

(1)“样式”：列出已经定义好的标注样式。

(2)“预览”：显示设置完成后的结果。

(3)“列出”：有两种可以选择，一种是“所有样式”；另一种是“正在使用的样式”。

(4)“说明”：显示使用的是哪一种标注样式。

(5)“置为当前”：将设置好的标注样式应用到当前的图形中。

(6)“新建”：新建一种标注样式，点击该按钮后系统会弹出如图 7-2 所示的“创建新标注样式”对话框。在该对话框中，输入新样式名，选择一种样式作为基础样式，并确定新的标注样式用于哪些标注范围，然后点击“继续”按钮，开始设置新的标注样式的相关内容。

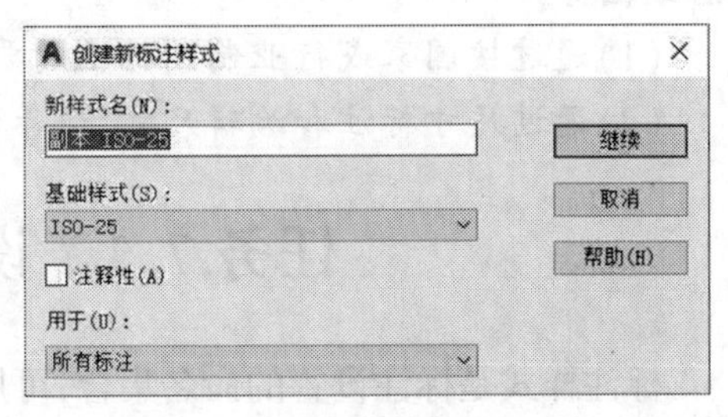

图 7-2 “创建新标注样式”对话框

(7)“修改”“替代”：这两个按钮在编辑尺寸标注样式时会用到。点击这两个按钮会弹出和点击“新建”按钮基本相同的对话框，设置的方法与之相同。

(8)“比较”：显示两种标注样式之间的参数对比。

7.1.2 新建标注样式

在“创建新标注样式”对话框中，点击“继续”按钮后，系统弹出“新建标注样式”对话框。在该对话框中有七个选项卡，各选项卡上的内容含义如下。

7.1.2.1　“线”选项卡

如图 7-3 所示,“线”选项卡有两个选项区。

(1)“尺寸线”区有六项内容。

“颜色”:选择尺寸线的颜色。

“线型”:选择尺寸线的线型。

“线宽”:选择尺寸线的宽度。

“超出标记”:当尺寸起止符号选用“建筑标记”时,尺寸线超出尺寸界线的数值。

“基线间距”:当采用基线标注时,两条尺寸线之间的距离。

“隐藏”:通过选择尺寸线 1 和尺寸线 2 的两个复选框有选择地隐藏尺寸线。

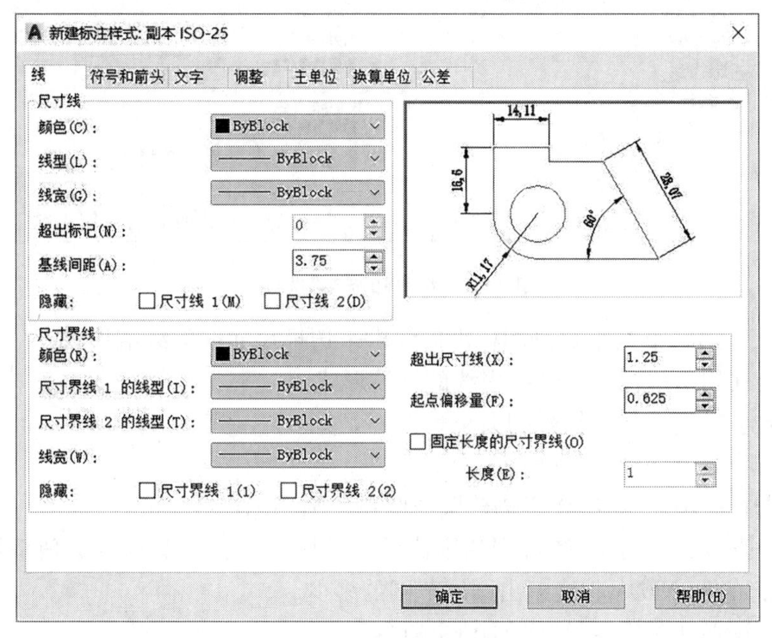

图 7-3　“线”选项卡

(2)“尺寸界线”区有八项内容。

“颜色”:选择尺寸界线的颜色。

“尺寸界线 1 的线型”:选择第 1 条尺寸界线的线型。

“尺寸界线 2 的线型”:选择第 2 条尺寸界线的线型。

“线宽”:选择尺寸界线的线宽。

“隐藏”:通过选择尺寸界线 1 和尺寸界线 2 两个复选框,来达到隐藏尺寸界线的目的。

“超出尺寸线”:尺寸界线超出尺寸线的长度。

“起点偏移量”:在进行尺寸标注时,标注的目标点与尺寸界线的距离。

“固定长度的尺寸界线”:定义尺寸界线从尺寸线开始到标注原点的总长度。选择此复选框后,可在其下面的“长度”框内输入长度数值。

7.1.2.2　“符号和箭头”选项卡

如图 7-4 所示,“符号和箭头”选项卡有六个选项区。

(1)“箭头”(在此处箭头即尺寸起止符号)区有四项内容。

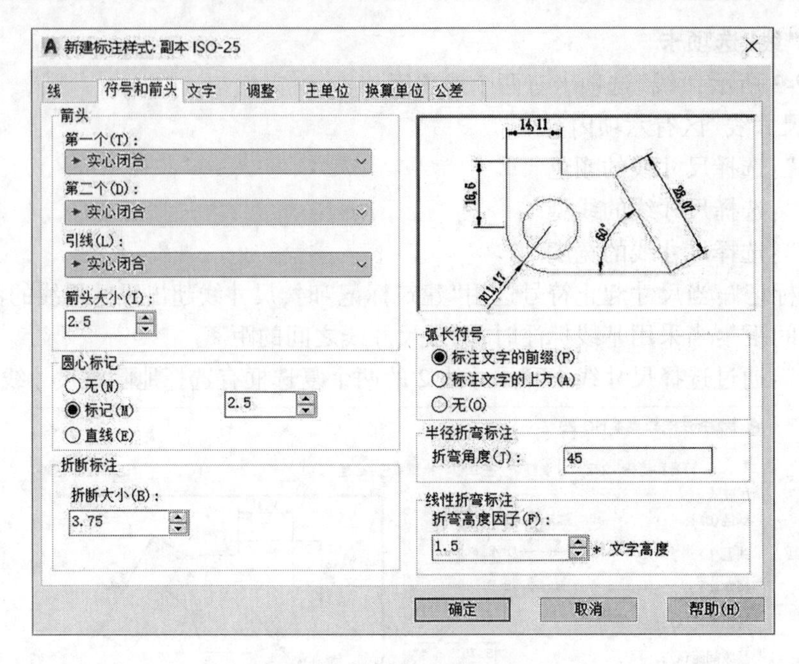

图 7-4　“符号和箭头”选项卡

“第一个”“第二个”:根据制图标准的要求来选择尺寸线的终端形式。

“引线”:在用引线标注时选择引线的终端形式。

“箭头大小”:尺寸起止符号的大小。

(2)“圆心标记”区有三项内容。

“无”:选择此项后,系统将不创建圆或圆弧的圆心标记或中心线。

“标记”:选择此项后,系统将创建圆或圆弧的圆心标记。其后的数值框用于显示和设置圆心标记的大小或中心线超出圆周范围的多少。

“直线”:选择此项后,系统将创建圆或圆弧的中心线。

(3)“折断标注”区。控制折断符号的大小。

“折断大小”:折断符号的高度。

(4)“弧长符号”区有三项内容。

“标注文字的前缀”:选择此项后,系统将标注的弧长符号放在文字的前面。

“标注文字的上方”:选择此项后,系统将标注的弧长符号放在文字的上方。

“无”:选择此项后,系统在标注时不显示弧长符号。

(5)“半径折弯标注”区。对大圆弧进行半径标注时的折弯标注。

“折弯角度”:尺寸线的转折角度,如图 7-5 所示。

(6)“线性折弯标注”区。对线性标注的尺寸进行加注折断符号。

“折弯高度因子”:指折断符号的高度与文字高度(尺寸数字的高度)之比,如果折断符号的高度为 3.75,文字高度(尺寸数字的高度)为 2.5,则“折弯高度因子”为 1.5,如图 7-6 所示。

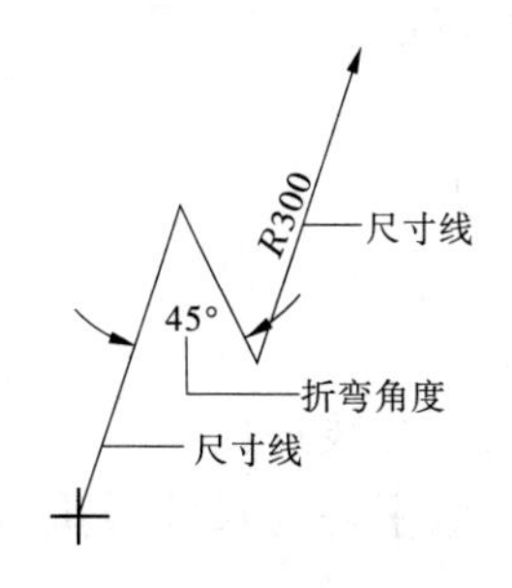

图 7-5　折弯角度

图 7-6　折弯高度

7.1.2.3　“文字”选项卡

如图 7-7 所示,“文字”选项卡有三个选项区。

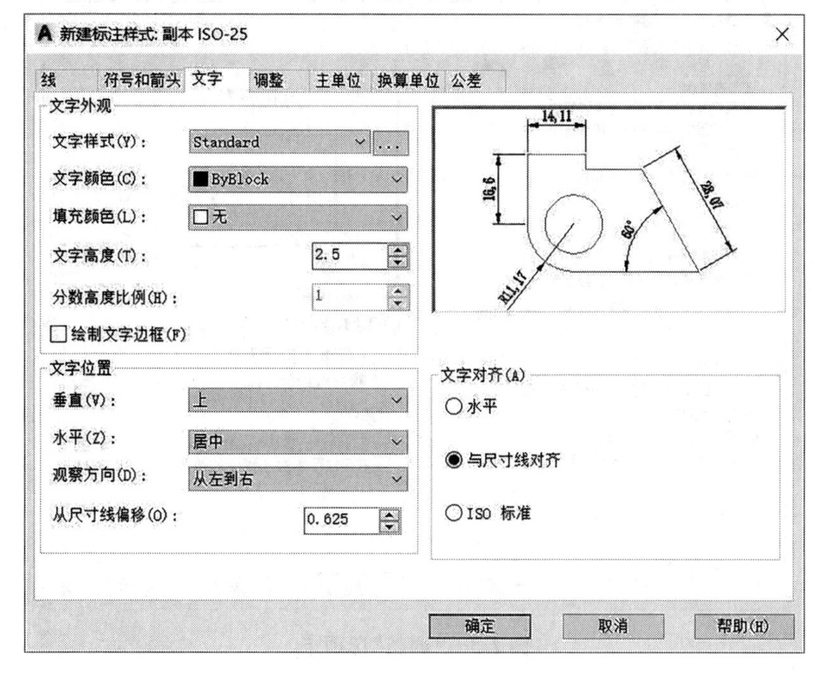

图 7-7　“文字”选项卡

(1)“文字外观”区有六项内容。

“文字样式”:尺寸数字的文字样式,可通过其后的按钮来创建新的文字样式。

“文字颜色”:尺寸数字的颜色。

“填充颜色”:在标注时选择尺寸数字背景的颜色。

“文字高度”:根据制图标准设置当前尺寸数字的高度。

“分数高度比例”: 设置相对于标注数字的分数高度比例。仅当在“主单位”选项卡上选择分数作为单位格式时,此选项才可用。用在此处输入的值乘以“文字高度”的值,可确定标注分数相对于标注数字的高度。

“绘制文字边框”:选择此项时,标注的尺寸数字带一边框。

(2)“文字位置”区有四项内容。

“垂直”:设置标注尺寸数字相对于尺寸线的垂直位置。

“水平”:设置标注尺寸数字在尺寸线上相对于尺寸界线的水平位置。

“观察方向”:设置标注尺寸数字的观察方向。

“从尺寸线偏移”:设置尺寸数字的底部与尺寸线的间距。

(3)“文字对齐”区有三项内容。

“水平”:选择该项后,所有的尺寸数字均水平放置。

“与尺寸线对齐”:选择该项后,所有的尺寸数字都与尺寸线垂直。

“ISO 标准”:选择该项后,凡是在尺寸界线内的尺寸数字均与尺寸线垂直;而在尺寸界线外的尺寸数字均水平排列。

7.1.2.4 “调整”选项卡

如图 7-8 所示,“调整”选项卡有四个选项区。

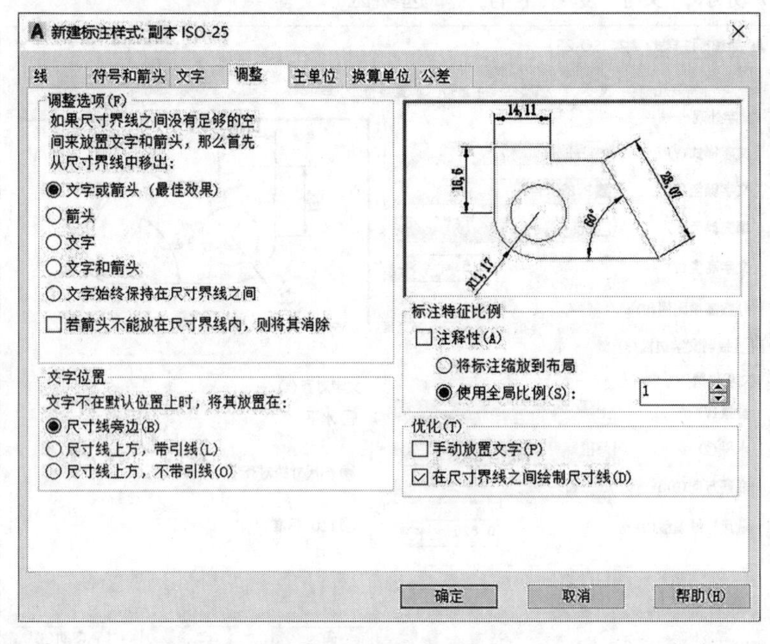

图 7-8　“调整”选项卡

(1)“调整选项”区有六项内容。

“文字或箭头(最佳效果)”:选择该项时,尺寸数字和箭头按最佳的效果放置。

“箭头”:先将箭头移动到尺寸界线外,然后移动尺寸数字。

“文字”:选择该项时,若尺寸界线的范围内只能放下尺寸数字,则尺寸数字放在尺寸界线内,箭头放在尺寸界线外。

“文字和箭头”:选择该项时,若尺寸界线的范围内既不能放下尺寸数字,也不能放下箭头,则尺寸数字和箭头均放在尺寸界线外。

“文字始终保持在尺寸界线之间”:选择该项时,不管尺寸界线的范围内能不能放下尺寸数字,尺寸数字都始终保持在尺寸界线的范围内。

“若箭头不能放在尺寸界线内,则将其消除”:选择该项时,若尺寸界线的范围内放不下尺寸数字和箭头,则将箭头消除掉。

(2)“文字位置”区有三项内容。

“尺寸线旁边”:当尺寸数字不在缺省位置时,将其置于尺寸线的旁边。

“尺寸线上方,带引线”:当尺寸数字不在缺省位置时,将其置于尺寸线的上方,加引线。

“尺寸线上方,不带引线”:当尺寸数字不在缺省位置时,将其置于尺寸线的上方,不加引线。

(3)“标注特征比例”区有三项内容。

“注释性”:指定标注为注释性。注释性对象和样式用于控制注释对象在模型空间或布局中显示的尺寸和比例。

“将标注缩放到布局”:按模型空间或图纸空间的缩放比例关系来标注尺寸。

“使用全局比例”:设置本标注样式标注的尺寸整体放大或缩小的倍数。

(4) “优化”区有两项内容。

“手动放置文字”:选择该项时,根据系统的提示来放置尺寸数字。

“在尺寸界线之间绘制尺寸线”:选择该项时,不管尺寸界线之间的空间是否够用,系统都会在尺寸界线之间绘制尺寸线。

7.1.2.5 “主单位”选项卡

如图 7-9 所示,“主单位”选项卡有两个选项区。

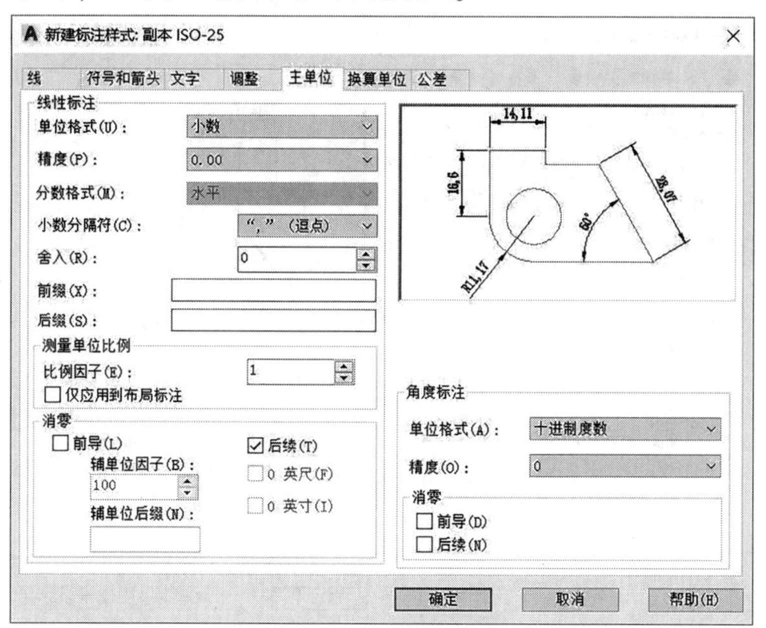

图 7-9　“主单位”选项卡

(1)“线性标注”区有七项内容和两个子区。

“单位格式”:选择线性标注的单位格式。线性标注的单位格式主要有科学、小数、工程、建筑、分数等。

“精度”:设置尺寸数字的小数位数。

“分数格式”:当单位格式为分数时,设置尺寸分数的放置格式。

“小数分隔符”:设置整数和小数之间的分隔符形式,有句点、逗点等。

“舍入”:为除角度外的所有标注类型设置尺寸数字的舍入规则。

“前缀”“后缀”:在尺寸数字的前面或后面加上特殊符号。

①“测量单位比例”子区有两项内容:

“比例因子”:根据绘图比例的变化来选择合适的数值。比如绘图比例为 1:100,则在“比例因子”选项中输入 100。

“仅应用到布局标注”:控制是否把比例因子仅应用到布局标注中。

②“消零”子区:通过选择“前导”或“后续”来控制在尺寸数字的前面或后面是否显示零。

(2)“角度标注”区有两项内容和一个子区。

“单位格式”:设置角度标注的单位格式。角度标注的单位格式有十进制度数、度/分/秒、百分度、弧度等。

“精度”:设置角度值的小数位数。

“消零”子区:通过选择“前导”或“后续”来控制在角度数字的前面或后面是否显示零。

7.1.2.6 “换算单位”选项卡

“换算单位”选项卡如图 7-10 所示。

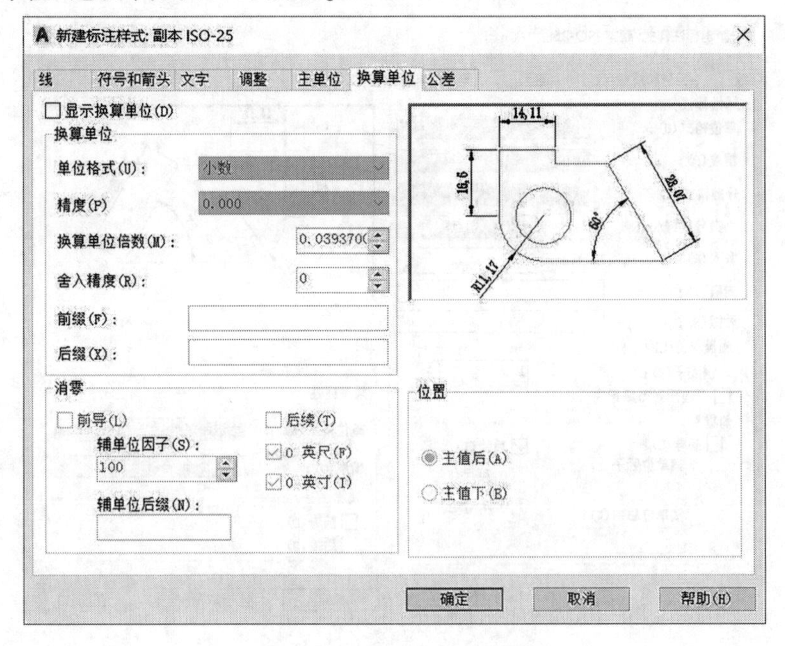

图 7-10 “换算单位”选项卡

在该选项卡中,通过对“换算单位”“位置”“消零”等设置实现单位换算。由于选项卡在实际绘图中较少用到,这里就不叙述了。

7.1.2.7 “公差”选项卡

如图 7-11 所示,“公差”选项卡有两个选项区。

(1)“公差格式”区。

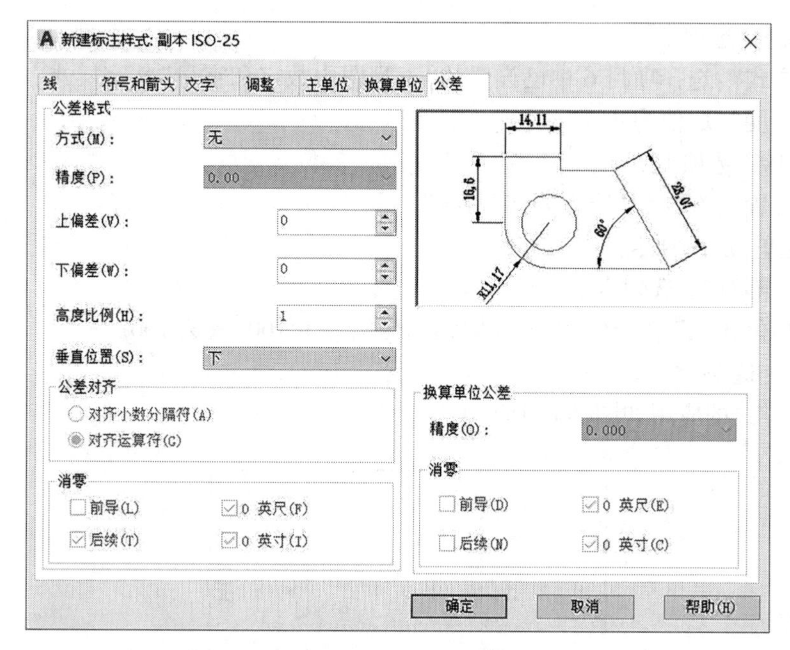

图 7-11　**“公差”选项卡**

“方式”:通过下拉列表框来选择公差标注的方式。

“精度”:设置公差数字小数后的位数。

“上偏差”“下偏差”:设置公差的上、下偏差值。

“高度比例”:设置公差标注时公差数字的高度。

“垂直位置”:设置公差数字和尺寸数字的对齐方式。

“消零”:通过选择“前导”或“后续”来控制公差数字前或后的零的显示。

(2)“换算单位公差”区。

“精度”“消零”:通过设置来达到不同单位的公差互相换算的目的。

7.1.3　创建两种标注样式

前述对话框中各选项的值均为系统默认状态下的初始值,需要根据不同专业制图标准的具体要求进行设置。

7.1.3.1　创建水利工程图尺寸标注样式

创建绘图比例为 1:100,尺寸标注样式名为“水利工程 1:100”,应用于水利工程图的尺寸标注样式内容如下。

(1)“线”选项卡。

“基线间距”:取值为 7。

“超出尺寸线”: 取值为 2。

“起点偏移量”: 取值为 1。

(2)“符号和箭头” 选项卡。

“箭头”区“第一个”“第二个”:均选“实心闭合”。

“弧长符号”:选“标注文字的上方”。

(3)“文字”选项卡。

“文字样式”:选择项目 6 中已设置的“工程图中数字和字母”文字样式。

“文字高度”:取值为 3。

(4)“调整”选项卡。

“文字位置”:选“尺寸线上方,带引线”。

(5)“主单位”选项卡。

“小数分隔符”: 选句点。

“测量单位比例”中“比例因子”:因绘图比例为 1:100,故选 100。

“消零”: 选“后续”。

此标注样式的应用如图 7-12 所示。

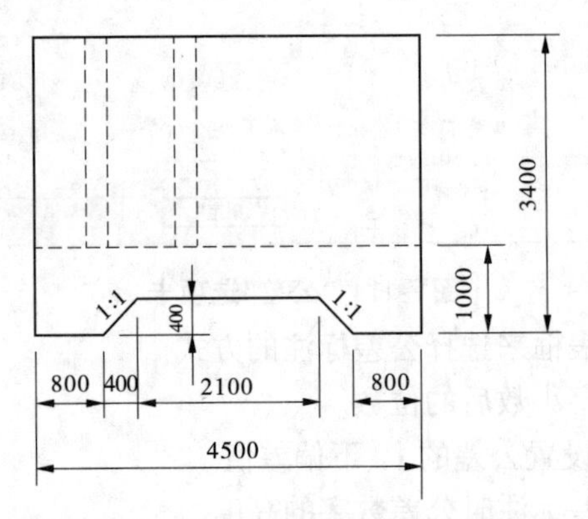

图 7-12　“水利工程 1:100”样式标注

7.1.3.2　创建建筑工程图尺寸标注样式

创建绘图比例为 1:100,尺寸标注样式名为“建筑工程 1:100”,应用于建筑工程图的尺寸标注样式内容如下:

(1)“线”选项卡。

“基线间距”:取值为 7。

“超出尺寸线”:取值为 2。

“起点偏移量”:取值为 1。

(2)“符号和箭头”选项卡。

“箭头”区“第一个”“第二个”:均选“建筑标记”。

“弧长符号”:选“标注文字的上方”。

(3)“文字”选项卡。

“文字样式”:选择项目 6 中已设置的“工程图中数字和字母”文字样式。

“文字高度”:取值为 3。

(4)“调整”选项卡。

“文字位置”:选“尺寸线上方,带引线”。

(5)“主单位”选项卡。

“小数分隔符”:选句点。

“测量单位比例”中“比例因子”:因绘图比例为1:100,故选100。

“消零”:选“后续”。

此标注样式的应用如图7-13所示。

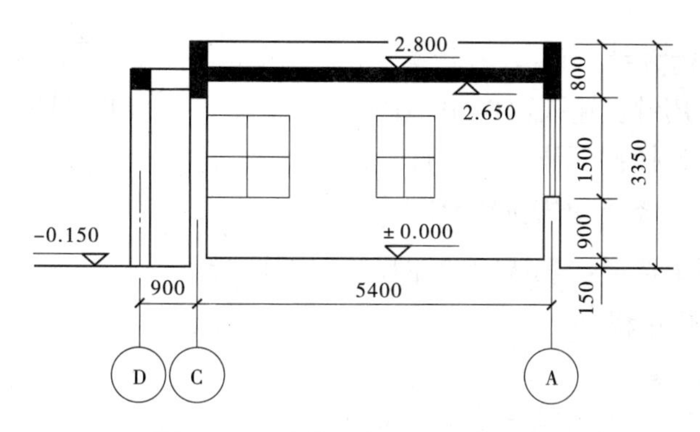

图7-13　“建筑工程1:100”样式标注

任务7.2　标注基本尺寸

7.2.1　坐标标注

7.2.1.1　命令的启动方式

(1)在命令行中用键盘输入:“DIMORDINATE”。

(2)在主菜单中选择:“标注”→“坐标 ”。

(3)在“标注”工具条上单击按钮。

(4)在功能面板上选择:“默认”→“注释”→“坐标”。

7.2.1.2　命令的操作过程

命令: DIMORDINATE↙

指定点坐标:　(选择要标注的点)

指定引线端点或[X基准(X)/Y基准(Y)/多行文字(M)/文字(T)/角度(A)]:

标注文字=320

7.2.1.3　参数说明

“X基准(X)”:输入“X”后回车,系统只标注点的X坐标。

“Y基准(Y)”:输入“Y”后回车,系统只标注点的Y坐标。

“多行文字(M)”:输入“M”后回车,进入多行文字编辑状态,用户可在其中输入尺寸数字。

“文字(T)”:输入“T”后回车,系统提示重新输入标注文字。

“角度(A)”:输入“A”后回车,系统提示输入尺寸数字与尺寸线的倾斜角度。

7.2.1.4　注意事项

坐标标注是以世界坐标系或用户坐标系的原点为基点来进行标注的。

7.2.1.5　示例

如图 7-14 所示 A、B 两点的坐标。

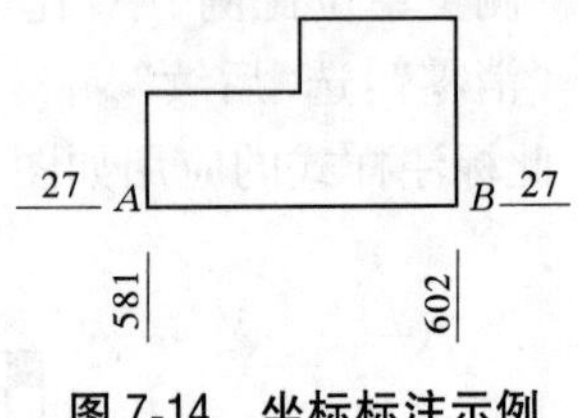

图 7-14　坐标标注示例

7.2.2　线性标注

7.2.2.1　命令的启动方式

(1)在命令行中用键盘输入:"DIMLINEAR"。

(2)在主菜单中选择:"标注"→"线性"。

(3)在"标注"工具条上单击按钮⊢⊣。

(4)在功能面板上选择:"默认"→"注释"→"线性"⊢⊣。

7.2.2.2　命令的操作过程

命令:DIMLINEAR↙

指定第一个尺寸界线原点或 <选择对象>:

(指定要标注对象的起点或直接回车来选择要标注的对象)

指定第二条尺寸界线原点:　(指定要标注对象的终点)

指定尺寸线位置或

[多行文字(M)/文字(T)/角度(A)/水平(H)/垂直(V)/旋转(R)]:

(指定尺寸线的放置位置)

标注文字 = 30.25

7.2.2.3　参数说明

"多行文字(M)":输入"M"后回车,进入多行文字编辑状态,用户可在其中输入尺寸数字。

"文字(T)":输入"T"后回车,系统会提示重新输入标注文字。

"角度(A)":输入"A"后回车,系统提示输入尺寸数字与尺寸线的倾斜角度。

"水平(H)":输入"H"后回车,系统取消默认值,强制执行水平标注。

"垂直(V)":输入"V"后回车,系统强制执行垂直标注。

"旋转(R)":输入"R"后回车,系统提示输入尺寸线的旋转角度。

7.2.2.4　注意事项

线性标注只是测量两个点之间的距离,常用作标注水平方向和竖直方向的尺寸。

7.2.2.5　示例

如图 7-15 所示为线性标注示例:标注矩形的长和高。

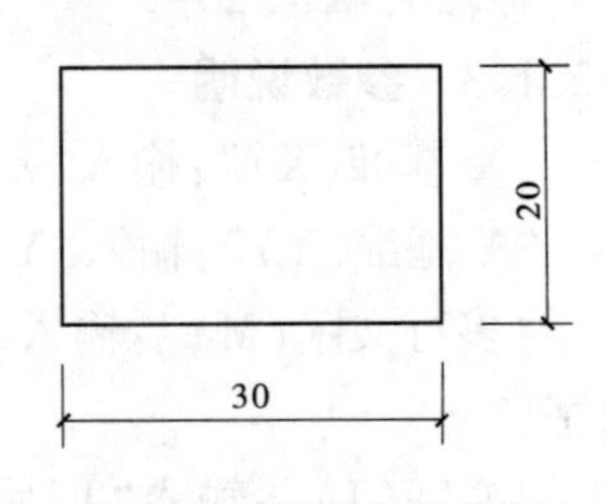

图 7-15　线性标注示例

7.2.3　对齐标注

7.2.3.1　命令的启动方式

(1)在命令行中用键盘输入:"DIMALIGNED"。

(2)在主菜单中选择:"标注"→"对齐"。

(3)在"标注"工具条上单击按钮。

(4)在功能面板上选择:"默认"→"注释"→"对齐"。

7.2.3.2　命令的操作过程

命令:DIMALIGNED↙

指定第一个尺寸界线原点或 <选择对象>:

（指定标注对象的起点或直接回车来选择标注的对象）

指定第二条尺寸界线原点:　　（指定标注对象的终点）

指定尺寸线位置或

[多行文字(M)/文字(T)/角度(A)]:　　（指定尺寸线的放置位置）

标注文字=56.38

7.2.3.3　参数说明

“[多行文字(M)/文字(T)/角度(A)]”:各参数的含义与坐标标注中的含义相同。

7.2.3.4　注意事项

对齐标注主要在标注倾斜方向尺寸时使用。

7.2.3.5　示例

如图7-16所示为对齐标注示例:标注三角形的边长。

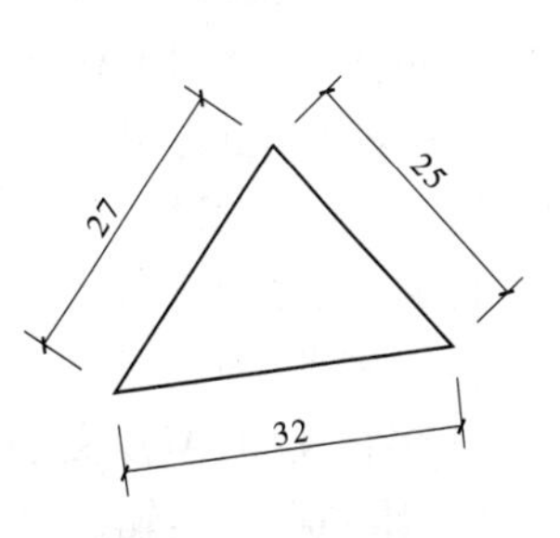

图7-16　对齐标注示例

7.2.4　角度标注

7.2.4.1　命令的启动方式

(1)在命令行中用键盘输入:“DIMANGULAR”。

(2)在主菜单中选择:“标注”→“角度”。

(3)在“标注”工具条上单击按钮。

(4)在功能面板上选择:“默认”→“注释”→“角度”。

7.2.4.2　命令的操作过程

命令: DIMANGULAR↙

选择圆弧、圆、直线或 <指定顶点>:

（选择要标注的圆弧、圆、直线或直接回车执行“指定顶点”的命令）

选择第二条直线:　　（选择要标注角的第二边）

指定标注弧线位置或[多行文字(M)/文字(T)/角度(A)/象限点(Q)]:

（指定圆弧线的位置或执行后面的命令）

标注文字 = 60

7.2.4.3　参数说明

当选择圆弧时,如图7-17(a)所示,系统会执行以下的命令过程:

命令:DIMANGULAR↙

选择圆弧、圆、直线或 <指定顶点>:　　（选择圆弧）

指定标注弧线位置或[多行文字(M)/文字(T)/角度(A)/象限点(Q)]:

标注文字=210

当选择圆时,如图7-17(b)所示,系统会执行以下的命令过程:

命令:DIMANGULAR↙

选择圆弧、圆、直线或 <指定顶点>:　　（选择圆上的第一个点）

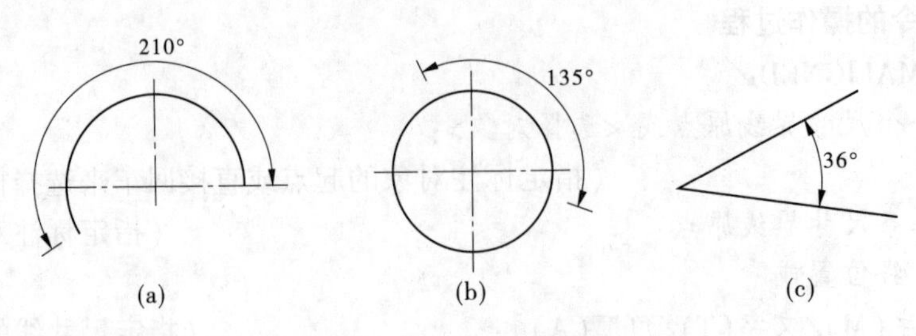

图 7-17　角度标注示例

指定角的第二个端点:　　（选择圆上的第二个点）
指定标注弧线位置或［多行文字(M)/文字(T)/角度(A)/象限点(Q)］:
标注文字 = 135

当选择直线时,如图 7-17(c)所示,所要标注的是两条直线的夹角。命令过程如下:

命令:DIMANGULAR↙
选择圆弧、圆、直线或 <指定顶点>:　　（选择直线夹角的第一条边）
选择第二条直线:　　（选择直线夹角的第二条边）
指定标注弧线位置或［多行文字(M)/文字(T)/角度(A)/象限点(Q)］:
标注文字 = 36

“［多行文字(M)/文字(T)/角度(A)］”:各参数的含义同前。

“象限点(Q)”:输入“Q”后回车,系统有如下命令过程:

指定标注弧线位置或［多行文字(M)/文字(T)/角度(A)/象限点(Q)］:Q↙
指定象限点:　　（指定标注放置的象限）
指定标注弧线位置或［多行文字(M)/文字(T)/角度(A)/象限点(Q)］:
标注文字 = 150

7.2.4.4　注意事项

(1)角度数字始终要水平书写,字头朝上,即在“文字”选项卡的“文字对齐”区选“水平”。

(2)在标注圆弧和圆的角度时,实际上是标注它们上面两点之间对应的圆心角度。

7.2.5　弧长标注

7.2.5.1　命令的启动方式

(1)在命令行中用键盘输入:“DIMARC”。

(2)在主菜单中选择:“标注”→“弧长”。

(3)在“标注”工具条上单击按钮。

(4)在功能面板上选择:“默认”→“注释”→“弧长”。

7.2.5.2　命令的操作过程

命令:DIMARC↙
选择弧线段或多段线圆弧段:　　（选择圆弧）
指定弧长标注位置或［多行文字(M)/文字(T)/角度(A)/部分(P)/引线(L)］:
标注文字 = 128

7.2.5.3　参数说明

“指定弧长标注位置”:确定弧长标注的位置。

“多行文字(M)/文字(T)/角度(A)”:各参数的含义同前。

“部分(P)”:只标注某段圆弧的一部分弧长。

输入“P”后回车,命令行有如下的提示:

指定弧长标注位置或[多行文字(M)/文字(T)/角度(A)/部分(P)/引线(L)]:P↙

指定弧长标注的第一个点:　　　　(指定从圆弧上的那个点开始标注)

指定弧长标注的第二个点:　　　　(指定从圆弧上的那个点结束标注)

“引线(L)”:当标注大于 90°的圆弧(或弧线段)时确定是否加引线,所加的引线指向所标注圆弧的圆心。

7.2.5.4　注意事项

在标注弧长时,“弧长符号”的位置选择“标注文字的上方”。

7.2.5.5　示例

如图 7-18 所示为弧长标注示例:标注圆弧的弧长。

图 7-18　弧长标注示例

7.2.6　半径标注

7.2.6.1　命令的启动方式

(1)在命令行中用键盘输入:“DIMRADIUS”。

(2)在主菜单中选择:“标注”→“半径”。

(3)在“标注”工具条上单击按钮。

(4)在功能面板上选择:“默认”→“注释”→“半径”。

7.2.6.2　命令的操作过程

命令:DIMRADIUS↙

选择圆弧或圆:　　　　(选择要标注的圆弧或圆)

标注文字=38

指定尺寸线位置或[多行文字(M)/文字(T)/角度(A)]:

(指定尺寸线的位置或 执行后面的命令)

7.2.6.3　参数说明

“[多行文字(M)/文字(T)/角度(A)]”:各参数的含义同前。

7.2.6.4　注意事项

根据工程制图标准的规定,圆弧小于或等于半圆时应标注半径。

7.2.6.5　示例

半径标注示例如图 7-19 所示。

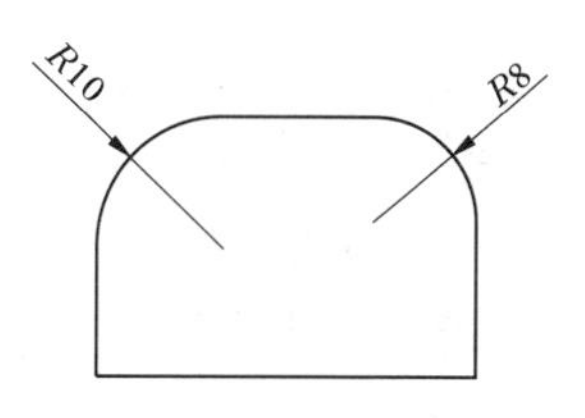

图 7-19　半径标注示例

7.2.7　直径标注

7.2.7.1　命令的启动方式

(1)在命令行中用键盘输入:“DIMDIAMETER”。

(2)在主菜单中选择:“标注”→“直径”。

(3)在“标注”工具条上单击按钮 。

(4)在功能面板上选择:“默认”→ “注释”→“直径” 。

7.2.7.2　命令的操作过程

命令:DIMDIAMETER↙

选择圆弧或圆:　(选择要标注的圆弧或圆)

标注文字=78

指定尺寸线位置或[多行文字(M)/文字(T)/角度(A)]:

(指定尺寸线的位置或执行后面的命令)

7.2.7.3　参数说明

“[多行文字(M)/文字(T)/角度(A)]”:各参数的含义同前。

7.2.7.4　注意事项

根据工程制图标准的规定,完整的圆或大于半圆的圆弧应标注直径。

7.2.7.5　示例

直径标注示例如图 7-20 所示。

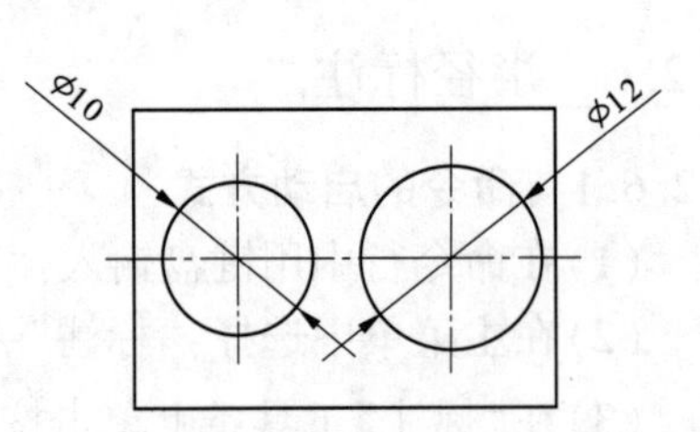

图 7-20　直径标注示例

7.2.8　折弯标注

7.2.8.1　命令的启动方式

(1)在命令行中用键盘输入:“DIMJOGGED”。

(2)在主菜单中选择:“标注”→“折弯”。

(3)在“标注”工具条上单击按钮 。

(4)在功能面板上选择:“默认”→ “注释”→“折弯” 。

7.2.8.2　命令的操作过程

命令:DIMJOGGED↙

选择圆弧或圆:　(选择要标注的圆弧或圆)

指定图示中心位置:

(指定折弯半径标注的新圆心,用于替代圆弧或圆的实际圆心)

标注文字=85

指定尺寸线位置或[多行文字(M)/文字(T)/角度(A)]:

指定折弯位置:　(指定折断符号的位置)

7.2.8.3　参数说明

“指定尺寸线位置”:指定尺寸线的放置位置。

“[多行文字(M)/文字(T)/角度(A)]”:各参数的含义同前。

7.2.8.4　注意事项

折弯角度可以在“新建标注样式”对话框的“符号和箭头”选项卡中进行修改。

7.2.8.5　示例

折弯标注示例如图7-21所示。

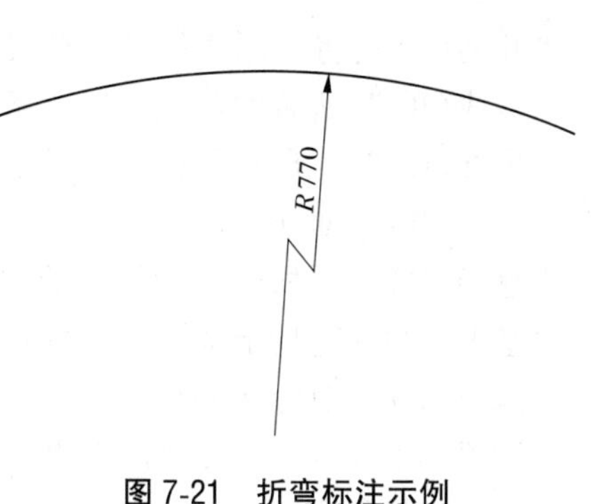

图7-21　折弯标注示例

7.2.9　圆心标记

7.2.9.1　命令的启动方式

(1)在命令行中用键盘输入:“DIMCENTER”。

(2)在主菜单中选择:“标注”→“圆心标记”。

(3)在“标注”工具条上单击按钮。

(4)在注释选项板上选择:“注释”→“中心线”→“圆心标记”。

7.2.9.2　命令的操作过程

命令:DIMCENTER↙

选择圆弧或圆:　(选择要标注的圆弧或圆)

7.2.9.3　参数说明

在设置标注样式时,圆心标记类型有三种,分别是“无”“标记”和“直线”。另外,还可以设置圆心标记的大小。实际应用时,要根据具体情况来选择。

任务7.3　标注复杂尺寸

7.3.1　快速标注

7.3.1.1　命令的启动方式

(1)在命令行中用键盘输入:“QDIM”。

(2)在主菜单中选择:“标注”→“快速标注”。

(3)在“标注”工具条上单击按钮。

(4)在注释选项板上选择:“注释”→“标注”→“快速标注”。

7.3.1.2　命令的操作过程

命令:QDIM↙

关联标注优先级=端点

选择要标注的几何图形:指定对角点:找到3个

选择要标注的几何图形:

指定尺寸线位置或[连续(C)/并列(S)/基线(B)/坐标(O)/半径(R)/直径(D)/基准点(P)/编辑(E)/设置(T)]<连续>:

7.3.1.3　参数说明

“选择要标注的几何图形”:部分或全部地选择要标注的图形。

“指定尺寸线位置”:把尺寸线放置在合适的位置上。

“连续(C)”:连续性地标注尺寸,即一个尺寸接着一个尺寸,自动对齐。

"并列(S)":将所标注的尺寸有层次地排列,小尺寸在里边,大尺寸在外边。

"基线(B)":所有的尺寸共用一条相同起点的尺寸界线。

"坐标(O)":对所选的图形中的点标注坐标。

"半径(R)":对所选的图形中的圆弧标注半径。

"直径(D)":对所选的图形中的圆弧标注直径。

"基准点(P)":指定标注的基准点。

"编辑(E)":对标注的尺寸点进行编辑。

"设置(T)":将尺寸界线原点设置为默认对象捕捉方式。

7.3.1.4　注意事项

如果在标注图形时不需要修改尺寸数字,可以采用快速标注。

7.3.1.5　示例

如图 7-22 所示为快速标注示例:对两个圆进行快速标注。

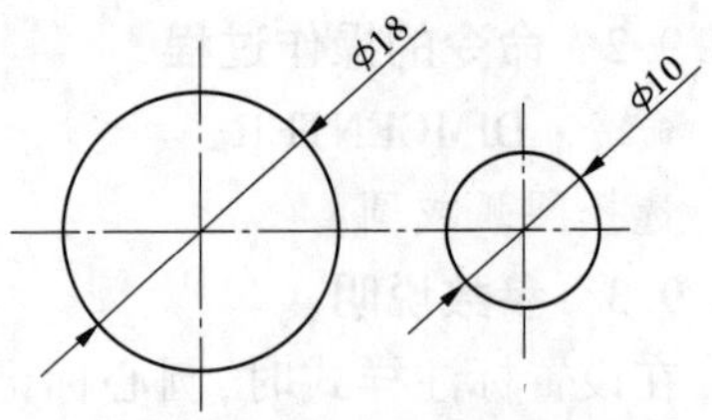

图 7-22　快速标注示例

7.3.2　基线标注

7.3.2.1　命令的启动方式

(1)在命令行中用键盘输入:"DIMBASELINE"。

(2)在主菜单中选择:"标注"→"基线"。

(3)在"标注"工具条上单击按钮。

(4)在注释选项板上选择:"注释"→"标注"→"基线标注"。

7.3.2.2　命令的操作过程

在进行基线标注之前,必须先创建或(选择)一个线性、坐标或角度标注作为基准标注,以确定基线标注所需要的前一尺寸标注的第一个尺寸界线。

命令:DIMBASELINE↙

指定第二个尺寸界线原点或 [选择(S)/放弃(U)] <选择>:

(选择下一个尺寸第二个尺寸界线的端点)

标注文字=50

7.3.2.3　参数说明

下面举例来说明标注过程中的参数,结果如图 7-23 所示。

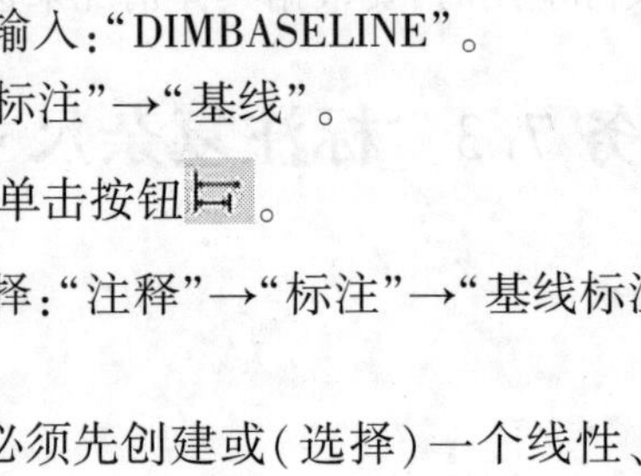

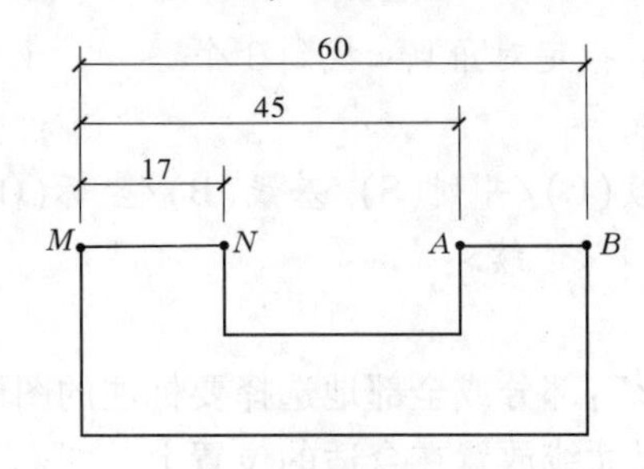

图 7-23　基线标注示例

标注过程如下：

首先标注线性尺寸“17”作为基线标注的基准尺寸。

命令：DIMLINEAR↙

指定第一个尺寸界线原点或 <选择对象>：　　（选择 *M* 点）

指定第二条尺寸界线原点：　　（选择 *N* 点）

指定尺寸线位置或

[多行文字(M)/文字(T)/角度(A)/水平(H)/垂直(V)/旋转(R)]：

标注文字=17

然后用基线标注标注其他尺寸。

命令：DIMBASELINE↙

指定第二个尺寸界线原点或[选择(S)/放弃(U)] <选择>：　　（选择 *A* 点）

标注文字=45

指定第二个尺寸界线原点或[选择(S)/放弃(U)] <选择>：　　（选择 *B* 点）

标注文字=60

指定第二个尺寸界线原点或[选择(S)/放弃(U)] <选择>：↙

选择基准标注：↙

7.3.2.4 注意事项

基线标注两条尺寸线之间的间距大小，由“标注样式”对话框的“线”选项卡上的“基线间距”控制。

7.3.3 连续标注

7.3.3.1 命令的启动方式

(1)在命令行中用键盘输入：“DIMCONTINUE”。

(2)在主菜单中选择：“标注”→“连续”。

(3)在“标注”工具条上单击按钮。

(4)在注释选项板上选择：“注释”→“标注”→“连续标注”。

7.3.3.2 命令的操作过程

在进行连续标注之前，必须先创建或(选择)一个线性、坐标或角度标注作为基准标注，以确定连续标注所需要的前一尺寸标注的第一个尺寸界线。

命令：DIMCONTINUE↙

指定第二个尺寸界线原点或[选择(S)/放弃(U)] <选择>：

（选择下一个尺寸第二个尺寸界线的端点）

标注文字=230

选择连续标注：

7.3.3.3 参数说明

“选择(S)”：缺省情况下，系统继续选择下一条尺寸界线的端点。

“放弃(U)”：输入“U”后回车，退出连续标注。

7.3.3.4　示例

对图 7-24 中的水平方向尺寸进行连续标注。标注过程如下：

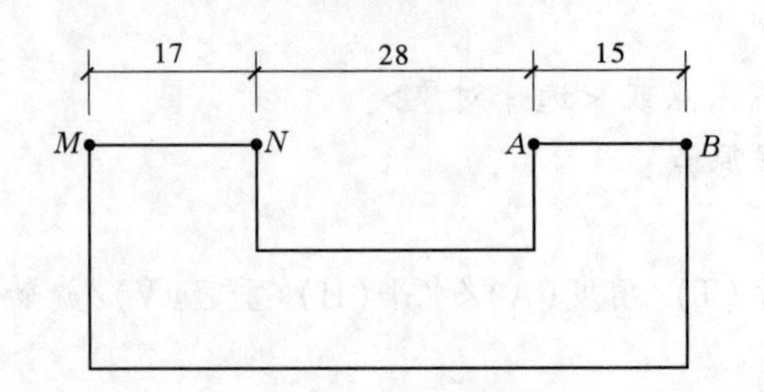

图 7-24　连续标注示例

首先标注线性尺寸“17”作为连续标注的起始尺寸。

命令：DIMLINEAR↙

指定第一个尺寸界线原点或 <选择对象>：　　（选择 *M* 点）

指定第二条尺寸界线原点：　　（选择 *N* 点）

指定尺寸线位置或

[多行文字(M)/文字(T)/角度(A)/水平(H)/垂直(V)/旋转(R)]：

标注文字=17

然后用连续标注标注其他尺寸。

命令：DIMCONTINUE↙

指定第二个尺寸界线原点或 [选择(S)/放弃(U)] <选择>：　　（选择 *A* 点）

标注文字=28

指定第二个尺寸界线原点或 [选择(S)/放弃(U)] <选择>：　　（选择 *B* 点）

标注文字=15

指定第二个尺寸界线原点或 [选择(S)/放弃(U)] <选择>：↙

选择连续标注：↙

7.3.4　折弯标注

在线性标注或对齐标注的线性尺寸上添加折弯符号。

7.3.4.1　命令的启动方式

(1) 在命令行中用键盘输入：“DIMJOGLINE”。

(2) 在主菜单中选择：“标注”→“折弯线性”。

(3) 在“标注”工具条上单击按钮。

(4) 在注释选项板上选择：“注释”→“标注”→“折弯标注”。

7.3.4.2　命令的操作过程

命令：DIMJOGLINE↙

选择要添加折弯的标注或 [删除(R)]：

指定折弯位置（或按 Enter 键）：

7.3.4.3 参数说明

"选择要添加折弯的标注或［删除(R)］"：选择要折弯的尺寸标注。如果在命令行输入"R"，则删除已经添加的折弯符号。

7.3.4.4 注意事项

折弯符号的位置可手工放置。折弯符号处的尺寸数值代表折弯对象的实际大小。在"标注样式"对话框的"符号和箭头"选项卡上，由"折弯高度因子"控制折弯符号的大小。

7.3.5 标注间距

通过调整尺寸间距，将线性标注或角度标注的平行尺寸调整为基线标注或连续标注。

7.3.5.1 命令的启动方式

(1)在命令行中用键盘输入："DIMSPACE"。

(2)在主菜单中选择："标注"→"标注间距"。

(3)在"标注"工具条上单击按钮 。

(4)在注释选项板上选择："注释"→"标注"→"调整间距" 。

7.3.5.2 命令的操作过程

命令：DIMSPACE↙

选择基准标注：　(选择一个尺寸作为等距标注的基准尺寸)

选择要产生间距的标注：找到1个　(选择一个与基准尺寸平行的尺寸)

选择要产生间距的标注：找到1个，总计2个

选择要产生间距的标注：　(输入平行尺寸的间距)

输入值或［自动(A)］<自动>：10

7.3.5.3 参数说明

"输入值或［自动(A)］<自动>"：输入平行尺寸间要等距的值，默认为<自动>。如果选择<自动>，系统按设置好的间距进行等距修改选定尺寸。

7.3.5.4 注意事项

等距标注不但能调整线性标注的尺寸，还能调整角度标注的尺寸。如果输入的距离值为零，则将选择的尺寸调整为连续尺寸。

7.3.5.5 示例

如图7-25所示，将水平尺寸调整为连续标注尺寸，将竖向尺寸调整为基线标注尺寸。

命令：DIMSPACE↙

选择基准标注：　(选择水平尺寸"15")

选择要产生间距的标注：找到1个　(选择水平尺寸"15")

选择要产生间距的标注：找到1个，总计2个　(选择水平尺寸"10")

选择要产生间距的标注：

输入值或［自动(A)］<自动>：0↙

命令：DIMSPACE↙

选择基准标注：　　(选择竖向尺寸“10”)
选择要产生间距的标注：找到 1 个　　(选择竖向尺寸“20”)
选择要产生间距的标注：找到 1 个，总计 2 个　　(选择竖向尺寸“30”)
选择要产生间距的标注：
输入值或［自动(A)］<自动>：10↙
结果如图 7-26 所示。

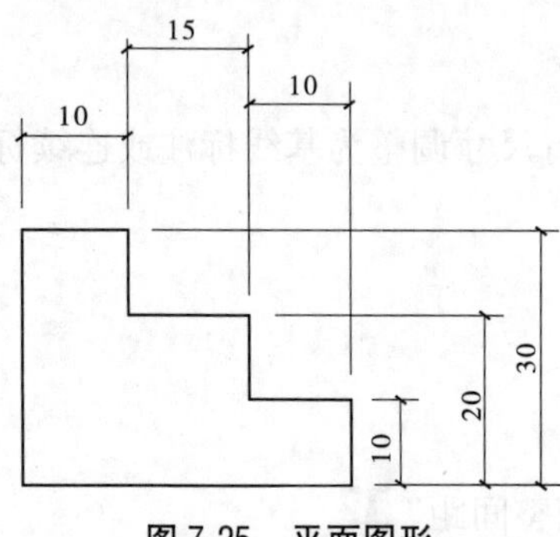

图 7-25　平面图形

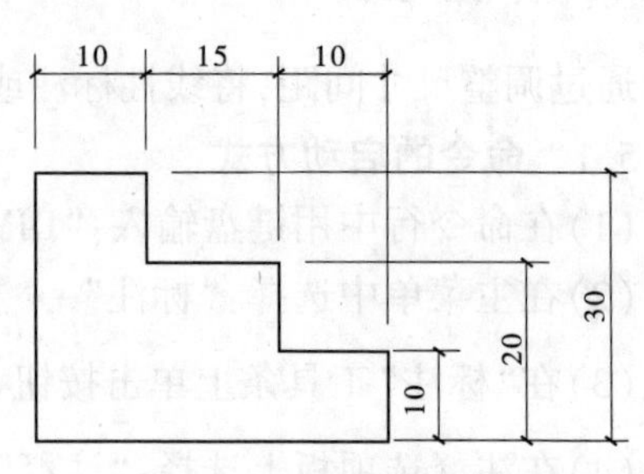

图 7-26　等距调整尺寸

7.3.6　标注打断

当尺寸标注与图线相交时，折断标注可以将尺寸界线、引线在与图线相交处自动断开。

7.3.6.1　命令的启动方式

(1)在命令行中用键盘输入：“DIMBREAK”。
(2)在主菜单中选择：“标注”→“标注打断”。
(3)在“标注”工具条上单击按钮。
(4)在注释选项板上选择：“注释”→“标注”→“打断”。

7.3.6.2　命令的操作过程

命令：DIMBREAK↙
选择要添加/删除折断的标注或［多个(M)］：
选择要折断标注的对象或［自动(A)/手动(M)/删除(R)］<自动>：

7.3.6.3　参数说明

“选择要添加/删除折断的标注或［多个(M)］”：选择要添加折断的对象，如果在命令行输入“M”，可以选择多个需要折断的对象。选择多个要折断的对象时，折断处则不能手动调整。如果选择的对象已经折断处理，则此时将删除折断，恢复原状。

“选择要折断标注的对象或［自动(A)/手动(M)/删除(R)］<自动>”：选择折断对象的方法。

“自动(A)”：系统自动在重合处折断尺寸界线。
“手动(M)”：系统提示选择两个折断点。
输入“M”后，命令行提示如下：
选择要折断标注的对象或［自动(A)/手动(M)/删除(R)］<自动>：M↙

指定第一个打断点：

指定第二个打断点：

1 个对象已修改

"删除(R)"：如果选择的对象已经折断处理，则此时将删除折断，恢复原状。

7.3.6.4　注意事项

使用折断标注可以使尺寸线、尺寸界线或引线折断。在"标注样式"对话框的"符号和箭头"选项卡上，可以控制折断标注的大小。

7.3.6.5　示例

对图 7-27 中的尺寸进行折断标注。

命令：DIMBREAK↙

选择要添加/删除折断的标注或［多个(M)］：M↙

选择标注：找到 1 个

选择标注：找到 1 个，总计 2 个

选择标注：

选择要折断标注的对象或［自动(A)/删除(R)］<自动>：↙

2 个对象已修改

结果如图 7-28 所示。

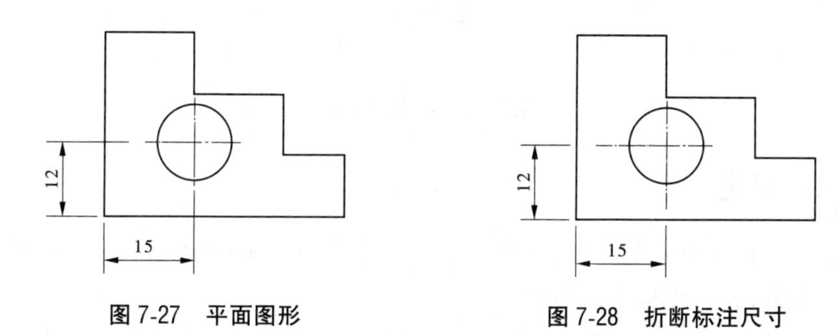

图 7-27　平面图形　　　图 7-28　折断标注尺寸

7.3.7　标注圆中心线

在绘制圆和圆弧时，工程制图标准要求用细点画线绘制圆和圆弧的中心线。

7.3.7.1　命令的启动方式

(1) 在命令行中用键盘输入："CENTERMARK"。

(2) 在注释选项板上选择："注释"→"中心线"→"圆心标记"。

7.3.7.2　命令的操作过程

命令：CENTERMARK↙

选择要添加圆心标记的圆或圆弧：

选择要添加圆心标记的圆或圆弧：

7.3.8　标注中心线

在绘制对称图形时，工程制图标准要求用细点画线绘制对称图形的对称线。

7.3.8.1　命令的启动方式

(1)在命令行中用键盘输入:“CENTERLINE”。

(2)在注释选项板上选择“注释”→“中心线”→“中心线 ”。

7.3.8.2　命令的操作过程

命令:CENTERLINE↙
选择第一条直线:
选择第二条直线:

7.3.8.3　示例

给图 7-29 所示的平面图形添加中心线,结果如图 7-30 所示。

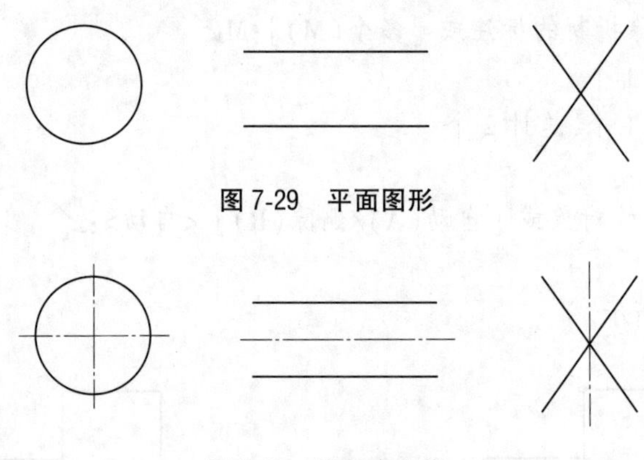

图 7-29　平面图形

图 7-30　绘制中心线

7.3.9　标注引线

引线是一条直线或样条曲线,其中一端带有箭头,另一端带有多行文字对象或块。引线符号包括箭头、引线和基线三部分。

创建引线对象的方法一般有“快速引线(QLEADER)”和“多重引线(MLEADER)”,在大多数情况下,建议使用“MLEADER”命令创建引线对象。

7.3.9.1　命令的启动方式

(1)在命令行中用键盘输入:“QLEADER”或“MLEADER”。

(2)在主菜单中选择:“标注”→“多重引线”。

(3)在注释选项板上选择:“默认”→“注释”→“引线” 。

7.3.9.2　命令的操作过程

如果执行“快速引线(QLEADER)”命令,则过程如下:

命令: QLEADER↙
指定第一个引线点或［设置(S)］<设置>:　　(指定箭头的起点)
指定下一点:　　(指定引线的第二个点)
指定下一点:　　(指定基线的第二个点)
指定文字宽度 <0>:16↙　　(设置文字宽度)

输入注释文字的第一行 <多行文字(M)>:123↙　　(输入第一行文字)

输入注释文字的下一行:↙　　(输入第二行文字或回车结束)

如果执行“多重引线(MLEADER)”命令,则过程如下:

命令:MLEADER↙

指定引线箭头的位置或［引线基线优先(L)/内容优先(C)/选项(O)］<选项>:O↙

输入选项［引线类型(L)/引线基线(A)/内容类型(C)/最大节点数(M)/第一个角度(F)/第二个角度(S)/退出选项(X)］<第二个角度>:L↙

选择引线类型［直线(S)/样条曲线(P)/无(N)］<直线>:↙

输入选项［引线类型(L)/引线基线(A)/内容类型(C)/最大节点数(M)/第一个角度(F)/第二个角度(S)/退出选项(X)］<引线类型>:A↙

使用基线［是(Y)/否(N)］<是>:↙

指定固定基线距离 <8.0000>:↙

输入选项［引线类型(L)/引线基线(A)/内容类型(C)/最大节点数(M)/第一个角度(F)/第二个角度(S)/退出选项(X)］<引线基线>:C↙

选择内容类型［块(B)/多行文字(M)/无(N)］<多行文字>:↙

输入选项［引线类型(L)/引线基线(A)/内容类型(C)/最大节点数(M)/第一个角度(F)/第二个角度(S)/退出选项(X)］<内容类型>:M↙

输入引线的最大节点数 <2>:↙

输入选项［引线类型(L)/引线基线(A)/内容类型(C)/最大节点数(M)/第一个角度(F)/第二个角度(S)/退出选项(X)］<最大节点数>:X↙

指定引线箭头的位置或［引线基线优先(L)/内容优先(C)/选项(O)］<选项>:

指定引线基线的位置:

在屏幕上指定引线基线的位置后,系统进入多行文字编辑状态,输入文字内容后退出,即完成多重引线标注。

7.3.9.3　参数说明

“指定第一个引线点”:指定引线箭头的起点。

“设置(S)”:输入“S”或直接回车时,系统会弹出“引线设置”对话框,通过该对话框可以对引线进行设置。

“指定文字宽度”:输入说明文字的宽度,如果文字的宽度值设置为0.00,则多行文字的宽度不受限制。

“输入注释文字的第一行”“输入注释文字的下一行”:文字可以分行进行输入。

7.3.9.4　示例

用快速引线标注图7-31中的排水孔。标注过程如下:

命令:QLEADER↙

指定第一个引线点或［设置(S)］<设置>:S↙

在弹出的“引线设置”对话框中设置如下:

“注释”和“引线和箭头”选项卡采用默认模式;而在“附着”选项卡上选择“最后一行加下画线”,如图7-32所示。

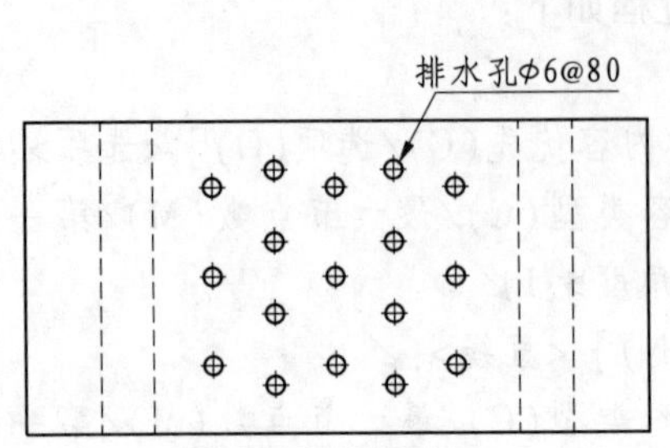

图 7-31　排水孔

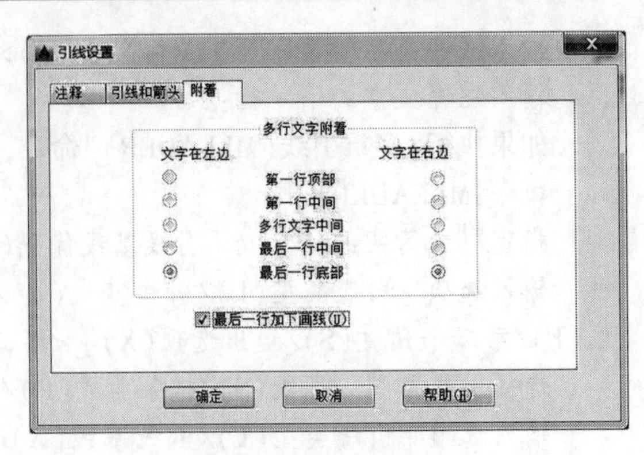

图 7-32　"附着"选项卡

指定下一点:
指定下一点:　<正交 开>
指定文字宽度 <0>:16↙
输入注释文字的第一行<多行文字(M)>:排水孔φ6@80↙
输入注释文字的下一行:↙

任务 7.4　编辑尺寸标注

7.4.1　编辑标注

7.4.1.1　命令的启动方式

(1)在命令行中用键盘输入:"DIMEDIT"。

(2)在"标注"工具栏上单击按钮 。

7.4.1.2　命令的操作过程

命令:DIMEDIT↙
输入标注编辑类型［默认(H)/新建(N)/旋转(R)/倾斜(O)］<默认>:↙
选择对象:找到 1 个
选择对象:↙

7.4.1.3　参数说明

"默认(H)":输入"H"后回车,系统将所选择的标注恢复到编辑前的状态。

"新建(N)":输入"N"后回车,系统进入多行文字编辑状态,可修改所选择的尺寸数字。

"旋转(R)":输入"R"后回车,将所选择的尺寸数字旋转指定的角度。

"倾斜(O)":输入"O"后回车,将所选择标注的尺寸界线倾斜一定的角度。

7.4.1.4　注意事项

编辑标注对尺寸数字和尺寸界线进行恢复、修改或旋转。

7.4.1.5　示例

在图 7-33 中,利用"倾斜(O)"选项对尺寸标注进行编辑,结果如图 7-34 所示。

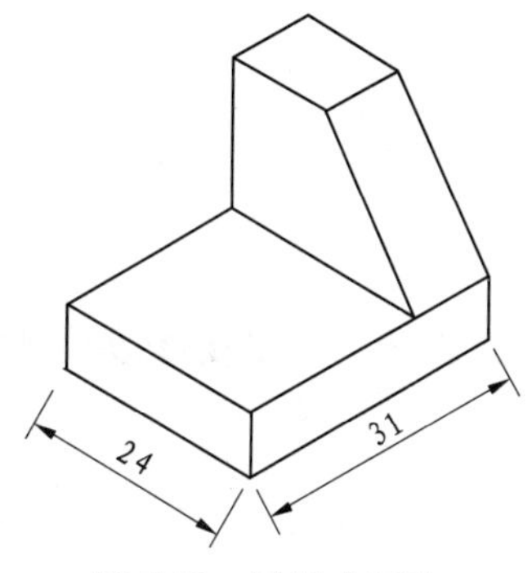

图 7-33　原尺寸标注

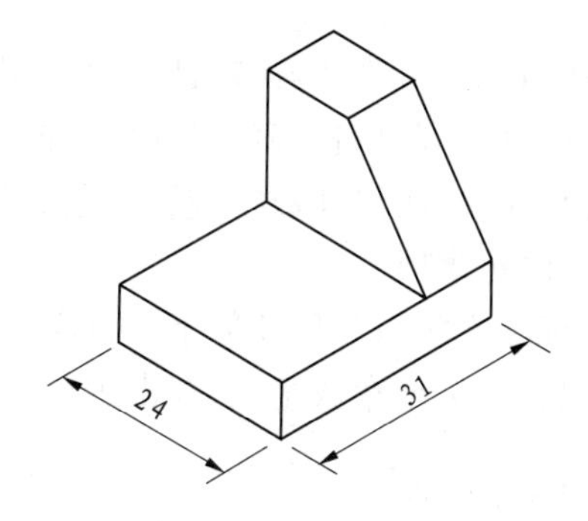

图 7-34　编辑后的尺寸标注

编辑过程如下：

命令：DIMEDIT↙

输入标注编辑类型［默认(H)/新建(N)/旋转(R)/倾斜(O)］<默认>：O↙

选择对象：找到 1 个　　　　（选择尺寸“31”）

选择对象：

输入倾斜角度(按 Enter 表示无)：-30↙

命令：_DIMEDIT

输入标注编辑类型［默认(H)/新建(N)/旋转(R)/倾斜(O)］<默认>：O↙

选择对象：找到 1 个　　　　（选择尺寸“24”）

选择对象：

输入倾斜角度（按 Enter 表示无)：30↙

注意：图 7-34 中尺寸“31”倾斜角度为-30°，尺寸“24”倾斜角度为 30°。

7.4.2　编辑标注文字

7.4.2.1　命令的启动方式

(1)在命令行中用键盘输入：“DIMTEDIT”。

(2)在主菜单中选择：“标注”→“对齐文字”→“角度”。

(3)在“标注”工具条上单击按钮 。

7.4.2.2　命令的操作过程

命令：DIMTEDIT↙

选择标注：　　　　（选择要修改的标注）

为标注文字指定新位置或［左对齐(L)/右对齐(R)/居中(C)/默认(H)/角度(A)］：

7.4.2.3　参数说明

“为标注文字指定新位置”：指定尺寸数字的新位置。

“左对齐(L)”：将尺寸数字向尺寸线的左边移动。此选项只适用于线性、半径和直径标注。

“右对齐(R)”：将尺寸数字向尺寸线的右边移动。此选项只适用于线性、半径和直径标注。

"居中(C)":将尺寸数字向尺寸线的中间移动。

"默认(H)":将所选择的尺寸数字恢复到编辑前的状态。

"角度(A)":将尺寸数字旋转指定的角度。

7.4.2.4　注意事项

编辑标注文字只对尺寸数字进行恢复、改变位置或旋转。如果要修改尺寸标注的数字,也可以将光标放在数字上,双击进行修改。

7.4.3　标注更新

7.4.3.1　命令的启动方式

(1)在命令行中用键盘输入:"DIMSTYLE"。

(2)在主菜单中选择:"标注"→"更新"。

(3)在"标注"工具条上单击按钮。

(4)在注释选项板上选择:"注释"→"标注"→"标注更新"。

7.4.3.2　命令的操作过程

命令:DIMSTYLE↙

当前标注样式:ISO-25　注释性:否

输入标注样式选项

[注释性(AN)/保存(S)/恢复(R)/状态(ST)/变量(V)/应用(A)/?] <恢复>: _apply

选择对象:找到 1 个

选择对象:

7.4.3.3　参数说明

"注释性(AN)":创建注释性标注样式。

"保存(S)":将新的标注样式的当前设置进行保存。

"恢复(R)":将标注系统变量的设置恢复为选定标注样式的设置。

"状态(ST)":显示标注样式的设置参数的当前值。

"变量(V)":列出标注样式的参数变量值,但不能修改此变量值。

"应用(A)":将新的标注样式应用到选定的标注对象中。

"?":列出标注样式。

技能训练

1. 对图 7-35 所示的平面图形进行尺寸标注。

训练指导:

(1)用"DIMSTYLE"命令设置"水利工程 1:1"的尺寸标注样式。

(2)用绘图命令绘制平面图形。

(3)用"线性"命令标注水平方向和竖直方向的尺寸。

(4)用"半径"和"直径"命令标注圆和圆弧尺寸。

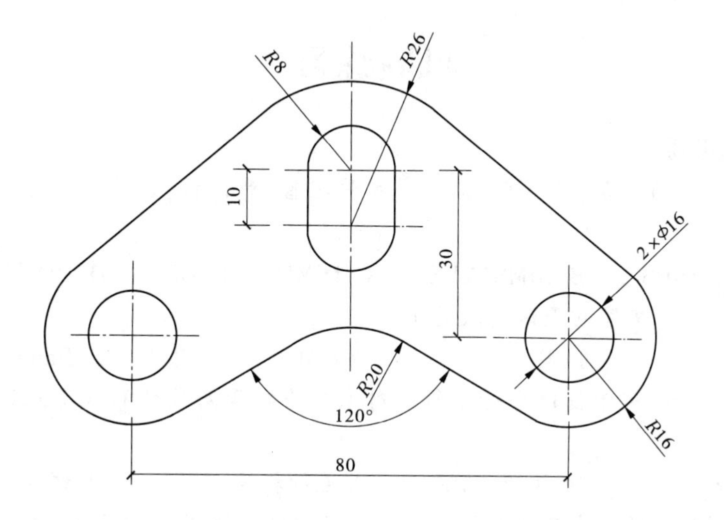

图 7-35　平面图形

(5) 用“角度”命令标注角度。

2. 对图 7-36 所示的轴测图进行尺寸标注并编辑尺寸。

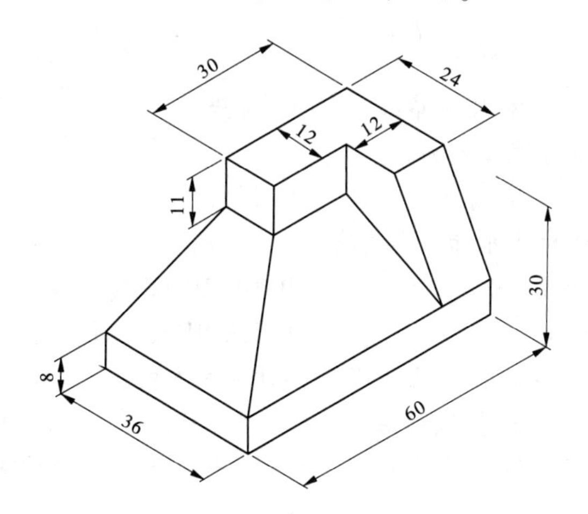

图 7-36　轴测图

训练指导：

(1) 用“DIMSTYLE”命令设置“水利工程 1:1”的尺寸标注样式。

(2) 用绘图命令绘制轴测图。

(3) 用“对齐”命令标注倾斜尺寸。

(4) 用“DIMSTYLE”命令编辑尺寸。

巩固练习

一、单项选择题

1. 执行(　　)命令,可打开“标注样式管理器”对话框,在其中对标注样式进行设置。

A. DIMRADIUS　　B. DIMSTYLE　　C. DIMDIAMETER　　D. DIMLINEAR

2. 半径尺寸标注文字的默认前缀是(　　)。

A. D　　B. R　　C. Rad　　D. Radius

3. (　　)命令用于创建平行于所选对象或平行于两尺寸界线源点连线的直线型尺寸。

A. 对齐标注　　B. 快速标注　　C. 连续标注　　D. 线性标注

4. 若要将图形中的所有尺寸都标注为原有尺寸数值的 2 倍,应设定(　　)选项。

A. 文字高度　　B. 使用全局比例　　C. 测量单位比例　　D. 换算单位

5. 下列不属于基本标注类型的标注是(　　)。

A. 对齐标注　　B. 基线标注　　C. 快速标注　　D. 线性标注

二、多项选择题

1. 尺寸标注由(　　)组成。

A. 尺寸线　　B. 尺寸界线　　C. 箭头　　D. 文本

2. 下列(　　)属于基本标注。

A. 线性　　B. 对齐　　C. 倾斜　　D. 角度

3. AutoCAD 中包括的尺寸标注类型有(　　)。

A. ANCULAR(角度)　　B. DIAMETER(直径)

C. LINEAR(线性)　　D. RADIUS(半径)

4. 标注斜线实长的时候,不应当用下列哪种标注方式(　　)。

A. 线性标注　　B. 基线标注　　C. 对齐标注　　D. 连续标注

5. 编辑轴测图中用“对齐”命令标注尺寸时,不应当用下哪种编辑方式(　　)。

A. 默认　　B. 倾斜　　C. 新建　　D. 旋转

三、判断题

1. 在“标注样式管理器”中的“文字”选项卡上也能进行文字样式的设置。(　　)

2. 在 AutoCAD 中,如果尺寸标注中的尺寸文本是由用户手动输入的,当改变尺寸标注样式后,尺寸文本不会自动更新。(　　)

3. 在没有任何标注的情况下,也可以用基线标注和连续标注。(　　)

4. 角度标注命令可以在两条平行线间标注角度尺寸。(　　)

5. 不能为尺寸文字添加后缀。(　　)

四、实操题

1. 绘制图 7-37 并标注尺寸。
2. 绘制图 7-38 并标注尺寸。

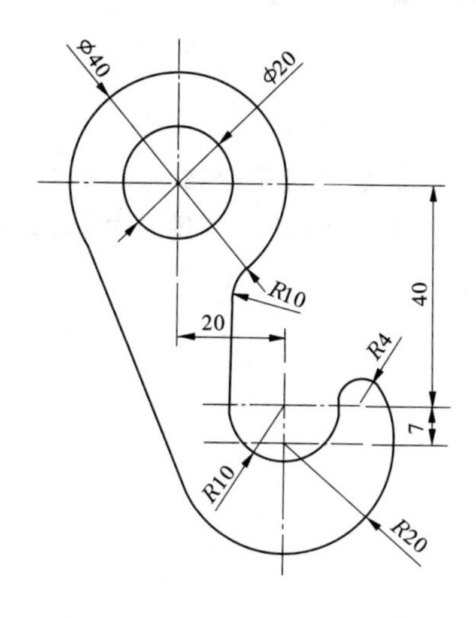

图 7-37 平面图形(一)

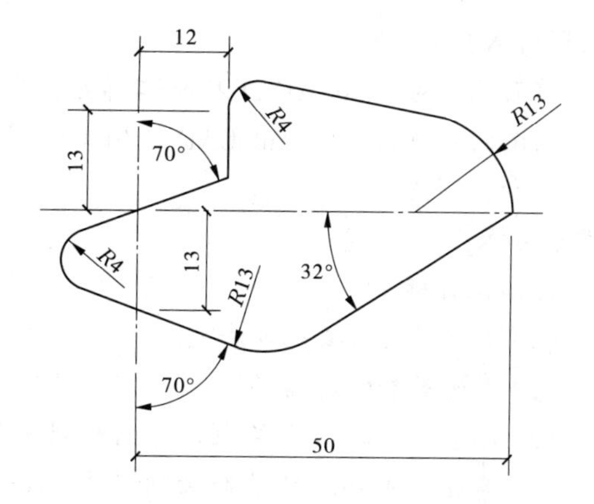

图 7-38 平面图形(二)

项目 8　绘制工程图样

【项目导入】

前面已经对 AutoCAD 2022 的二维绘图命令和编辑命令进行了介绍。本项目将结合工程制图的知识讲解用 AutoCAD 绘制工程图样的方法，这里讲的工程图样包括三视图、剖视图和轴测图。

【教学目标】

1. 知识目标

(1) 掌握图案的填充方法。

(2) 掌握图案填充编辑。

(3) 熟悉用 AutoCAD 绘制三视图和剖视图的方法。

(4) 了解用 AutoCAD 绘制轴测图的方法。

2. 技能目标

(1) 能够运用所学知识绘制和编辑三视图。

(2) 能够运用所学知识绘制和编辑剖视图。

(3) 能够运用所学知识绘制和编辑轴测图。

3. 素质目标

(1) 通过绘制三视图的学习，激发学生的思维兴趣，培养学生的思维能力。

(2) 通过绘制剖视图的学习，提高学生学习的积极性和主动性。

(3) 通过绘制轴测图的学习，培养学生在实践活动中的操作意识和创新能力。

【思政目标】

(1) 通过三视图的学习，树立学生的规则意识，培养学生的职业精神。

(2) 通过剖视图的学习，提高学生解决复杂问题的能力，培养学生的奋斗精神。

任务 8.1　绘制三视图

AutoCAD 绘制三视图的相关命令包括构造线、直线、圆、修剪、正交、对象捕捉和对象追踪等。

8.1.1　绘制平面体三视图

下面举例说明绘制平面体三视图的方法。

示例：根据直观图 8-1，绘制平面体的三视图。

作图步骤如下：

(1) 设置“图层”和“绘图单位”。

(2) 用“XLINE”搭建作图线框。

变换图层,在细实线图层上绘图,根据投影规律,用“XLINE”搭建作图线框。

注意:主要用“XLINE”命令中“偏移”,如图 8-2 所示。

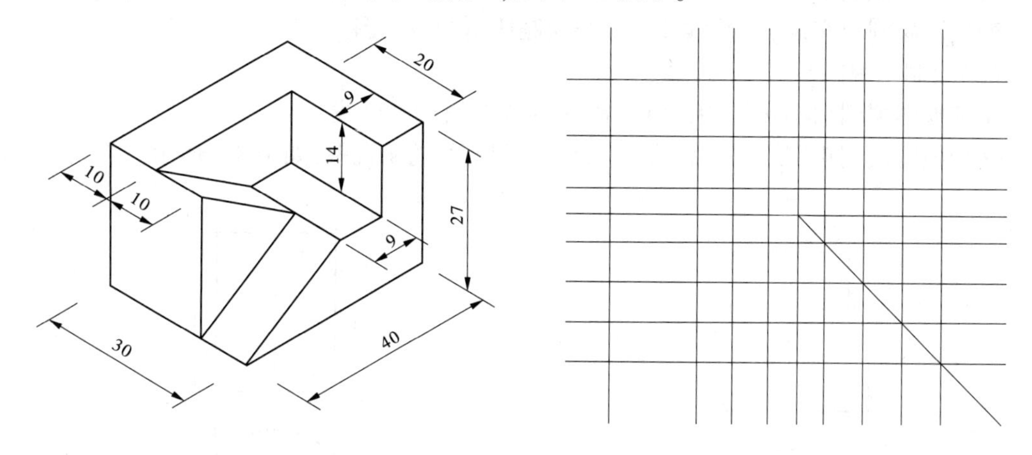

图 8-1　直观图　　　　图 8-2　搭建作图线框

(3)绘制三视图。

变换图层到粗实线层:①作主视图,将对象捕捉打开,用“直线”命令绘制主视图。②作俯视图。③作左视图。

结果如图 8-3 所示。

(4)整理三视图。

变换图层到虚线层,将左视图上边的 2 条实线改为虚线,并删除辅助线。结果如图 8-4 所示。

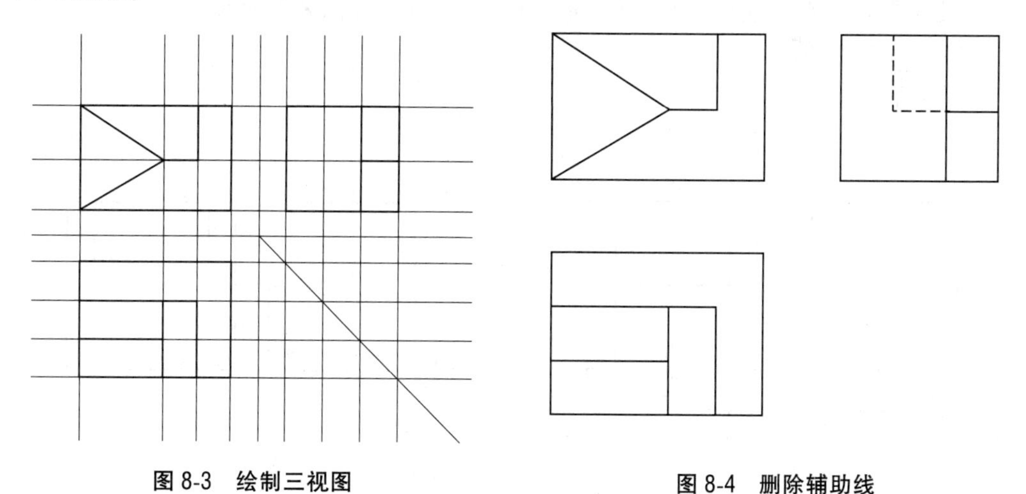

图 8-3　绘制三视图　　　　图 8-4　删除辅助线

8.1.2　绘制曲面体三视图

下面举例说明绘制曲面体三视图的方法。

示例:抄绘图 8-5 两视图,并补绘第三视图。

作图步骤如下:

(1)设置“图层”和“绘图单位”,打开“正交”和“对象捕捉”。

(2)绘制主视图。

变换图层到粗实线层,用“直线”命令绘制所给的主视图。

(3)绘制俯视图。

①变换图层到细实线层,用“XLINE”命令作竖直的辅助线。

②变换图层到粗实线层,用“直线”命令绘制所给的俯视图,如图 8-6 所示。

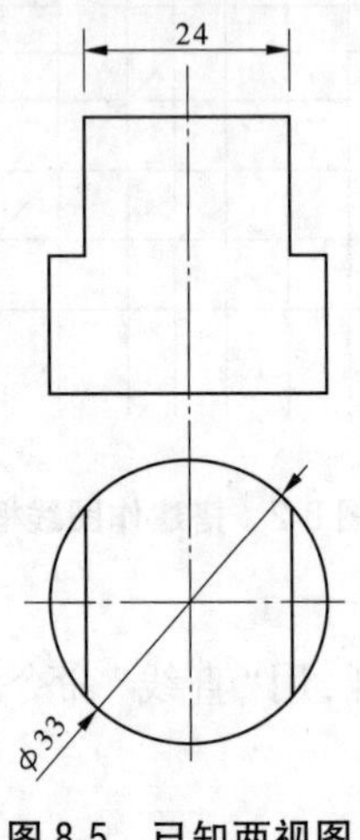

图 8-5 已知两视图

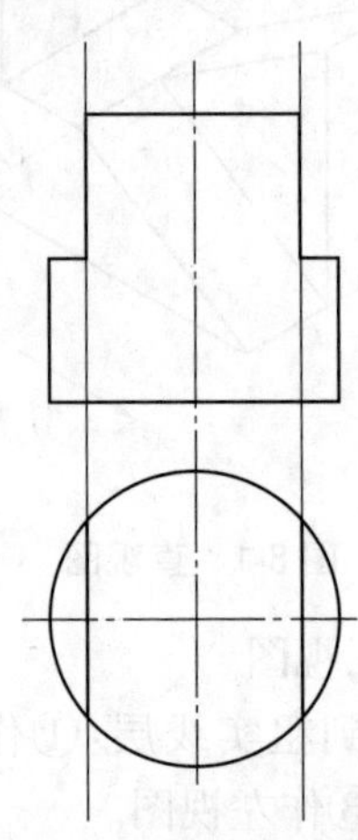

图 8-6 绘制两视图

(4)绘制左视图。

①变换图层到细实线层,用“XLINE”命令作水平的辅助线和 45°的斜线。

②变换图层到粗实线层,用“直线”命令绘制左视图,如图 8-7 所示。

(5)整理三视图。

结果如图 8-8 所示。

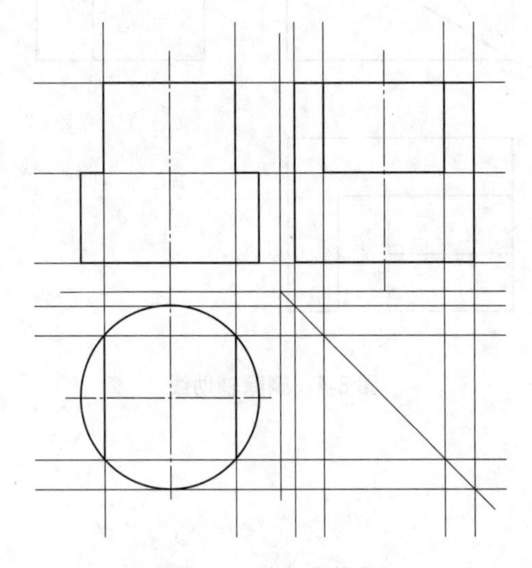

图 8-7 绘制左视图

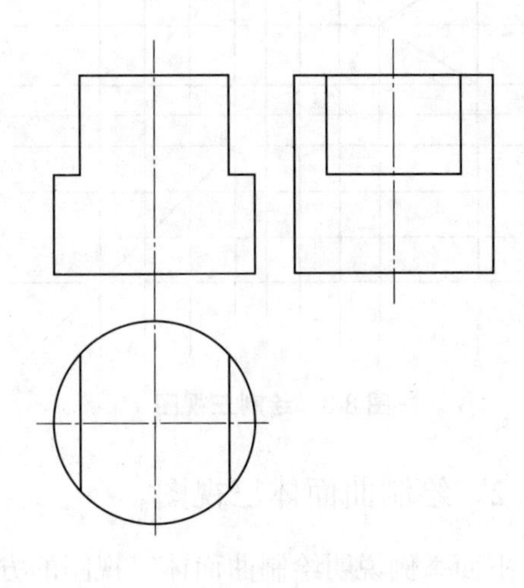

图 8-8 删除辅助线

任务 8.2　绘制剖视图

8.2.1　图案填充与编辑

8.2.1.1　图案填充

绘制剖视图与断面图需要用到 AutoCAD 2022 中的图案填充命令和填充图例。本任务将介绍图案填充的方法。

1. 利用“图案填充”选项板进行填充

1) 命令的启动方式

(1) 在命令行中用键盘输入:“BHATCH”或“GRADIENT”。

(2) 在主菜单中选择:绘图”→“图案填充”或“渐变色”。

(3) 在“绘图”工具条上单击“图案填充”按钮或“渐变色”按钮。

(4) 在功能面板上选择:“默认”→“绘图”→“图案填充”或“渐变色”。

2) 命令的操作过程

在主菜单中单击“绘图”→“图案填充”或“渐变色”,系统会出现一个“图案填充创建”选项板,其关联的选项板内容如图 8-9 所示。

图 8-9　“图案填充创建”选项板

3) 参数说明

在该选项板中包括六个面板:边界、图案、特性、原点、选项和关闭。下面将常用的选项含义介绍如下。

(1)“边界”面板。

“拾取点”:通过在封闭的边界区域内单击鼠标左键的方式实现图案填充。

“选择”:通过选择封闭的对象或面域实现图案填充。

“删除”:当执行“拾取点”或“选择”后,此按钮可用。单击该按钮后,系统回到选择区,通过选择边界删除正在填充的图案,不能删除已有的填充图案。命令过程如下:

命令: HATCH↙

拾取内部点或[选择对象(S)/放弃(U)/设置(T)]: S↙

选择对象或[拾取内部点(K)/放弃(U)/设置(T)]:找到 1 个

选择对象或[拾取内部点(K)/放弃(U)/设置(T)]:找到 1 个,总计 2 个

选择对象或[拾取内部点(K)/放弃(U)/设置(T)]:_B

选择要删除的边界:

选择要删除的边界或[放弃(U)]:

“重新创建”:当进行填充图案编辑时,此选项可用。单击该按钮后,系统回到选择

区,可以重新创建边界。有如下命令过程:

命令: _-HATCHEDIT 找到 1 个

输入图案填充选项 [解除关联(DI)/样式(S)/特性(P)/绘图次序(DR)/添加边界(AD)/删除边界(R)/重新创建边界(B)/关联(AS)/独立的图案填充(H)/原点(O)/注释性(AN)/图案填充颜色(CO)/图层(LA)/透明度(T)] <特性>: _B

输入边界对象的类型 [面域(R)/多段线(P)] <多段线>:

要重新关联图案填充与新边界吗? [是(Y)/否(N)] <N>:

通过"边界"面板的下拉选项可以设置保留边界和不保留边界。不保留边界指在进行图案填充时不创建图案边界,保留边界是指在进行图案填充时创建边界,此时有两种选项:一个是将边界保留为封闭的多段线;另一个是将边界保留为面域。

(2)"图案"面板。

在此可以通过单击后面的箭头按钮展开填充图案样例,如图 8-10 所示,拖动右边的滑块进行选择。

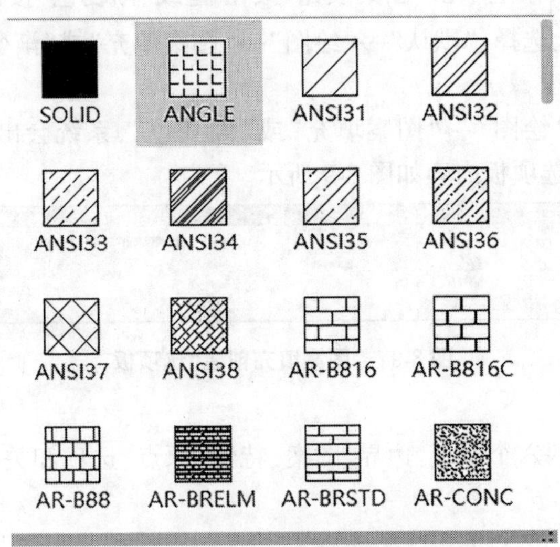

图 8-10　图案填充-图案样例

(3)"特性"面板。

"图案填充类型":填充的类型有实体、渐变色、图案和用户定义四种。

"图案填充颜色":指定填充实体和填充图案的颜色。

"背景色":指定填充图案的背景色。

"图案填充透明度":输入填充图案的透明度值。

"图案填充角度":输入填充图案的倾斜角度。

"图案填充比例":输入填充图案的比例。

(4)"原点"面板。

"设定原点":指定图案的对齐点。

(5)"选项"面板。

"关联":控制填充后的边界与图案是否是一个整体。如图 8-11 为关联和不关联的区别。

“注释性”:根据视口比例自动调整填充图案比例。

“特性匹配”:使用“特性匹配”填充图案时,可以用已有的填充图案对新的边界进行图案填充。图案填充时的原点位置有两种选择:一种是使用当前原点;另一种是使用源图案填充的原点。

单击“选项”的下拉按钮,展开如图8-12所示的界面,在此有四个选项。

“允许的间隙”:设置填充边界在不封闭的情况下最大的间隙值。

“创建独立的图案填充”:设置在对多个边界填充图案时,是否创建独立的填充图案。

“外部孤岛检测”:设置创建图案填充时孤岛检测的方法,有四种:普通孤岛检测、外部孤岛检测、忽略孤岛检测和无孤岛检测,默认为外部孤岛检测,如图8-13所示。

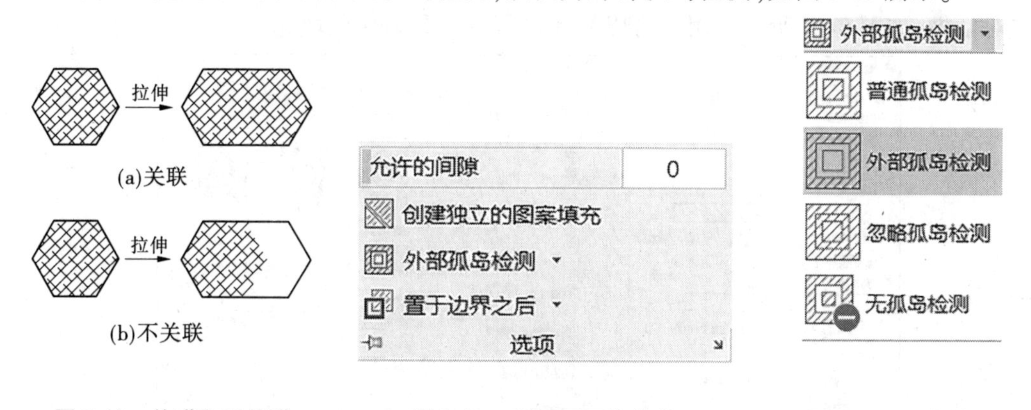

图8-11 关联和不关联　　图8-12 “选项”下拉菜单　　图8-13 孤岛检测

“置于边界之后”:设置填充图案与其他对象和边界的前后置关系。

(6)“关闭”面板:退出图案填充命令。

4)图案填充类型选择

图案填充类型选择:填充实体、图案、渐变色和用户定义。

(1)填充实体。在“图案填充创建”选项板“图案”面板中选择“实体”选项,系统自动选择“solid”(用于涂黑填充区域)选项。填充实体实质上是对边界进行单色填充,颜色默认随层,也可以另外选择颜色。

(2)填充图案。在“图案填充创建”选项板“图案”面板中选择“图案”选项,用户可以在图8-10图案样例中选择图案。

AutoCAD 2022的填充图案样例包括除传统“ANSI”“ISO”和“其他预定义”中的图案外,还有双色渐变色图案。在工程实际中,常用到以下几种填充图案:ANSI31(用于画钢筋)、ANSI32(用于画金属)、ANSI38(用于画木材)、AR-CONC(用于画砼)、AR-SAND(用于画砂浆)、BRICK(用于画砖)、GRASS(用于画草)、GRAVEL(用于画砌石)等。

要想使填充的图案清晰适当,在A3图纸中,上述图案可以选择如下比例:ANSI31(比例1)、ANSI32(比例1)、ANSI38(比例1)、AR-CONC(比例0.05)、AR-SAND(比例0.1)、BRICK(比例1)、GRASS(比例0.2)、GRAVEL(比例1)。

以上图案填充只是建议,在实际操作中,要根据图纸幅面大小适当调整。例如上述

A3 图纸上的填充图案,在 A2 图纸上相同的图案比例要适当调大点。

(3)填充渐变色。在“图案填充创建”选项卡“图案”面板中选择“渐变色”选项,系统自动选择图 8-10 图案样例中的“渐变色”选项,同时给出“渐变色 1”和“渐变色 2”两种颜色。AutoCAD 2022 默认为“蓝黄”双色渐变,关闭“渐变色”只留“渐变色 1”,则为单色渐变。在图案区列出了九个渐变色样例,用户可根据实际情况进行选择。

(4)自定义图案。在“图案填充创建”选项卡“图案”面板中选择“用户定义”选项,系统自动选择图 8-10 图案样例中的“USER”选项,用户可以自己定义填充图案样式。

5)调用传统“图案填充”对话框

在功能面板上,执行“默认”→“绘图”→“图案填充”后,命令行出现:“拾取内部点或[选择对象(S)/放弃(U)/设置(T)]”选项,输入“T”后系统弹出传统“图案填充和渐变色”对话框,如图 8-14 所示。用户可以在此进行图案和渐变色填充。

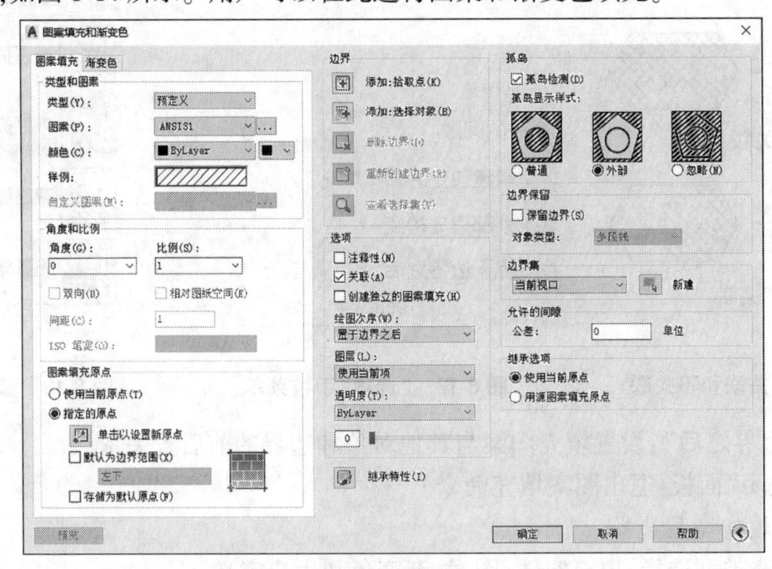

图 8-14　“图案填充和渐变色”对话框

传统“图案填充和渐变色”对话框的内容和操作与上述“图案填充创建”选项板内容相似,这里不再重述。

注意:如果功能区处于活动状态,执行图案填充将显示“图案填充创建”选项卡。如果功能区处于关闭状态,将显示“图案填充和渐变色”对话框。如果您希望使用“图案填充和渐变色”对话框,请将 HPDLGMODE 系统变量设置为 1。

6)示例

用图案填充“选项”面板中的“特性匹配”命令,填充图 8-15 中的六边形。

步骤如下:

(1)执行“BHATCH”命令,在图 8-9 图案填充“选项”面板中,单击“特性匹配”按钮。回到绘图界面,光标变成“ ”后,选择五边形中的材料。

(2)在六边形中单击鼠标左键进行选择,然后单击“关闭图案填充创建”按钮确认,结果如图 8-16 所示。

2. 利用“工具选项板”进行填充

1) 命令的启动方式

(1) 在命令行中用键盘输入：“TOOLPALETTES”。

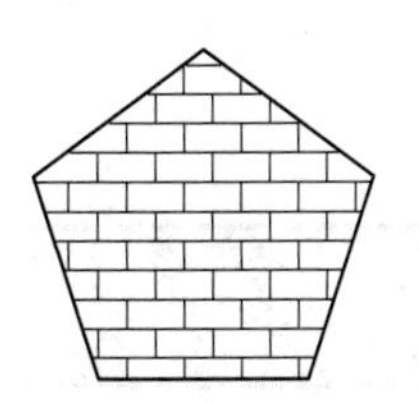

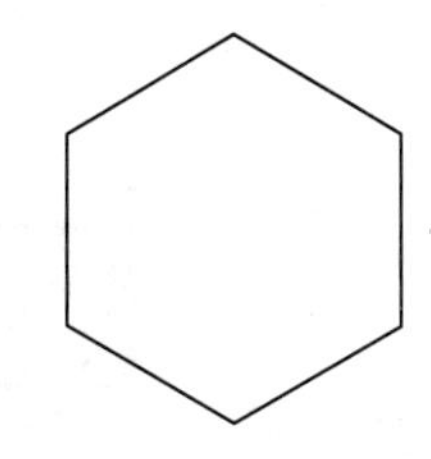

图 8-15　平面图形

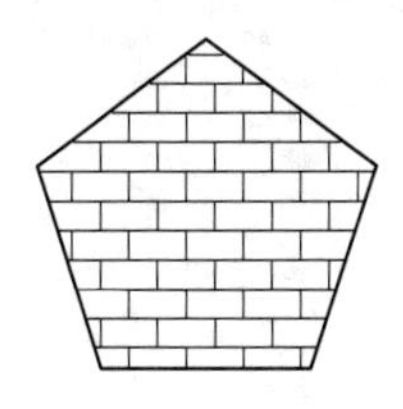

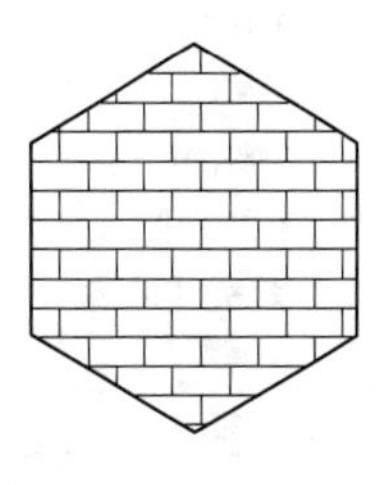

图 8-16　填充六边形

(2) 在主菜单中选择“工具”→“选项板”→“工具选项板”。

(3) 在“标准”工具条上单击“工具选项板窗口”按钮。

(4) 在视图选项板上选择“视图”→“选项板”→“工具选项板”。

2) 命令的操作过程

执行“TOOLPALETTES”后，在屏幕上弹出 “工具选项板”工具条，在该工具条上调出“图案填充”选项卡（见图 8-17）。

3) 参数说明

在“图案填充”选项卡上列出了三种填充样例：一种是“英制图案填充”；一种是“ISO 图案填充”；一种是“渐变色样例”。用户可根据需要来进行选择。

4) 示例

将图 8-18 中的矩形填充成“地面”。

(1) 在“ISO 图案填充”区的“地面”图案上单击鼠标右键，出现一个快捷菜单（见图 8-19），在该快捷菜单上选择“特性”，弹出“工具特性”对话框（见图 8-20），在该对话框中，将比例调整为 15，单击“确定”。

(2) 在“ISO 图案填充”区的“地面”图案上单击，然后将图案拖动到矩形中。结果如图 8-21 所示。

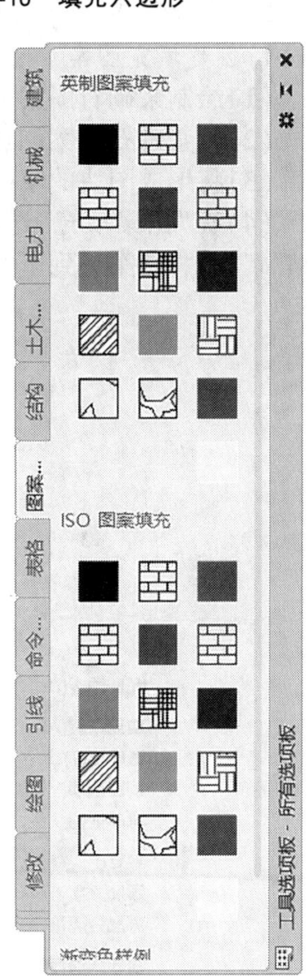

图 8-17　工具选项板-图案填充

3. 在“图案填充”选项卡上创建和使用填充图案

在图案填充时，有些图案需要自己进行创建，以便在以后的绘图中使用。下面以“浆砌石图案”为例，来说明在“图案填充”选项卡上创建和使用填充图案的方法。

图 8-18　矩形

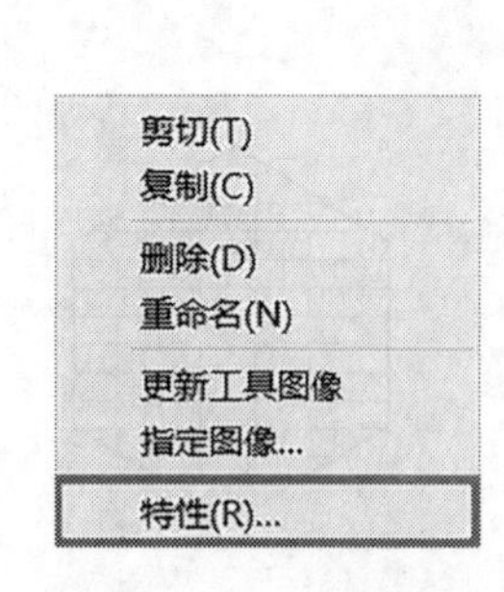

图 8-19　快捷菜单(一)

图 8-20　“工具特性”对话框

图 8-21　填充

1)创建填充图案

(1)绘制浆砌石图案,如图 8-22 所示。

(2)将浆砌石图案创建成图块。

(3)将形成图块的浆砌石图案进行复制。

图 8-22　浆砌石

(4)在“图案填充”选项卡上单击鼠标右键,在弹出图 8-23 所示的快捷菜单上单击“粘贴”,就将图案加到了“图案填充”选项卡上,如图 8-24 所示。

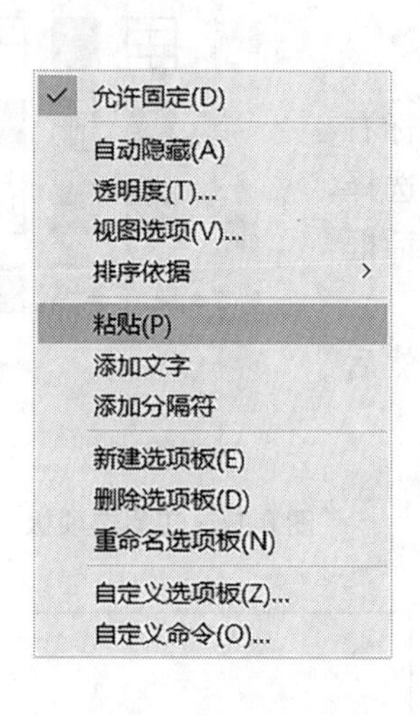

图 8-23　快捷菜单(二)

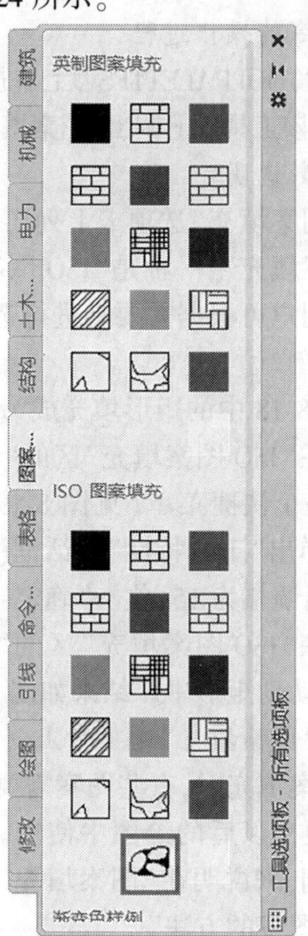

图 8-24　创建浆砌石图案

2)使用创建的填充图案

将断面图(见图8-25)填充为“浆砌石”材料。

(1)将“浆砌石”图案拖动到图8-25中。

(2)可多次进行上述操作,进行多次填充,结果如图8-26所示。

注意:在用“浆砌石”材料填充时,可以通过图8-20的“工具特性”对话框来对填充材料的比例进行调整。

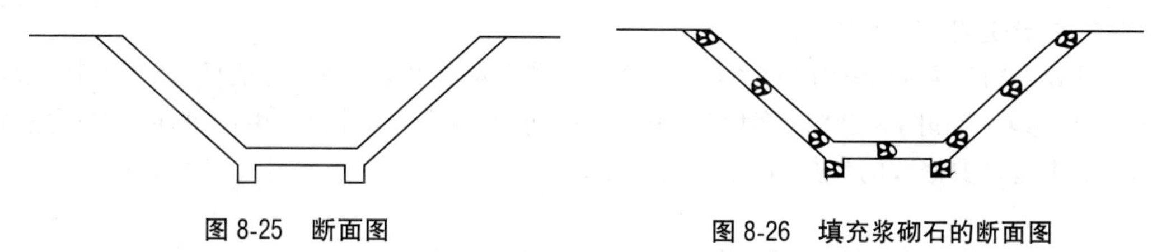

图8-25　断面图　　图8-26　填充浆砌石的断面图

8.2.1.2　编辑图案填充

编辑图案填充,主要可以用来编辑修改图案的类型、比例和角度等图案的特性。

1.命令的启动方式

(1)在命令行中用键盘输入:“HATCHEDIT”。

(2)在主菜单中选择:“修改”→“对象”→“图案填充”。

(3)在“修改Ⅱ”工具条上单击“编辑图案填充”按钮 ;

(4)在功能面板上选择:“默认”→“修改”→“编辑图案填充”。

2.命令的操作过程

在主菜单中单击“修改”→“对象”→“图案填充”,选择要编辑的图案后,系统会弹出如图8-27所示的“图案填充编辑”对话框。

图8-27　“图案填充编辑”对话框

如果单击要编辑修改的图案对象,系统则自动在选项板上增加一个“图案填充编辑器”选项卡,如图 8-28 所示。

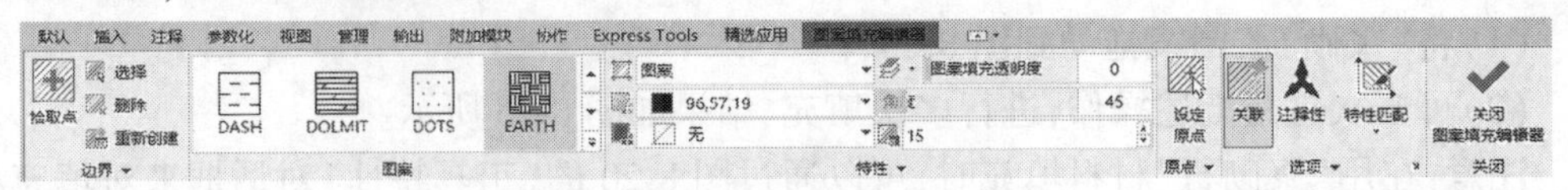

图 8-28　“图案填充编辑器”选项卡

3. 参数说明

图 8-27“图案填充编辑”对话框与图 8-14“图案填充和渐变色”对话框、图 8-9“图案填充创建”选项卡和图 8-28“图案填充编辑器”选项卡内容完全相同,用户可在该对话框和选项卡中选择要修改的参数,这里不再重复。

4. 示例

编辑图 8-29 中的填充图案,将比例改为 2,角度改为 45°。

命令:_HATCHE IT

选择图案填充对象:

选择图案后,在图 8-27 的“图案填充编辑”对话框中,将角度改为 45°,比例改为 2,单击“确定”按钮。结果如图 8-30 所示。

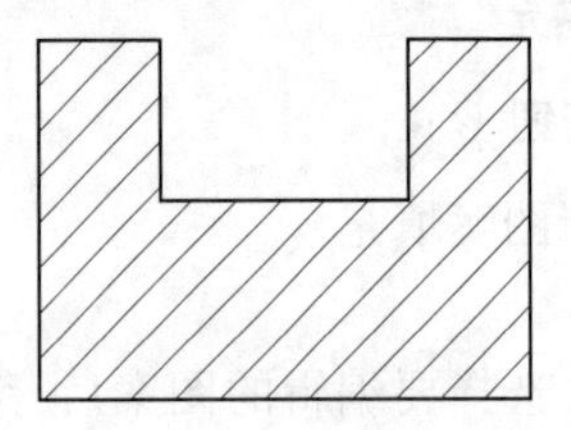

图 8-29　断面图

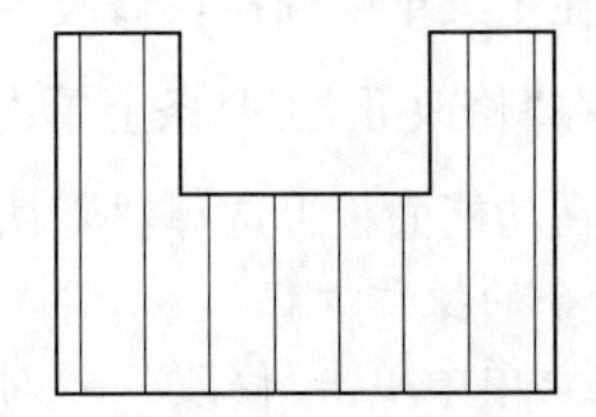

图 8-30　编辑图案

8.2.2　AutoCAD 绘制剖视图

用 AutoCAD 绘制剖视图主要是用图案填充和前面介绍过的基本绘图命令、基本编辑命令。下面列举两个例子来说明绘制剖视图的方法。

8.2.2.1　示例 1

已知图 8-31 的两个视图,作 1—1 和 2—2 全剖视图(材料:金属)。

作图步骤如下。

1. 抄绘主视图

(1)变换图层到粗实线层,用“直线”“复制”和“偏移”等命令绘制主视图。

(2)变换图层到虚线层,用“直线”命令在主视图上添加虚线。

(3)变换图层到轴线层,用“直线”命令在主视图上添加轴线。

2. 绘制 1—1 全剖视图

(1)变换图层到细实线层,用“XLINE”命令作竖直辅助线。

(2)变换图层到粗实线层,用“直线”“复制”和“偏移”等命令绘制 1—1 全剖视图。

(3)变换图层到细实线层,用“BHATCH”对 1—1 全剖视图进行填充,如图 8-32 所示。

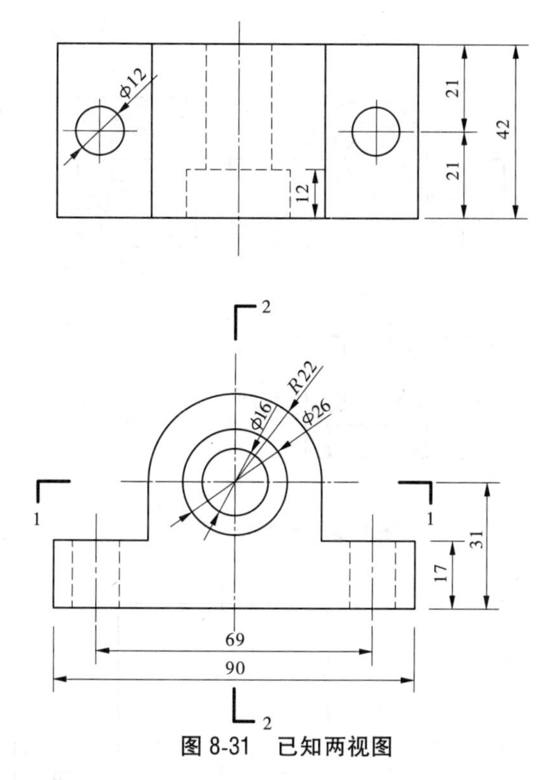

图 8-31　已知两视图

3. 绘制 2—2 全剖视图

(1)变换图层到细实线层,用“XLINE”命令作水平和竖直辅助线,以及 45°的斜线。

(2)变换图层到粗实线层,用“直线”和“偏移”等命令绘制 2—2 全剖视图。

(3)变换图层到细实线层,用“BHATCH”对 2—2 全剖视图进行填充,结果如图 8-33 所示。

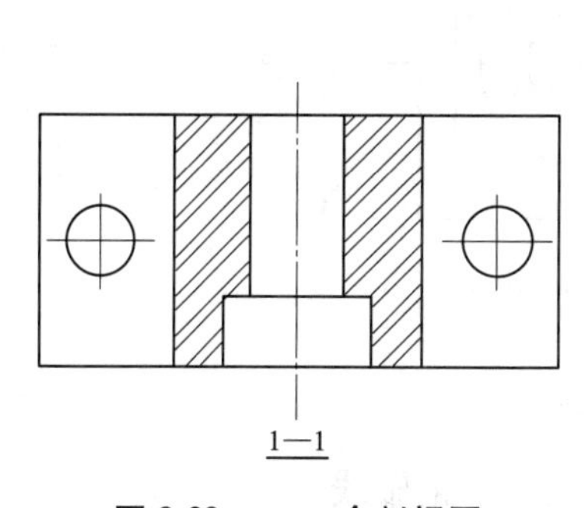

图 8-32　1—1 全剖视图

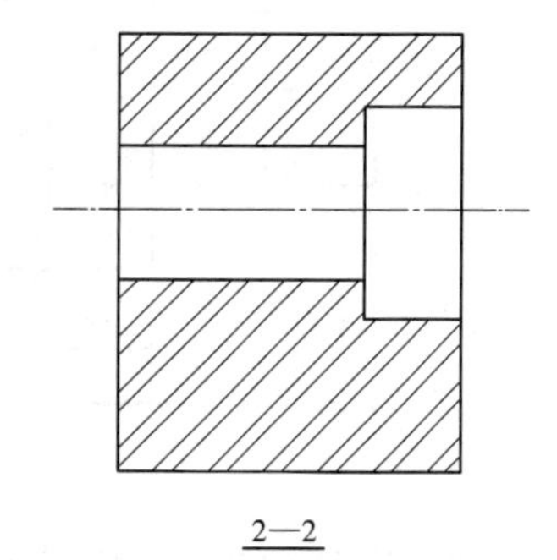

图 8-33　2—2 全剖视图

(4)最后修剪,并标注剖切符号和剖视名称,完成全图,如图 8-34 所示。

8.2.2.2　**示例 2**

已知图 8-35 的两个视图,作 1—1 阶梯剖视图(材料:金属)。

作图步骤如下。

1. 抄绘俯视图

(1)变换图层到粗实线层,用“直线”“圆”和“偏移”等命令绘制俯视图。

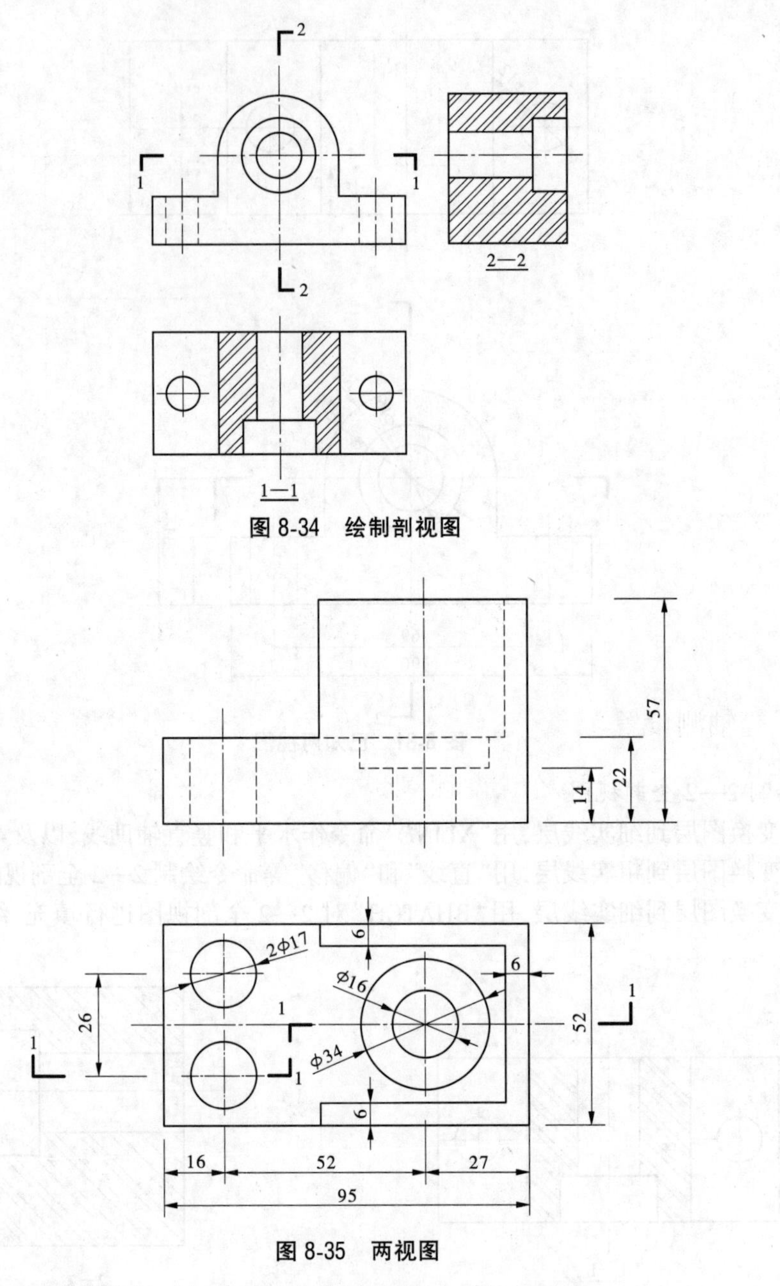

图 8-34　绘制剖视图

图 8-35　两视图

(2)变换图层到轴线层,用“直线”命令在俯视图上加上轴线。

2. 绘制 1—1 剖视图

(1)变换图层到细实线层,用“XLINE”命令作竖直辅助线。

(2)变换图层到粗实线层,用“直线”和“偏移”等命令绘制 1—1 剖视图。

(3)变换图层到细实线层,用“BHATCH”对 1—1 剖视图进行填充,如图 8-36 所示。

(4)最后修剪,并标注剖切符号和剖视名称,完成全图,如图 8-37 所示。

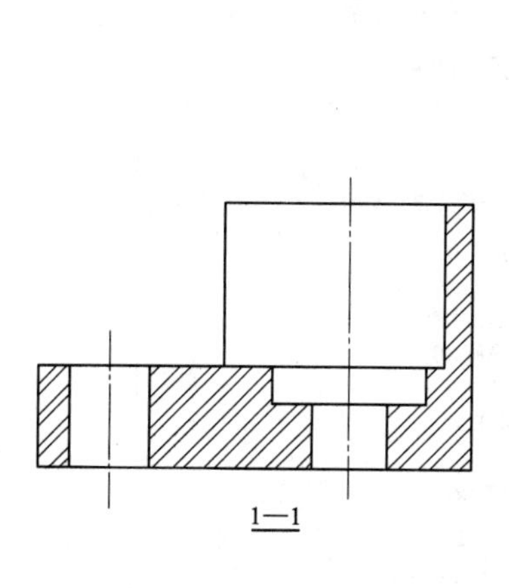

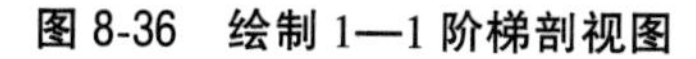
图 8-36　绘制 1—1 阶梯剖视图

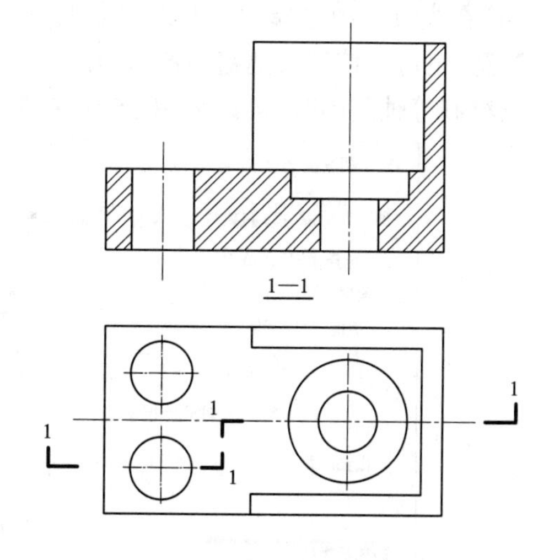

图 8-37　阶梯剖视图

任务 8.3　绘制轴测图

8.3.1　等轴测设置

AutoCAD 2022 打开或关闭等轴测草图有四种方式。

(1)在命令行中用键盘输入:“ISODRAFT”。

命令过程如下:

命令: ISODRAFT↙

输入选项［正交(O)/左等轴测平面(L)/顶部等轴测平面(T)/右等轴测平面(R)］<正交(O)>:

(2)在命令行中用键盘输入:“SNAPSTYL”。

命令过程如下:

命令: SNAPSTYL↙

输入 SNAPSTYL 的新值 <0>: 1

注意:数值 1 为打开等轴测草图,数值 0 为关闭等轴测草图。

(3)在“状态栏”单击“等轴测草图”按钮(见图 8-38)。

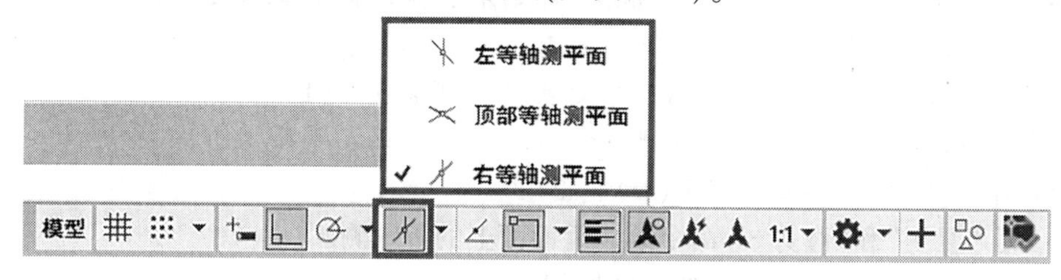

图 8-38　“等轴测草图”按钮

(4)在主菜单中选择:"工具"→"绘图设置"→"等轴测捕捉"(见图 8-39)。

注意:也可以使用快捷键"OS"打开如图 8-39 所示的对话框。

在绘制等轴测图时,可以采用 F5 键来进行光标的切换。

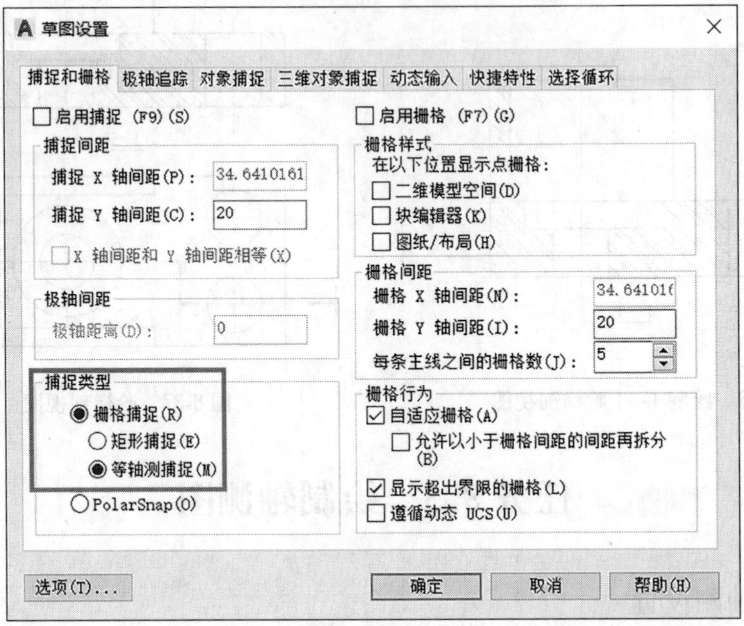

图 8-39 等轴测捕捉

8.3.2 绘制等轴测图

下面举例说明用 AutoCAD 绘制等轴测图的方法。

示例:已知图 8-40 的两个视图,作等轴测图。

作图步骤如下:

(1)在命令行中用键盘输入:"ISODRAFT",打开等轴测草图。

(2)变换图层到粗实线层,用"直线""修剪"和"复制"等命令绘制平面体(注意用 F5 键切换光标),如图 8-41 所示。

(3)变换图层到轴线层,用"直线"和"复制"等命令在平面体上确定前后面上圆心的位置。

(4)变换图层到粗实线层,执行"椭圆"命令来绘制等轴测圆,命令过程如下:

命令: ELLIPSE↙

指定椭圆轴的端点或[圆弧(A)/中心点(C)/等轴测圆(I)]: I↙

指定等轴测圆的圆心: <等轴测平面 俯视> <等轴测平面 右视>

指定等轴测圆的半径或[直径(D)]: 24↙

(5)用"复制"和"修剪"等命令绘制后面面上的等轴测圆。

(6)最后修剪,完成全图,如图 8-42 所示。

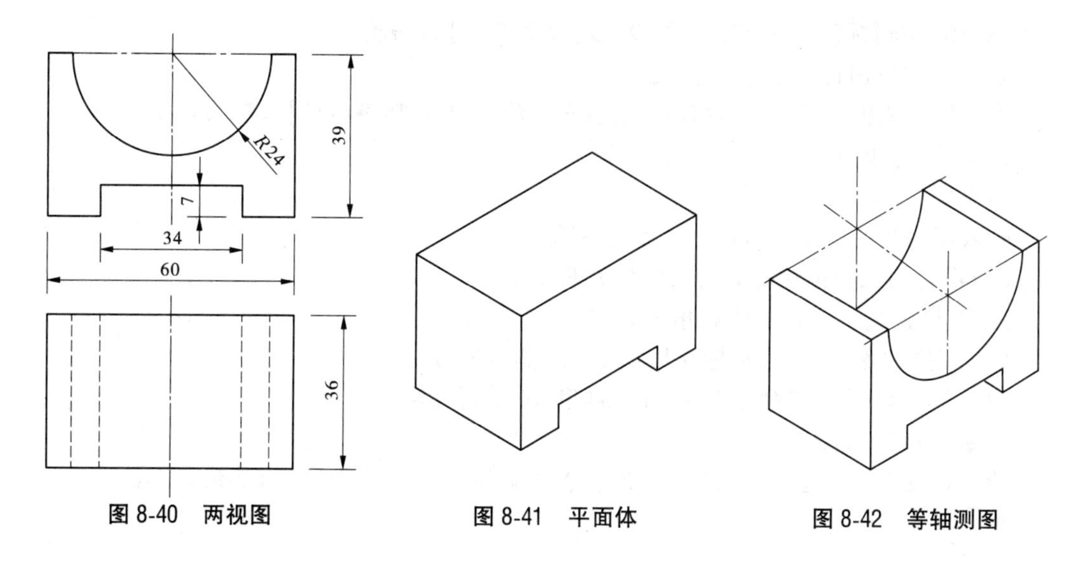

图 8-40　两视图　　图 8-41　平面体　　图 8-42　等轴测图

8.3.3　标注轴测图

轴测图的标注分为尺寸标注和文字标注两种方式。

8.3.3.1　**轴测图的尺寸标注**

轴测图的尺寸标注主要用到的 AutoCAD 命令有：标注样式、对齐标注、半径标注、直径标注和编辑标注等。下面举例说明轴测图尺寸标注的方法。

示例：对图 8-43 的轴测图进行尺寸标注。

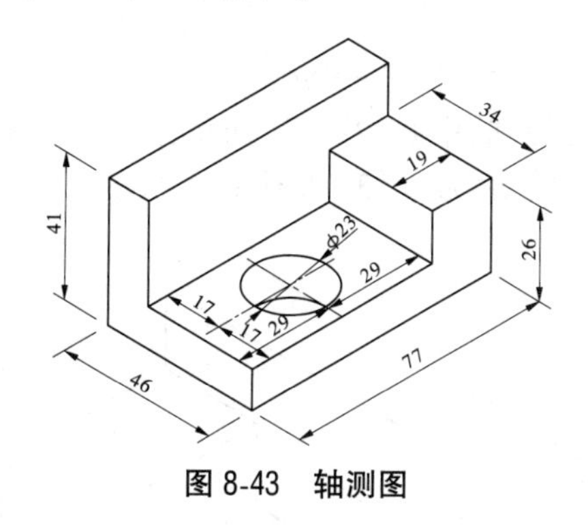

图 8-43　轴测图

作图步骤如下：

（1）首先设置第一种标注样式，样式名为“A”。

（2）在“线”选项卡中，将“基线间距”设为 7；“超出尺寸线”设为 2；“起点偏移量”设为 1。

（3）在“符号和箭头”选项卡中，将“箭头大小”设为 2.5。

（4）在“文字”选项卡中，设置文字样式的倾斜角度为-30°（可在“文字样式”对话框中设置）。

（5）在“主单位”选项卡中，设“单位格式”为“小数”；“精度”为 0。

（6）其他采用系统默认。

（7）用“对齐”命令分别标注尺寸 29、29、19 和 77。

(8)用“编辑标注”命令对尺寸 29、29、19 和 77 进行编辑。

命令：DIMEDIT↙

输入标注编辑类型［默认(H)/新建(N)/旋转(R)/倾斜(O)］<默认>:O↙

选择对象：找到 4 个

选择对象：↙

输入倾斜角度（按 Enter 表示无）：-30↙

(9)设置第二种标注样式,样式名为“B”。

注意:设置文字样式的倾斜角度为 30°。

(10)用“对齐”命令分别标注尺寸 17、17、34 和 46。

(11)用“编辑标注”命令对 17、17、34 和 46 进行编辑。

命令：DIMEDIT↙

输入标注编辑类型［默认(H)/新建(N)/旋转(R)/倾斜(O)］<默认>：O↙

选择对象：找到 4 个

选择对象：↙

输入倾斜角度（按 Enter 表示无）：30↙

(12)用“线性”命令分别标注尺寸 26 和 41。

(13)用“编辑标注”命令对 26 和 41 进行编辑。

命令：DIMEDIT↙

输入标注编辑类型［默认(H)/新建(N)/旋转(R)/倾斜(O)］<默认>：O↙

选择对象：找到 2 个

选择对象：↙

输入倾斜角度（按 Enter 表示无）：-30↙

(14)标注直径:首先以椭圆的中心为圆心,任意作一个与椭圆相交的圆,然后对圆进行直径的标注,并修改标注的数值为φ23,如图 8-44 所示。

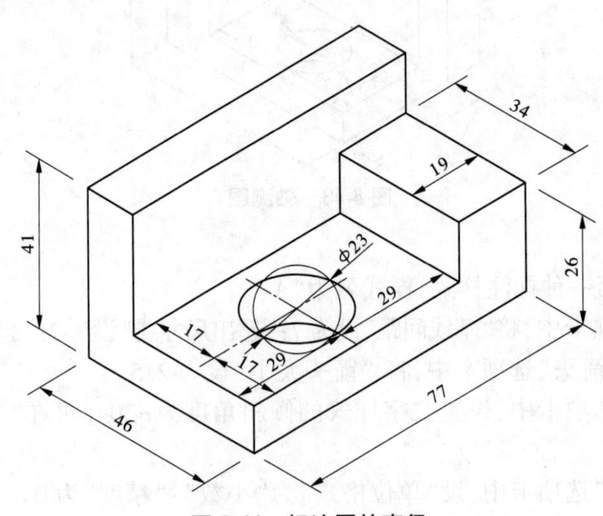

图 8-44　标注圆的直径

8.3.3.2　轴测图的文字标注

轴测图上的文字标注主要是要设置两种文字标注样式，并分别修改“倾斜角度”，再利用“旋转”的命令来进行编辑。下面举例说明轴测图文字标注的方法。

示例：将图 8-45 的轴测图进行文字标注。

作图步骤如下：

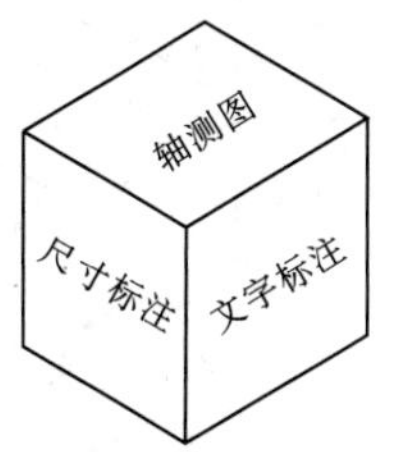

图 8-45　轴测图上的文字标注

(1) 首先设置两种文字标注样式，第一种文字标注样式名为“文字 1”，“倾斜角度”设为−30°；第二种文字标注样式名为“文字 2”，“倾斜角度”设为 30°。

(2) 用第一种文字标注样式“文字 1”来注写“轴测图”。

命令：TEXT↙

当前文字样式：“文字 1”　文字高度：5.0000　注释性：

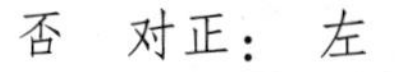
否　对正：左

指定文字的起点 或 [对正(J)/样式(S)]：

指定高度 <5.0000>：10↙

指定文字的旋转角度 <0>：↙

(3) 用“旋转”命令将“轴测图”文字旋转 30°。

(4) 用上述相同的方法注写“尺寸标注”文字，并将文字旋转−30°。

(5) 用第二种文字标注样式“文字 2”来注写“文字标注”。

命令：TEXT↙

当前文字样式：“文字 2”　文字高度：5.0000　注释性：否　对正：左

指定文字的起点 或 [对正(J)/样式(S)]：

指定高度 <5.0000>：10↙

指定文字的旋转角度 <0>：↙

(6) 用“旋转”命令将“文字标注”文字旋转 30°。

技能训练

1. 根据图 8-46 的立体图，绘制三视图。

训练指导：

(1) 首先利用“直线”命令绘制俯视图。

(2) 执行“XLINE”命令，绘制“长对正、高平齐、宽相等”的辅助线。

(3) 利用“直线”“修剪”等命令绘制正视图和左视图。

结果如图 8-47 所示。

注意：在绘图过程中，注意调用图层。

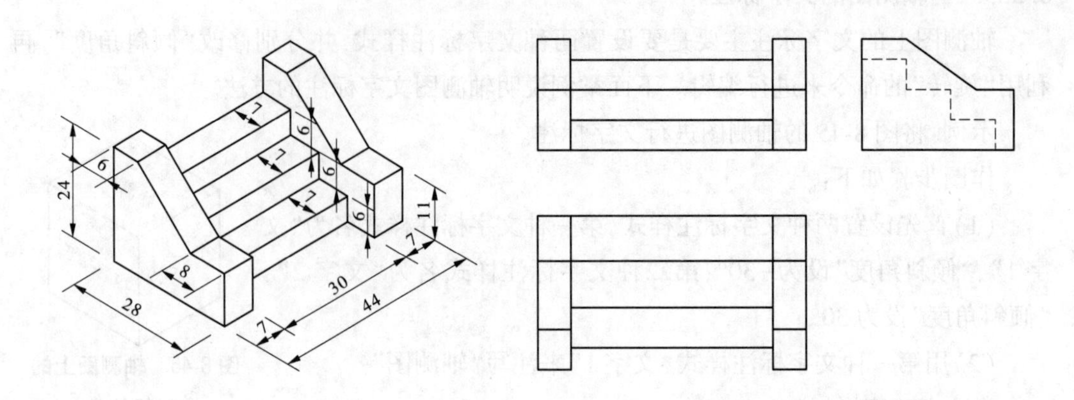

图 8-46　立体图　　　　图 8-47　三视图

2. 根据图 8-48 的两视图，绘制 1—1 半剖视图和 2—2 半剖视图（材料：金属）。

训练指导：

(1) 首先抄绘俯视图。

(2) 用"XLINE"命令作"长对正"的辅助线，并绘制 1—1 半剖视图的轮廓线。

(3) 用"BHATCH"命令填充 1—1 半剖视图的实体部分。

(4) 用"XLINE"命令作"高平齐、宽相等"的辅助线，并绘制 2—2 半剖视图的轮廓线。

(5) 用"BHATCH"命令填充 2—2 半剖视图的实体部分。

结果如图 8-49 所示。

注意：在绘图过程中，注意调用图层。

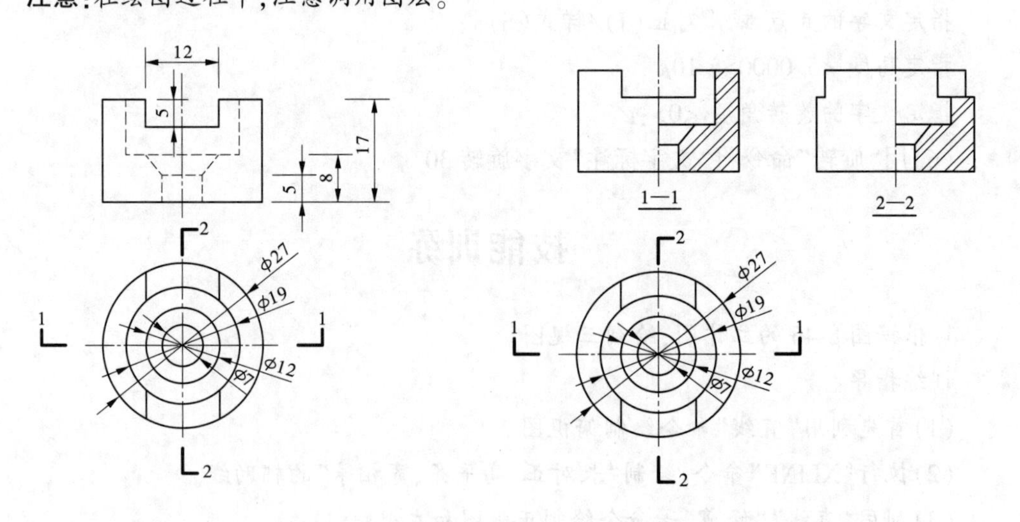

图 8-48　两视图　　　　图 8-49　绘制剖视图

巩固练习

一、单项选择题

1. 根据形体的对称情况,半剖视图一般画在(　　)。

A. 左半边　　B. 前半边　　C. 上半边　　D. 后半边

2. 假想用剖切面将物体切断,仅画出物体与剖切面接触部分的图形及材料符号,这样的图形称为(　　)。

A. 左视图　　B. 主视图　　C. 剖视图　　D. 断面图

3. 重合断面的可见轮廓线用(　　)绘制。

A. 粗实线　　B. 细实线　　C. 点画线　　D. 粗实线或细实线

4. 图案填充有下面几种图案的类型供用户选择(　　)。

A. 1　　B. 2　　C. 3　　D. 4

5. 图案填充操作中(　　)。

A. 只能单击填充区域中任意一点来确定填充区域

B. 所有的填充样式都可以调整比例和角度

C. 图案填充可以和原来轮廓线关联或者不关联

D. 图案填充只能一次生成,不可以编辑修改

二、多项选择题

1. 关于画剖视图应注意的问题中的不要漏线,错误的说法是(　　)。

A. 不要漏掉后边的所有的轮廓线　　B. 不要漏掉后边的可见轮廓线

C. 不要漏掉后边的不可见轮廓线　　D. 不要漏掉材料符号的45°线

2. 绘制阶梯剖视图时应注意的问题有(　　)。

A. 不应画出剖切平面转折处的分界线　　B. 剖切面不应在轮廓线处转折

C. 在图形中不应出现不完整的要素　　D. 阶梯剖视图必须进行标注

3. 剖视图的标注,应注明(　　)。

A. 剖切位置和投影方向　　B. 剖切符号和编号

C. 剖视图的名称　　D. 以上三项内容都标出

4. 图案在填充范围中可以有以下几种填充方式?(　　)

A. I方式(忽略方式)　　B. N方式(间隔方式)

C. O方式(外层方式)　　D. A方式(轴测方式)

5. 图案填充中,关于孤岛检测有哪三种样式?(　　)

A. 外部　　B. 边界　　C. 普通　　D. 忽略

三、判断题

1. 图案填充操作中,所有的填充样式都可以调整比例和角度。(　　)

2. 图案填充后删除边界,则填充图案没有变化。(　　)

3. 图案填充操作中图案填充原点只能选择“使用当前原点”。(　　)

4. 全剖视图一般适用于外形复杂、内部结构比较简单的物体。(　　)

5. 局部剖视图主要用于内外形状均需表达但不对称的物体。(　　)

四、实操题

1. 已知立体图(见图 8-50),补画三视图。

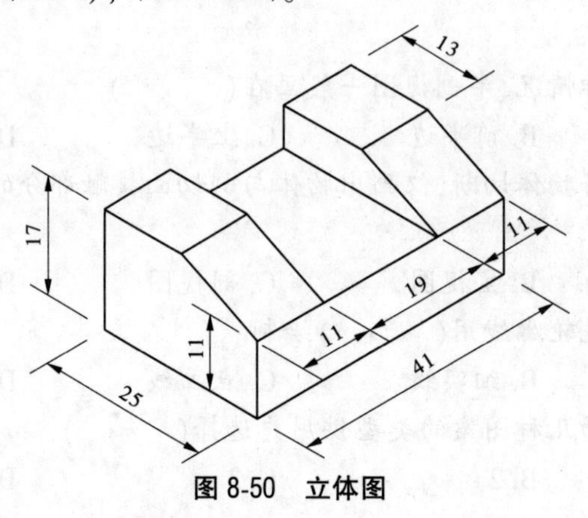

图 8-50　立体图

2. 已知两视图(见图 8-51),补画第三视图。

3. 已知两视图(见图 8-52),补画 1—1 全剖视图。

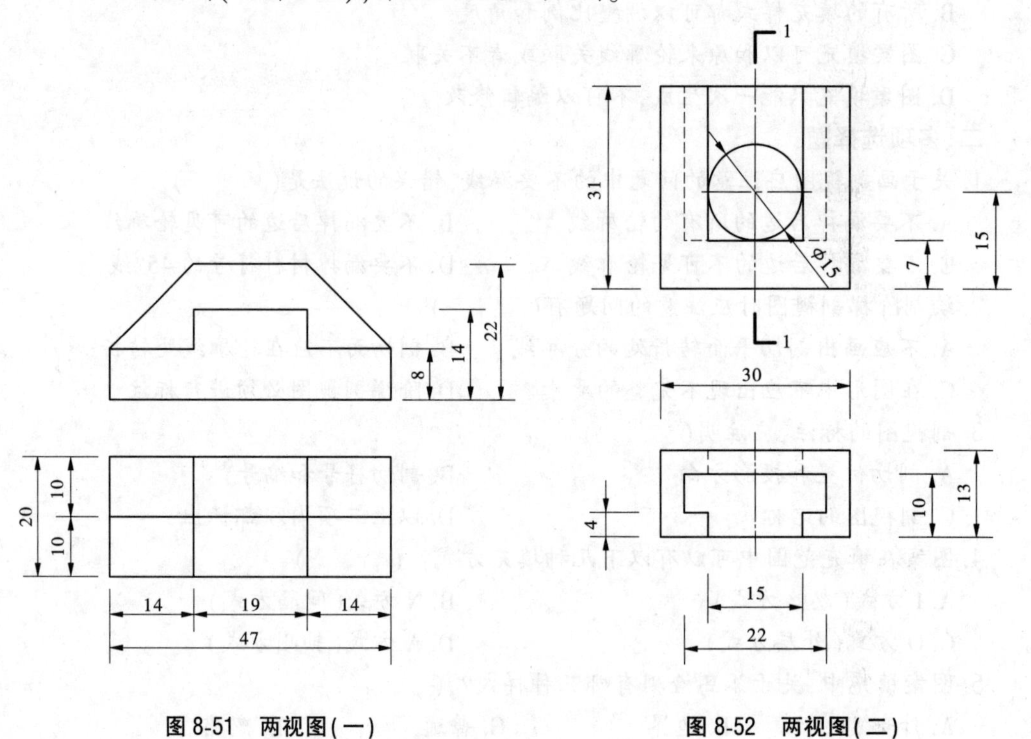

图 8-51　两视图(一)　　图 8-52　两视图(二)

项目 9　AutoCAD 2022 在绘制工程图中的运用

【项目导入】

前面讲解了 AutoCAD 的绘图方法和基本运用。学习 AutoCAD 最后的运用就是绘制专业工程图。本项目通过前面所学知识绘制工程图样，主要是通过绘制建筑和水利专业工程图的步骤，解决 AutoCAD 在绘制工程图中的灵活应用。

【教学目标】

1. 知识目标

(1) 掌握绘制建筑工程图的相关知识。

(2) 掌握绘制水利工程图的相关知识。

2. 技能目标

(1) 能够运用所学知识绘制建筑工程图。

(2) 能够运用所学知识绘制水利工程图。

3. 素质目标

(1) 通过绘制专业工程图，培养学生解决工程实际问题的能力。

(2) 通过绘制专业工程图，培养学生综合运用专业知识的能力。

(3) 通过绘制专业工程图，培养学生的工程图审美观。

【思政目标】

(1) 通过应用 AutoCAD 绘制专业工程图，培养学生严谨认真、精益求精的工匠精神。

(2) 通过绘制专业工程图，使学生更好地了解专业，调动学生的专业学习兴趣。

任务 9.1　绘制建筑工程图

9.1.1　识读图 9-1

图 9-1 是一栋二层房屋建筑，层高 3.600 m，室外地坪标高-0.600 m，一层室内地面标高±0.000 m，二层地面标高 3.600 m。屋顶为女儿墙平屋顶，女儿墙高 0.600 m。入户门朝南，采用双嵌板木门 1 800 mm×2 400 mm。一层房间包括前厅、客厅、餐厅、厨房、卧室、棋牌室、卫生间，其中卫生间采用单嵌板木门 700 mm×2 100 mm，卧室采用单嵌板木门 900 mm×2 100 mm，厨房采用左右推拉门 2 000 mm×2 400 mm；卫生间采用平开窗 900 mm×1 500 mm，客厅采用落地窗 4 000 mm×2 100 mm，其余窗采用左右推拉窗 1 800 mm×1 500 mm。二层卧室外设阳台。

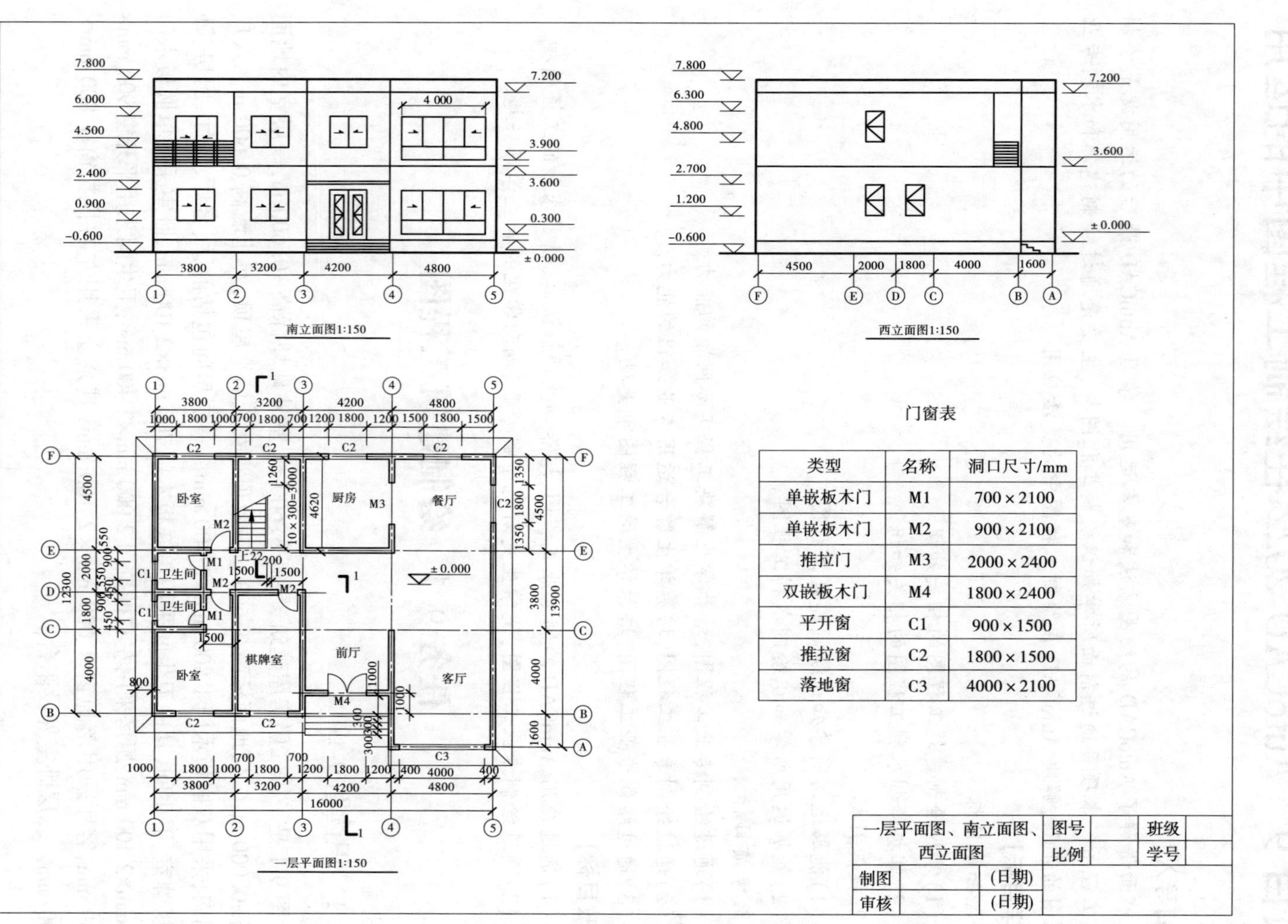

门窗表

类型	名称	洞口尺寸/mm
单嵌板木门	M1	700×2100
单嵌板木门	M2	900×2100
推拉门	M3	2000×2400
双嵌板木门	M4	1800×2400
平开窗	C1	900×1500
推拉窗	C2	1800×1500
落地窗	C3	4000×2100

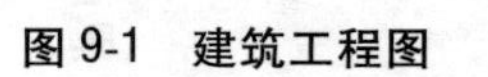
图 9-1 建筑工程图

9.1.2 绘制图9-1

AutoCAD 绘制工程图有两种方法。

第一种:按1:1绘图,也就是按实物大小绘制图形,尺寸标注样式设置时需要修改全局比例,然后在打印出图时按一定比例缩放在相应幅面的图纸上。这种方法在绘图时不必考虑绘图比例,也无须换算绘图尺寸,因此被广泛采用。其步骤如下:

(1)设置绘图环境。

(2)1:1绘制图形。

(3)缩放标准图框。

(4)新建标注样式,设置全局比例,进行尺寸标注。

(5)设置出图比例,打印图纸。

第二种:和手工绘图方法一样,按事先确定的比例换算绘图尺寸,然后绘制在标准图框内,但由于绘制图形与实物尺寸不一致,所以在标注时需要在"标注样式"中设置"主单位"—"测量单位比例"—"比例因子",从而得到与实物尺寸一致的尺寸标注。

实际工作中,可以根据实际需要和个人绘图习惯选择合适的方法,本例采用第一种方法。

9.1.2.1 设置绘图环境

1. 设置状态栏

激活"极轴追踪""动态输入""线宽"等功能,关闭"显示图形栅格"等功能,设置"对象捕捉",勾选"端点""中点""圆心""节点""交点""延伸"等特征点。

2. 设置图层

图层设置参考表9-1。

表9-1 图层设置(仅供参考)

图层名	颜色	线型	线宽/mm	用途
特粗线	红色	实线(Continuous)	0.7	室外地面线
粗实线	白色	实线(Continuous)	0.5	可见轮廓线、结构分缝线
中粗线	30	实线(Continuous)	0.3	门符号、洞口线等
细实线	洋红色	实线(Continuous)	0.15	阳台、台阶等
虚线	黄色	虚线(ACAD_ISO02W100)	0.3	不可见线
中心线	红色	点画线(CENTER)	0.15	轴线
尺寸线	绿色	实线(Continuous)	0.15	尺寸、轴线编号等
剖面线	青色	实线(Continuous)	0.15	填充剖面图案
文字	30	实线(Continuous)	默认	注写文字

3. 设置文字样式

文字样式设置参考表 9-2。

表 9-2 文字样式设置(仅供参考)

样式名	字体名	高度	宽度因子	倾斜角度
汉字	仿宋	0.00	0.7	0
数字与字母	gbeitc. shx	0.00	1	0

4. 设置标注样式

标注样式设置参考表 9-3。

表 9-3 标注样式设置(仅供参考)

选项卡	选项	值
线	尺寸线基线间距	7
	尺寸界线超出尺寸线	2
	尺寸界线起点偏移量	1
	固定长度的尺寸界线	10
符号与箭头	箭头	建筑标记
	箭头大小	3
文字	文字样式	数字与字母
	文字高度	3.5
	文字从尺寸线偏移	1
主单位	精度	0
	小数分隔符	“.”句点

5. 设置线型比例

在“线型管理器”中,设置“全局比例因子”为 60。

9.1.2.2 绘制平面图

1. 绘制轴网

在“中心线”图层,用“直线”命令和“偏移”命令,绘制轴网,如图 9-2 所示。

2. 绘制墙体

1) 新建多线样式

新建样式名为“建筑墙线”的多线样式,如图 9-3 所示。

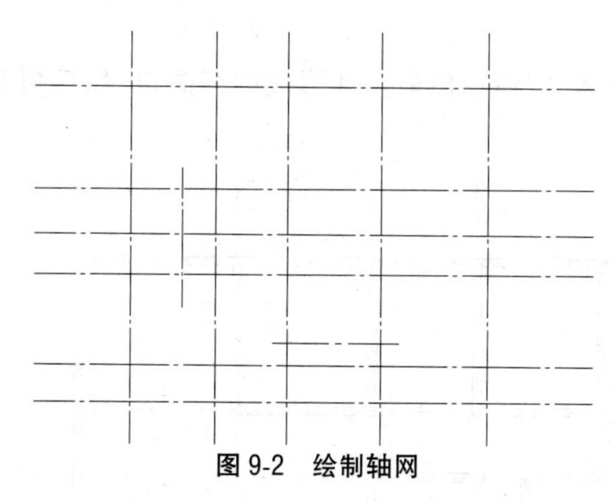

图 9-2　绘制轴网

图 9-3　新建多线样式

2）绘制并编辑墙线

在“粗实线”图层，用“多线”命令，绘制墙线，并运用多线编辑工具编辑墙线，如图 9-4 所示。对于无法用多线编辑工具编辑的墙线，可以先采用“分解”命令分解，然后用“修剪”命令编辑。

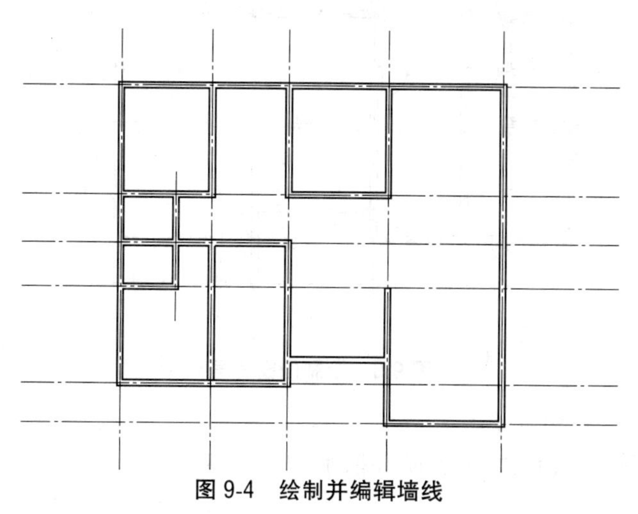

图 9-4　绘制并编辑墙线

3. 开门窗洞口

绘制辅助线,使用“修剪”命令修剪多线形成门窗洞口,然后再删除辅助线,如图 9-5 所示。

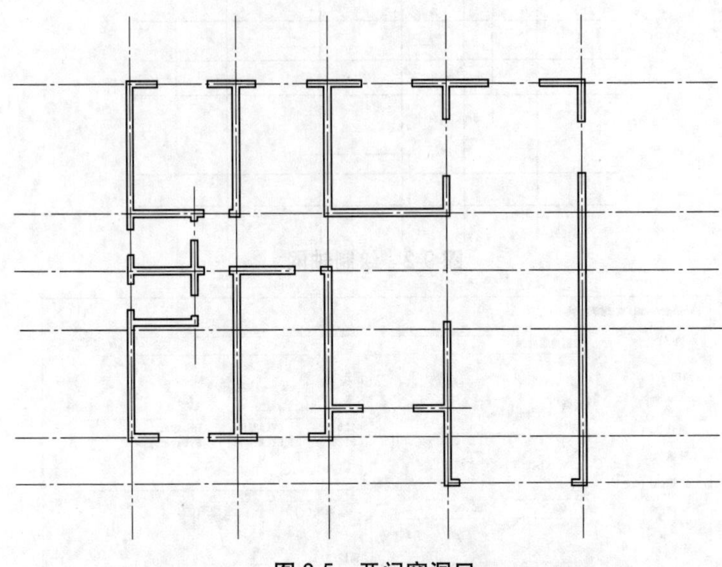

图 9-5　开门窗洞口

4. 绘制门窗符号

在“中粗线”和“细实线”图层,绘制门窗符号,并定义为块,然后在各个洞口放置门窗符号块,如图 9-6 所示。

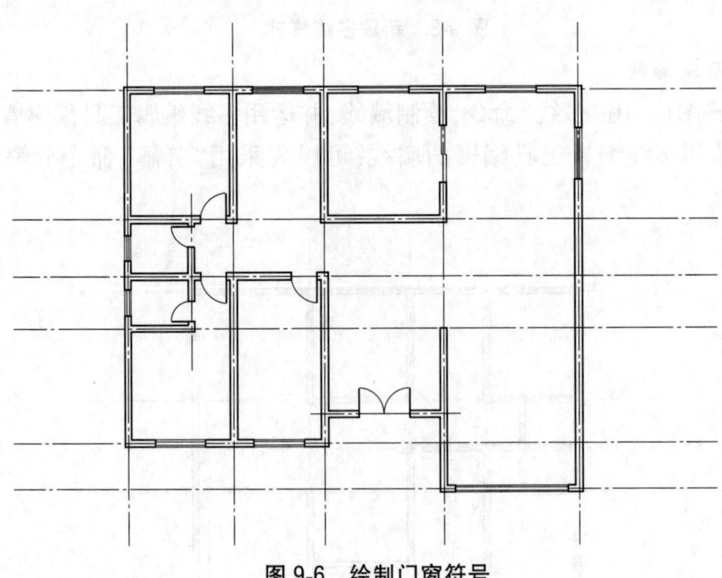

图 9-6　绘制门窗符号

5. 绘制楼梯及室外构造

在“细实线”图层,绘制楼梯、台阶和散水,如图 9-7 所示。

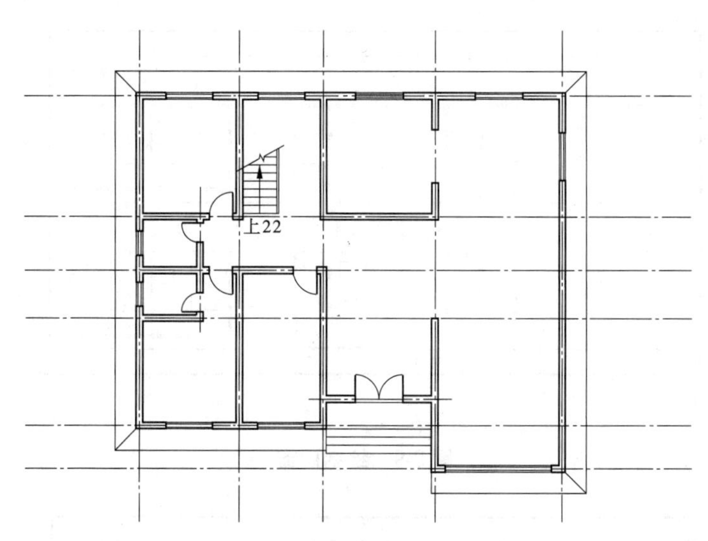

图 9-7　绘制楼梯及室外构造

9.1.2.3　绘制南立面图

1. 绘制基准线

在“特粗线”图层,绘制室外地面线(室外地面标高-0.600);在“粗实线”图层,绘制外墙轮廓线;在“中心线”图层,绘制轴线,如图 9-8 所示。

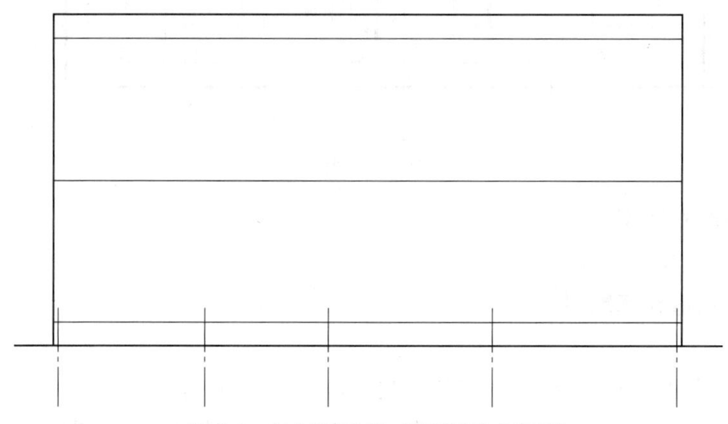

图 9-8　绘制基准线、地面线和屋面线

2. 绘制地面线和屋面线

在“细实线”图层,绘制一层地面线(地面标高±0.000)、二层地面线(地面标高 3.600)和屋面线(屋面标高 7.200),如图 9-8 所示。

3. 绘制门窗

在“中粗线”和“细实线”图层,绘制门窗,如图 9-9 所示。

4. 绘制细部构造

在“中粗线”图层,绘制墙体转角线;在“细实线”图层,绘制雨篷、阳台栏杆、台阶等,如图 9-10 所示。

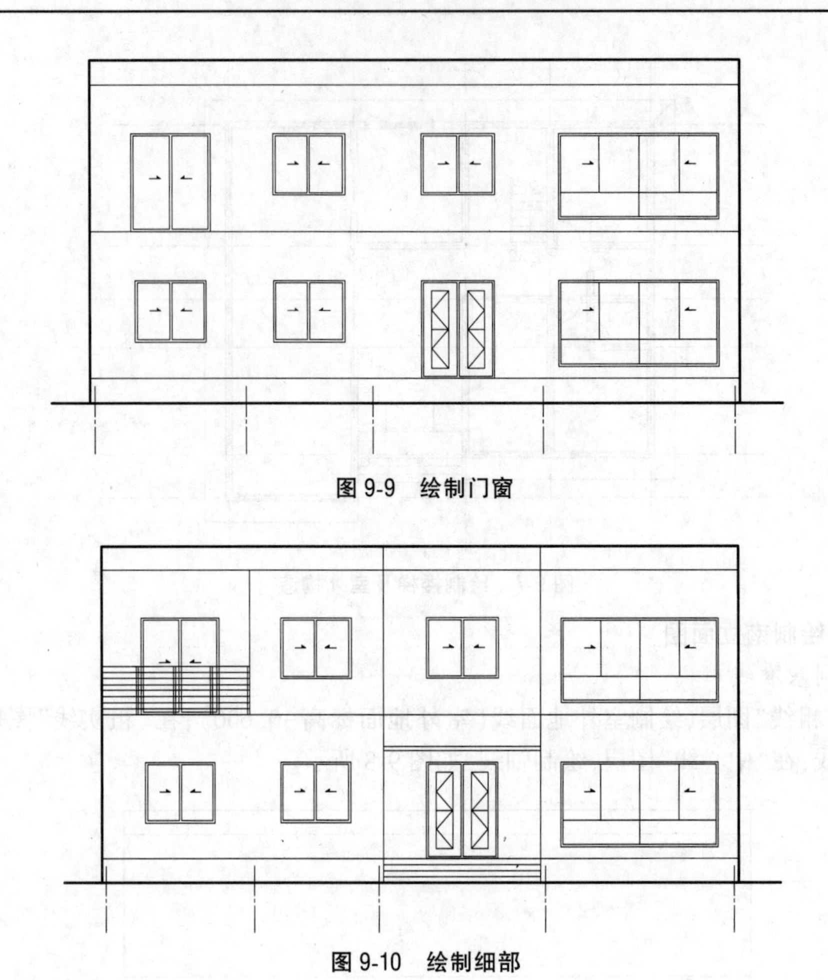

图 9-9　绘制门窗

图 9-10　绘制细部

9.1.2.4　**绘制西立面图**

方法同 9.1.2.3 部分,略。

9.1.2.5　**绘制图框和标题栏**

1. 绘制图框

在“细实线”图层,用“矩形”命令绘制 420 mm×297 mm 矩形(A3 图幅)。

用“偏移”命令,将矩形向内偏移 5,并将偏移后的矩形修改至“粗实线”图层。

用“分解”命令,将位于“粗实线”图层的矩形分解。

用“移动”命令,将位于“粗实线”图层的矩形左侧边线向右移动 20。

用“修剪”命令,修剪多余的线,如图 9-11 所示。

2. 绘制标题栏(仅供参考)

在“粗实线”图层,用“直线”命令绘制标题栏外边线。

在“细实线”图层,用“直线”命令绘制标题栏内分隔线。

在“文字”图层,填写标题栏,文字样式采用“汉字”,5 号字,如图 9-12 所示。

9.1.2.6　**调整图形**

采用“缩放”命令,将图框和标题栏放大 150 倍;将图形移动到图框内,并调整到合适

图 9-11　绘制图框

<table>
<tr><td colspan="3" rowspan="2">图　　名</td><td>图号</td><td></td><td>班级</td><td></td></tr>
<tr><td>比例</td><td></td><td>学号</td><td></td></tr>
<tr><td>制图</td><td></td><td>(日期)</td><td colspan="4" rowspan="2">校　　名</td></tr>
<tr><td>审核</td><td></td><td>(日期)</td></tr>
</table>

图 9-12　绘制标题栏

的位置。

9.1.2.7　**标注**

1. 标高标注

在“尺寸线”图层,进行标高标注。

注意:标高符号可以用带属性的图块插入,插入比例为 150。

2. 文字标注

在“文字”图层,标注视图名称、轴线名称、房间名称、门窗名称等。

注意:汉字采用“汉字”文字样式,数字和字母采用“数字与字母”文字样式;视图名称和轴线名称采用 5 号字,放大 150 倍,则文字高度为 750;“数字与字母”采用 3.5 号字,放大 150 倍,则文字高度为 525。

3. 尺寸标注

将标注样式的全局比例修改为 150,然后在“尺寸线”图层,进行尺寸标注。

任务 9.2　绘制水利工程图

9.2.1　识读图 9-13

图 9-13 是一开敞式水闸,由上游连接段、闸室段和下游连接段三部分组成。

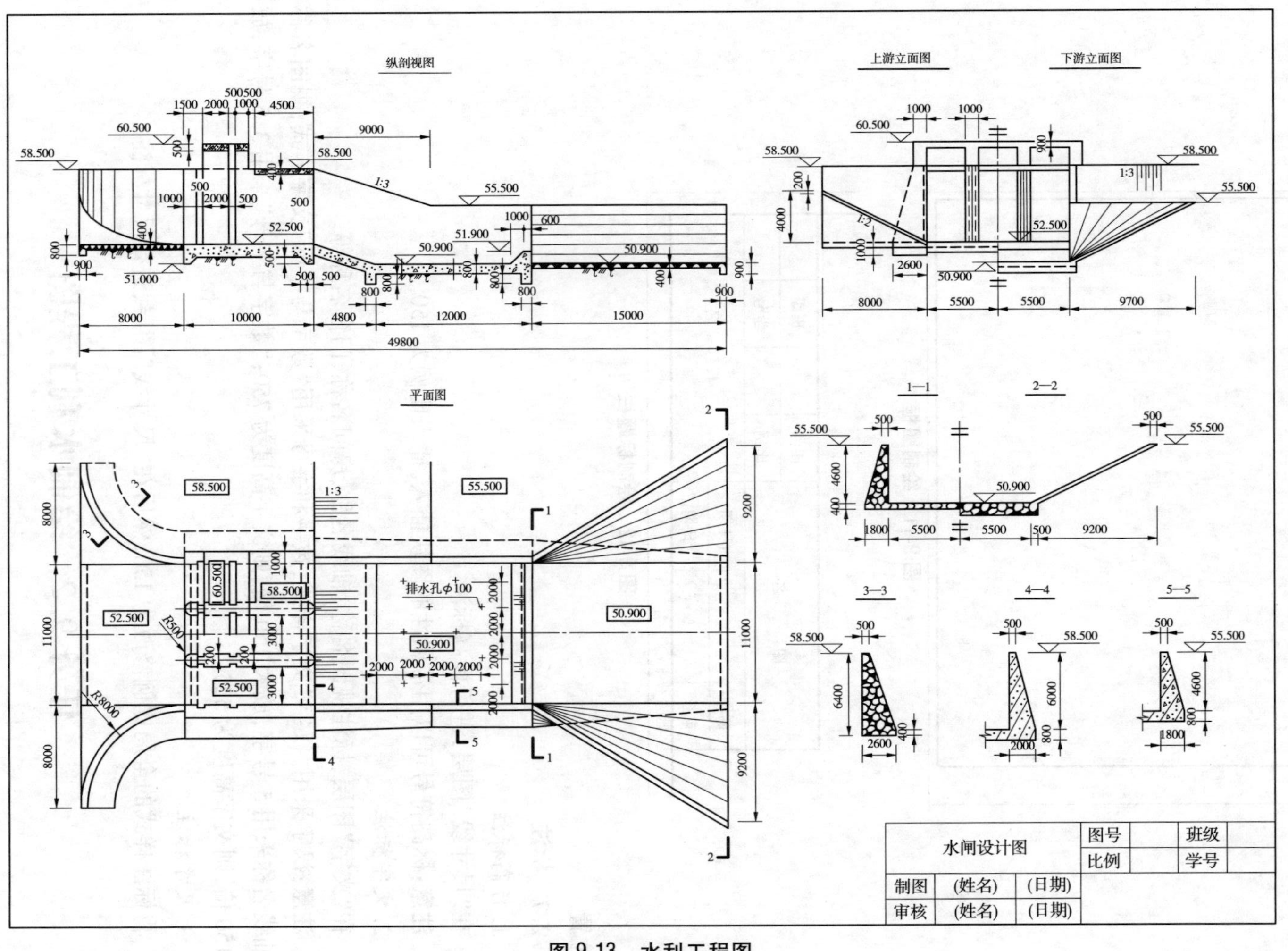
纵剖视图
上游立面图
下游立面图
平面图
1—1
2—2
3—3
4—4
5—5
排水孔φ100
水闸设计图
图号
比例
班级
学号
制图
(姓名)
(日期)
审核
(姓名)
(日期)

图 9-13 水利工程图

9.2.1.1　上游连接段

上游连接段主要用来引导水流平顺、均匀地进入闸室，同时起防冲、防渗和挡土作用。图9-13上游连接段长度8.0 m，由上游翼墙、上游护坡和铺盖组成；上游翼墙为浆砌石重力式圆弧翼墙，圆弧半径8.0 m，翼墙高6.4 m，顶宽0.5 m，底宽2.6 m；上游护坡和铺盖均为浆砌石结构。

9.2.1.2　闸室段

闸室段是水闸的主体部分，起挡水和调节水流的作用。图9-13中闸室段长度10.0 m，混凝土结构，中间有两闸墩，下游侧设交通桥，上游侧设工作桥；闸室底板厚1.0 m，前后设齿墙，齿墙深度0.5 m；闸墩厚1.0 m，头部和尾部采用半圆形；检修门槽和工作门槽之间净距2.0 m，门槽宽0.5 m，门槽深0.2 m；工作桥宽3.5 m，厚0.5 m；交通桥宽4.5 m，厚0.4 m。

9.2.1.3　下游连接段

下游连接段主要用来引导水流均匀扩散、消能、防冲及安全排出流经闸基和两岸的渗流。图9-13中下游连接段包括消力池段和海漫段。消力池长16.8 m，池深1.0 m，由护坦和两侧翼墙组成；护坦为混凝土结构，厚0.8 m，斜坡段坡度1∶3，中后部设排水孔，孔径100 mm，梅花形布置；两侧翼墙为浆砌石重力式挡墙，高度从6.0 m逐渐降低至4.6 m。海漫段长15.0 m，浆砌石结构，厚0.4 m，两侧翼墙为浆砌石重力式扭面翼墙。

9.2.2　分析图9-13

图9-13水闸图纸采用三个基本视图和五个断面图表达水闸形体。

9.2.2.1　基本视图

三个基本视图按投影关系配置，包括平面图、纵剖视图和上、下游立面图。

1. 平面图

在水工图中，俯视图称为平面图，该图主要表达水闸各组成部分的平面布置、形状和大小。由于水闸形体对称，平面图对称中心线以下部分采用拆卸画法，将工作桥和交通桥拆开，使闸墩和门槽可见；采用掀土画法，将水闸侧面覆盖土层掀开，使被覆盖的翼墙和边墩背面可见；排水孔分布情况采用简化画法。

2. 纵剖视图

水闸形体对称，沿水闸对称中心线剖切可得到纵剖视图，铺盖、闸室底板、消力池护坦、海漫、工作桥和交通桥等部分的剖面形状、各段的长度和各部分高程等在该图中可以进行清楚的表达。

3. 上、下游立面图

对于过水建筑物，左（右）视图称为上（下）游立面图。由于水闸形体对称，上、下游立面图采用各画一半的合成视图，分别标注相应图名，对称中心线两端标对称符号，工作桥和交通桥栏杆均采用简化画法。

9.2.2.2　断面图

由于水闸结构复杂，只用三个基本视图表达不清楚，所以在上游翼墙和下游翼墙设置了剖切面，用断面图表达翼墙的形状变化。

五个断面图包括 1—1 和 2—2 合成断面图、3—3 断面图、4—4 断面图、5—5 断面图。

1. 1—1 和 2—2 合成断面图

1—1 和 2—2 采用各画一半的合成断面图，表达下游扭面翼墙的形状变化。1—1 表达下游扭面翼墙前端面的形状、尺寸和材料，2—2 表达下游扭面翼墙后端面的形状、尺寸和材料。

2. 3—3 断面图

3—3 表达上游圆弧翼墙的横截面形状、尺寸和材料。

3. 4—4 断面图和 5—5 断面图

4—4 断面图表达消力池斜坡段两侧翼墙前端面的截面形状、尺寸和材料，5—5 断面图表达消力池水平段两侧翼墙的截面形状、尺寸和材料。

9.2.3　绘制图 9-13

AutoCAD 有两种绘制工程图的方法，详见 9.1.2 部分，本例采用第一种方法。

9.2.3.1　设置绘图环境

方法同 9.1.2 部分，略。

图层设置参考表 9-4，标注样式设置参考表 9-5。

表 9-4　图层设置（仅供参考）

图层名	颜色	线型	线宽/mm	用途
粗实线	白色	实线（Continuous）	0.5	可见轮廓线、结构分缝线
细实线	绿色	实线（Continuous）	0.15	剖面线、示坡线
虚线	蓝色	虚线（ACAD_ISO02W100）	0.3	不可见轮廓线、不可见结构分缝线
中心线	红色	点画线（CENTER）	0.15	轴线、对称线
尺寸线	洋红色	实线（Continuous）	0.15	尺寸
剖面线	青色	实线（Continuous）	0.15	填充剖面图案
文字	30	实线（Continuous）	默认	注写文字

表 9-5　标注样式设置（仅供参考）

选项卡	选项	值
线	尺寸线基线间距	7
	尺寸界线超出尺寸线	2
	尺寸界线起点偏移量	1
	固定长度的尺寸界线	10
符号与箭头	箭头	实心闭合
	箭头大小	3

续表 9-5

选项卡	选项	值
文字	文字样式	数字与字母
	文字高度	3.5
	文字从尺寸线偏移	1
主单位	精度	0
	小数分隔符	“.”句点

9.2.3.2　绘制平面图

1. 绘制对称中心线

在“中心线”图层，用“直线”命令，绘制长度大于50 000的对称中心线，如图9-14所示。

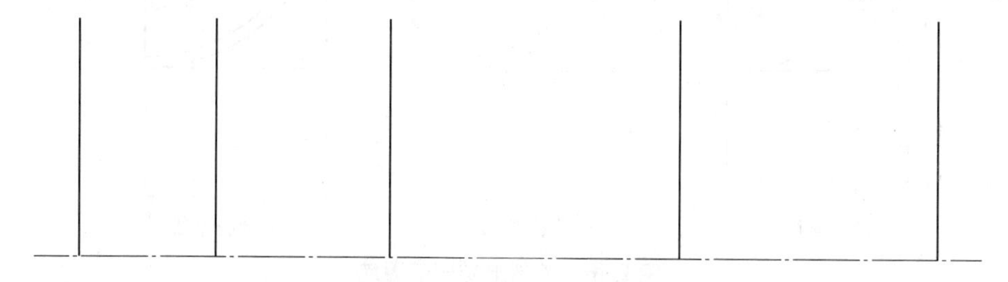

图9-14　绘制结构分缝线

2. 绘制结构分缝线

在“粗实线”图层，用“直线”命令，绘制长13 500的上游进水口铺盖前边线；然后用“偏移”命令，将其向右依次偏移8 000、10 000、16 800、15 000，得到上游进水口段、闸室段、下游消力池段、下游海漫段之间的分缝线和下游海漫段后边线，如图9-14所示。

3. 绘制上游进水口段

1)绘制辅助线

用“偏移”命令，将对称中心线向上依次偏移5 500、8 000得到辅助线，如图9-15所示。

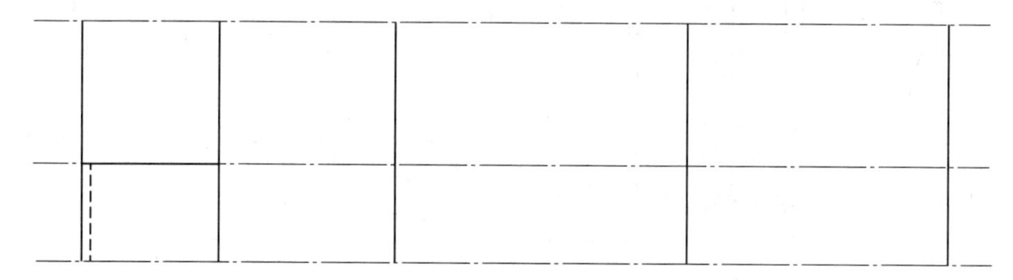

图9-15　绘制铺盖和齿墙

2)绘制铺盖和齿墙

在“粗实线”图层，用“直线”命令，沿辅助线绘制上游铺盖轮廓线。

用“偏移”命令，将上游铺盖前边线向右偏移500，并用“修剪”命令将其修剪至辅助线，然后将其修改至“虚线”图层，得到齿墙后沿边线，如图9-15所示。

3) 绘制上游圆弧翼墙

在“粗实线”图层，用“圆弧”→“起点、端点、方向”命令，借助辅助线绘制上游圆弧翼墙内侧面轮廓线，如图 9-16(a) 所示。

用“偏移”命令，将上述轮廓线向外依次偏移 500、2 100，得到上游圆弧翼墙外侧面的顶线和底线，并将底线修改至“虚线”图层，如图 9-16(b) 所示。

用“直线”命令，在“粗实线”图层连接绘制上游圆弧翼墙顶面的边线；在“虚线”图层连接绘制上游圆弧翼墙外侧面的边线，如图 9-16(c) 所示。

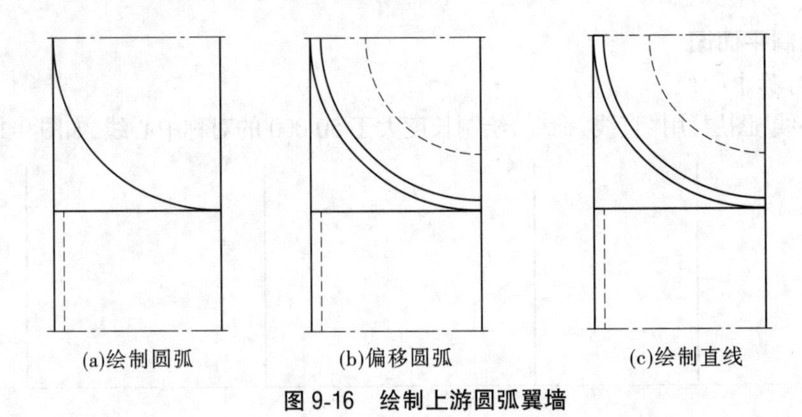

(a)绘制圆弧 (b)偏移圆弧 (c)绘制直线

图 9-16 绘制上游圆弧翼墙

4) 删除辅助线

用“删除”命令，将最上面的一根辅助线删除。

4. 绘制闸室段

1) 绘制辅助线

用“偏移”命令，将对称中心线向上依次偏移 2 000、500，得到 X 向辅助线。

用“偏移”命令，将闸室段左侧分缝线向右依次偏移 500、500、500、2 000、500、1 000、500、4 000，得到 Y 向辅助线，如图 9-17 所示。

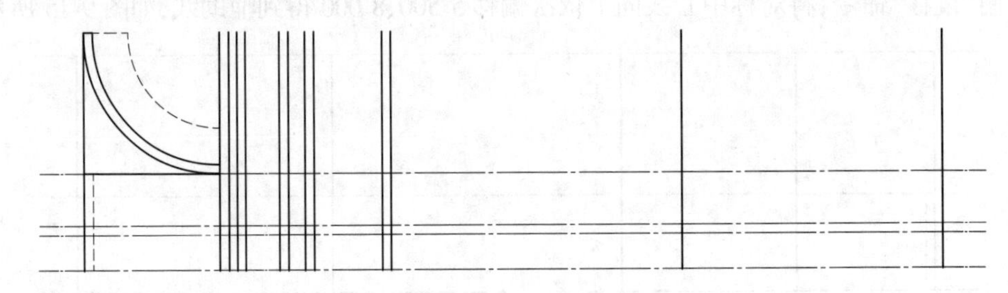

图 9-17 绘制闸室段辅助线

2) 绘制闸室

在“粗实线”图层，用“圆弧”→“起点、端点、方向”命令，借助辅助线绘制闸墩头部和尾部的圆弧。在“粗实线”图层，用“直线”命令，沿辅助线绘制闸墩轮廓线，并用“偏移”命令将该轮廓线向下偏移 200，得到门槽深度线。

在“粗实线”图层，用“直线”命令，沿辅助线绘制边墩内侧轮廓线。用“偏移”命令将该轮廓线向上依次偏移 200、800、1 600，得到闸门槽深度线、边墩外侧面顶线和边墩外侧面底线，并将边墩外侧面底线修改至“虚线”图层，如图 9-18(a)所示。

用“修剪”命令，修剪 *Y* 向辅助线、闸墩轮廓线、边墩轮廓线，并删除多余辅助线，如图 9-18(b)所示。

用“镜像”命令，沿闸墩中心线，将闸墩中心线以上部分的轮廓线镜像生成闸墩中心线以下部分的轮廓线，并用“修剪”命令，修剪对称中心线以下多余的线；拖曳闸墩中心线的夹点，调整其长度，如图 9-18(c)所示。

3) 修改图层

用“打断于点”命令，将闸墩轮廓线和边墩内侧轮廓线在工作桥右侧边线和交通桥左侧边线处打断，并将被工作桥和交通桥遮挡的轮廓线修改至“虚线”图层。

用“打断于点”命令，将闸室左侧分缝线在边墩外侧面顶线处打断，并将边墩外侧面顶线和底线之间的线段修改至“虚线”图层，如图 9-18(d)所示。

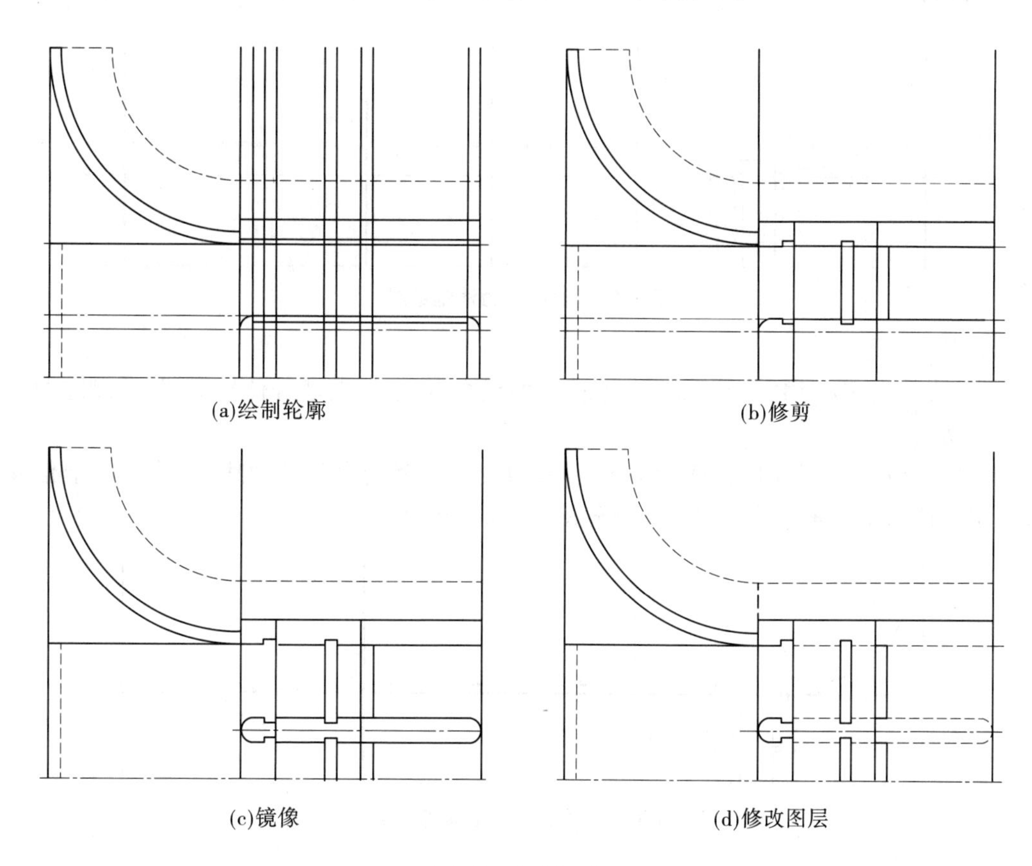

图 9-18　绘制闸室段

4) 绘制齿墙

用“偏移”命令，将闸室左侧分缝线向右依次偏移 500、500，将闸室右侧分缝线向左依次偏移 500、500，将偏移得到的线修改至“虚线”图层，并用“修剪”命令，修剪至边墩内侧轮廓线，如图 9-19 所示。

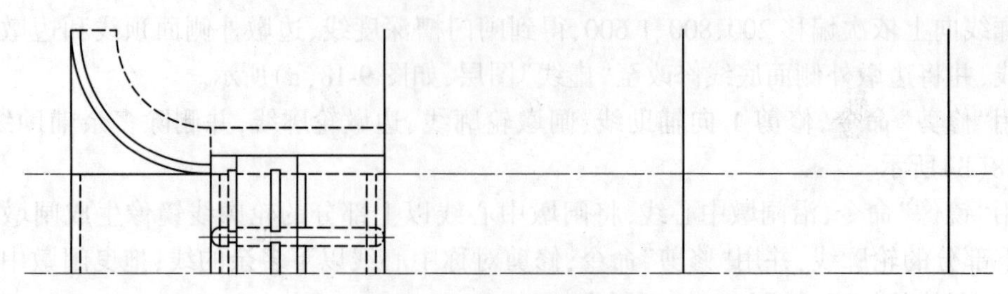

图 9-19　绘制闸底板齿墙

5. 绘制消力池段

1) 绘制辅助线

用“偏移”命令,将对称中心线向上依次偏移 7 300、200,得到 X 向辅助线。

用“偏移”命令,将下游消力池左侧分缝线向右偏移 9 000,得到 Y 向辅助线,如图 9-20 所示。

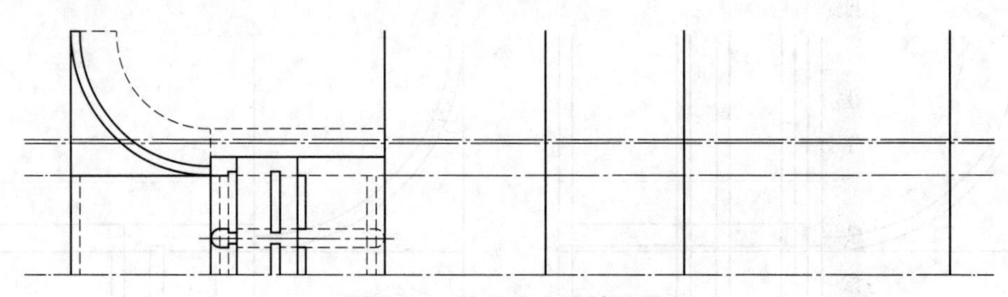

图 9-20　绘制消力池辅助线

2) 绘制翼墙

在“虚线”图层,用“直线”命令,连接辅助线交点,绘制翼墙外侧轮廓线,并删除两根 X 向辅助线。

在“粗实线”图层,用“直线”命令,沿辅助线绘制翼墙内侧轮廓线,并将其向上偏移 500,然后修剪 Y 向辅助线至翼墙内侧轮廓线,如图 9-21 所示。

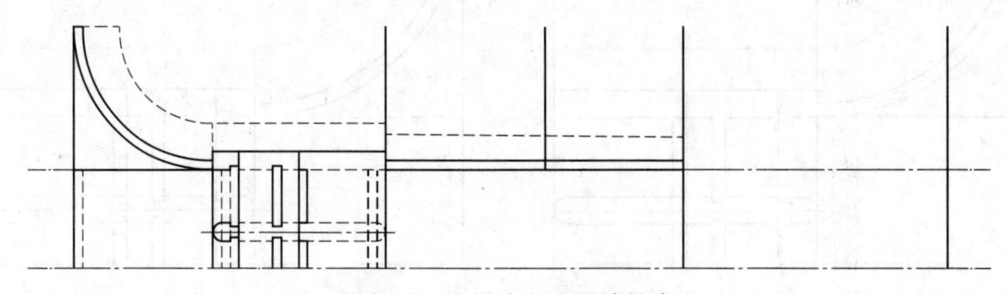

图 9-21　绘制消力池翼墙轮廓

3) 绘制护坦

用“偏移”命令,将消力池左侧分缝线向右依次偏移 4 000、800,将第一根线修改至“虚线”图层;将消力池右侧分缝线向左依次偏移 600、200、800, 将第二根线修改至“虚线”图层;修剪 5 根线至翼墙内侧轮廓线,如图 9-22 所示。

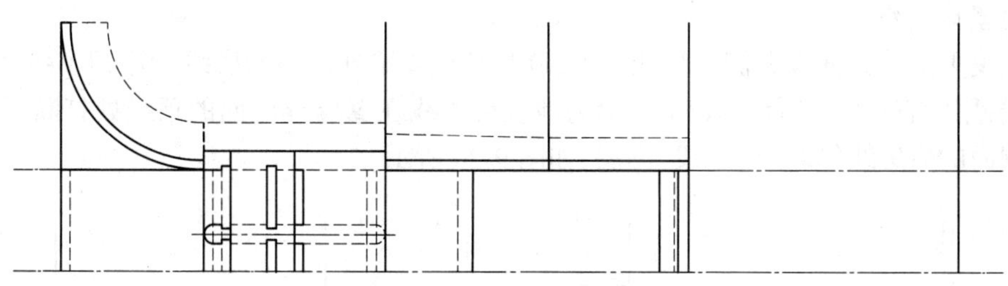

图 9-22 绘制消力池护坦

4) 绘制示坡线

在“细实线”图层，用“直线”命令，绘制由于水闸外侧填土上、下游标高不同而形成坡面的示坡线。

在“细实线”图层，用“直线”命令，绘制消力池护坦斜坡段的示坡线和消力坎的示坡线，如图 9-23 所示。

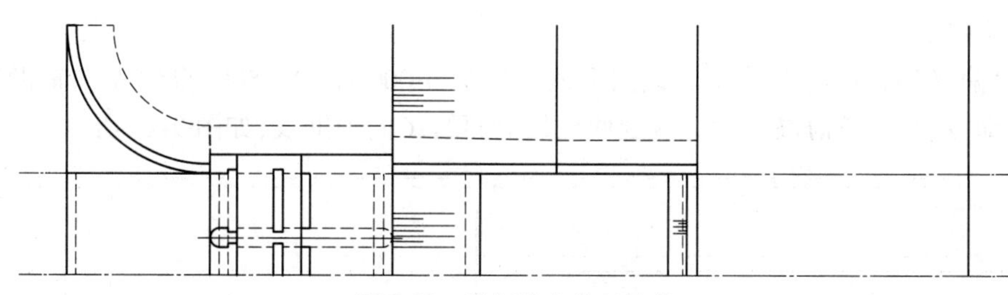

图 9-23 绘制消力池示坡线

5) 绘制排水孔

用“偏移”命令，将对称中心线向上偏移 4 000；用“偏移”命令，将护坦斜坡段的坡底线向右偏移 2 000，并将其修改至“中心线”图层；拖曳上述 2 根线的夹点，调整其长度，生成 1 个简化画法的排水孔，如图 9-24 所示。

选中上述排水孔，采用“矩形阵列”命令，阵列 3 行 4 列，行间距-2 000，列间距 2 000，并取消关联，阵列完成后删除多余的排水孔；在“粗实线”图层，在一个排水孔的位置，用“圆”命令绘制 ϕ 100 的圆，得到 1 个排水孔的轮廓，如图 9-25 所示。

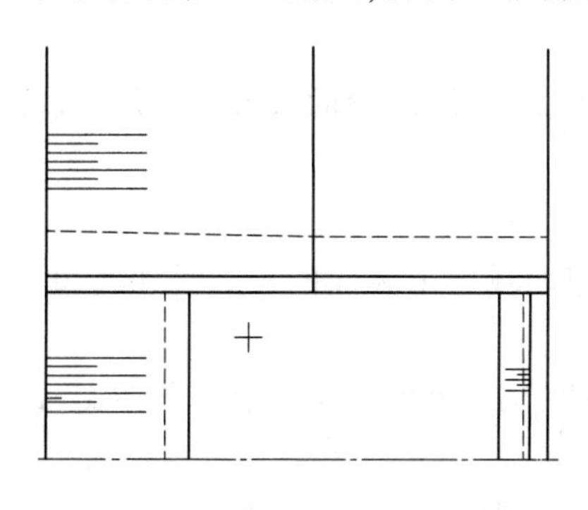

图 9-24 绘制消力池 1 个简化排水孔

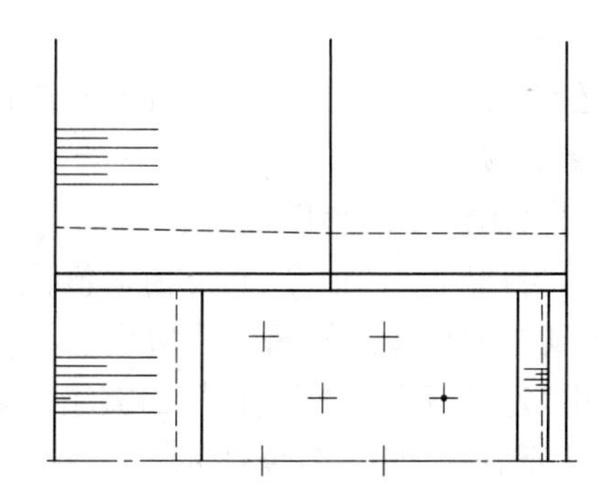

图 9-25 绘制消力池 1 个排水孔

6) 修改边线

拖曳下游消力池段右侧分缝线夹点，调整其至翼墙外侧面的底线，得到下游消力池段后边线；用“打断于点”命令，将下游消力池段后边线在翼墙外侧面的顶线处打断，并将翼墙外侧面的后边线修改至“虚线”图层，如图 9-26 所示。

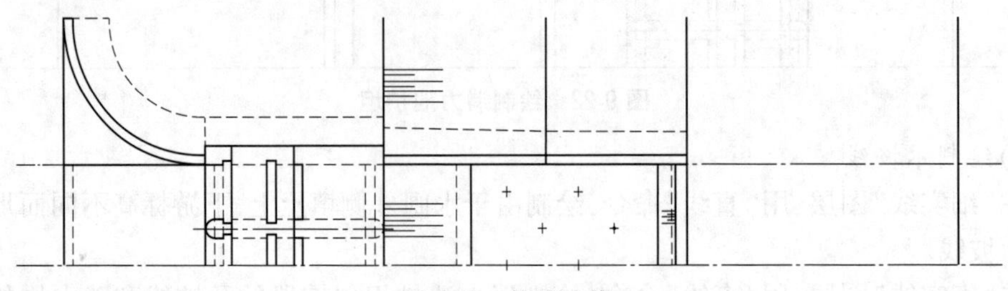

图 9-26　修改边线

6. 绘制海漫段

1) 绘制辅助线

用“偏移”命令，将对称中心线向上依次偏移 6 000、8 700、500，得到 X 向辅助线；用“延伸”命令，将下游海漫段后边线延伸至最上面的 X 向辅助线，如图 9-27 所示。

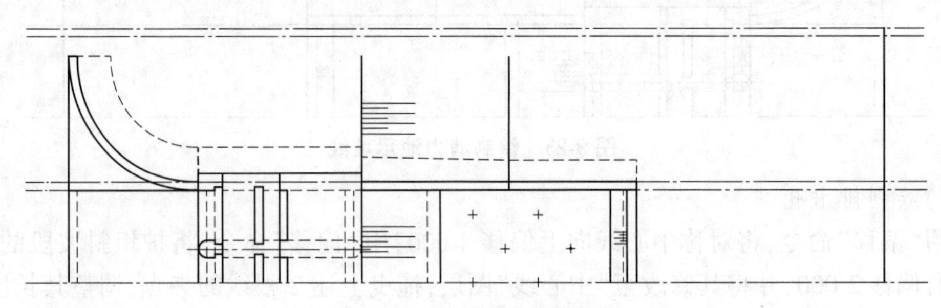

图 9-27　绘制海漫段辅助线

2) 绘制扭面翼墙

在“粗实线”图层，用“直线”命令，沿辅助线绘制扭面翼墙内侧面的底边线。

在“粗实线”图层，用“直线”命令，连接辅助线的交点，绘制扭面翼墙顶面的两根轮廓线。

在“虚线”图层，用“直线”命令，连接辅助线的交点，绘制扭面翼墙外侧面的底边线，如图 9-28 所示。

删除四根 X 向辅助线。

用“打断于点”命令，将下游海漫段后边线在扭面翼墙内侧面的顶边线和底边线处打断，得到扭面翼墙内侧面的后边线。

用“定数等分”命令，将扭面翼墙内侧面后边线等分为六段，并修改“点样式”以便于查看等分节点，如图 9-29 所示。

在“细实线”图层，用“直线”命令，连接绘制扭面翼墙内侧面的素线，然后删除上述五个等分节点，如图 9-30 所示。

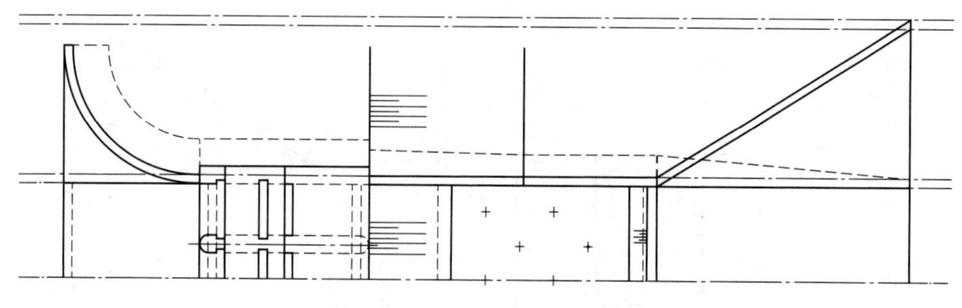

图 9-28　绘制扭面翼墙轮廓线

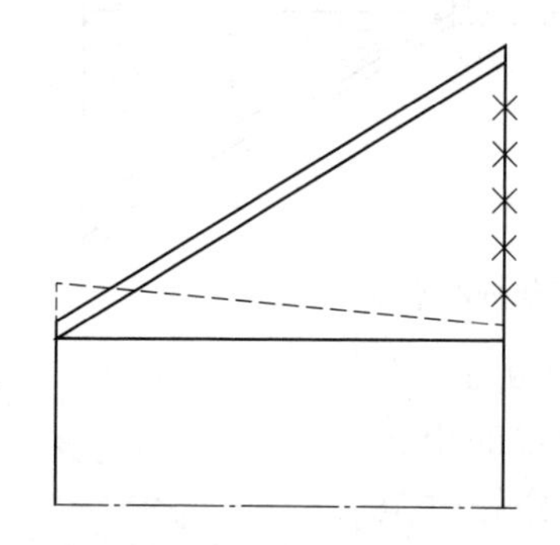

图 9-29　等分扭面翼墙内侧面的后边线

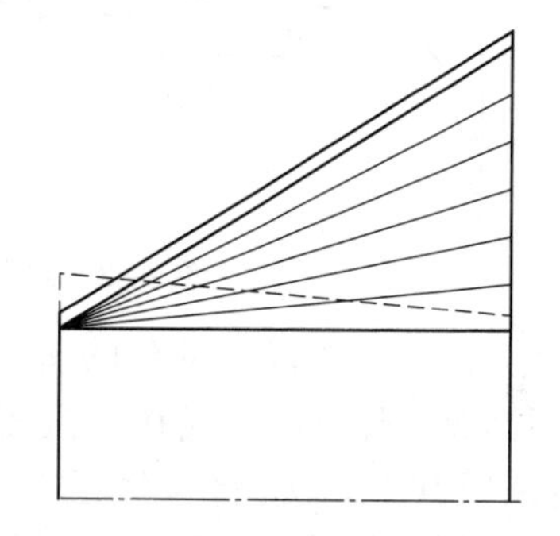

图 9-30　绘制扭面翼墙内侧面的素线

3)绘制齿墙

用“偏移”命令,将海漫段右侧边线向左偏移 500,并用“延伸”命令,将其延伸至扭面翼墙外侧面的底边线,然后将其修改至“虚线”图层,得到齿墙的前沿边线,如图 9-31 所示。

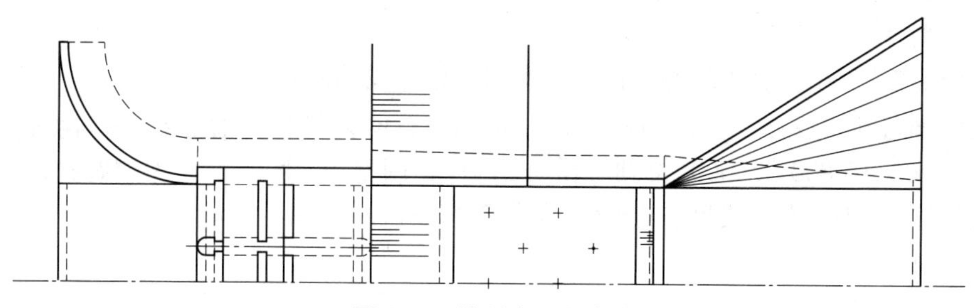

图 9-31　绘制海漫段齿墙

7. 修整全图

框选对称中心线以上部分的水闸,用“镜像”命令镜像得到对称中心线以下部分的水闸。

对于对称中心线以下部分的闸室段,采用拆卸画法,拆除工作桥和交通桥,将被工作桥和交通桥遮挡的闸墩和边墩轮廓线修改至“粗实线”图层。

对于对称中心线以下部分的上游进水口段、闸室段、下游消力池,采用掀土画法,去除水闸外侧面填土,将被土覆盖的翼墙外侧轮廓线修改至“粗实线”图层,如图 9-32 所示。

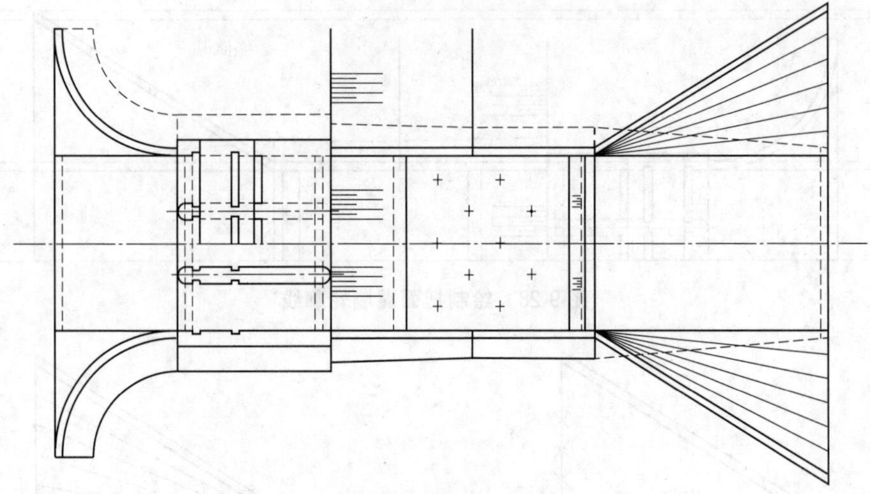

图 9-32 绘制对称中心线以下部分的水闸

对于对称中心线以下部分的扭面翼墙，利用“打断于点”命令将扭面翼墙外侧面底线在与扭面翼墙外侧面顶线的相交处打断；采用掀土画法，将该线没有被土覆盖的部分修改至“粗实线”图层；用“直线”命令，在“细实线”图层绘制扭面翼墙外侧面素线，如图 9-33 所示。

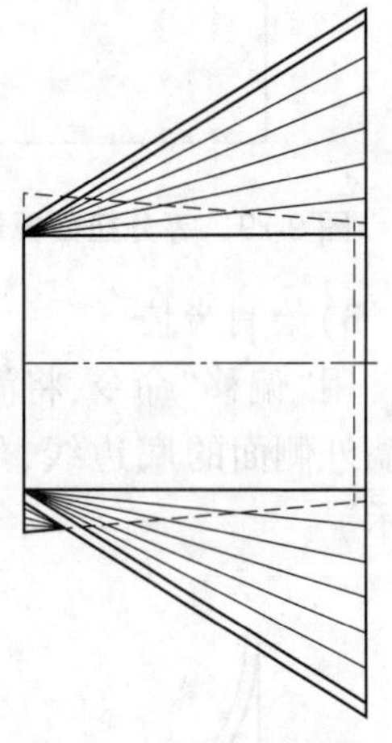

图 9-33 绘制扭面翼墙外侧面素线

9.2.3.3 绘制纵剖视图

1. 绘制水闸底板顶线

在“粗实线”图层，用“直线”命令，绘制长 49 800 的水闸底板顶线，其起(终)点与平面图的左(右)边线对齐。

2. 绘制结构分缝线

在“粗实线”图层，用“直线”命令，在水闸底板顶线的起点绘制上游铺盖前边线；然后用“偏移”命令，将其向右依次偏移 8 000、10 000、16 800、15 000，得到上游进水口段、闸室段、下游消力池段、下游海漫段之间的分缝线和下游海漫段后边线，如图 9-34 所示。

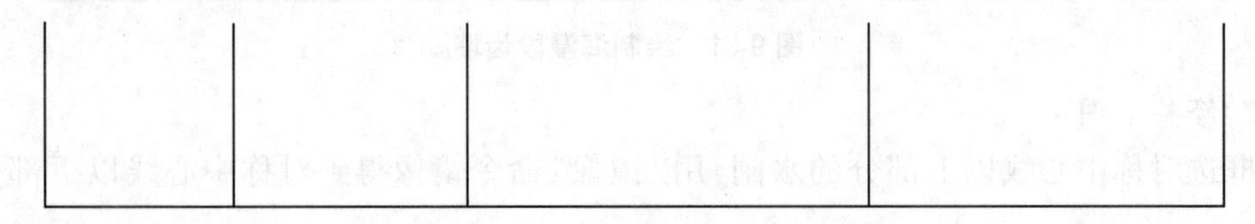

图 9-34 绘制水闸底板顶线及分缝线

3. 绘制上游进水口段

1) 绘制底板

用“偏移”命令，将水闸底板线向下偏移 400 得到上游铺盖的底线；用“直线”命令，绘制齿墙轮廓，并用“修剪”命令修剪多余线。

2）绘制翼墙

用“偏移”命令，将水闸底板顶线向上偏移6 000得到翼墙顶线，并用“修剪”命令修剪多余线。

在“纵剖视图”上，用“偏移”命令，将水闸底板顶线向上依次偏移500、500、1 000、1 000、1 000得到 X 向辅助线，并将其修改至“细实线”图层；在“平面图”上，用“偏移”命令，将上游铺盖的轮廓线向上依次偏移1 000、1 000、2 000、2 000得到 X 向辅助线，并将其修改至“细实线”图层，如图9-35(a)所示。

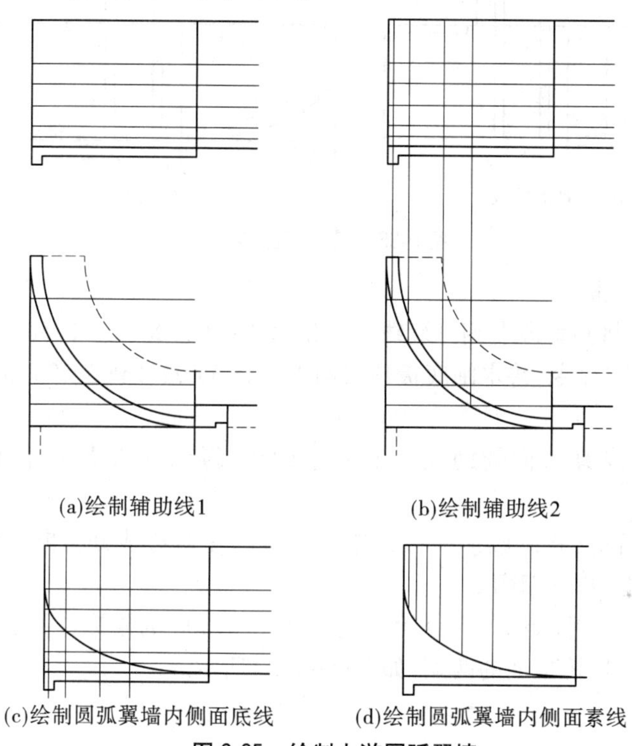

(a)绘制辅助线1　(b)绘制辅助线2

(c)绘制圆弧翼墙内侧面底线　(d)绘制圆弧翼墙内侧面素线

图9-35　绘制上游圆弧翼墙

在“平面图”上，在“细实线”图层，用“直线”命令，自 X 向辅助线与圆弧翼墙内侧面轮廓线的交点垂直向上绘制 Y 向辅助线，使 Y 向辅助线与“纵剖视图”的 X 向辅助线相交，如图9-35(b)所示。

在“粗实线”图层，用“样条曲线拟合”命令，连接 X 向辅助线和 Y 向辅助线的交点，绘制圆弧翼墙内侧面底线，如图9-35(c)所示。

删除辅助线，并在“细实线”图层，用“直线”命令绘制素线，如图9-35(d)所示。

4. 绘制闸室段

1）绘制底板

用“偏移”命令，将水闸底板顶线向下偏移1 000得到闸室底板的底线；用“直线”命令，绘制齿墙轮廓，并用“修剪”命令修剪多余线，如图9-36(a)所示。

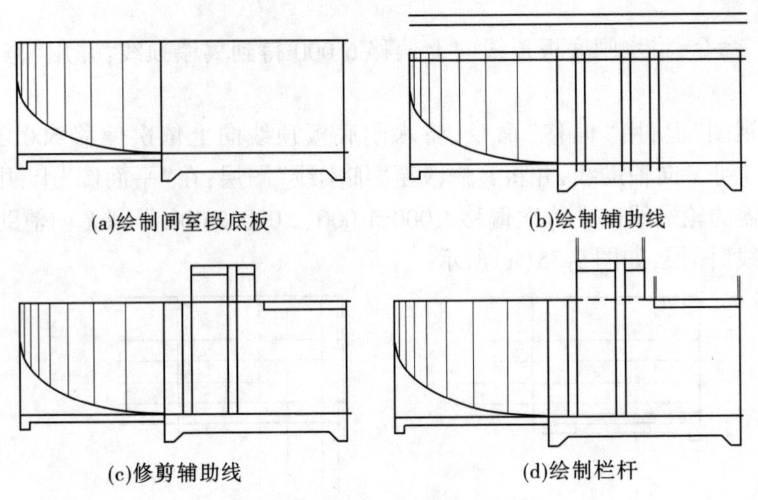

图 9-36 绘制闸室段

2) 绘制闸墩与工作桥

用“偏移”命令,将闸室段左侧分缝线向右偏移 1 000、500、2 000、500、1 000、500 得到 Y 向辅助线;用“偏移”命令,将水闸底板顶线向上偏移 5 600、1 900、500 得到 X 向辅助线,如图 9-36(b)所示。

用“修剪”命令修剪 X 向辅助线和 Y 向辅助线,得到闸门槽、工作桥和交通桥,如图 9-36(c)所示。

用“打断于点”命令,将闸墩顶线在工作桥支墩的左右边线处打断,并将被工作桥支墩遮挡的部分修改至“虚线”图层。

在“细实线”图层,用“矩形”命令绘制宽 100、高 1 200 的矩形作为栏杆,复制三个分别放置于工作桥和交通桥顶面的两端,如图 9-36(d)所示。

5. 绘制消力池段

1) 绘制护坦

用“偏移”命令,将水闸底板顶线向下偏移 600、1 000 得到 X 向辅助线;用“偏移”命令,将消力池段左侧分缝线向右偏移 4 800、10 400、1 000 得到 Y 向辅助线,如图 9-37 所示。

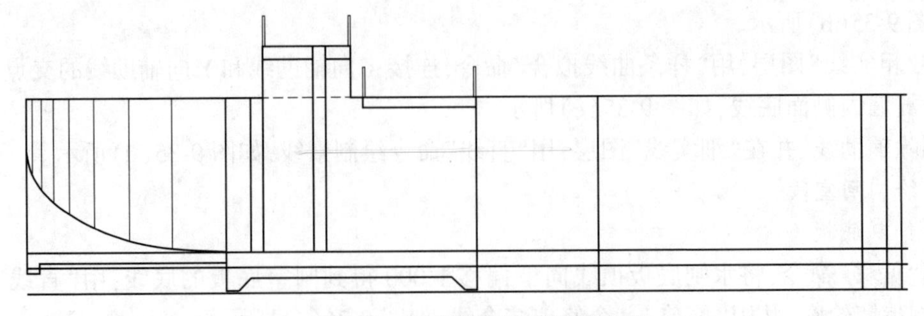

图 9-37 绘制消力池护坦辅助线

用“直线”命令，连接辅助线交点，绘制消力池护坦顶线，并用“修剪”命令修剪多余线，如图 9-38 所示。

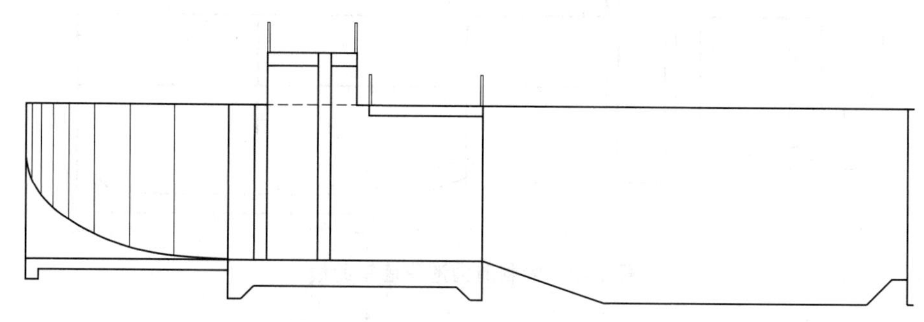

图 9-38　绘制消力池护坦顶轮廓线

用“偏移”命令，将消力池护坦水平段顶线向下依次偏移 800、800 得到 X 向辅助线；用“偏移”命令，将消力池护坦斜坡段顶线向下偏移 800，得到辅助线；用“偏移”命令，将消力池段左侧分缝线向右偏移 4 000、800、11 200 得到 Y 向辅助线；用“修剪”命令修剪多余线，得到消力池护坦底轮廓线，如图 9-39 所示。

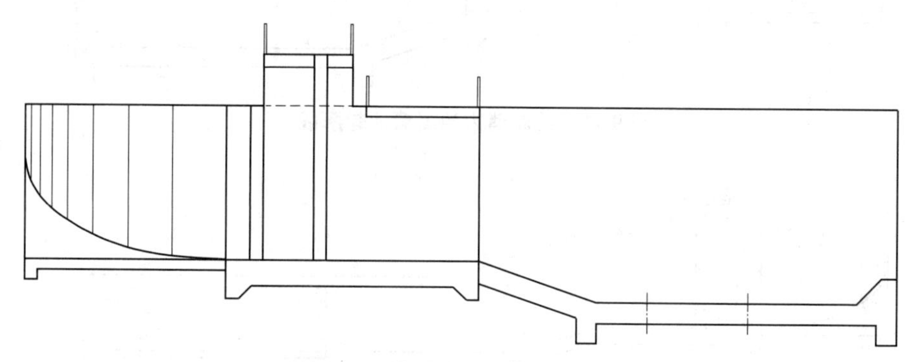

图 9-39　绘制消力池护坦底轮廓线

在“中心线”图层，用“直线”命令，从“平面图”上的排水孔垂直向上绘制直线，并用“修剪”命令修剪多余线，形成排水孔，如图 9-39 所示。

2）绘制翼墙

用“偏移”命令，将翼墙顶线向下偏移 3 000 得到 X 向辅助线；用“偏移”命令，将消力池段左侧分缝线向右偏移 9 000 得到 Y 向辅助线，如图 9-40 所示。

用“直线”命令，连接辅助线交点，绘制翼墙顶线，并用“修剪”命令修剪多余线，如图 9-41 所示。

6. 绘制海漫段

1）绘制海漫

用“偏移”命令，将最下面的 X 向辅助线向下偏移 400，并用“直线”命令绘制齿墙轮廓，然后用“修剪”命令修剪多余线。

2）绘制扭面翼墙

在“细实线”图层，用“定数等分”命令，将扭面翼墙边线等分为六段；用“直线”命令连接绘制扭面素线；删除五个等分节点，如图 9-42 所示。

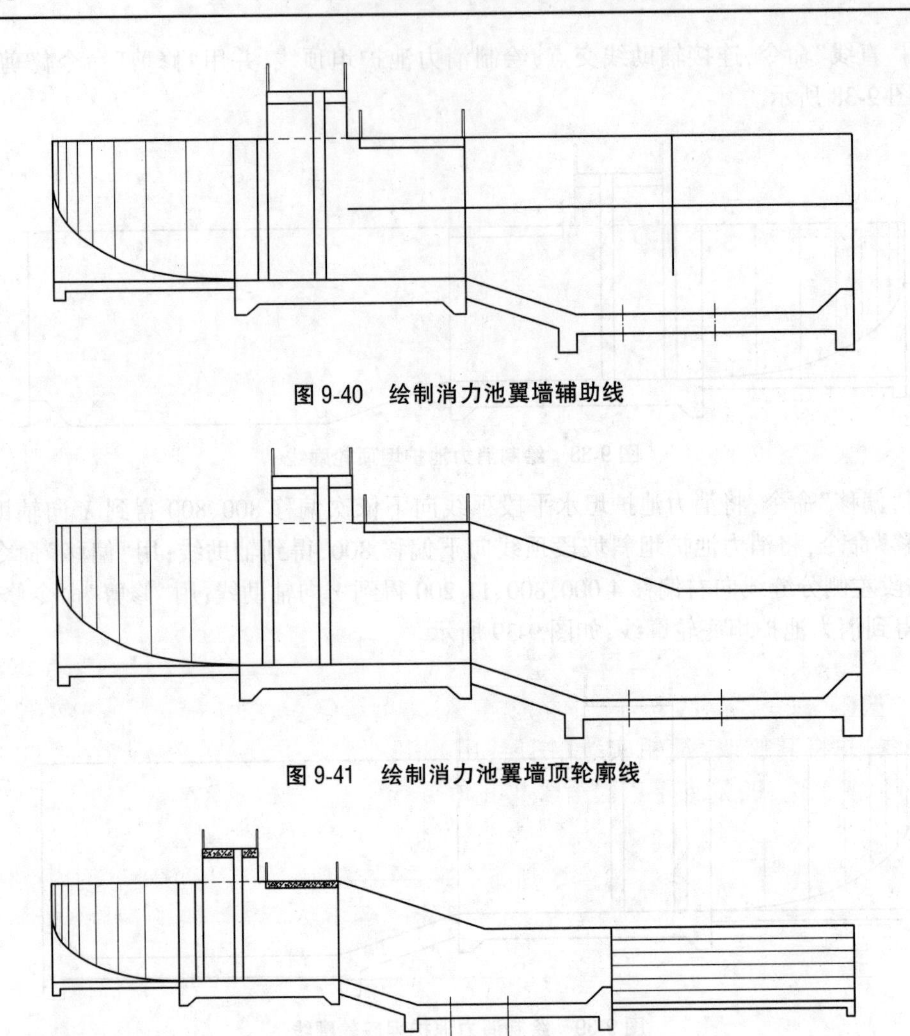

图 9-40　绘制消力池翼墙辅助线

图 9-41　绘制消力池翼墙顶轮廓线

图 9-42　绘制下游海漫段

7. 修整全图

1) 填充剖面图案

在"剖面线"图层,用"图案填充"命令,图案"GRAVEL",填充图案比例 50,对上游铺盖和下游海漫段进行填充。

在"剖面线"图层,用"图案填充"命令,图案"AR-CONC",填充图案比例 5,对闸室段底板和消力池护坦进行填充。

在"剖面线"图层,用"图案填充"命令,图案"AR-CONC",填充图案比例 5,对工作桥和交通桥进行填充;再用"图案填充"命令,图案"ANSI31",填充图案比例 100,对工作桥和交通桥进行填充。

2) 绘制自然土符号

在底板下绘制自然土符号,如图 9-43 所示。

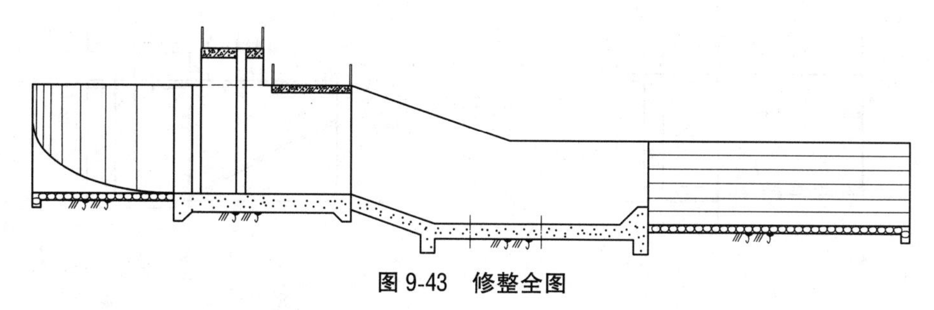

图 9-43　修整全图

9.2.3.4　绘制上、下游立面图

1. 绘制上游立面图

1) 绘制对称中心线

在“中心线”图层,用“直线”命令绘制上、下游立面图的对称中心线。

2) 绘制铺盖顶线

在“粗实线”图层,用“直线”命令绘制长度为 13 500 的铺盖顶线,其高度与纵剖视图铺盖顶齐平,如图 9-44 所示。

3) 绘制圆弧翼墙和中墩

用“偏移”命令,将对称中心线向左依次偏移 1 500、1 000、3 000、1 000、7 000 得到 *Y* 向辅助线,并将其修改至“粗实线”图层;用“偏移”命令,将铺盖顶线,向上依次偏移 5 600、400、1 500、500 和向下依次偏移 400、400,得到 *X* 向辅助线,如图 9-45 所示。

用“修剪”命令,将辅助线修剪得到圆弧翼墙、闸墩、工作桥支墩、工作桥和交通桥等;用“打断于点”命令将铺盖顶线在圆弧翼墙右侧边线处打断,并将被圆弧翼墙遮挡的部分修改至“虚线”图层;用“打断于点”命令将铺盖底线在圆弧翼墙右侧边线处打断,并将被齿墙遮挡的部分修改至“虚线”图层,如图 9-46 所示。

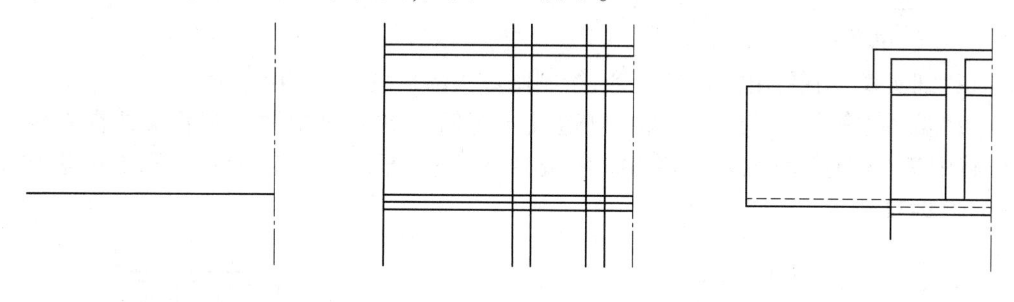

图 9-44　绘制水闸铺盖顶线　　图 9-45　绘制辅助线　　图 9-46　修剪辅助线

4) 绘制上游护坡

用“偏移”命令,将虚线向上依次偏移 3 800、200 和向下偏移 200,得到辅助线,如图 9-47 所示。

在“粗实线”图层,用“直线”命令,连接辅助线与翼墙线的交点,绘制上游护坡轮廓线,并删除三根辅助虚线,如图 9-48 所示。

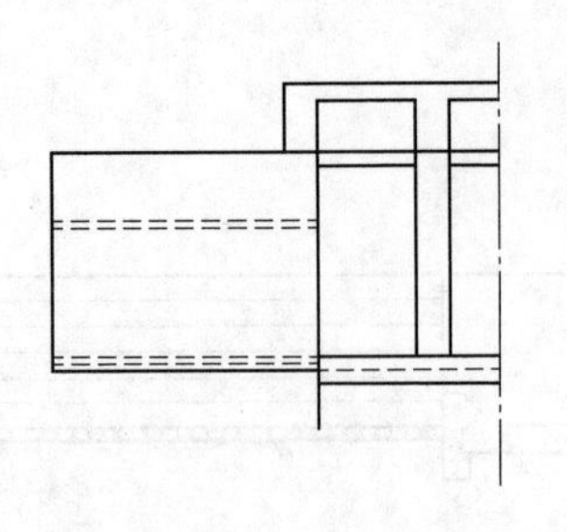

图 9-47　绘制辅助线

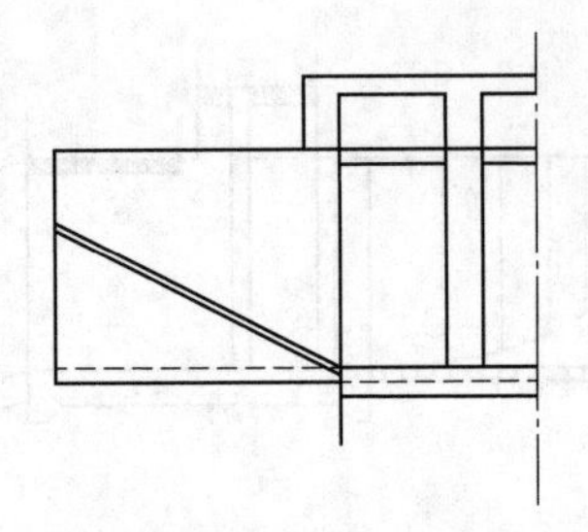

图 9-48　绘制上游护坡

5) 绘制闸室边墩

用“偏移”命令,将圆弧翼墙右侧边线向左偏移 2 600;用“偏移”命令,将虚线向下偏移 1 000 得到辅助线,如图 9-49 所示。

在“虚线”图层,用“直线”命令,连接辅助线交点,绘制闸室边墩外侧轮廓线;将闸室边墩底线修改至“粗实线”图层;用“修剪”命令修剪多余线,如图 9-50 所示。

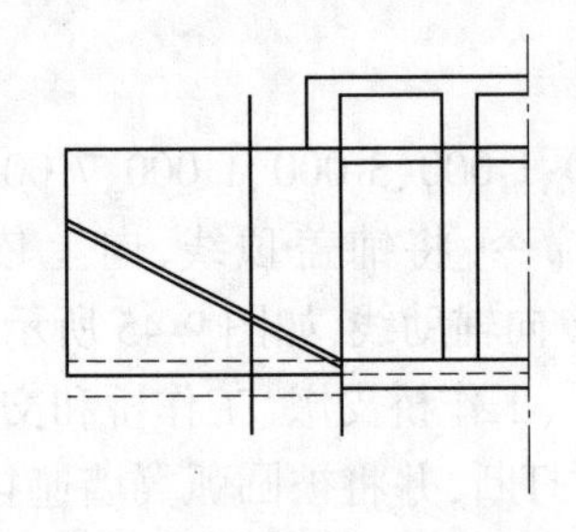

图 9-49　绘制辅助线

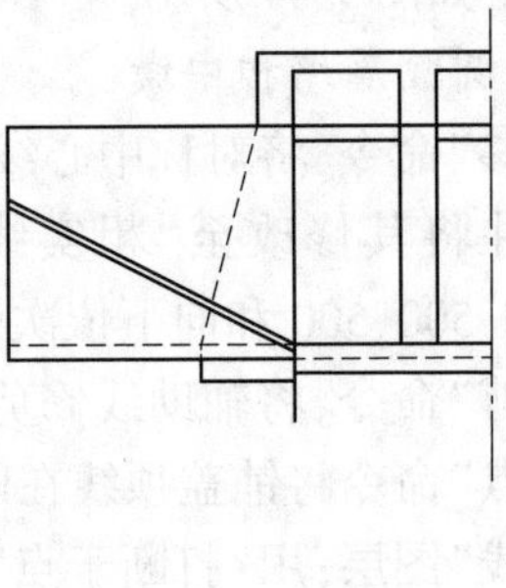

图 9-50　绘制边墩

6) 绘制中墩和检修闸门槽

在“细实线”图层,用“直线”命令,绘制闸墩头部素线,如图 9-51 所示。

用“偏移”命令,将圆弧翼墙右侧边线向左偏移 200,将中墩左侧轮廓线向右偏移 200,将中墩右侧轮廓线向左偏移 200,将偏移得到的三根线修改至“虚线”图层,并进行修剪,如图 9-52 所示。

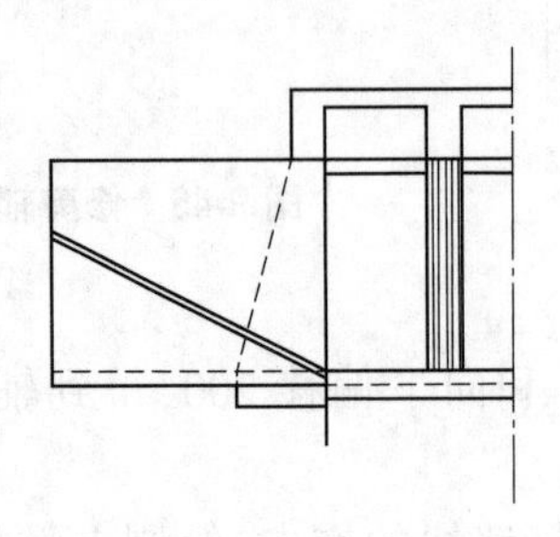

图 9-51　绘制中墩素线

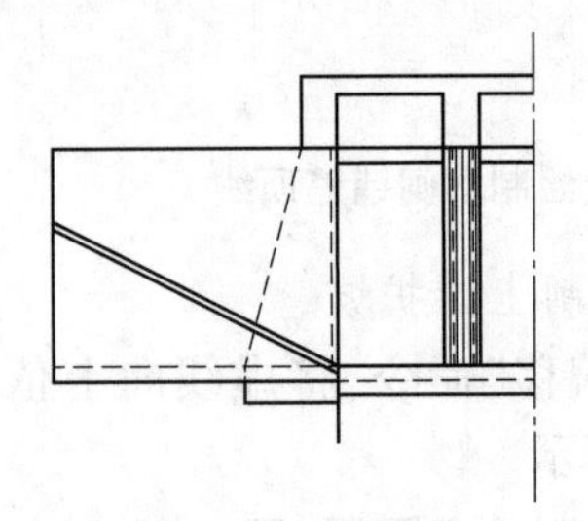

图 9-52　绘制闸门槽

2. 绘制下游立面图

1) 绘制辅助线

用"偏移"命令,将对称中心线向右依次偏移 5 500、500、8 700、500 得到 Y 向辅助线,并将其修改至"粗实线"图层。

用"直线"命令,绘制闸底板顶线;用"偏移"命令,将闸底板顶线向上偏移 3 000 和向下依次偏移 600、1 000、400、500,得到 X 向辅助线,如图 9-53 所示。

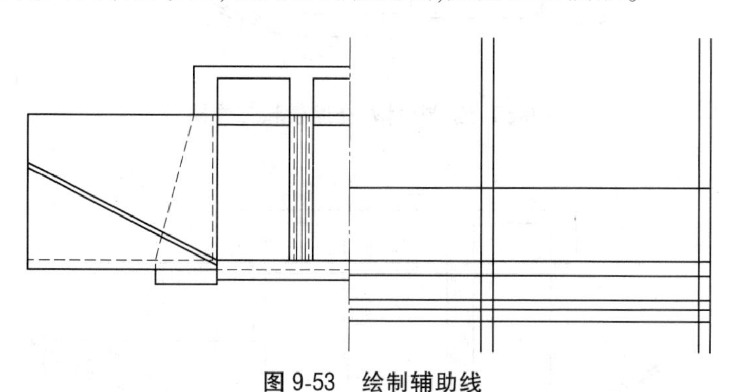

图 9-53　绘制辅助线

2) 绘制扭面翼墙和海漫

用"直线"命令,连接绘制扭面翼墙轮廓线;用"修剪"命令修剪多余的线;在"细实线"图层,用"直线"命令绘制扭面翼墙素线;将海漫底线修改至"虚线"图层,如图 9-54 所示。

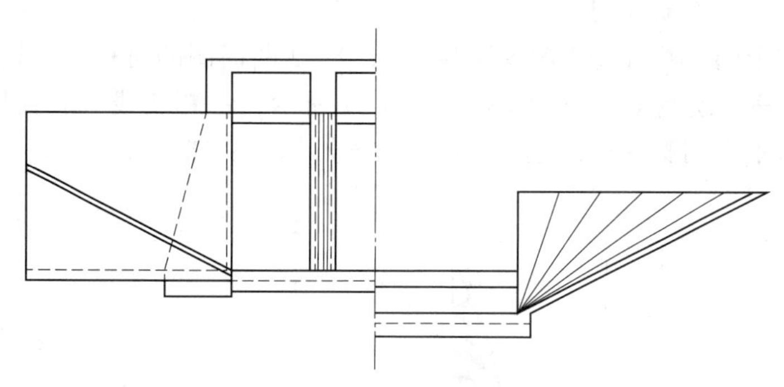

图 9-54　绘制下游海漫和扭面翼墙

3) 绘制中墩、交通桥和工作桥

选择对称中心线左侧的中墩、交通桥和工作桥,用"镜像"命令镜像得到右侧的中墩、交通桥和工作桥;将下游消力池翼墙内侧轮廓线向右偏移 500;用"修剪"命令修剪多余的线,如图 9-55 所示。

4) 绘制符号

绘制水闸外侧填土示坡线;在对称中心线上,绘制对称符号,如图 9-56 所示。

9.2.3.5　绘制断面图

扭面翼墙前后断面形状和尺寸不清楚,需要对其进行剖切,绘制断面图。

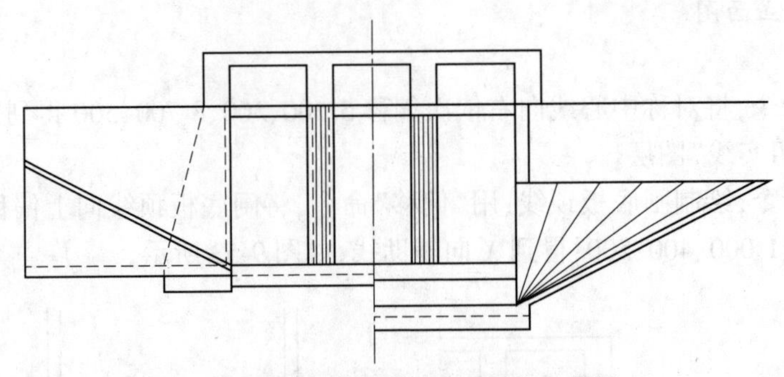

图 9-55　绘制中墩、交通桥和工作桥

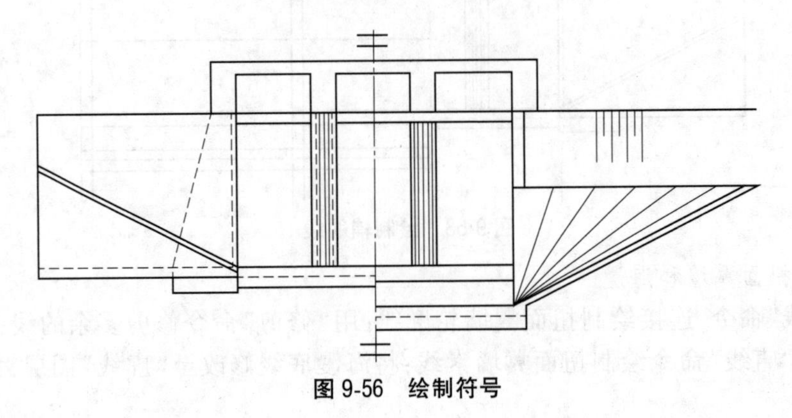

图 9-56　绘制符号

1. 绘制 1—1、2—2 断面图

在“中心线”图层，用“直线”命令绘制 1—1、2—2 断面图的对称中心线；在“粗实线”图层，用“直线”命令绘制 1—1 断面图，如图 9-57 所示；在“粗实线”图层，用“直线”命令绘制 2—2 断面图；在对称中心线上，绘制对称符号，如图 9-58 所示。

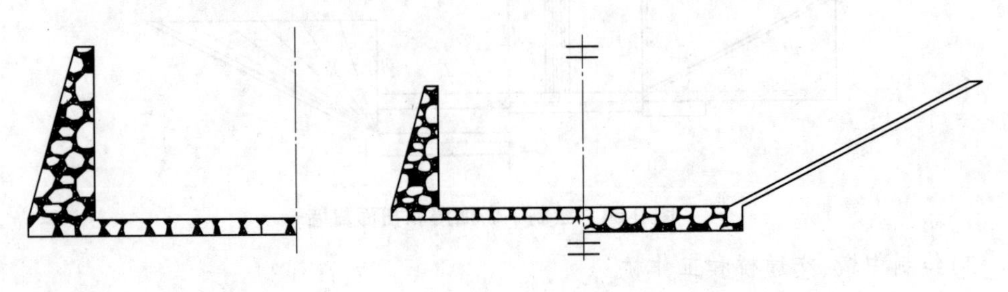

图 9-57　绘制 1—1 断面图　　　　图 9-58　绘制 2—2 断面图

2. 绘制 3—3 断面图

在“粗实线”图层，用“直线”命令，绘制 3—3 断面图，如图 9-59 所示。

3. 绘制 4—4 断面图

在“粗实线”图层，用“直线”命令，绘制 4—4 断面图；在“细实线”图层，用“直线”命令绘制折断线，如图 9-60 所示。

4. 绘制 5—5 断面图

在“粗实线”图层，用“直线”命令，绘制 5—5 断面图；在“细实线”图层，用“直线”命令绘制折断线，如图 9-61 所示。

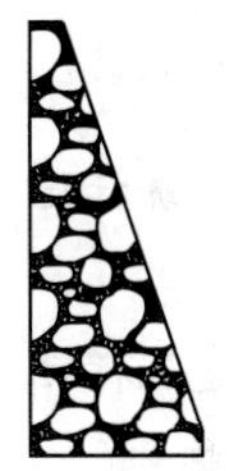

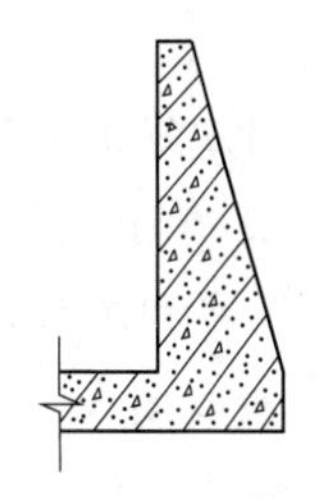

图 9-59　绘制 3—3 断面图　　**图 9-60　绘制 4—4 断面图**　　**图 9-61　绘制 5—5 断面图**

5. 修整全图

在“剖面线”图层，用“图案填充”命令，图案“GRAVEL”，填充图案比例 50，对 1—1 断面图、2—2 断面图和 3—3 断面图进行填充。

在“剖面线”图层，用“图案填充”命令，图案“AR-CONC”，填充图案比例 5，对 4—4 断面图和 5—5 断面图进行填充。

9.2.3.6　绘制图框和标题栏

方法同 9.1.2 部分，略。

9.2.3.7　调整图形

采用“缩放”命令，将图框和标题栏放大 250 倍；将图形移动到图框内，并调整到合适的位置。

9.2.3.8　标注

1. 标高标注

在“尺寸线”图层，对纵剖视图、上下游立面图和断面图进行标高标注。

注意：标高符号可以用带属性的图块插入，比例为 250。

2. 剖切符号标注

在“粗实线”图层，在平面图上绘制剖切符号。

3. 文字标注

在“文字”图层，标注文字。

注意：汉字采用“汉字”文字样式，数字和字母采用“数字与字母”文字样式；视图名称采用 5 号字，放大 250 倍，则文字高度为 1 250；其余文字采用 3.5 号字，放大 250 倍，则文字高度为 875。

4. 尺寸标注

将标注样式的全局比例修改为 250，在“尺寸线”图层，进行尺寸标注。

巩固练习

一、单项选择题

1. 1:1绘制图框，图框放大 150 倍，将工程图置于该图框中，此时标注样式中的全局比例应设置为(　　　)。

A. 1　　B. 100　　C. 150　　D. 200

2. 绘制建筑工程图时,标注样式中的箭头采用(　　　)符号。

A. 实心闭合　　B. 空心闭合　　C. 点　　D. 建筑标记

3. 绘制水利工程图时,标注样式中的箭头采用(　　　)符号。

A. 实心闭合　　B. 空心闭合　　C. 点　　D. 建筑标记

4. 在水闸设计图中,沿平面图中的水闸对称中心线剖切得到的图,称为(　　　)。

A. 平面图　　B. 纵剖视图　　C. 横剖视图　　D. 断面图

5. 在水闸设计图中,将工作桥和交通桥拆开,使闸墩和门槽可见,这种画法被称为(　　　)。

A. 掀土画法　　B. 拆卸画法　　C. 简化画法　　D. 合成视图

二、多项选择题

1. AutoCAD 绘制工程图一般有两种方法,分别是(　　　)。

A. 按实物大小绘制图形,缩放图框,标注样式设置全局比例

B. 按实际图纸大小绘制图框,按缩放比例绘制图形,标注样式设置测量单位比例

C. 按实际图纸大小绘制图框,按缩放比例绘制图形,标注样式设置全局比例

D. 按实物大小绘制图形,缩放图框,标注样式设置测量单位比例

2. 水利工程图中的特殊表达方法包括(　　　)。

A. 合成视图　　B. 拆卸画法　　C. 掀土画法　　D. 简化画法

3. 绘制水利工程图时,视图的配置应遵循的原则包括(　　　)。

A. 当一幅图纸上有两个以上视图时,应尽量按投影关系配置

B. 大坝等挡水建筑物的平面图应使水流方向自上而下布置视图

C. 水闸等过水建筑物的平面图应使水流方向自左而右布置视图

D. 大坝等挡水建筑物的平面图应使水流方向自左而右布置视图

4. 水利工程图中,关于视图的说法正确的是(　　　)。

A. 建筑物的俯视图被称为平面图

B. 建筑物的主视图被称为平面图

C. 平行于建筑物轴线剖切得到的视图被称为纵剖视图或纵断面图

D. 垂直于建筑物轴线剖切得到的视图被称为横剖视图或横断面图

5. 关于工程图表达方法的说法正确的是(　　　)。

A. 过水建筑物一般以纵剖视图、平面图、上下游立面图表达

B. 大坝、水电站等建筑物一般以平面布置图、上下游立面图、典型断面图表达

C. 用水平面将房屋建筑剖切开,得到的剖切视图称为平面图,剖切位置通常在窗台上

D. 对于坝、隧洞、渠道等较长的水工建筑物,沿轴线的长度方向一般采用“桩号”注写,桩号标注形式为 km+m。

三、判断题

1. 水利工程图中,平面图中的标高符号和纵剖视图中的标高符号相同。(　　　)

2. 水闸设计图中,将水闸侧面覆盖土层掀开,使被覆盖的翼墙和边墩背面可见,这种画法称为掀土画法。(　　　)

3. 1∶1绘制图框,图框放大 100 倍,将工程图置于该图框中,此时数字、字母和文字的高度可设置为 3.5。(　　　)

4. 在水闸设计图中,左视图被称为上游立面图。(　　　)

5. 在建筑平面图中,宜采用多线绘制墙体。(　　　)

四、实操题

1. 绘制如图 9-62 所示的二层平面图和图 9-63 所示的建筑剖面图。

2. 绘制如图 9-64 所示的渡槽设计图。

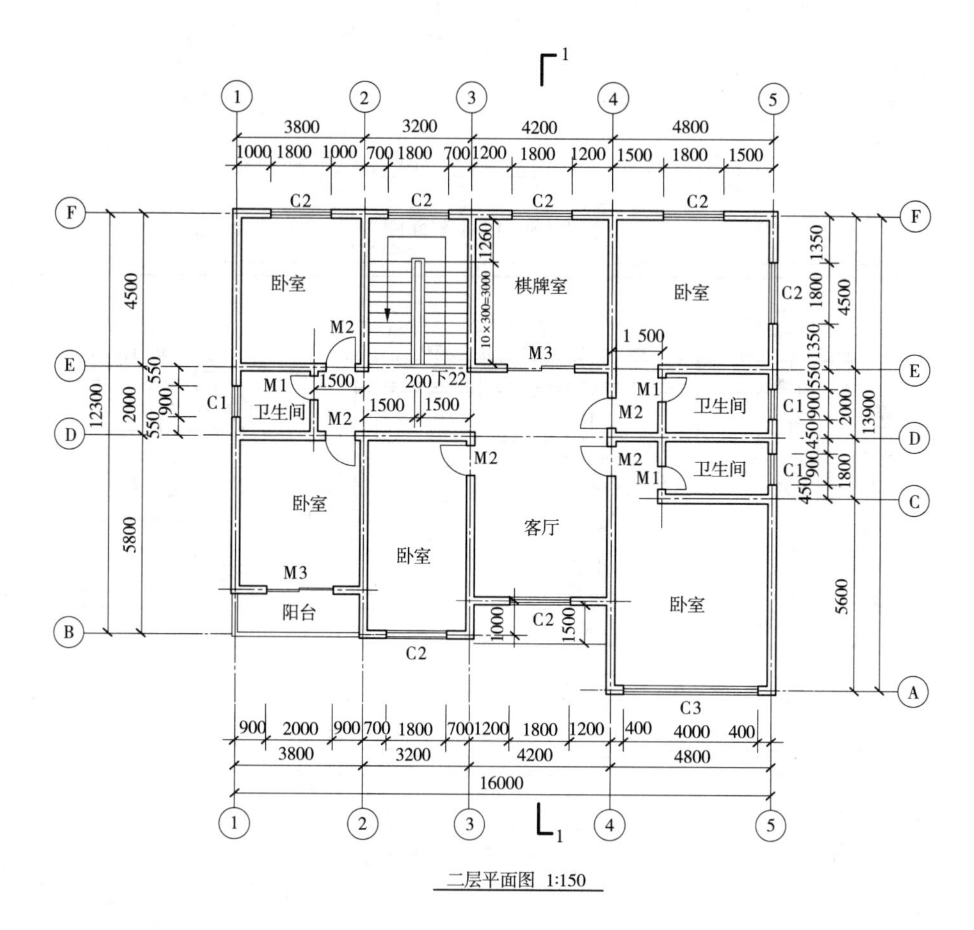

图 9-62　二层平面图

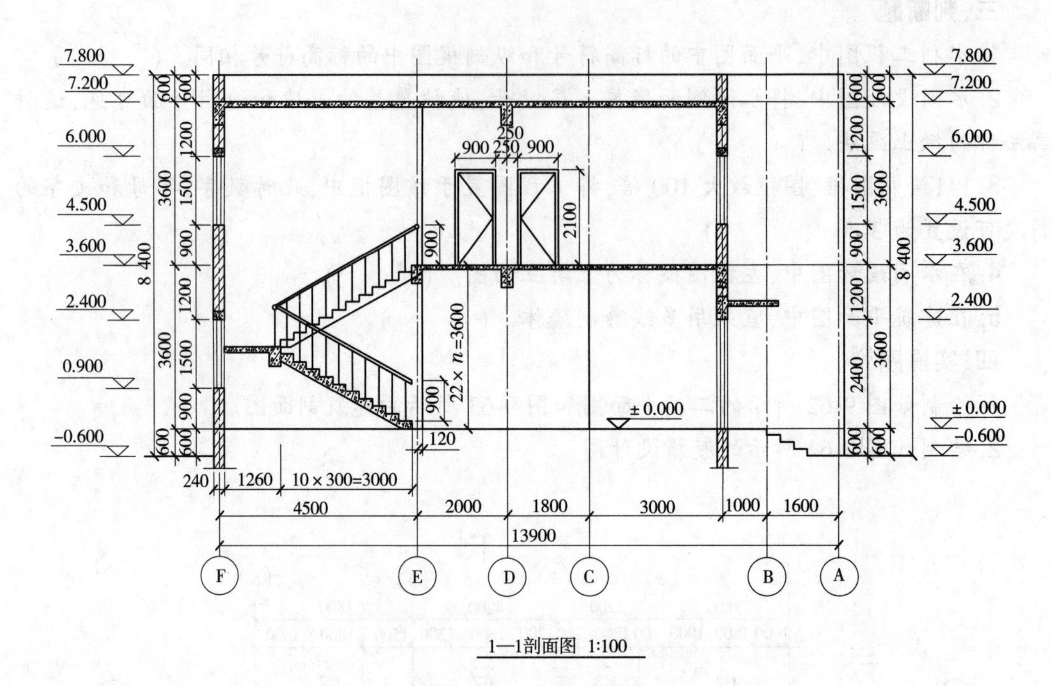

图 9-63　1—1 剖面图

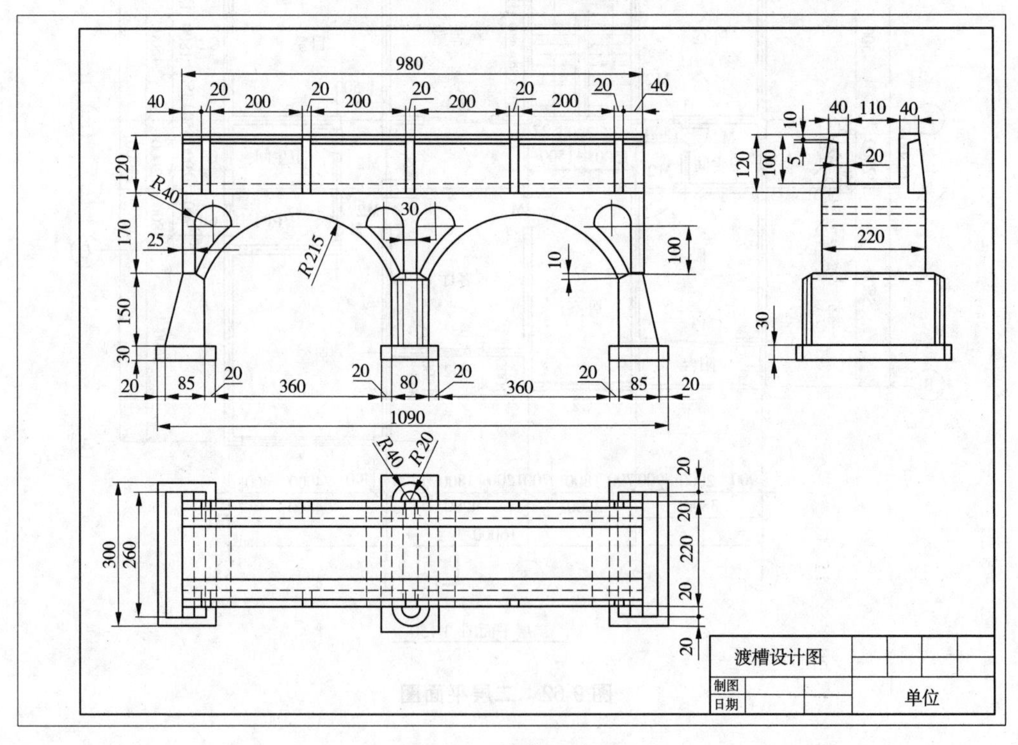

图 9-64　渡槽设计图

项目10　AutoCAD 2022图纸打印

【项目导入】

AutoCAD可以对绘制的图形进行打印和输出。本项目主要介绍图纸打印的方法，包括在模型空间打印、在图纸空间打印和批处理打印。

【教学目标】

1. 知识目标

(1)掌握在模型空间打印图纸的相关知识。

(2)掌握在图纸空间打印图纸的相关知识。

(3)掌握批处理打印的相关知识。

2. 技能目标

(1)能够运用所学知识在模型空间打印图纸。

(2)能够运用所学知识在图纸空间打印图纸。

(3)能够运用所学知识批处理打印图纸。

3. 素质目标

(1)通过打印图纸，培养学生解决工程实际问题的能力。

(2)通过打印图纸，培养学生综合运用专业知识的能力。

【思政目标】

(1)通过应用AutoCAD打印图纸，培养学生严谨认真的工匠精神。

(2)通过应用AutoCAD打印图纸，培养学生的综合实践能力。

任务10.1　模型空间和图纸空间

AutoCAD有两种不同的工作环境——模型空间和图纸空间，分别用“模型”选项卡和“布局”选项卡表示。模型空间从“模型”选项卡访问，图纸空间从“布局”选项卡访问。默认情况下，“模型”选项卡和“布局”选项卡 模型 布局1 布局2 + 显示在绘图区域的左下角。

(1)模型空间。是用户绘制图形时所在的工作空间，是一个真实的、无限的三维绘图区域。用户可以在模型空间内绘制、查看和编辑图形对象，也可以进行图纸打印，这是AutoCAD创建图形的传统方法。

(2)图纸空间。是用户进行图形规划及打印布局时的一个工作空间，是一个能够放置模型空间几何图形的有限区域，相当于手工绘图时的图纸，它能将在模型空间的几何图形按比例布置在一张图纸上。用户可以设置一个或多个布局，在每个布局上，可以创建显示模型空间不同视图的一个或多个视口。

注意：在图纸空间中输入的内容不会出现在模型空间中。

综上所述,用户既可以在模型空间打印图纸,也可以在图纸空间打印图纸,两者优缺点如下。

(1)模型空间。

优点:

①所有图纸都在一个画面中,查看较为直观。

②相比图纸空间,出图设置较少,操作比较简单,易于理解。

缺点:

①仅适用于二维图形。

②不支持多视图和依赖视图的图层设置。

③在张数较多、图幅不一的情况下,需要提前根据出图比例调整图框大小、文字高度、标注全局比例、块的比例等,除非用户使用注释性对象。

④无法做到一次设置多次出图,出图比例需要根据图框缩放比例反复修改。

⑤打印范围选择窗口,每次打印需要去模型空间捕捉窗口的定位。

(2)图纸空间。

该方法将绘图与出图分开,绘图时只需要在模型空间按照 1:1 比例绘图,而出图时在图纸空间设置打印比例、图框大小。

优点:

①同一张图纸出多种幅面,只需修改视口比例。

②一张图纸中的图形比例不一样,只需要创建不同的视口,修改视口比例即可。

③反复出图时,操作较少,无须反复设置。

④打印范围选择布局,无须任何的捕捉定位。

缺点:

①在图纸较多的情况下,查阅不直观。

②布局设置好后,模型空间里的图形就不能移动了,否则图纸空间里的图形位置会相应改变。

任务 10.2 在模型空间打印图纸

默认情况下,图形有一个"模型"选项卡,用户通过"模型"选项卡进入模型空间,在模型空间绘制几何图形后,在模型空间进行打印。

10.2.1 启动打印命令

打印命令的启动方式如下:

(1)在快速访问工具栏,单击"打印"按钮🖨。

(2)功能区"输出"选项卡→"打印"按钮,如图 10-1 所示。

(3)主菜单"文件"→"打印"。

(4)"应用程序菜单"→"打印"→"打印"。

(5)在命令行,用键盘输入"Plot"。

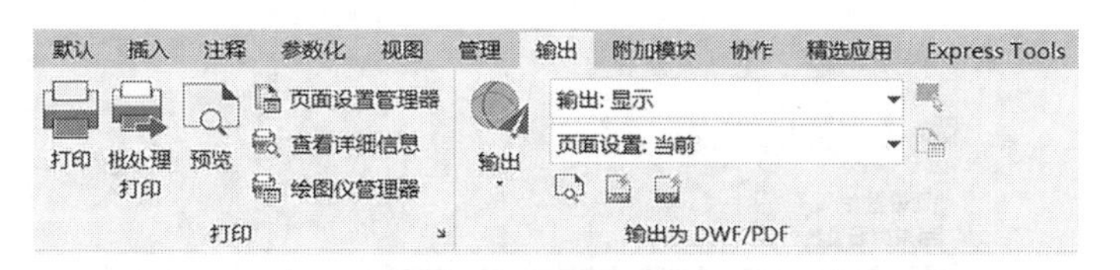

图 10-1　“输出”选项卡

10.2.2　设置打印

打印命令启动后，弹出“打印-模型”对话框，对打印进行设置，如图 10-2 所示。

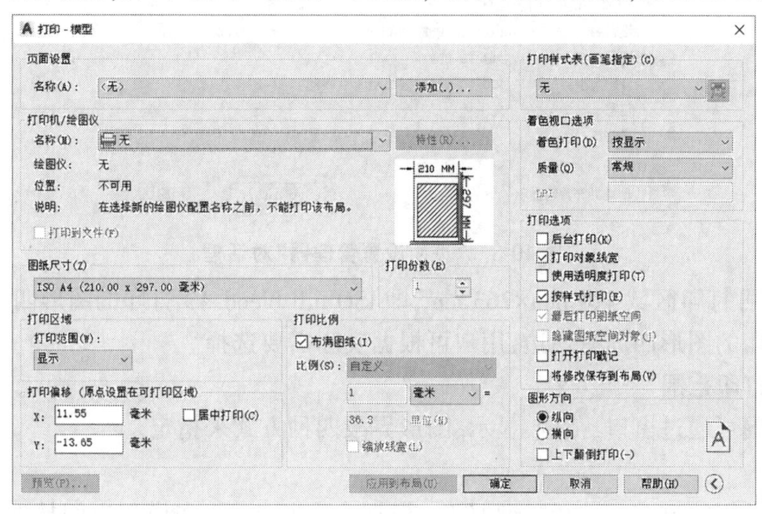

图 10-2　“打印-模型”对话框

10.2.2.1　页面设置

用户可以通过“添加(.)...”按钮为将设置的打印格式添加页面设置名称，便于以后直接使用该设置。

可以通过图 10-1 的“页面设置管理器”按钮，打开“页面设置管理器”对话框（见图 10-3），对页面设置进行新建、重命名、修改、删除。

10.2.2.2　打印机/绘图仪

在“打印机/绘图仪”名称下拉列表中，用户根据需要选择合适的打印机/绘图仪，实际是选择一种用于输出的打印驱动。打印驱动分为两种：一种是可以打印纸张的打印设备，包括小幅面的打印机和大幅面的绘图仪，可以是直接装在操作系统中的打印驱动，也可以是自己添加的 CAD 内置驱动；另一种是可以打印输出文件的虚拟打印驱动，例如用于输出 PDF、JPG、EPS、DWF 等各种文件的驱动。内置打印驱动和虚拟打印驱动都可以通过主菜单“文件”→“绘图仪管理器”添加。

10.2.2.3　图纸尺寸

选择打印机后，“图纸尺寸”下拉列表会更新为打印机支持的各种图纸尺寸，选择合适的图纸尺寸即可。如果图纸为 A3，一般有 ISO full bleed A3、ISO expand A3 和 ISO A3 三种供选择，这三种图纸的尺寸都是 420 mm×297 mm，但可打印区域不同，ISO full bleed A3 默认可打印区域 420 mm×297 mm，ISO expand A3 默认可打印区域 410 mm×277 mm，

图 10-3　“页面设置管理器”对话框

ISO A3 默认可打印区域 410 mm×263 mm，即 ISO full bleed A3 打印的图形四周无白边，而其余两种打印的图形四周有白边，用户可根据实际需要选择。

10.2.2.4　打印范围

打印范围可通过窗口、范围、显示、图形界限四种方式来指定。

1. 窗口

窗口是常用的方式。选择“窗口”后，根据命令行提示，在模型空间拾取打印范围的两个对角点，自动返回打印对话框。

2. 范围

打印图形中的所有对象。

3. 显示

打印当前图形窗口中显示的所有对象。

4. 图形界限

打印图形界限内的所有对象，此选项仅在模型空间可用。

图形界限可通过主菜单“格式”→“图形界限”指定左下角点和右上角点进行设置。

10.2.2.5　打印偏移

无特殊情况，勾选“居中打印”。

10.2.2.6　图形方向

根据实际情况，选择“横向”“纵向”“上下颠倒打印”。

10.2.2.7　打印比例

AutoCAD 绘图时，绘图比例和打印比例是两个概念。打印比例可以采用按图纸空间缩放和用户自定义两种方式。

1. 按图纸空间缩放

如果只查看效果，直接勾选“布满图纸”，软件自动根据设置的打印范围和图纸可打印区域计算缩放比例。

2. 自定义比例

正式出图时,用户应根据绘图情况设置打印比例。如果采用第一种方法绘图,图框比例放大 100 倍,则打印比例应为 1:100;如果采用第二种方法绘图,则打印比例应为 1:1。

注意:通常不勾选“缩放线宽”,例如“粗实线”图层线宽 0.5 mm,直接按 0.5 mm 线宽打印,不应根据打印比例缩放线宽。

10.2.2.8　打印样式表

通过打印样式表对图形打印的颜色和线宽进行设置。

1. acad. ctb

彩色打印。

2. DWF Virtual Pens. ctb

AutoCAD 自带的彩色打印。与 acad. ctb 不同之处:笔号和虚拟笔号默认 1,线宽默认 0.254 0 mm。

注意:图形文件设置的线宽优先级低于打印样式设置的线宽,例如“粗实线”图层线宽 0.5 mm,当打印样式采用 DWF Virtual Pens. ctb 时,打印的图形线宽是 0.254 0 mm。

3. Fill Patterns. ctb

为不同颜色的填充自动修改填充样式,替换图纸中设定的实心填充,例如黄色实心填充默认被修改为“棋盘形”填充。

4. Grayscale. ctb

灰度打印,将所有打印颜色转换为“灰度”。

5. Monochrome. ctb

黑色打印,将所有颜色打印为“黑色”。与 Grayscale. ctb 的差别是,灰度打印有色深差异,而该打印样式则将所有颜色变成 100%黑。工程图纸打印输出一般选用此打印样式。

6. Screening 25%~100%. ctb

通过设置“淡显”控制墨水的使用量,直接影响输出的色深。

通常彩色打印选择 acad. ctb,黑色打印选择 Monochrome. ctb,灰度打印选择 Grayscale. ctb。

如果已经通过图层或特性给几何图形设置了线宽,则选择打印样式表后即可直接打印。但如果图形中只设置了颜色,没有设置线宽,则需要单击打印样式表右侧的“编辑”按钮,打开如图 10-4 所示的打印样式表编辑器,在此对话框中,用户可以通过“线宽”下拉列表为每种颜色设置不同的线宽,设置完成后单击“保存并关闭”按钮。

注意:线宽的大小主要由打印设备分辨率和打印点之间的宽度决定的,公式为<点距>/<设备分辨率>,因此同样的线宽,在不同打印设备上输出的实际宽度并不一样。

一般情况下,建议直接使用预设打印样式表的默认设置,不要随意对打印样式表内的选项进行修改,以免造成混乱。用户可以新建自己的打印样式表,单击打印样式表下拉列表内的“新建”,打开如图 10-5 所示的对话框,选择“创建新打印样式表”,按照向导添加新的打印样式表,对每种颜色设置打印颜色、线宽、连接样式等。

图 10-4 “打印样式表编辑器”对话框

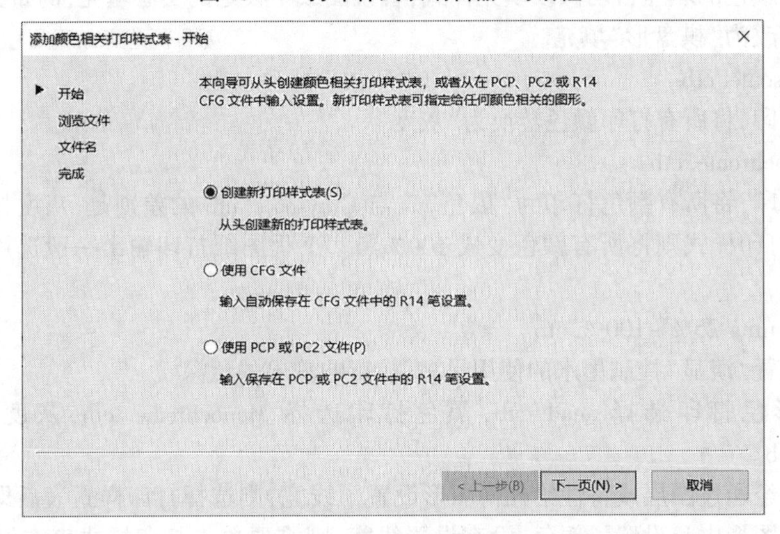

图 10-5 新建打印样式表

10.2.2.9 着色视口选项

用于打印着色和视口渲染的设置，着色打印下拉列表包括“按显示”“传统线框”“传统隐藏”等，打印三维图形时，可根据情况选择，但对二维图形没有影响。

10.2.2.10 打印选项

一般勾选“打印对象线宽”“按样式打印”“将修改保存到布局”。

10.2.2.11 预览

在正式打印前，一般先预览图形。单击“预览”，打开如图 10-6 所示的图形预览窗口，在该预览窗口中，会显示图形打印时的确切外观，包括线宽、填充图案和设置的其他打印样式。

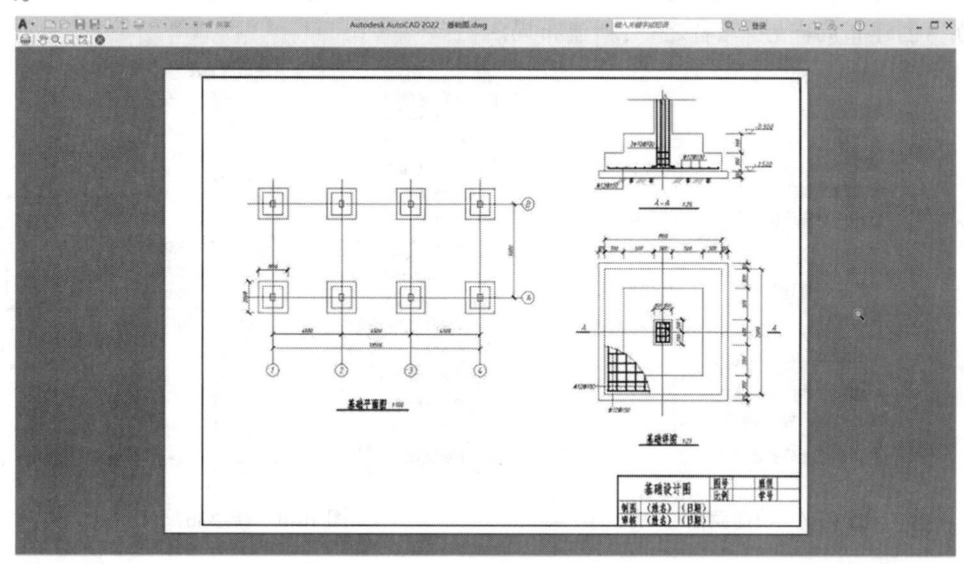

图 10-6 打印预览

图形预览窗口将活动工具栏和工具选项板隐藏，只显示临时的“预览”工具栏，包括“打印”“平移”和“缩放”等工具按钮，用户可根据需要选择合适的工具。单击鼠标右键，在弹出的快捷菜单中包括“退出”“打印”“平移”“缩放”“窗口缩放”及“缩放为原窗口”（缩放至原来的预览比例）等菜单命令，用户可根据需要执行相应的命令。按下 Esc 键可退出预览窗口并返回到“打印”对话框。

10.2.3 打印

打印方法如下：

(1)在“打印-模型”对话框中，单击“确定”按钮，如图 10-2 所示；

(2)在预览页面，单击左上角的“打印”按钮，如图 10-6 所示；

(3)在预览页面，选择右键快捷菜单中的“打印”。

任务 10.3 在图纸空间打印图纸

10.3.1 布局

默认情况下，图形最开始有两个“布局”选项卡，即“布局 1”和“布局 2”。在“布局”选项卡上单击鼠标右键，弹出快捷菜单，如图 10-7 所示，可以根据需要创建多个布局、删除布局、重命名布局等。AutoCAD 允许用户在图形中创建多个布局以显示和打印不同的视图，新建布局的方法如下：

(1)通过如图 10-7 所示的快捷菜单，新建布局；

(2)单击绘图区域左下角布局选项卡旁边的“+”，新建布局；

(3)如图 10-8 所示,在主菜单中“插入”→“布局”,可选择“新建布局”“来自样板的布局”“创建布局向导”三者之一,新建布局。

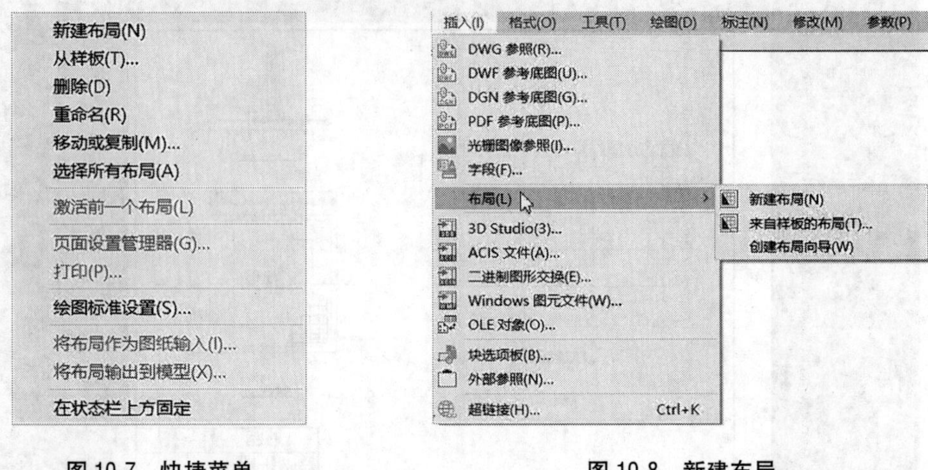

图 10-7　快捷菜单　　　　图 10-8　新建布局

10.3.2　页面设置

创建布局时,需要进行设置,这些设置将作为页面设置保存在图形中,每个布局都可以与不同的页面设置相关联。如果用户创建布局时未在“页面设置”对话框中指定所有设置,则可以执行当前打印任务,临时使用新的页面设置,或保存新的页面设置。

新建布局时,在如图 10-7 所示的快捷菜单中,选择“页面设置管理器”,打开“页面设置管理器”对话框,如 10-9 所示;单击“修改”按钮,打开“页面设置-布局 2”对话框,如图 10-10 所示,在此对话框中,对页面进行设置。

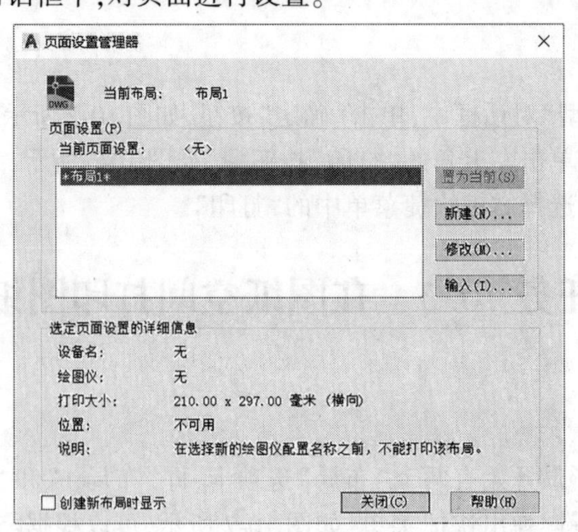

图 10-9　“页面设置管理器”对话框

10.3.2.1　打印范围

打印范围可通过窗口、范围、显示、布局四种方式来指定。

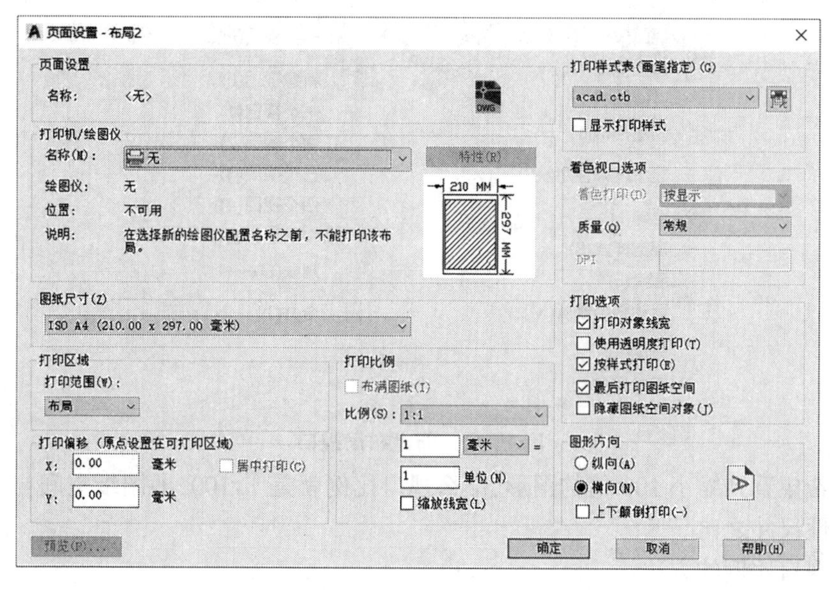

图 10-10　“页面设置-布局 2”对话框

1. 窗口、范围、显示

方法同 10.2.2 部分，略。

2. 布局

打印布局中图纸可打印区域内的所有对象，此选项仅在图纸空间可用。

10.3.2.2　打印比例

当“打印区域”设定为“布局”时，此选项不可用。

10.3.2.3　其他

设置方法同 10.2.2 部分，略。

10.3.3　视口

视口分为模型视口和布局视口。在模型空间创建的视口被称为模型视口，模型视口是将绘图区域分割成一个或多个矩形区域，以显示模型的不同视图。在图纸空间创建的视口被称为布局视口，布局视口是用于显示模型空间图形的窗口，本项目重点学习布局视口，简称为视口。

在每个布局，可以创建布满整个布局的单一布局视口，也可以创建多个布局视口，每个视口内包含一个视图，各个视口中的视图可以使用不同的视口比例。

10.3.3.1　新建视口

(1) 如图 10-11 所示，主菜单“视图”→“视口”→“一个视口”。

(2) 根据命令行提示“指定视口的角点或 [开(ON)/关(OFF)/布满(F)/着色打印(S)/锁定(L)/新建(NE)/命名(NA)/对象(O)/多边形(P)/恢复(R)/图层(LA)/2/3/4] <布满>：”，可以创建矩形视口或多边形视口。

注意：视口的大小应事先根据图纸尺寸、缩放比例、绘图比例等进行估算。

10.3.3.2　设置视口比例

视口比例就是用户在图纸空间希望看到的图形与模型空间几何图形的比例，例如在

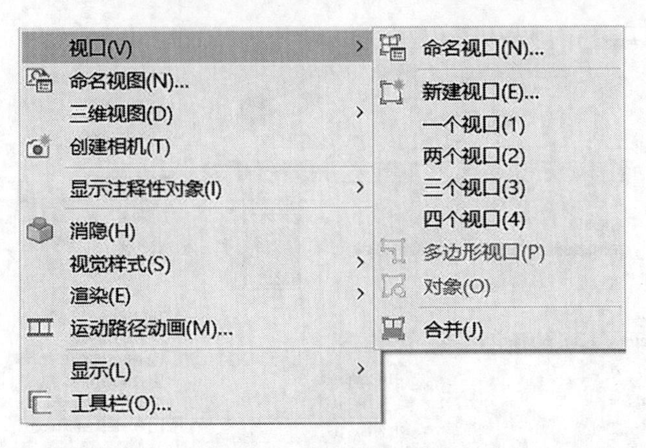

图 10-11　新建布局视口

图纸空间希望看到缩小 100 倍的图形,那么视口比例就是 1:100,即图纸空间与模型空间中相应线性尺寸之比。

设置视口比例的方法:

(1)选中视口,在如图 10-12 所示的状态栏中,从视口比例下拉列表中选择需要的视口比例;

图 10-12　状态栏

(2)选中视口,单击视口中心附近的三角形比例夹点,从列表中选择需要的视口比例,如图 10-13 所示;

(3)选中视口,在"特性"选项板中的"标准比例"下拉列表中选择需要的视口比例。

(4)选中视口,在如图 10-12 所示的状态栏中,单击"图纸"进入模型空间,在命令行输入"ZOOM",指定视口比例。

注意:如果使用自定义比例,请在"自定义比例"字段中输入比例。

单击视口边线,视口边线呈蓝色夹点显示,此时视口处于选中状态。

10.3.3.3　调整视图位置

选中视口,在图 10-12 所示的状态栏中,单击"图纸"进入模型空间,此时视口边线呈黑色粗实线显示,按下鼠标左键移动视口内图形,直至视图位置合适,单击"模型"返回图纸空间。

10.3.3.4　锁定视口

选中视口,单击鼠标右键弹出快捷菜单,如图 10-14 所示,选择"显示锁定"→"是",将视口内的图形锁定,防止视口内的图形移动。

10.3.4　打印

10.3.4.1　启动打印命令

方法同 10.2.1 部分,略。

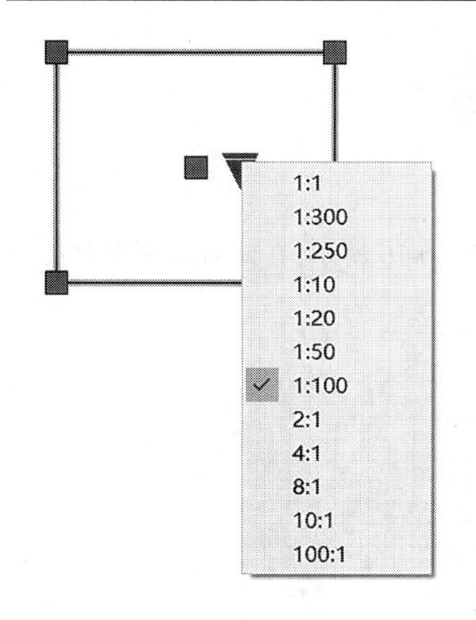

图 10-13　设置视口比例

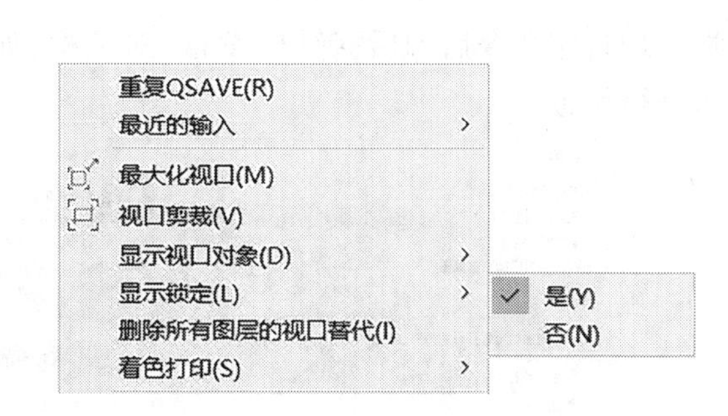

图 10-14　锁定视口

10.3.4.2　**设置打印**

如果用户创建布局时已经在“页面设置”对话框中指定了所有设置，则不需要再进行打印设置，如果没有，则需要进行设置，方法同 10.3.2 部分，略。

10.3.4.3　**打印**

方法同 10.2.3 部分，略。

任务 10.4　批处理打印

10.4.1　启动批处理打印命令

批处理打印命令的启动方式如下：

(1)启动“打印”命令后，弹出“批处理”对话框，单击“尝试批量打印(发布)”，如图 10-15 所示；

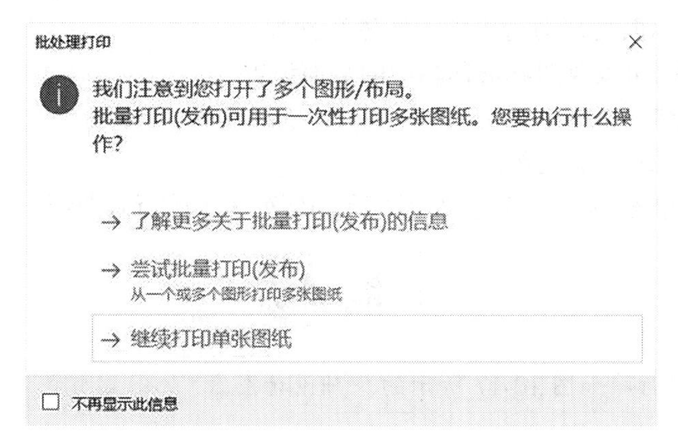

图 10-15　“批处理打印”对话框

(2)功能区“输出”选项卡→“批处理打印”按钮

。

10.4.2　设置批处理打印

批处理打印命令启动后，弹出“发布”对话框，如图 10-16 所示，在此对话框内对批处理打印进行设置。

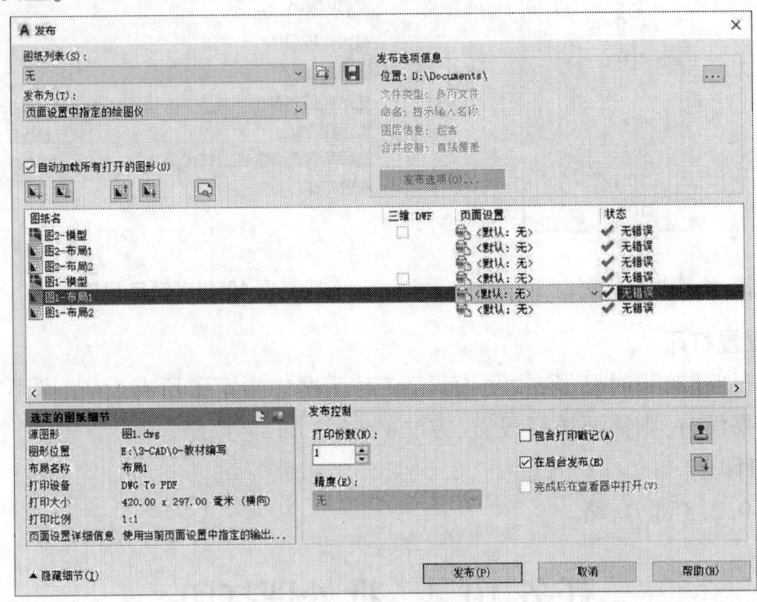

图 10-16　“发布”对话框

10.4.2.1　图纸

勾选“自动加载所有打开的图形”后，在图纸列表中就可以加载所有打开的图形。

单击“添加图纸”按钮，打开“选择图纸”对话框，可以增加图纸列表中的图纸。

选中图纸列表中的图纸，单击“删除图纸”按钮，可以删除该图纸。

通过“上移图纸”和“下移图纸”按钮，可以对图纸列表中的图纸进行排序。

通过“预览”按钮，可以对选中的图纸进行预览。

在图纸列表中，可以对图纸选择相应的页面设置。

10.4.2.2　发布控制

设置打印份数、打印戳记等。

设置完成后，单击“发布”按钮，即可打印图纸列表中的所有图纸。

技能训练

1. 在模型空间打印如图 10-17 所示的基础设计图。

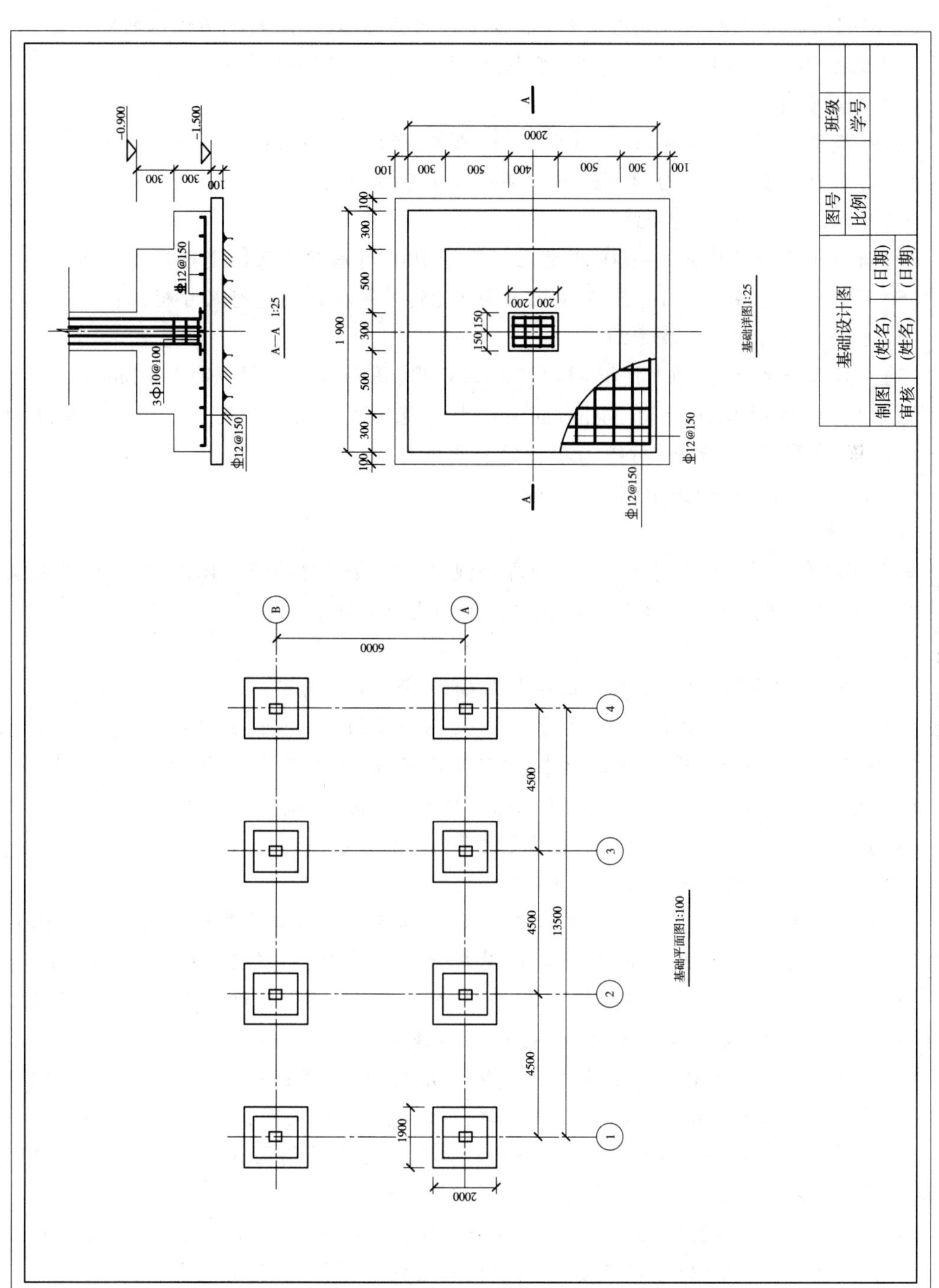
A—A 1:25
-0.900
-1.500
300
300
100
⏀12@150
3⏀10@100
⏀12@150
A
2000
100
300
500
400
500
300
100
1 900
150
200
200
基础详图1:25
⏀12@150
⏀12@150
基础设计图
制图
审核
(姓名)
(姓名)
(日期)
(日期)
图号
比例
班级
学号
B
A
6000
4500
4500
4500
13500
1900
2000
1
2
3
4
基础平面图1:100

图 10-17　基础设计图

训练指导：

在模型空间中，对于多比例图形，如果按 1:1一种比例绘图，图形可能大小不协调；同时，模型空间的打印比例只能选择一种，不能缩放调整图形，无法实现多比例打印。因此，对于多比例图形，应在模型空间分比例绘制后，再在模型空间打印。

具体步骤如下：

(1)在模型空间 1:1绘制基础平面图与基础详图的几何图形；

(2)将基础平面图缩小 0.01 倍，基础详图缩小 0.04 倍；

(3)绘制或插入标准 A3 图框；

(4)新建尺寸标注样式 1-100，测量比例因子 100，对基础平面图进行尺寸标注；

(5)新建尺寸标注样式 1-25，测量比例因子 25，对基础详图进行尺寸标注；

(6)完成文字标注和标高标注；

(7)在模型空间打印，在“打印-模型”对话框中，图纸尺寸选择 ISO full bleed A3，打印比例 1:1，打印样式表选择 Monochrome. ctb，打印范围通过窗口指定图框的左上角点和右下角点，预览图形后，单击“打印”按钮，完成图纸打印。

2. 在图纸空间打印如图 10-17 所示的基础设计图。

训练指导：

由于可以在布局中设置多个视口，而每个视口可以有各自的视口比例，因此可以在模型空间里按 1:1绘制图形，在布局里对多比例图形进行打印。

具体步骤如下：

(1)在模型空间 1:1绘制基础平面图与基础详图的几何图形；

(2)单击“布局 1”选项卡，切换至图纸空间，删除布局中的默认视口；

(3)在“页面设置-布局 1”对话框中，进行页面设置，图纸尺寸选择 ISO full bleed A3，打印范围选择布局，打印比例 1:1，打印样式表 Monochrome. ctb；

(4)在模型空间新建“视口边线”图层，设置为不打印；

(5)在图纸空间绘制或插入标准 A3 图框；

(6)规划视口：由于此图有两种比例绘图，因此需要两个视口。基础平面图为 1:100，估算占 A4 图纸图框线内 200 mm×150 mm，基础详图为 1:25，估算占 150 mm×250 mm；

(7)新建视口：“视图”→“视口”→“一个视口”，在图框绘图区域的左边创建一个 200 mm×150 mm 的视口，将视口边线放到“视口边线”图层；

(8)单击 200 mm×150 mm 的视口边线，激活该视口，设置视口比例为 1:100，并切换至模型空间，将基础平面图均匀布置在该视口，再切换至图纸空间，并锁定该视口；

(9)新建视口：“视图”→“视口”→“一个视口”，在图框绘图区域的右边创建一个 150 mm×250 mm 的视口，将视口边线放到“视口边线”图层；

(10)单击 150 mm×250 mm 的视口边线，激活该视口，设置该视口比例为 1:25，并切换至模型空间，将基础详图均匀布置在该视口，再切换至图纸空间，并锁定该视口；

(11)在图纸空间，新建尺寸标注样式 1—1，对基础平面图和基础详图进行尺寸标注；

(12)在图纸空间，完成文字标注和标高标注；

(13)在图纸空间打印，在“打印-布局 1”对话框中，单击“确定”，完成图纸打印。

巩固练习

一、单项选择题

1. 当打印范围为(　　)时,“打印比例”选项区域中的“布满图纸”复选框不可用。

A. 布局　　B. 范围　　C. 显示　　D. 窗口

2. 下列哪个选项不是系统提供的“打印范围”?(　　)。

A. 范围　　B. 布局界限　　C. 显示　　D. 窗口

3. 如果从模型空间打印一张图纸,打印比例为 10:1,那么现在图纸上得到 3 mm 高的字,应在图形中设置的字高为(　　)。

A. 3 mm　　B. 0.3 mm　　C. 30 mm　　D. 10 mm

4. 在打印区域选择哪种打印方式将当前空间内的所有几何图形打印?(　　)。

A. 布局　　B. 范围　　C. 显示　　D. 窗口

5. 模型空间(　　)。

A. 和图纸空间设置一样　　B. 和布局设置一样

C. 是为了建立模型设定的,不能打印　　D. 主要供设计建模用,但也可以打印

二、多项选择题

1. AutoCAD 允许在以下哪种模式下打印图形。(　　)

A. 模型空间　　B. 图纸空间

C. “模型”选项卡　　D. “布局”选项卡

2. 在布局中创建视口,视口的形状可以是(　　)。

A. 矩形　　B. 圆　　C. 多边形　　D. 椭圆

3. 关于 AutoCAD 的图形打印,下列说法正确的是(　　)。

A. 可以打印图形的一部分

B. 可以根据不同的要求用不同的比例打印图形

C. 可以先输出一个打印文件,再把文件放到别的计算机上打印

D. 可以在模型空间打印,也可以在图纸空间打印

4. 下列有关布局的叙述正确的是(　　)。

A. 默认布局有两个　　B. 用户可以创建多个布局

C. 布局可以被移动和删除　　D. 布局可以被复制和重命名

5. 关于模型空间和图纸空间,说法正确的是(　　)。

A. 模型空间是一个三维环境,在模型空间中可以绘制、编辑二维或三维图形,可以全方位地显示图形对象

B. 图纸空间是一个二维环境,模型空间中的三维对象在图纸空间中是用二维平面上的投影来表示的

C. 一般在模型空间绘制图形

D. 视口只能使用于图纸空间,不能使用于模型空间

三、判断题

1. 利用“布局”选项卡，可以在图形中创建多个布局，每个布局都可以设置视口以创建不同内容的图纸。(　　)

2. 可以在模型空间中绘制图形对象，在图纸空间中选择模型空间的图形进行打印设置。(　　)

3. 每个布局视口包含一个视图，该视图按用户指定的比例和方向显示图形对象。(　　)

4. 布局不能被复制和删除。(　　)

5. 在图纸空间中可以绘制图形和标注尺寸，这些对象与模型空间中创建的对象是一样的。(　　)

四、实操题

绘制图 9-1 和 9-13，并分别在模型空间和图纸空间进行打印。

项目 11　三维基础

【项目导入】

AutoCAD 不仅可以绘制二维平面图形,而且创建三维实体的功能也很强大。随着 AutoCAD 版本的不断升级,创建三维实体的方法也越来越简洁好用。AutoCAD 有三维基础和三维建模两种工作空间,三维基础空间内容是创建模型的基本功能,与三维建模空间有所不同。本项目说的三维基础与 AutoCAD 的三维基础空间不同,主要是介绍用于创建三维模型的基础知识,包括三维基础和三维建模空间中的坐标、三维显示和创建表面模型。

【教学目标】

1. 知识目标

(1)了解三维空间和三维坐标的基本知识。

(2)掌握三维空间里模型的显示方法。

(3)掌握创建表面模型和模型转换的方法。

2. 技能目标

(1)能够灵活切换三维空间中的世界坐标和用户自定义坐标。

(2)能熟练对三维空间中模型进行三维显示:视图、观察和设置视觉样式。

(3)会创建表面模型,并能对网格模型、曲面模型和实体模型进行转换。

3. 素质目标

(1)通过设置三维空间和三维坐标,培养学生空间立体想象能力。

(2)通过三维显示空间模型,培养学生对美的感受。

(3)创建表面模型,建立学生对本课程和专业的热度。

【思政目标】

(1)通过设置空间坐标,特别是球面坐标,让学生具有空间概念,进而联想宇宙空间,引申学生的爱国情怀。

(2)通过设置视图、观察和设置视觉样式,培养学生勤于思考的综合素养。

(3)通过创建表面模型,激起学生学习三维 AutoCAD 的兴趣,激发学生专业使命感和自豪感。

任务 11.1　三维工作空间和三维坐标

11.1.1　三维工作空间

AutoCAD 2022 为三维绘图提供了两种工作空间:三维基础和三维建模。

三维基础和三维建模界面见“任务 1.3　AutoCAD 2022 工作界面”。

无论是三维基础还是三维建模,初始打开界面都是二维线框显示模式。要想显示创建在三维空间里的模型,还必须先选择相应的三维显示模式,如选择“西南等轴测”,如图 11-1 所示。

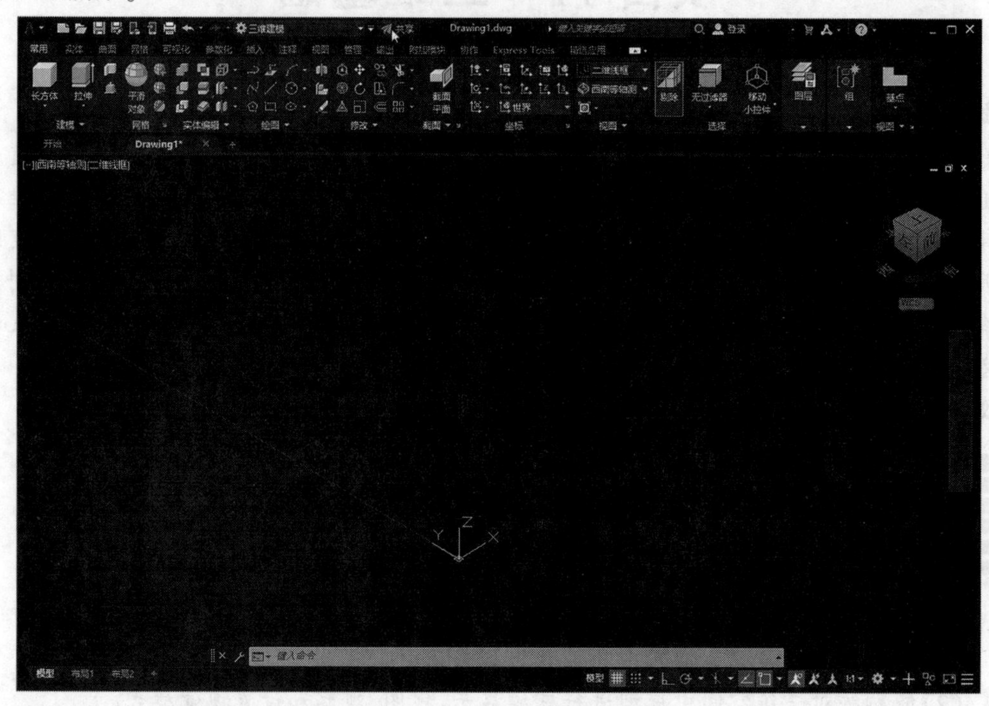

图 11-1 三维建模工作空间

11.1.2 坐标系与三维坐标

11.1.2.1 世界坐标系和用户坐标系

1. 世界坐标系(WCS)

在 AutoCAD 中,三维世界坐标系是在二维世界坐标系的基础上根据右手定则增加 Z 轴而形成的。同二维世界坐标系一样,三维世界坐标系是其他三维坐标系的基础,是系统的绝对坐标系,不能对其重新定义。

2. 用户坐标系(UCS)

用户坐标系为坐标输入、操作平面和观察提供一种可变动的坐标系。定义一个用户坐标系即改变原点(0,0,0)的位置及 XY 平面和 Z 轴的方向。可在 AutoCAD 的三维空间中任何位置定位和定向 UCS,也可随时定义、保存和复用多个用户坐标系。

11.1.2.2 三维坐标形式

在 AutoCAD 中提供了下列三种三维坐标形式。

1. 三维笛卡儿坐标

三维笛卡儿坐标(x,y,z)是在三维笛卡儿坐标系下的点的表达式,其中 x、y、z 分别是拥有共同的零点且彼此相

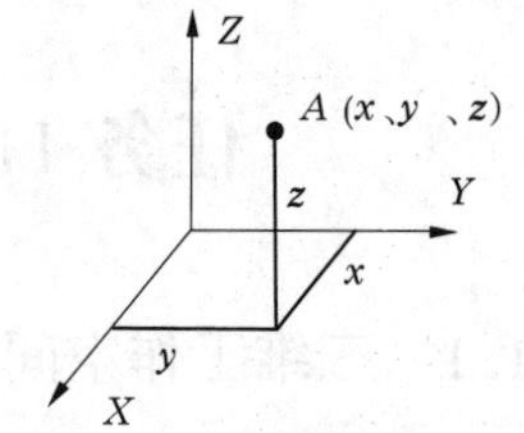

图 11-2 三维笛卡儿坐标

互正交的 X 轴、Y 轴、Z 轴的坐标值,如图 11-2 所示。

三维笛卡儿坐标 (x,y,z) 与二维笛卡儿坐标 (x,y) 相似,即在 x 和 y 值基础上增加 z 值。同样还可以使用基于当前坐标系原点的绝对坐标值或基于上个输入点的相对坐标值。

2. 圆柱坐标

圆柱坐标与二维极坐标类似,但增加了从所要确定的点到 XOY 平面的距离值。圆柱三维点的坐标可通过该点与 UCS 原点连线在 XOY 平面上的投影长度,该投影与 X 轴夹角及该点垂直于 XOY 平面的 Z 值来确定。如图 11-3 所示,圆柱坐标 $P(\rho,\theta,z)$ 是圆柱坐标系上的点的表达式,其中 ρ 为点 P 在 XOY 平面上投影 M 与原点的距离,θ 为 PO 在 XOY 平面上投影 MO 与 X 轴正向所夹的角。设 P 的三维笛卡儿坐标为 (x,y,z),则圆柱坐标系和三维笛卡儿坐标系点的坐标对应关系是 $x=r\cos\theta, y=r\sin\theta, z=z$。

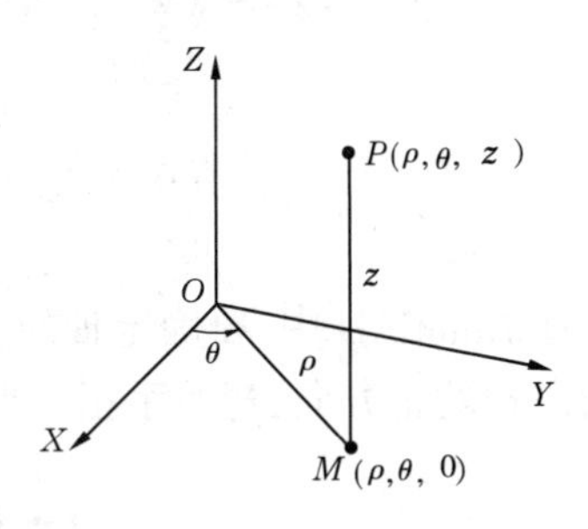

图 11-3　圆柱坐标

3. 球面坐标

球面坐标也与二维极坐标类似。球面坐标系由空间点到原点的距离、方位角、仰角三个维度构成。如图 11-4 所示,球面坐标 (ρ,θ,φ) 是球面坐标系上的点的表达式,其中 ρ 为原点 O 与点 P 间的距离,θ 为从正 Z 轴来看自 X 轴按逆时针方向转到有向线段 MO 的角,这里 M 为点 P 在 XOY 面上的投影,φ 为有向线段 PO 与 Z 轴正向所夹的角。设 P 的三维笛卡儿坐标为 (x,y,z),则圆球面坐标系和三维笛卡儿坐标系点的坐标对应关系是 $x=\rho\sin\varphi\cos\theta$,$y=\rho\sin\varphi\sin\theta$, $z=\rho\cos\varphi$。

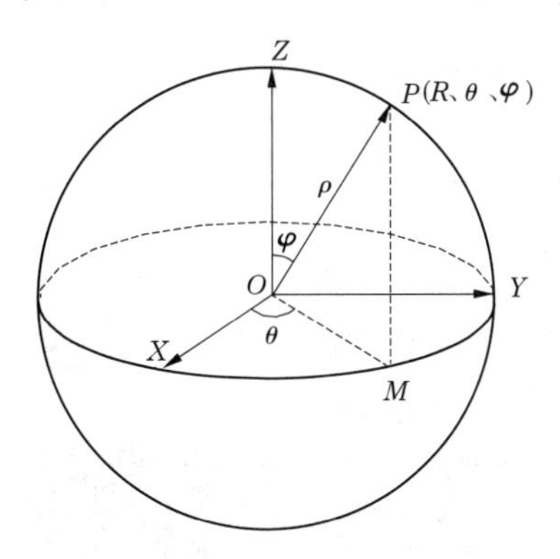

图 11-4　球面坐标

11.1.2.3　**右手定则**

在三维坐标系中,Z 轴的正轴方向是根据右手定则确定的。右手定则也决定三维空间中任一坐标轴的正旋转方向。

要标注 X 轴、Y 轴和 Z 轴的正轴方向,就将右手背对着屏幕放置,拇指即指向 X 轴的正方向。伸出食指和中指,如图 11-5 所示,食指指向 Y 轴的正方向,中指所指示的方向即是 Z 轴的正方向。

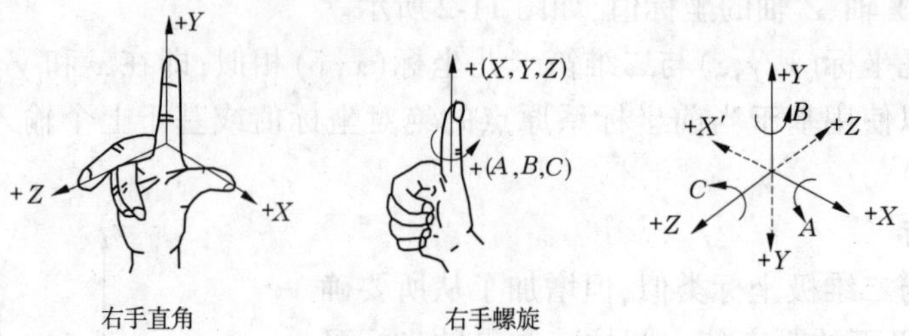

右手直角　　右手螺旋

图 11-5　右手定则

在 AutoCAD 中，要确定轴的正旋转方向（+A、+B、+C），如图 11-5 所示，用右手的大拇指指向轴的正方向，弯曲手指。那么手指所指示的方向即是轴的正旋转方向。

任务 11.2　三维显示

11.2.1　三维视图

11.2.1.1　三维视图

1. 命令的启动方式

(1) 在命令行中用键盘输入："VIEW"。

(2) 在主菜单中选择："视图"→"三维视图"。

(3) 在功能面板上选择："常用"→"视图"，或"可视化"→"命名视图"，或"视图"→"命名视图"。

2. 命令的操作过程

执行上述命令后可以对图形对象进行标准视图和等轴测视图，还可以打开"视图管理器"对话框，如图 11-6 所示。

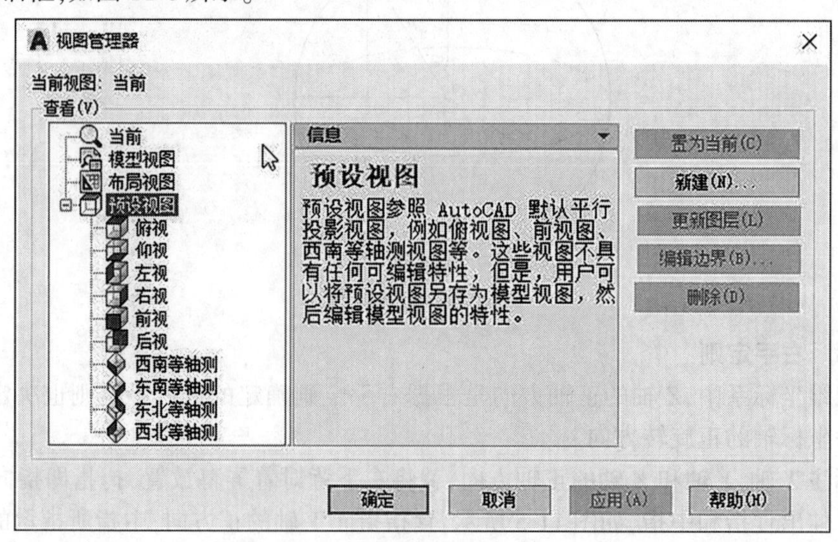

图 11-6　"视图管理器"对话框

3. 参数说明

"当前":显示当前视图及其特性。

"模型视图":显示命名视图列表,并列出选定视图的特性。

"布局视图":在定义视图的布局上显示视口列表,并列出选定视图的特性。

"预设视图":显示正投影视图和等轴测视图列表,并列出选定视图的特性。

11.2.1.2　三维视口

1. 命令的启动方式

(1)在命令行中用键盘输入:"VPORTS"。

(2)在主菜单中选择:"视图"→"视口"→"命名视口"。

(3)在功能面板上选择:"常用"→"视图"→"单个视口""多个视口",或"可视化"→"模型视口"→"视口配置"。

2. 命令的操作过程

执行上述命令后通过选择视口模式与数量,可以对图形对象进行多视口显示。

执行"VPORTS"命令后,系统会弹出如图 11-7 所示的"视口"对话框。

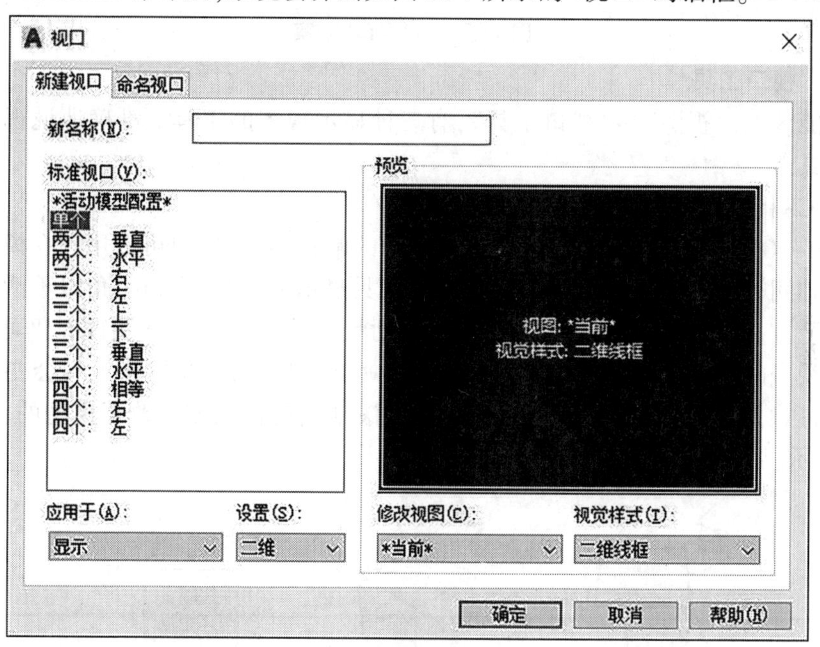

图 11-7　"视口"对话框

3. 视口示例

在"视口"对话框中选择"四个:相等",如图 11-8 所示,从左上角逆时针将视口依次改成前视图、俯视图、西南轴测图和左视图四个方位观察形体。图 11-8 中,西南轴测图视口为激活状态,可在此视口状态下进行图形修改,修改的结果在其他视口内同步完成。

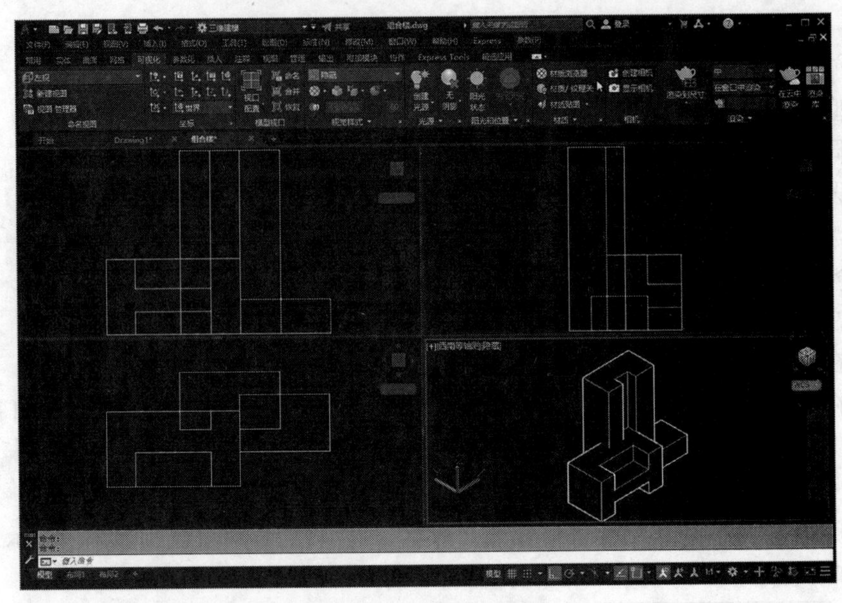

图 11-8　四“视口”观察

11.2.1.3　视口工具

在功能区上,“视图”→“视口工具”,有三种显示视图的工具。准确地说视口工具就是视图工具。

(1)UCS 图标:在绘图区显示 UCS 图标。

(2)ViewCube 工具:是一种可单击、可拖动的常驻界面,用户可以用它在模型的标准视图和等轴测视图之间进行切换。ViewCube 工具显示后,将在窗口一角以不活动状态显示在模型上方。尽管 ViewCube 工具处于不活动状态,但在视图发生更改时仍可提供有关模型当前视点的直观反映。将光标悬停在 ViewCube 工具上方时,该工具会变为活动状态;用户可以切换至其中一个可用的预设视图,滚动当前视图或更改至模型的主视图,如图 11-9 所示。

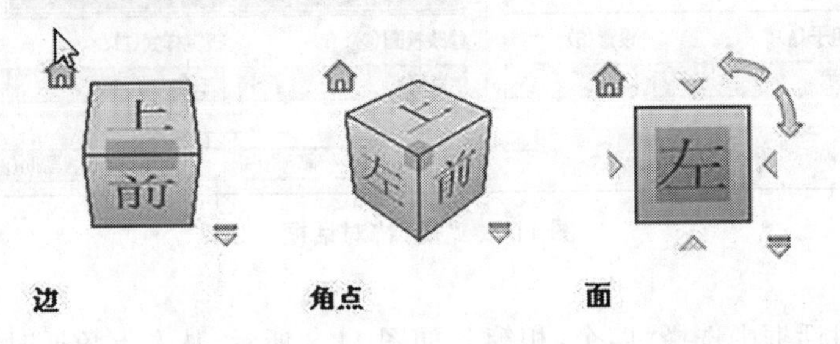

图 11-9　ViewCube 三种视图样式

(3)导航栏:是一种用户界面元素,用户可以从中访问通用导航工具和特定于产品的导航工具。导航栏在当前绘图区域的一个边上并沿该边浮动。通过单击导航栏上的按钮之一,或选择在单击分割按钮的较小部分时显示的列表中的某个工具,可以启动导航工具。

11.2.2　三维观察

AutoCAD 2022 三维建模模式下,除通过变换用户坐标系的方法方便绘图外,还可以通过变换三维图形的观察方位从而使绘图更加快捷。

11.2.2.1　命令的启动方式

(1)在“三维导航”工具栏中单击“动态观察”按钮。

(2)在主菜单中选择:“视图”→“动态观察”。

(3)在功能面板上选择:“视图”→“视口工具”→“导航栏”→“动态观察”。

“三维导航”工具栏如图 11-10 所示。

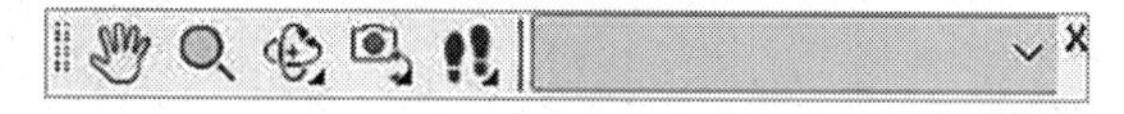

图 11-10　“三维导航”工具栏

11.2.2.2　命令的操作过程

单击“动态观察”,出现三种不同的动态观察选项,如图 11-11 所示。

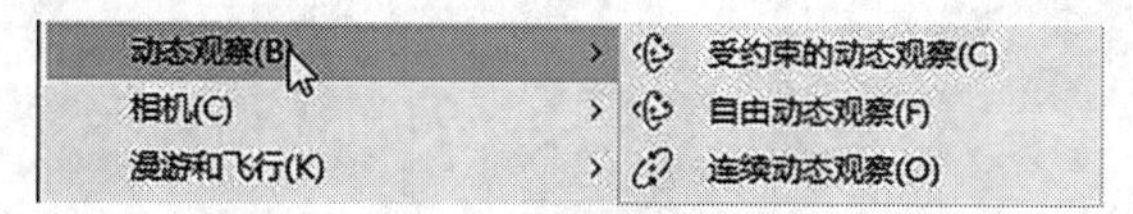

图 11-11　“动态观察”选项

(1)在下拉栏中选择第一种“动态观察”,又称为“受约束的动态观察”,沿 *XY* 平面或 *Z* 轴约束三维动态观察。进入此状态,视图的目标将保持静止,而视点将围绕目标移动。但是,看起来好像三维模型正在随着光标的拖动而旋转。用户可以此方式指定模型的任意视图。

(2)选择第二种“自由动态观察”,进入此状态,三维自由动态观察视图显示一个导航球,它被更小的圆分成四个区域。视点将绕目标移动。目标点是导航球的中心,而不是正在查看的对象的中心。与“受约束的动态观察”不同,“自由动态观察”不约束沿 *XY* 轴或 *Z* 方向的视图变化,如图 11-12 所示。

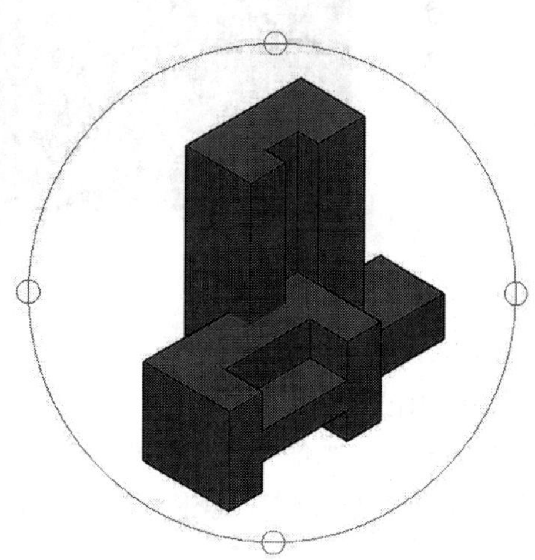

图 11-12　自由动态观察

(3)选择第三种“连续动态观察”,在绘图区域中单击并沿任意方向拖动定点设备,来使对象沿拖动的方向开始移动。释放定点设备上的按钮,对象在指定的方向上继续进行它们的轨迹运动。为光标移动设置的速度决定了对象的旋转速度。

11.2.2.3　注意事项

当三种动态观察模式处于活动状态时,无法编辑对象。

11.2.3　三维视觉样式

在 AutoCAD 中，为了使实体对象看起来更加清晰，可以消除图形中的隐藏线，但要创建更加逼真的模型图像，这就需要对三维实体对象进行三维视觉样式表达，增加色泽感。

11.2.3.1　命令的启动方式

(1)在命令行中输入：SHADEMODE。

(2)在“视觉样式”工具栏中单击“视觉样式管理器”按钮。

(3)在主菜单中选择：“视图”→“视觉样式”。

(4)在功能面板上选择：“常用”→“视图”→“视觉样式”，或“可视化”→“视觉样式”。

视觉样式如图 11-13 所示。

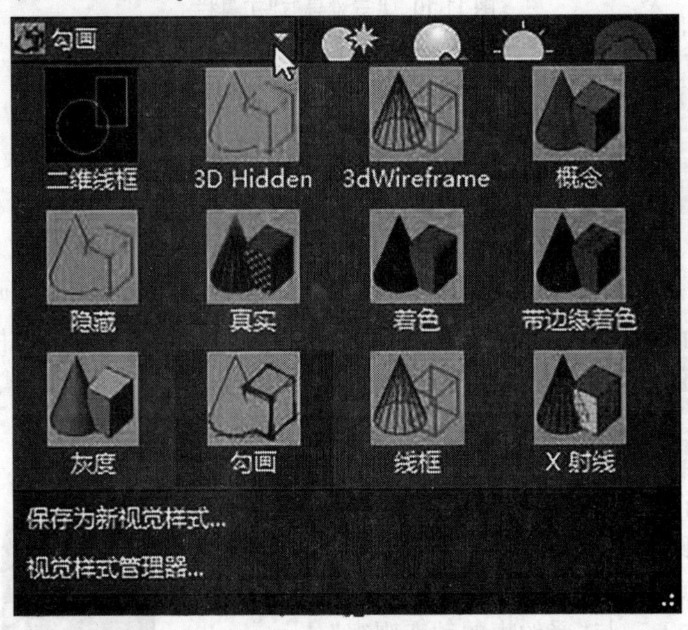

图 11-13　视觉样式

11.2.3.2　命令的操作过程

命令：SHADEMODE↙

VSCURRENT

输入选项 [二维线框(2)/线框(W)/隐藏(H)/真实(R)/概念(C)/着色(S)/带边缘着色(E)/灰度(G)/勾画(SK)/X 射线(X)/其他(O)] <二维线框>:

(选择视觉样式后回车结束命令)

11.2.3.3　参数说明

“二维线框(2)”：用直线和曲线表示边界的对象。光栅和 OLE 对象、线型和线宽都是可见的。

“线框(W)”：仅使用直线和曲线显示三维对象。将不显示二维实体对象的绘制顺序设置和填充。

“隐藏(H)”:显示用三维线框表示的对象并隐藏表示后面被遮挡的直线。

“真实(R)”:使用平滑着色和材质显示三维对象。

“概念(C)”:使用平滑着色和古氏面样式显示三维对象。效果缺乏真实感,但是可以更方便地查看模型的细节。

“着色(S)”:使用平滑着色显示三维对象。

“带边缘着色(E)”:使用平滑着色和可见边显示三维对象。

“灰度(G)”: 使用平滑着色和单色灰度显示三维对象。

“勾画(SK)”: 使用线延伸和抖动边修改器显示手绘效果的二维和三维对象。

“X 射线(X)”: 以局部透明度显示三维对象。

11.2.3.4 示例

如图 11-14 所示,有勾画、隐藏、真实和概念四种视觉样式。

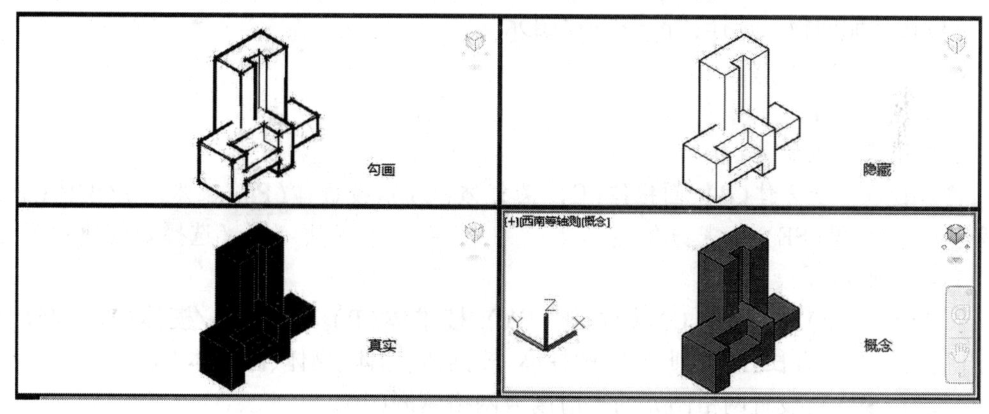

图 11-14 视觉样式示例

任务 11.3 创建表面模型与模型转换

11.3.1 创建表面模型

用 AutoCAD 可以创建三种三维模型:线框模型、表面模型和实体模型。每种模型都有各自的创建和编辑方法,以及不同的显示效果。

线框模型是一种轮廓模型,它是三维对象的轮廓描述,主要描述对象的三维直线和曲线轮廓,没有面和体的特征。在 AutoCAD 中,可以通过在三维空间绘制点、线、曲线的方式得到线框模型。线框模型虽然具有三维的显示效果,但实际上由线构成,没有面和体的特征,既不能对其进行面积、体积、重心、转动质量和惯性矩计算,也不能进行着色、渲染等操作。

表面模型是由零厚度的表面拼接组合成三维的模型效果,只有表面而没有内部填充。表面模型分为曲面模型和网格模型,曲面模型是连续曲率的单一表面,而网格模型是用许多多边形网格来拟合曲面的。对于网格模型,多边形越密,曲面的光滑程度就越高。表面模型适合于构造不规则的曲面模型,如模具、发动机叶片、汽车等复杂零件的表面。表面模型具有面的特征,因此可以对它进行计算面积、隐藏、着色、渲染等操作。

实体模型具有实物的全部特征,具有体积、重心等特性,可以对它进行隐藏、剖切、装配干涉检查等操作,还可以对具有基本形状的实体进行并、交、差等布尔运算,以构造复杂的实体模型。

这里只介绍创建表面模型。创建表面模型是在三维建模空间里完成的,至于在三维基础空间里的操作,读者可以自行查找相应命令,其操作过程完全一样。

11.3.1.1 创建网格模型

1. 创建网格图元

1) 命令的启动方式

(1) 在命令行中输入:“MESH”。

(2) 在主菜单中选择:“绘图”→“建模”→“网格”→“图元”。

(3) 在功能面板上选择:“网格”→“图元”。

2) 命令的操作过程

命令: MESH↙

当前平滑度设置为: 0

输入选项[长方体(B)/圆锥体(C)/圆柱体(CY)/棱锥体(P)/球体(S)/楔体(W)/圆环体(T)/设置(SE)]<长方体>: (选择要创建的图元)

3) 参数说明

“[长方体(B)/圆锥体(C)/圆柱体(CY)/棱锥体(P)/球体(S)/楔体(W)/圆环体(T)]”:网格图元有长方体、圆锥体、圆柱体、棱锥体、球体、楔体、圆环体七种。

“设置(SE)”:设置网格图元的平滑度或网格镶嵌(T)。

4) 示例

创建一个圆环半径 50,圆管半径 15 的圆环体。

命令: MESH↙

当前平滑度设置为: 0

输入选项[长方体(B)/圆锥体(C)/圆柱体(CY)/棱锥体(P)/球体(S)/楔体(W)/圆环体(T)/设置(SE)]<圆环体>: T↙

指定中心点或[三点(3P)/两点(2P)/切点、切点、半径(T)]: (指定圆环圆心)

指定半径或[直径(D)]: 50↙

指定圆管半径或[两点(2P)/直径(D)]: 15↙

结果如图 11-15 所示。

2. 创建直纹网格

以两条直线或曲线为边界创建直纹网格。边界线可以是直线、圆、圆弧或复合曲线、多段线、样条曲线。边界也可以是闭合的,但一条边界是闭合的,另一条也必须是闭合的。也可以用点作为开放曲线或闭合曲线的另一边界。

1) 命令的启动方式

(1) 在命令行中输入:“RULESURF”。

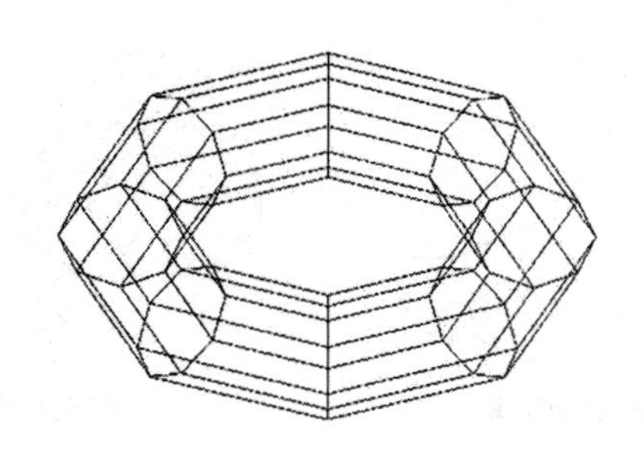

图 11-15　圆环网格图元

(2)在主菜单中选择:"绘图"→"建模"→"网格"→"直纹网格"。

(3)在功能面板上选择:"网格"→"图元"→"直纹曲面"。

2)注意事项

选择曲线时注意方向性,方向不同,结果不同。

3)示例

根据图 11-16(a)一条直线和一段圆弧,创建直纹网格。

命令:RULESURF↙

当前线框密度: SURFTAB1=6

选择第一条定义曲线:　(单击直线)

选择第二条定义曲线:　(单击圆弧)

结果如图 11-16(b)直纹网格。

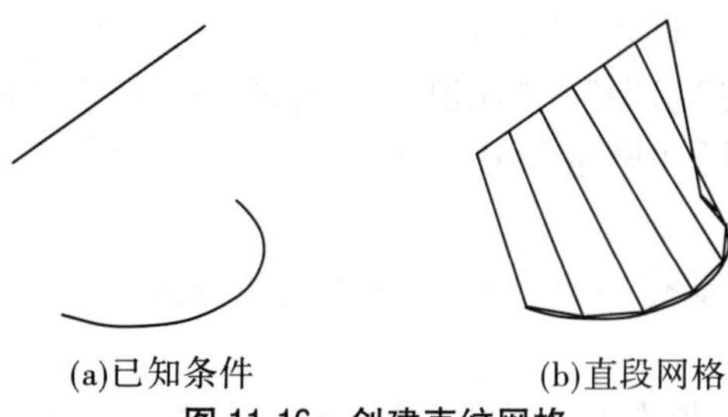

(a)已知条件　(b)直段网格

图 11-16　创建直纹网格

3. 创建边界网格

在四条彼此相连的边或曲线之间创建边界网格。边界线可以是直线、圆、圆弧、样条曲线或开放的多段线,这些边必须在端点处相交以形成闭合的路径。

1)命令的启动方式

(1)在命令行中输入:"EDGESURF"。

(2)在主菜单中选择:"绘图"→"建模"→"网格"→"边界网格"。

(3)在功能面板上选择:"网格"→"图元"→"边界曲面"。

2)注意事项

为了增加网格模型的立体感,有时需要设置当前线框密度 SURFTAB1 和 SURFTAB2。

3)示例

对如图 11-17(a)所示的四条封闭曲线,创建边界网格。

命令: EDGESURF↙

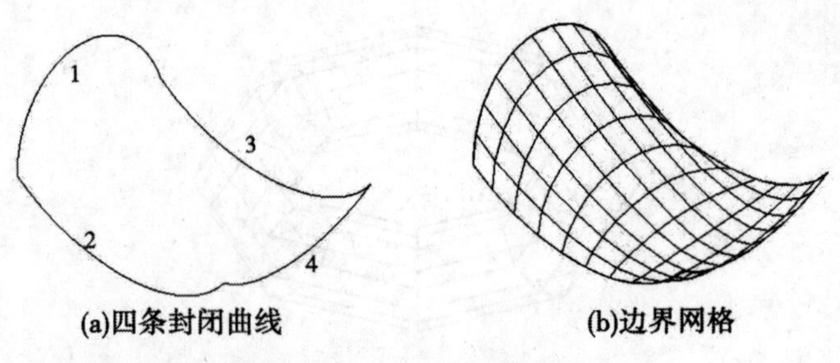

图 11-17　创建边界网格

当前线框密度：SURFTAB1 = 10　SURFTAB2 = 10

选择用作曲面边界的对象 1：

选择用作曲面边界的对象 2：

选择用作曲面边界的对象 3：

选择用作曲面边界的对象 4：

结果如图 11-17(b)所示。

4. 创建平移网格

沿着某个方向矢量作为路径扫掠轮廓创建平移网格。轮廓可以是直线、圆、圆弧、样条曲线或多段线，路径可以是直线或是多段线。方向矢量用于确定网格的第一点和终点，该矢量表示多边形网格的方向和长度。

1）命令的启动方式

(1)在命令行中输入："TABSURF"。

(2)在主菜单中选择："绘图"→"建模"→"网格"→"平移网格"。

(3)在功能面板上选择："网格"→"图元"→"平移曲面"。

2）注意事项

方向矢量一般选择近端点为正方向，远端点为负方向。

3）示例

如图 11-18(a)所示洞壁轮廓曲线和一条方向矢量直线，创建平移网格。

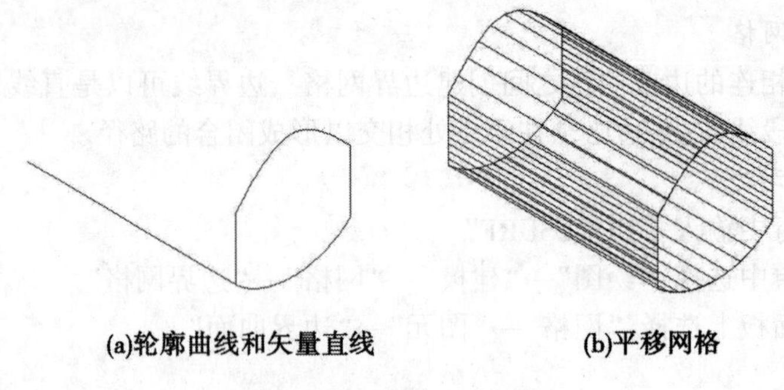

图 11-18　创建平移网格

命令：TABSURF↙

当前线框密度：SURFTAB1 = 10

选择用作轮廓曲线的对象：　　(单击洞壁轮廓曲线)

选择用作方向矢量的对象：　（单击直线）

结果如图 11-18（b）所示。

5. 创建旋转网格

绕轴旋转轮廓创建旋转网格。轮廓可以是直线、圆、圆弧、二维或三维多段线。

1）命令的启动方式

（1）在命令行中输入：“REVSURF”。

（2）在主菜单中选择：“绘图”→“建模”→“网格”→“旋转网格”。

（3）在功能面板上选择：“网格”→“图元”→“旋转曲面”。

2）示例

如图 11-19（a）所示的轮廓曲线和旋转轴，创建旋转网格。

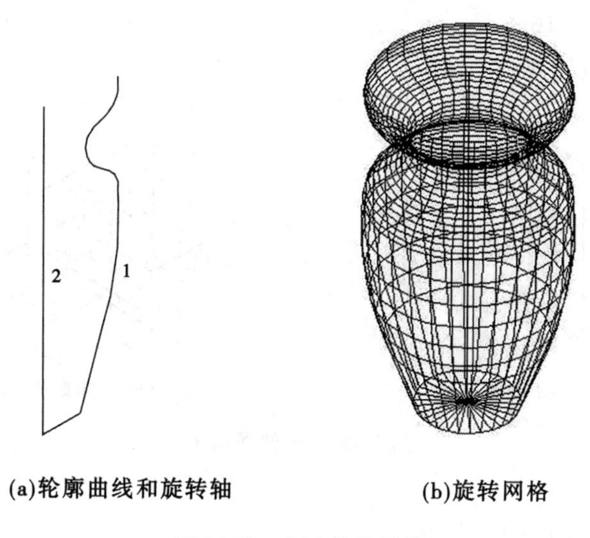

(a)轮廓曲线和旋转轴　(b)旋转网格

图 11-19　创建旋转网格

命令：REVSURF↙

当前线框密度：SURFTAB1 = 30　SURFTAB2 = 6

选择要旋转的对象：　（单击轮廓曲线）

选择定义旋转轴的对象：　（单击旋转轴直线）

指定起点角度 <0>：↙

指定包含角（+ = 逆时针，- = 顺时针）<360>：↙

结果如图 11-19（b）所示。

11.3.1.2　网格编辑

1. 拉伸网格面

将网格面延伸到空间。拉伸或延伸网格面时可以同时选择几个网格面以确定拉伸形状。

1）命令的启动方式

（1）在命令行中输入：“MESHEXTRUDE”。

（2）在主菜单中选择：“修改”→“网格编辑”→“拉伸面”。

(3)在功能面板上选择:“网格”→“网格编辑”→“拉伸面”。

2)示例

如图 11-20(a)所示的网格长方体,拉伸其中 1、2 网格面创建新形状。

命令: MESHEXTRUDE↙

相邻拉伸面设置为: 合并

选择要拉伸的网格面或[设置(S)]:找到 1 个 (选择网格 1)

选择要拉伸的网格面或[设置(S)]:找到 1 个,总计 2 个 (选择网格 2)

选择要拉伸的网格面或[设置(S)]: ↙

指定拉伸的高度或[方向(D)/路径(P)/倾斜角(T)] <2.0422>: D↙

指定方向的起点: (单击网格长方体的右下角点)

指定方向的端点: 10↙ (向前正交延长 10)

结果如图 11-20(b)所示。

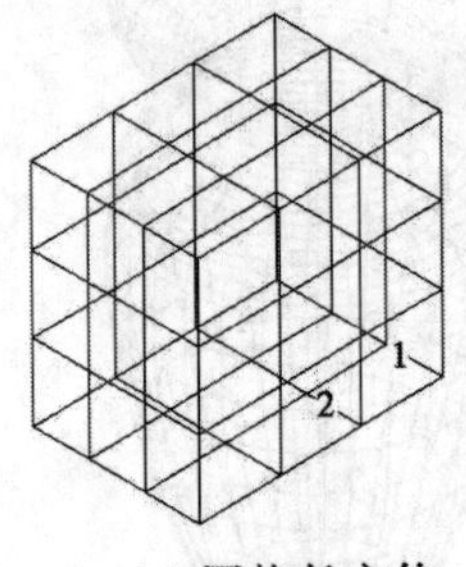

(a) 网格长方体

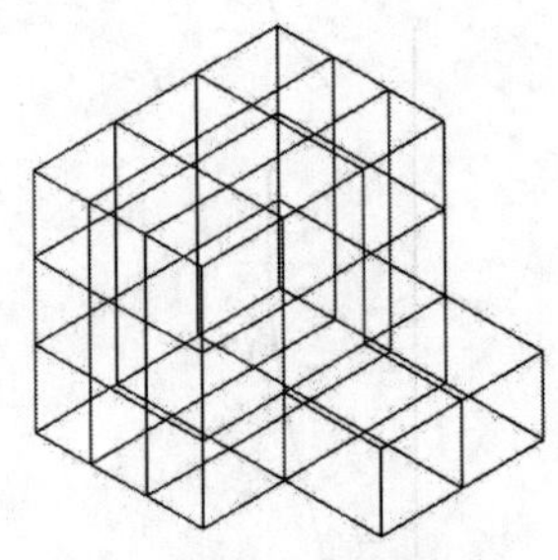

(b)拉伸创建新形体

图 11-20 拉伸网格面

2. 分割网格面

将一个网格面分割为两个网格面。

1)命令的启动方式

(1)在命令行中输入:“MESHSPLIT”。

(2)在主菜单中选择:“修改”→“网格编辑”→“分割面”。

(3)在功能面板上选择:“网格”→“网格编辑”→“分割面”。

2)示例

如图 11-21(a)所示的网格棱锥体,沿 1、2 点将网格面分割成两部分。

命令: MESHSPLIT↙

选择要分割的网格面: (选择网格面)

指定面边缘上的第一个分割点或[顶点(V)]: (单击分割点 1)

指定面边缘上的第二个分割点[顶点(V)]: (单击分割点 2)

结果如图 11-22(b)所示。

3. 合并网格面

将相邻网格面合并为一个网格面。可以将两个或多个相邻网格面合并为一个面。

1)命令的启动方式

(1)在命令行中输入:“MESHMERGE”。

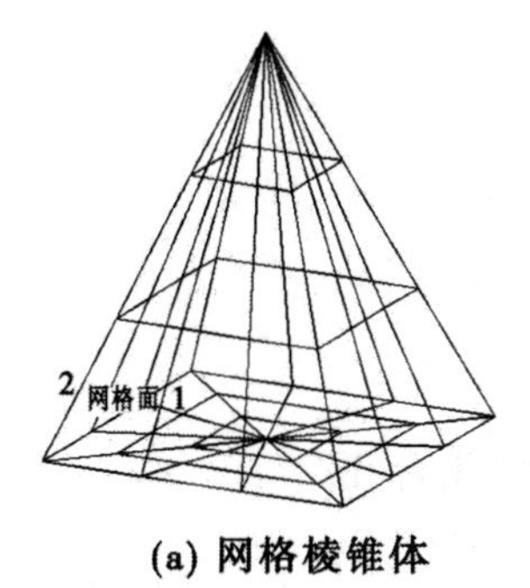

(a) 网格棱锥体　　　　(b)分割的网格面

图 11-21　分割网格面

(2)在主菜单中选择:“修改”→“网格编辑”→“合并面”。

(3)在功能面板上选择:“网格”→“网格编辑”→“合并面”。

2)示例

如图 11-22(a)所示的网格棱锥体,合并棱锥体底面中心网格面。

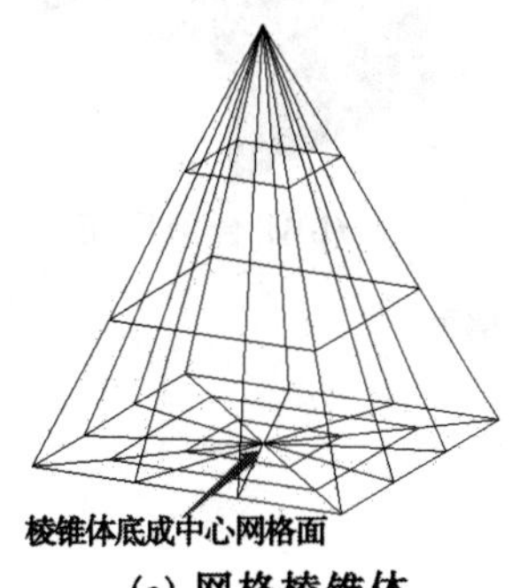

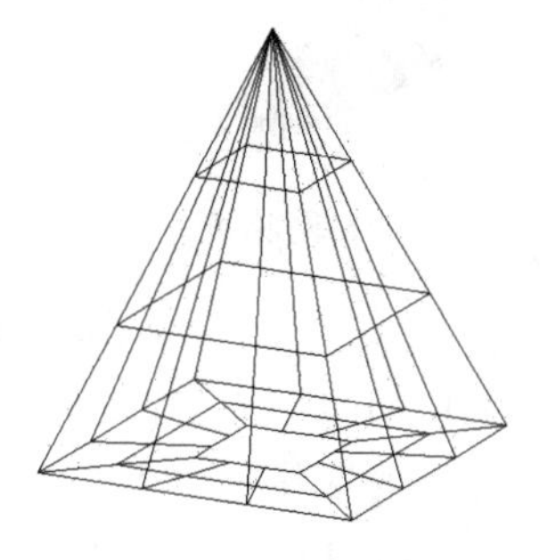

(a) 网格棱锥体　　　　(b)合并后的网格面

图 11-22　合并网格面

命令:MESHMERGE↙

选择要合并的相邻网格面:找到 1 个

选择要合并的相邻网格面:找到 1 个,总计 2 个

选择要合并的相邻网格面:找到 1 个,总计 3 个

选择要合并的相邻网格面:找到 1 个,总计 4 个

选择要合并的相邻网格面:找到 1 个,总计 5 个

选择要合并的相邻网格面:找到 1 个,总计 6 个

选择要合并的相邻网格面:找到 1 个,总计 7 个

选择要合并的相邻网格面:找到 1 个,总计 8 个

选择要合并的相邻网格面:找到 1 个,总计 9 个

选择要合并的相邻网格面:找到 1 个,总计 10 个

选择要合并的相邻网格面:找到 1 个,总计 11 个

选择要合并的相邻网格面:找到 1 个,总计 12 个

选择要合并的相邻网格面:↙

已找到 12 个对象。

结果如图 11-22(b)所示。

4. 闭合孔

创建连接开放边的网格面。

1)命令的启动方式

(1)在命令行中输入:"MESHCAP"。

(2)在主菜单中选择:"修改"→"网格编辑"→"闭合孔"。

(3)在功能面板上选择:"网格"→"网格编辑"→"闭合孔"。

2)示例

如图 11-23 所示的网格面,闭合这些网格面的顶面创建闭合网格面。

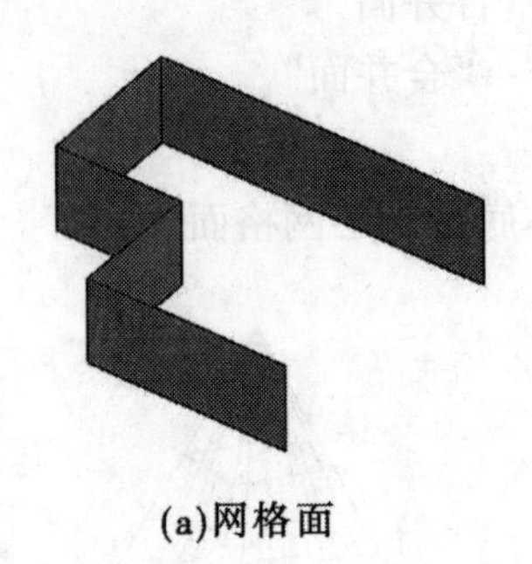

(a)网格面　　(b)闭合网格面

图 11-23　创建闭合网格面

命令:MESHCAP↙

选择相互连接的网格边以创建一个新网格面...

选择边或[链(CH)]:找到 1 个

选择边或[链(CH)]:找到 1 个,总计 2 个

选择边或[链(CH)]:找到 1 个,总计 3 个

选择边或[链(CH)]:找到 1 个,总计 4 个

选择边或[链(CH)]:找到 1 个,总计 5 个

选择边或[链(CH)]:↙

结果如图 11-23(b)所示。

11.3.1.3　创建曲面模型

1. 创建平面曲面

通过闭合对象或指定矩形表面创建平面曲面。

1)命令的启动方式

(1)在命令行中输入:"PLANESURF"。

(2)在主菜单中选择:"绘图"→"建模"→"曲面"→"平面"。

(3)在功能面板上选择:"曲面"→"创建"→"平面"。

2)示例

如图 11-24(a)所示的闭合曲线,创建平面曲面。

命令:PLANESURF↙

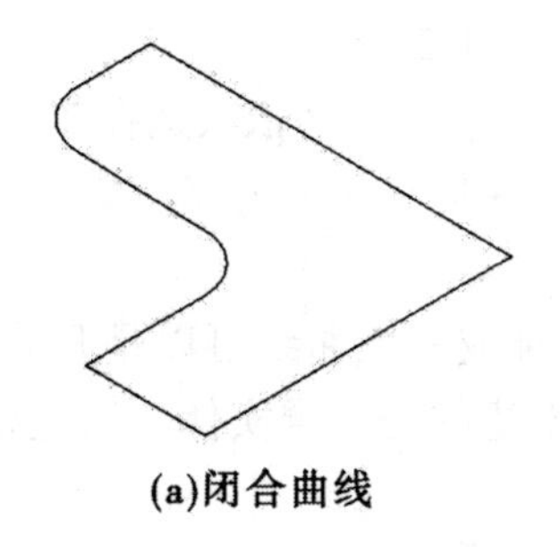

(a)闭合曲线

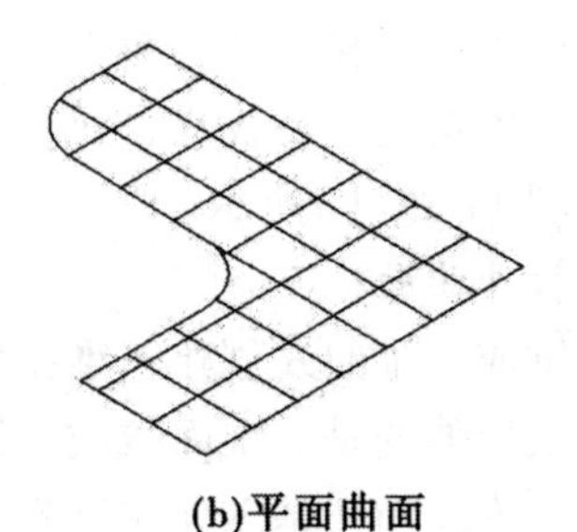

(b)平面曲面

图 11-24　创建平面曲面

指定第一个角点或［对象(O)］<对象>:↙

选择对象：找到 1 个　　　　(单击闭合对象)

选择对象:↙

结果如图 11-24(b)所示。

2. 创建网络曲面

在 *U* 和 *V* 方向的多条曲线间创建网格曲面。

1)命令的启动方式

(1)在命令行中输入:“SURFNETWORK”。

(2)在主菜单中选择:“绘图”→“建模”→“曲面”→“网络”。

(3)在功能面板上选择:“曲面”→“创建”→“网络”。

2)示例

如图 11-25(a)所示的 *U* 和 *V* 方向八条曲线,创建网络曲面。

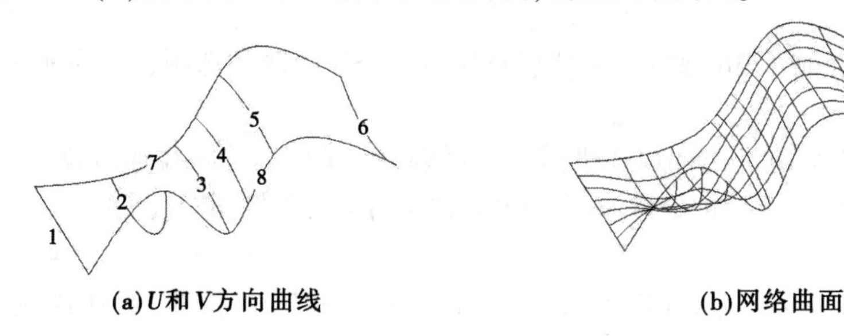

(a)*U*和*V*方向曲线　　(b)网络曲面

图 11-25　创建网络曲面

命令：SURFNETWORK↙

沿第一个方向选择曲线或曲面边:找到 1 个

沿第一个方向选择曲线或曲面边:找到 1 个,总计 2 个

沿第一个方向选择曲线或曲面边:找到 1 个,总计 3 个

沿第一个方向选择曲线或曲面边:找到 1 个,总计 4 个

沿第一个方向选择曲线或曲面边:找到 1 个,总计 5 个

沿第一个方向选择曲线或曲面边:找到 1 个,总计 6 个

沿第一个方向选择曲线或曲面边：↙　　　　(依次选择 1~6 曲线后回车)

沿第二个方向选择曲线或曲面边:找到 1 个

沿第二个方向选择曲线或曲面边：找到 1 个，总计 2 个

沿第二个方向选择曲线或曲面边：↙　　（依次选择 7、8 曲线后回车）

结果如图 11-25(b)所示。

3. 创建拉伸曲面

拉伸二维或三维曲线创建三维拉伸曲面。二维或三维曲线可以是开放的，也可以是闭合的。如果拉伸的是二维面域或三维面域，则创建的是三维实体。通过模式选择可以决定是创建三维曲面还是创建三维实体。

1) 命令的启动方式

(1) 在命令行中输入："EXTRUDE"。

(2) 在主菜单中选择："绘图"→"建模"→"拉伸"。

(3) 在功能面板上选择："曲面"→"创建"→"拉伸"，或"实体"→"实体"→"拉伸"，或"常用"→"建模"→"拉伸"。

2) 命令的操作过程

命令：EXTRUDE↙

当前线框密度：　ISOLINES=10，闭合轮廓创建模式 = 曲面

选择要拉伸的对象或［模式(MO)］：_MO 闭合轮廓创建模式［实体(SO)/曲面(SU)］<实体>：_SU

选择要拉伸的对象或［模式(MO)］：找到 1 个

选择要拉伸的对象或［模式(MO)］：↙

指定拉伸的高度或［方向(D)/路径(P)/倾斜角(T)］<724.5729>：800↙

3) 参数说明

"模式(MO)"：输入 MO 后有"实体(SO)/曲面(SU)"两种选项，SO 为实体模式，SU 为曲面模式。

"指定拉伸的高度或[方向(D)/路径(P)/倾斜角(T)]"：输入拉伸对象的高度、指定拉伸对象的拉伸方向(D)、指定拉伸路径(P)、拉伸对象时的倾斜角度(T)。

4) 注意事项

通过命令行中输入："EXTRUDE"，或"曲面"→"创建"→"拉伸"默认创建的模式为曲面，通过"绘图"→"建模"→"拉伸"，或"实体"→"实体"→"拉伸"，或"常用"→"建模"→"拉伸"默认创建的模式为实体。

5) 示例

如图 11-26(a)所示的闭合曲线，创建拉伸曲面[见图 11-26(b)]。

4. 创建旋转曲面

绕轴扫掠二维曲线或三维曲线创建旋转曲面。旋转可以创建三维曲面，也可以创建三维实体，方法同拉伸。

1) 命令的启动方式

(1) 在命令行中输入："REVOLVE"。

(2) 在主菜单中选择："绘图"→"建模"→"旋转"。

(3) 在功能面板上选择："曲面"→"创建"→"旋转"，或"实体"→"实体"→"旋转"，

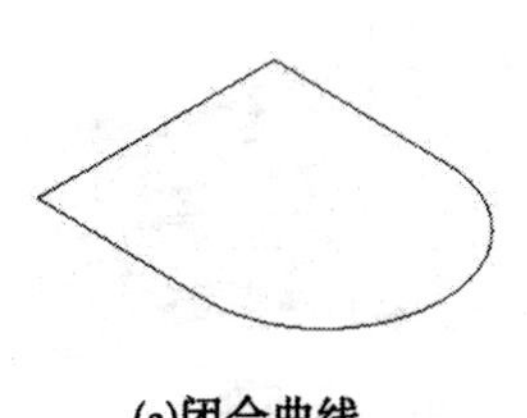

(a)闭合曲线

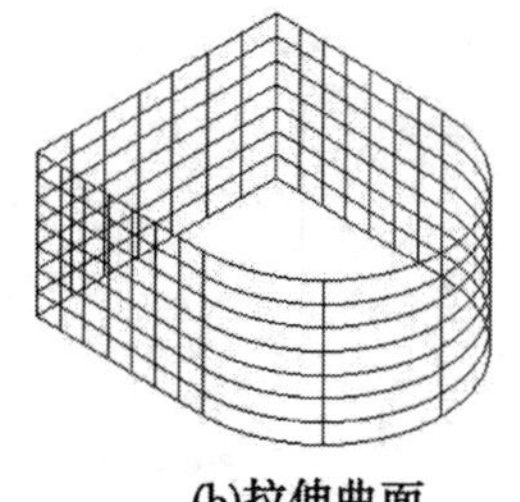

(b)拉伸曲面

图 11-26　创建拉伸曲面

或"常用"→"建模"→"旋转"。

2)示例

如图 11-27(a)所示的一条曲线及其旋转轴,创建旋转曲面。

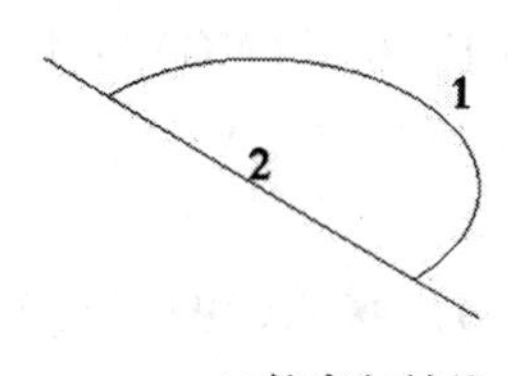

(a)轮廓与轴线

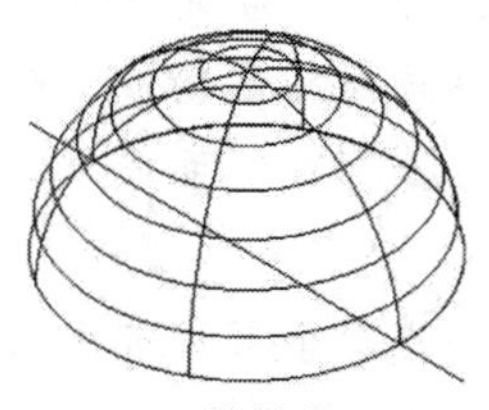

(b)旋转曲面

图 11-27　创建旋转曲面

命令: REVOLVE↙

当前线框密度:　ISOLINES=4,闭合轮廓创建模式 = 曲面

选择要旋转的对象或[模式(MO)]: _MO 闭合轮廓创建模式[实体(SO)/曲面(SU)] <实体>: _SU　　(单击曲线 1)

选择要旋转的对象或[模式(MO)]: 找到 1 个

选择要旋转的对象或[模式(MO)]: ↙

指定轴起点或根据以下选项之一定义轴[对象(O)/X/Y/Z] <对象>:↙

选择对象:　　(单击旋转轴 2)

指定旋转角度或[起点角度(ST)/反转(R)] <360>: 180↙

结果如图 11-27(b)所示。

5. 创建放样曲面

在数个横截面之间创建放样曲面。横截面可以是开放的曲线,也可以是闭合的平面,还可以是边子对象。放样可以创建三维曲面,也可以创建三维实体,方法同上。

1)命令的启动方式

(1)在命令行中输入:"LOFT"。

(2)在主菜单中选择:"绘图"→"建模"→"放样"。

(3)在功能面板上选择:"曲面"→"创建"→"放样",或"实体"→"实体"→"放样",或"常用"→"建模"→"放样"。

2)示例

如图 11-28(a)所示的三个截面,创建放样曲面。

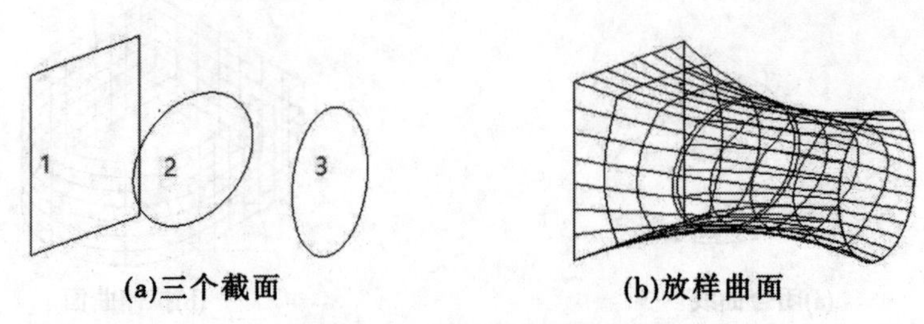

(a)三个截面 (b)放样曲面

图 11-28 创建放样曲面

命令：LOFT↙

当前线框密度： ISOLINES=4，闭合轮廓创建模式 = 曲面

按放样次序选择横截面或［点(PO)/合并多条边(J)/模式(MO)］：_MO 闭合轮廓创建模式［实体(SO)/曲面(SU)］<实体>：_SU

按放样次序选择横截面或［点(PO)/合并多条边(J)/模式(MO)］：找到 1 个

按放样次序选择横截面或［点(PO)/合并多条边(J)/模式(MO)］：找到 1 个，总计 2 个

按放样次序选择横截面或［点(PO)/合并多条边(J)/模式(MO)］：找到 1 个，总计 3 个

按放样次序选择横截面或［点(PO)/合并多条边(J)/模式(MO)］：↙

选中了 3 个横截面　　（依次选择三个截面）

输入选项［导向(G)/路径(P)/仅横截面(C)/设置(S)］<仅横截面>：↙

结果如图 11-28(b)所示。

6. 创建扫掠曲面

沿路径扫掠横截面创建扫掠曲面。横截面可以是开放的曲线，也可以是闭合的平面，还可以是边子对象。放样可以创建三维曲面，也可以创建三维实体，方法同上。

1）命令的启动方式

(1)在命令行中输入："SWEEP。

(2)在主菜单中选择："绘图"→"建模"→"扫掠"。

(3)在功能面板上选择："曲面"→"创建"→"扫掠"，或"实体"→"实体"→"扫掠"，或"常用"→"建模"→"扫掠"。

2）示例

如图 11-29(a)所示的截面轮廓及其路径，创建扫掠曲面。

命令：SWEEP↙

当前线框密度： ISOLINES=4，闭合轮廓创建模式 = 曲面

选择要扫掠的对象或［模式(MO)］：_MO 闭合轮廓创建模式［实体(SO)/曲面(SU)］<实体>：_SU　　（单击截面轮廓线）

选择要扫掠的对象或［模式(MO)］：找到 1 个

选择要扫掠的对象或［模式(MO)］：↙

选择扫掠路径或［对齐(A)/基点(B)/比例(S)/扭曲(T)］：↙　　（单击路径）

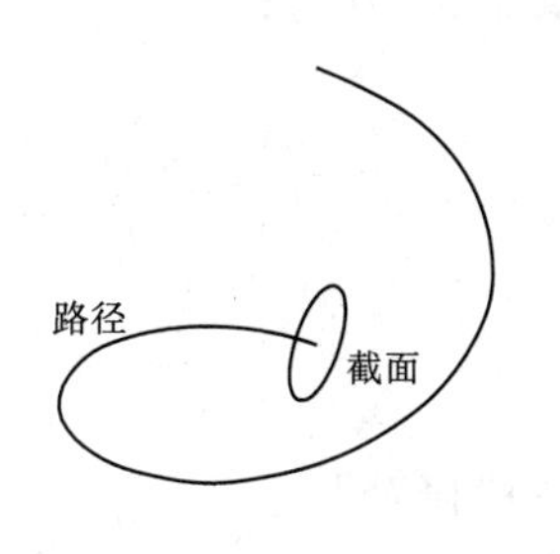

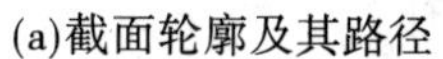
(a)截面轮廓及其路径

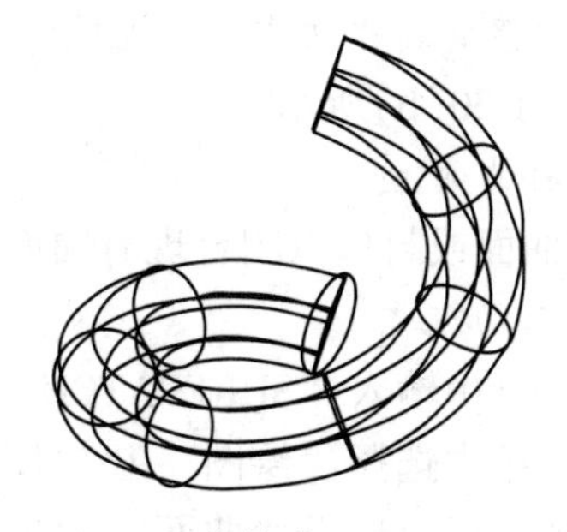
(b)扫掠曲面

图 11-29 创建扫掠曲面

结果如图 11-29(b)所示。

7. 创建过渡曲面

在两个现有曲面之间创建连续的过渡曲面。将两个曲面融合在一起时,可以设置曲面连续性和凸度幅值。

1)命令的启动方式

(1)在命令行中输入:"SURFBLEND"。

(2)在主菜单中选择:"绘图"→"建模"→"曲面"→"过渡"。

(3)在功能面板上选择:"曲面"→"创建"→"过渡"。

2)示例

如图 11-30(a)所示的两个圆孔曲面,创建过渡曲面。

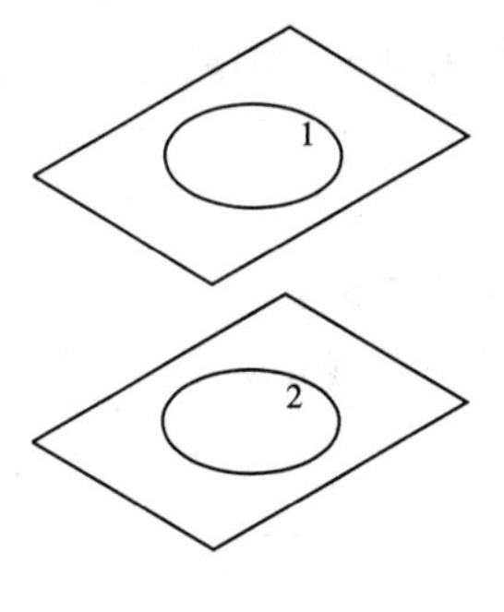

(a)两个圆孔曲面

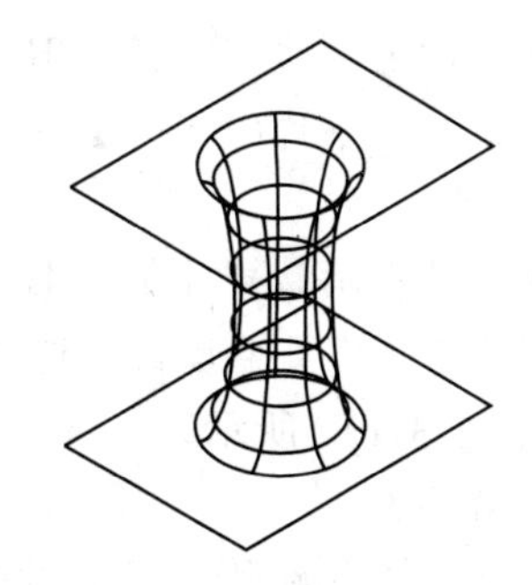
(b)过渡曲面

图 11-30 创建过渡曲面

命令: SURFBLEND↙

连续性 = G1 - 相切,凸度幅值 = 0.5

选择要过渡的第一个曲面的边或 [链(CH)]: 找到 1 个

(单击图 11-30 圆周 1)

选择要过渡的第一个曲面的边或 [链(CH)]:↙

选择要过渡的第二个曲面的边或 [链(CH)]: 找到 1 个

(单击图 11-30 圆周 2)

选择要过渡的第二个曲面的边或 [链(CH)]:↙

按 Enter 键接受过渡曲面或 [连续性(CON)/凸度幅值(B)]:↙

结果如图 11-30(b)所示。

8. 创建修补曲面

创建新的曲面或封口以闭合现有曲面的开放边。

1)命令的启动方式

(1)在命令行中输入:"SURFPATCH"。

(2)在主菜单中选择:"绘图"→"建模"→"曲面"→"修补"。

(3)在功能面板上选择:"曲面"→"创建"→"修补"。

2)示例

如图 11-31(a)所示的开口曲面,创建修补曲面。

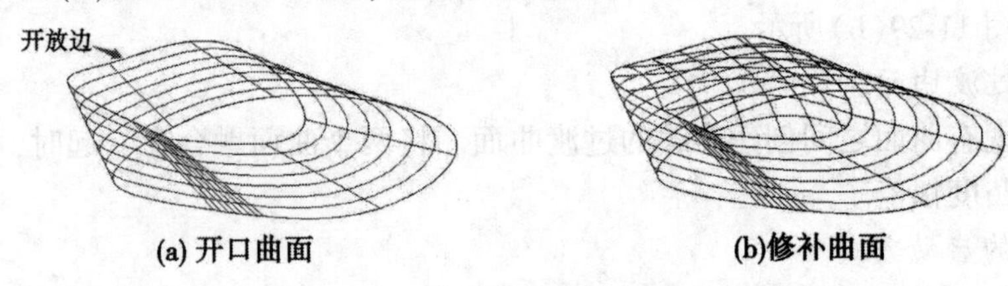

(a) 开口曲面　　(b)修补曲面

图 11-31　创建修补曲面

命令: SURFPATCH↙

连续性 = G0 - 位置,凸度幅值 = 0.5

选择要修补的曲面边或 [链(CH)/曲线(CU)] <曲线>: 找到 1 个

(单击拟封闭的边)

选择要修补的曲面边或 [链(CH)/曲线(CU)] <曲线>: CH↙

选择链边或 [多条边(E)]: ↙

找到 1 个,共 2 个

选择要修补的曲面边或 [链(CH)/曲线(CU)] <曲线>:↙

按 Enter 键接受修补曲面或 [连续性(CON)/凸度幅值(B)/导向(G)]: ↙

结果如图 11-31(b)所示。

9. 创建偏移曲面

创建与原始曲面相距指定距离的曲面。

1)命令的启动方式

(1)在命令行中输入:"SURFOFFSET"。

(2)在主菜单中选择:"绘图"→"建模"→"曲面"→"偏移"。

(3)在功能面板上选择:"曲面"→"创建"→"偏移"。

2)示例

如图 11-32(a)所示的拟偏移的曲面,创建偏移曲面。

命令: SURFOFFSET↙

连接相邻边 = 否

选择要偏移的曲面或面域: 找到 1 个　　(单击原始曲面)

选择要偏移的曲面或面域: ↙

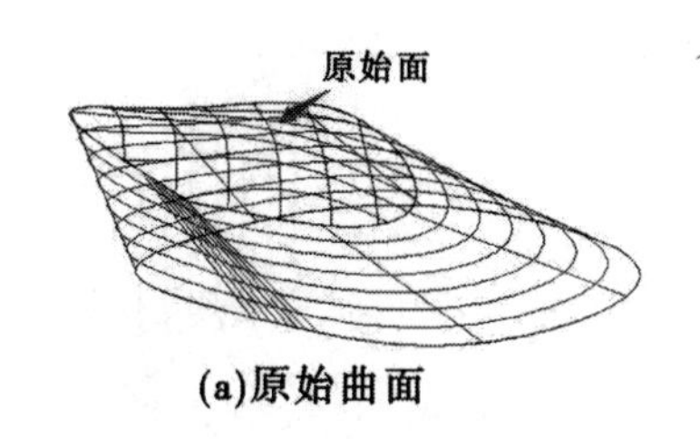

(a)原始曲面

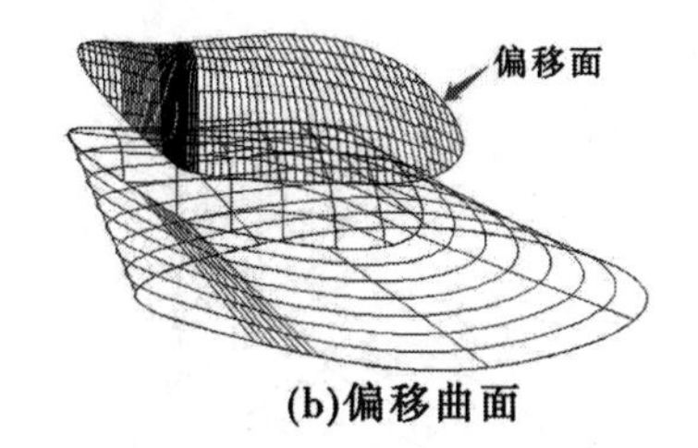

(b)偏移曲面

图 11-32　创建偏移曲面

指定偏移距离或［翻转方向(F)/两侧(B)/实体(S)/连接(C)］<1.0000>：5↙

1 个对象将偏移。

1 个偏移操作成功完成。

结果如图 11-32(b)所示。

10. 创建圆角曲面

在现有曲面之间的空间创建圆角曲面。圆角曲面有固定半径轮廓，且与原始曲面相切。相切时会自动修剪原始曲面，以连接圆角曲面的边。

1)命令的启动方式

(1)在命令行中输入："SURFFILLET"。

(2)在主菜单中选择："绘图"→"建模"→"曲面"→"圆角"。

(3)在功能面板上选择："曲面"→"编辑"→"圆角"。

2)示例

如图 11-33(a)所示的拟圆角连接的两个曲面，创建圆角曲面。

命令：SURFFILLET↙

半径 = 1.0000，修剪曲面 = 是

选择要圆角化的第一个曲面或面域或者［半径(R)/修剪曲面(T)］：

［单击图 11-33(a)上侧的曲面］

选择要圆角化的第二个曲面或面域或者［半径(R)/修剪曲面(T)］：

［单击图 11-33(a)下侧的曲面］

按 Enter 键接受圆角曲面或［半径(R)/修剪曲面(T)］：↙

结果如图 11-33(b)所示。

11.3.1.4　曲面编辑

1. 曲面修剪

修剪与其他曲面或其他类型的几何图形相交的曲面部分。

1)命令的启动方式

(1)在命令行中输入："SURFTRIM"。

(2)在主菜单中选择："修改"→"曲面编辑"→"修剪"。

(3)在功能面板上选择："曲面"→"编辑"→"修剪"。

2)示例

如图 11-34(a)所示的两个曲面 1 和 2，创建修剪曲面。

命令：SURFTRIM↙

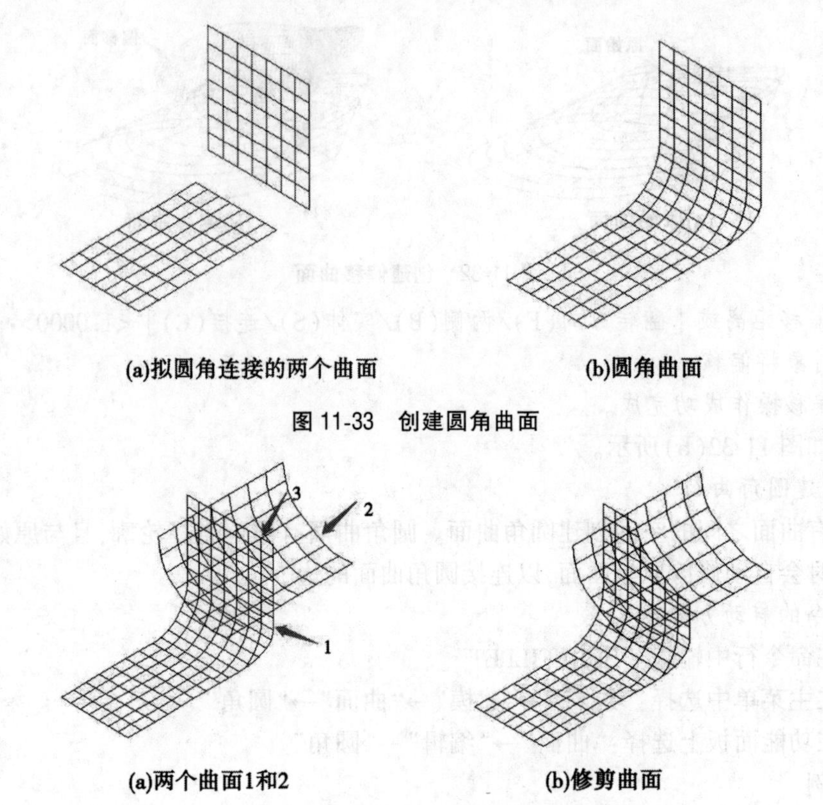

(a)拟圆角连接的两个曲面　(b)圆角曲面

图 11-33　创建圆角曲面

(a)两个曲面1和2　(b)修剪曲面

图 11-34　创建修剪曲面

延伸曲面 = 是，投影 = 自动

选择要修剪的曲面或面域或者［延伸(E)/投影方向(PRO)］：找到 1 个　(单击曲面 1)

选择要修剪的曲面或面域或者［延伸(E)/投影方向(PRO)］：↙

选择剪切曲线、曲面或面域：找到 1 个　(单击曲面 2)

选择剪切曲线、曲面或面域：↙

选择要修剪的区域［放弃(U)］：　(单击曲面 3)

结果如图 11-34(b)所示。

取消修剪为修剪的逆操作，恢复修剪的曲面。

2. 曲面延伸

延长曲面以便与其他曲面相交。

1)命令的启动方式

(1)在命令行中输入："SURFEXTEND"。

(2)在主菜单中选择："修改"→"曲面编辑"→"延伸"。

(3)在功能面板上选择："曲面"→"编辑"→"延伸"。

2)示例

如图 11-35(a)所示的曲面，从曲面的 1 边线和 2 边线创建延伸曲面。

命令：SURFEXTEND↙

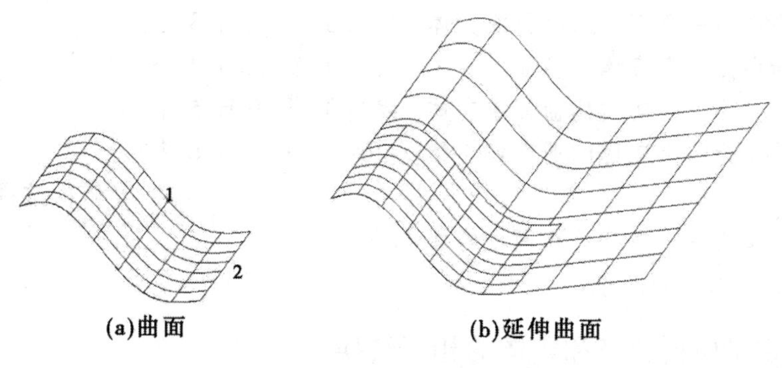

(a)曲面　(b)延伸曲面

图 11-35　创建延伸曲面

模式 = 延伸,创建 = 附加
选择要延伸的曲面边：找到 1 个　(单击边线 1)
选择要延伸的曲面边：找到 1 个,总计 2 个　(单击边线 2)
选择要延伸的曲面边：↙
指定延伸距离［表达式(E)/模式(M)］：20 ↙
结果如图 11-35(b)所示。

3. 曲面造型

修剪和合并构成面域的多个曲面,以创建无间隙实体。

1)命令的启动方式

(1)在命令行中输入："SURFSCULPT"。
(2)在主菜单中选择："修改"→"曲面编辑"→"造型"。
(3)在功能面板上选择："曲面"→"编辑"→"造型"。

2)示例

如图 11-36(a)所示的六个曲面,合并这六个曲面创建实体。

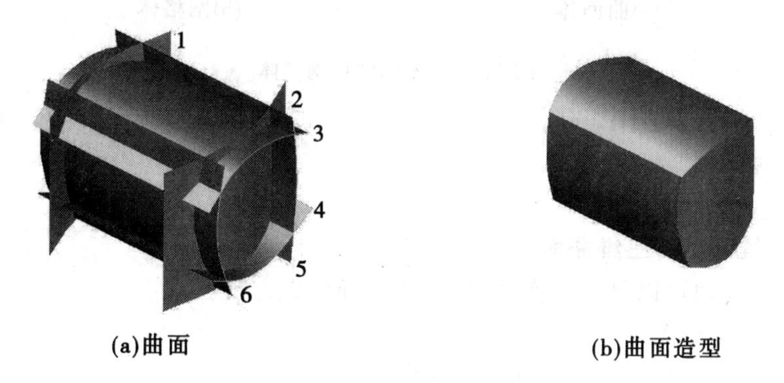

(a)曲面　(b)曲面造型

图 11-36　创建曲面造型

命令：SURFSCULPT ↙
网格转换设置为：平滑处理并优化。
选择要造型为一个实体的曲面或实体：找到 1 个
选择要造型为一个实体的曲面或实体：找到 1 个,总计 2 个

选择要造型为一个实体的曲面或实体：找到 1 个，总计 3 个
选择要造型为一个实体的曲面或实体：找到 1 个，总计 4 个
选择要造型为一个实体的曲面或实体：找到 1 个，总计 5 个
选择要造型为一个实体的曲面或实体：找到 1 个，总计 6 个
（依次选择 1~6 曲面）

选择要造型为一个实体的曲面或实体：↙

结果如图 11-36(b)所示。

11.3.2　三维曲面、网格和实体的相互转换

11.3.2.1　三维曲面转三维网格

将三维对象(如多边形网格、曲面和实体)转换为网格对象。通常将三维实体和曲面等对象转换为网格来利用三维网格的细节建模功能。

1. 命令的启动方式

(1) 在命令行中输入："MESHSMOOTH"。

(2) 在主菜单中选择："修改"→"曲面编辑"→"转换为网格"。

2. 示例

如图 11-37(a)所示的曲面体转换为网格体，结果如图 11-37(b)所示。

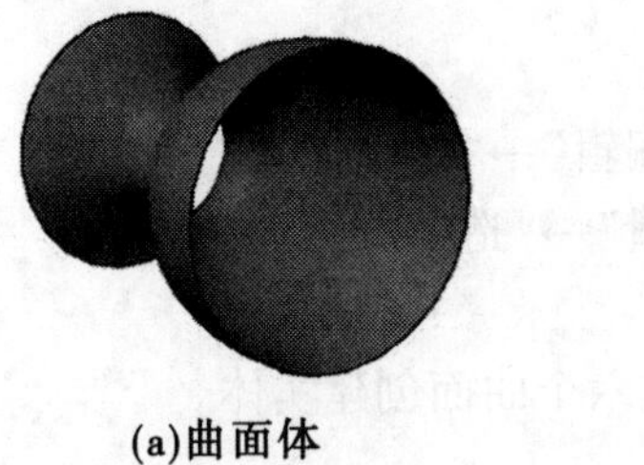

(a)曲面体　　　　(b)网格体

图 11-37　曲面体转网格体

命令：MESHSMOOTH↙
选择要转换的对象：指定对角点：找到 1 个　　　　（单击曲面体）
选择要转换的对象：↙

11.3.2.2　三维网格转三维曲面

将网格对象(也可以是三维实体)转换为曲面对象。

1. 命令的启动方式

(1) 在命令行中输入："CONVTOSURFACE"。

(2) 在主菜单中选择："修改"→"三维操作"→"转换为曲面"，或"修改"→"网格编辑"→"转换为平滑曲面"。

(3) 在功能面板上选择："常用"→"实体编辑"→"转换为曲面"，或"网格"→"转换网格"→"转换为曲面"。

2. 示例

将如图 11-38(a)所示的网格体转化为曲面体,结果如图 11-38(b)所示。

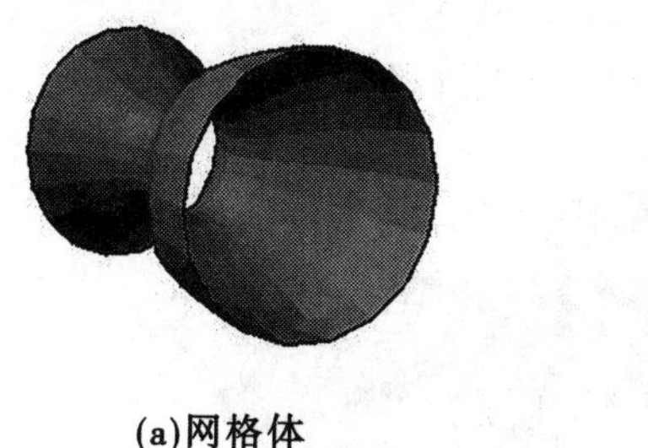

(a)网格体　(b)曲面体

图 11-38　网格体转曲面体

命令:CONVTOSURFACE↙

网格转换设置为:平滑处理并优化。

选择对象:找到 1 个　(单击网格体)

选择对象:↙

11.3.2.3　三维网格转三维实体

将网格对象转换为实体对象,要转换的网格对象必须是闭合的。

1. 命令的启动方式

(1)在命令行中输入:“CONVTOSOLID”。

(2)在主菜单中选择:“修改”→“三维操作”→“转换为实体”,或“修改”→“网格编辑”→“转换为实体”。

(3)在功能面板上选择:“常用”→“实体编辑”→“转换为实体”,或“网格”→“转换网格”→“转换为实体”。

2. 示例

如图 11-39(a)所示的闭合网格体转化为实体,结果如图 11-39(b)所示。

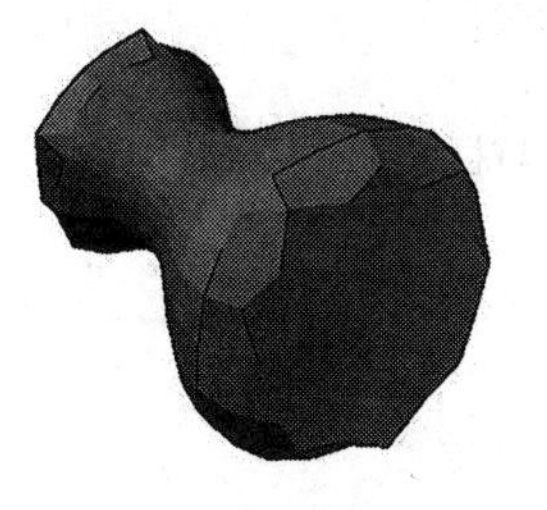

(a)闭合网格体

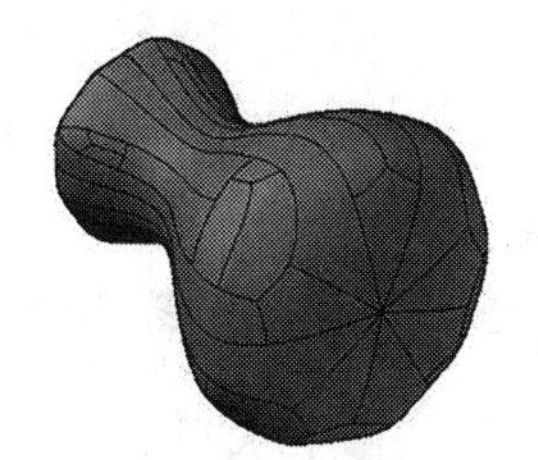

(b)实体

图 11-39　网格体转实体

命令:CONVTOSOLID↙

网格转换设置为:平滑处理并优化

选择对象:找到 1 个　(单击闭合网格体)

选择对象:↙

技能训练

1. 创建如图 11-40 所示的六角亭顶。

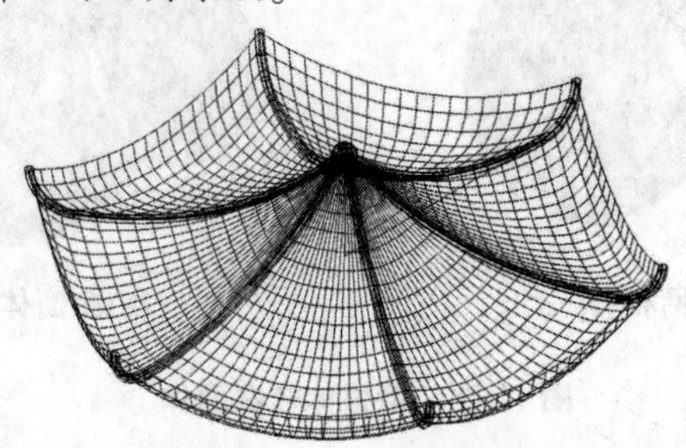

图 11-40　六角亭顶

训练指导：

(1) 建立四视口和视图模式。

①建立四个视口："视图"→"视口"→"四个视口"。

②定义视口视图模式：单击左上视口，将其定义为前视图；单击左下视口，将其定义为俯视图；单击右上视口，将其定义为左视图；单击右下视口，将其定义为西南轴测图。如图 11-41 所示。

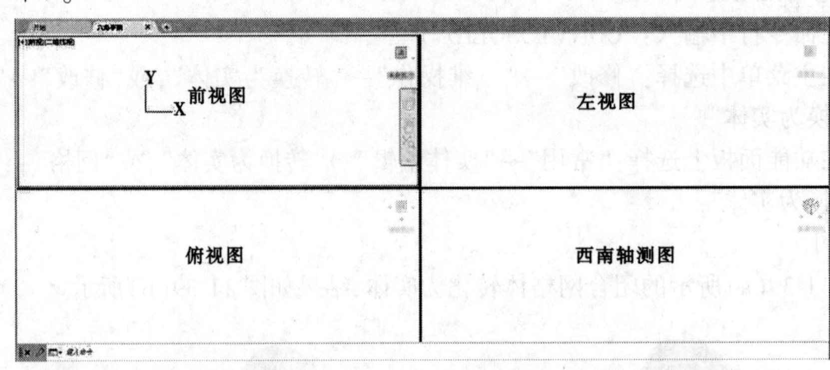

图 11-41　定义视口与视图

(2) 创建斜脊线。

在前视图中绘制一条斜脊线，如图 11-42 所示。

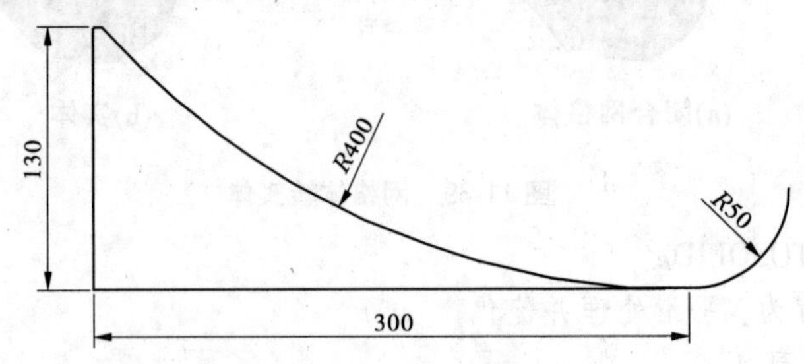

图 11-42　作一条斜脊线

(3)创建一块亭顶面。

①运用“修改”→“对象”→“多段线”,将上面绘制的两段圆弧合并为一条多段线。

②在“西南轴测图”内,运用“修改”→“三维操作”→“三维阵列”,将斜脊线阵列份数2,旋转角为60°,如图11-43所示,AB为旋转轴。

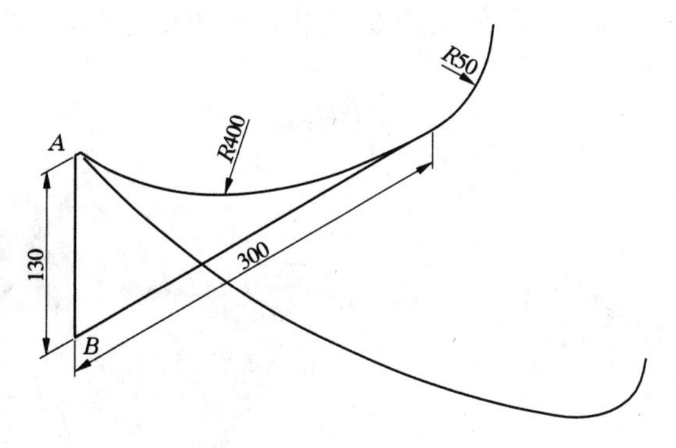

图11-43　阵列斜脊线

③用“UCS”命令,将坐标平移到一条斜脊线的外端点上;再用“UCS”命令,将坐标绕Z轴转-30°;再用“UCS”命令,将坐标绕Y轴转-90°。

④用“起点、端点、半径”命令,过两斜脊线的外端点绘一半径为350的圆弧作为檐线,如图11-44所示。

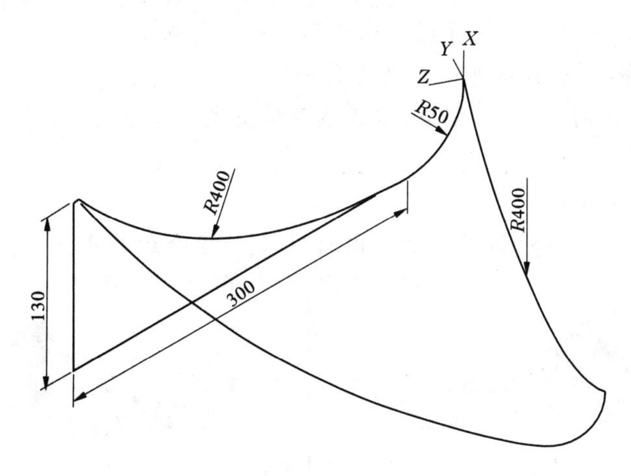

图11-44　作一条檐线

⑤用“缩放”命令将斜脊线的两上端点放大,用“直线”命令将斜脊线的两上端点连接起来。

⑥设置SURFTAB1 = 20、SURFTAB2 = 20。用“边界网格”,分别单击檐线、一条斜脊线、上部直线和另一条斜脊线,生成一块亭子顶面。

(4)创建斜脊。

①用“UCS”命令,将坐标绕Y轴转90°。用“圆心、半径”命令在坐标原点绘制一个半径为5的圆。

②用“曲面”→“扫掠”命令,选择半径为5的圆为轮廓,斜脊线为路径,扫掠创建斜脊,

如图 11-45 所示。

(5)创建六角亭面。

①在“西南轴测图”内，用“UCS”命令，将坐标系回到世界坐标系。

②在“西南轴测图”内，运用“修改”→“三维操作”→“三维阵列”，选择上步绘制的一块六角亭顶面和斜脊，环形阵列，份数为 6，旋转角为 360°，捕捉直线 *AB* 为旋转轴，阵列创建六角亭面，如图 11-46 所示。

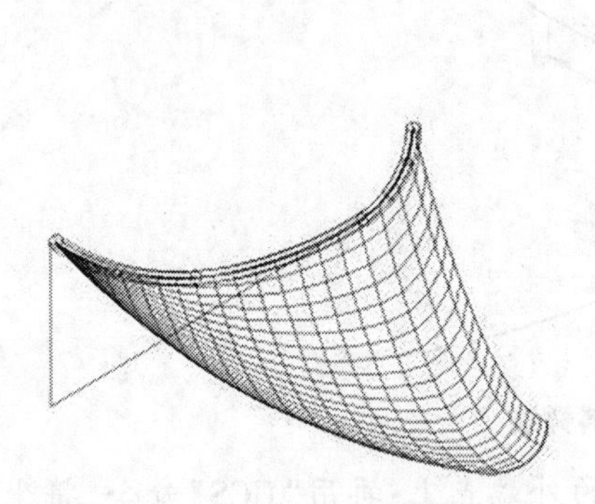

图 11-45　作一块六角亭顶和斜脊

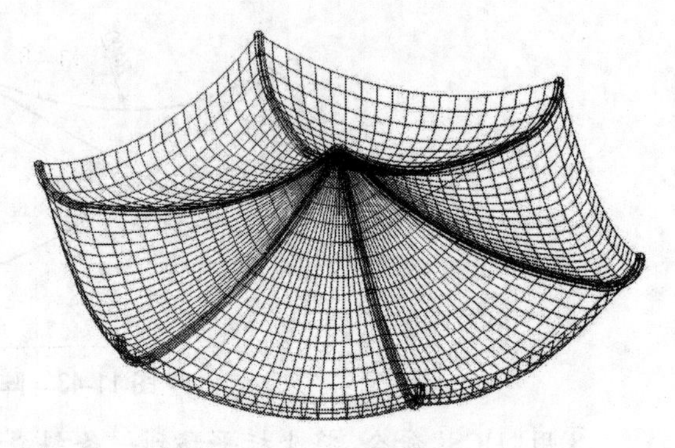

图 11-46　六角亭顶

(6)创建亭子顶部球面。

①在“西南轴测图”内，用“缩放”命令将亭子顶放大，直到清楚地看到六边形为止。

②用“UCS”命令，将坐标系平移到六边形的一个角点处。

③用“直线”命令，过六边形的对角点作一条直线。

④用“网格”→“网格球体”命令，以六边形对角线中心为圆心，作一个半径为 15 的网格球体。

(7)四视图六角亭顶。

用“缩放”“平移”命令，调整各视口内的图形，直至合适为止，如图 11-47 所示。

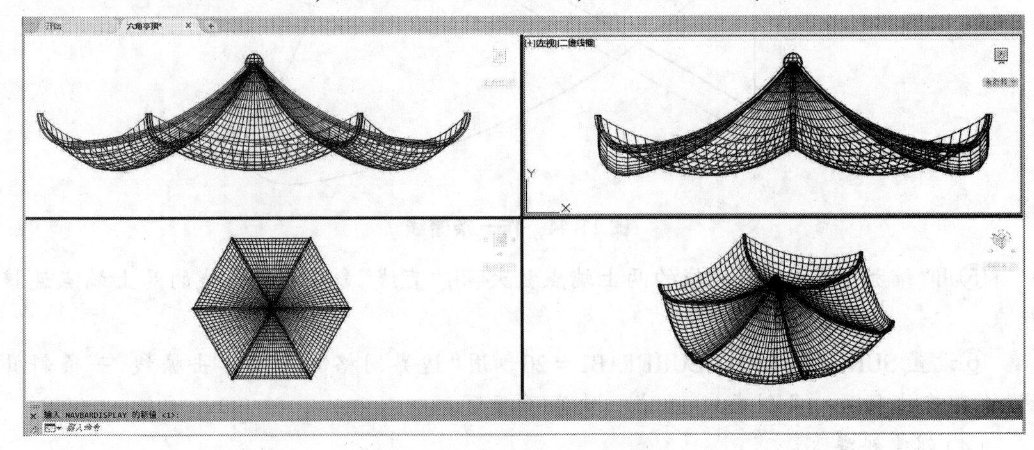

图 11-47　六角亭顶四视图

2. 创建如图 11-48 所示的水盆。

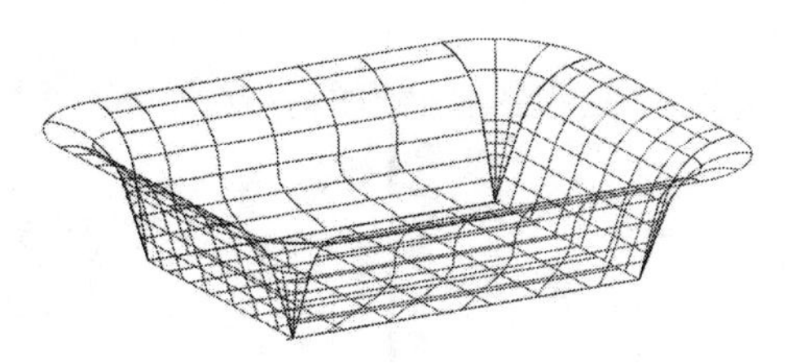

图 11-48　水盆

训练指导：

(1)建立四视口和视口视图模式，方法同上。

(2)在俯视图，用“曲面”→“平面曲面”命令绘制水盆底面曲面，如图 11-49 所示。

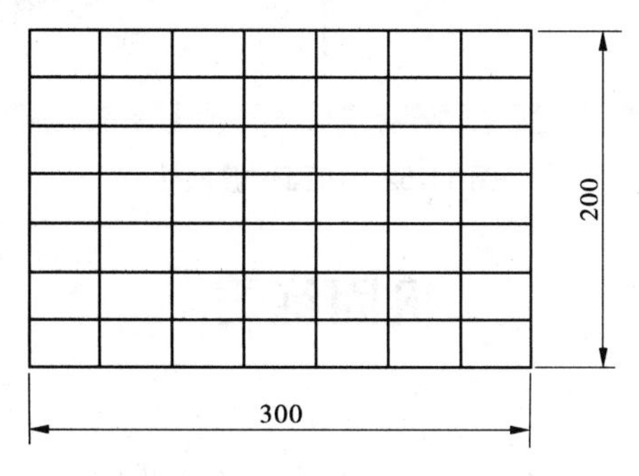

图 11-49　水盆底面

(3)在前视图，用“常用”→“绘图”→“多段线”在水盆底面其中一角绘制水盆边缘轮廓线，如图 11-50 所示。

(4)在西南轴测图中，用“曲面”→“创建”→“旋转”命令将轮廓线旋转 90°，得到盆角。

(5)在西南轴测图中，用“常用”→“修改”→“三维镜像”命令阵列盆角，结果如图 11-51 所示。

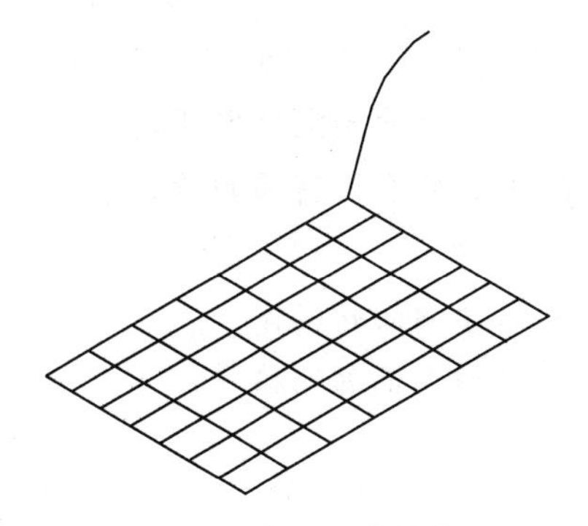

图 11-50　水盆边缘轮廓线

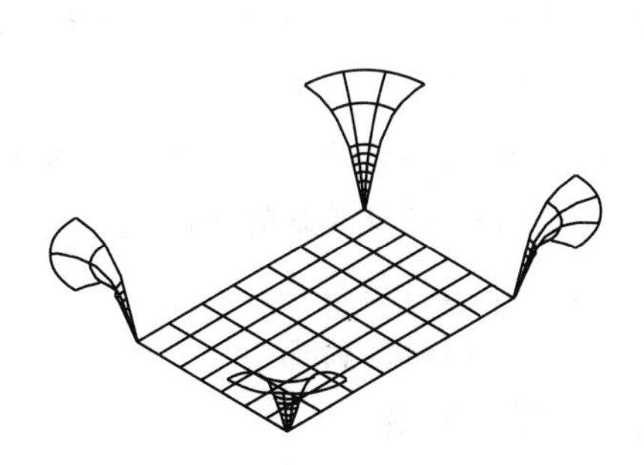

图 11-51　旋转阵列四角曲面

(6)在西南轴测图中,用“曲面”→“创建”→“曲面过渡”命令,将四个旋转曲面连接起来,形成如图 11-52 所示的图形。

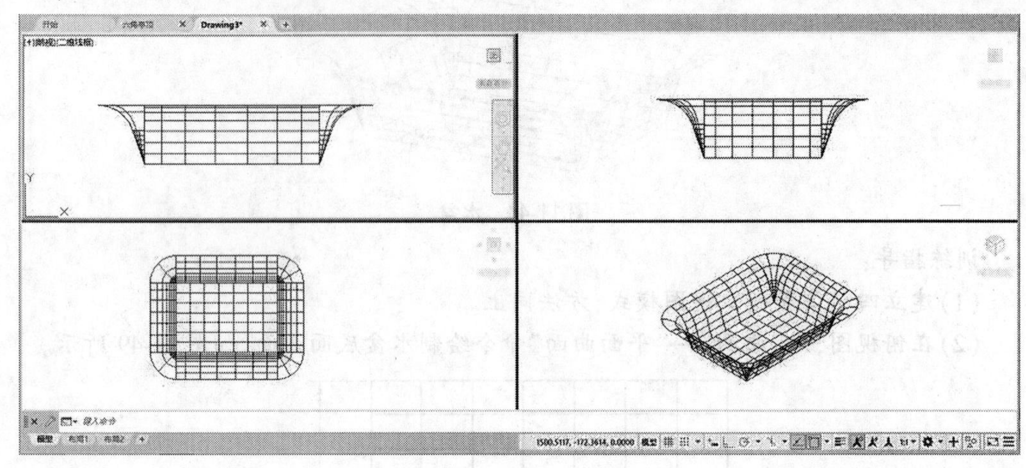

图 11-52 曲面过渡四边

巩固练习

一、单项选择题

1. 系统默认的布局中可同时激活的视口最大数目是(　　)。

A. 4 个　　B. 16 个　　C. 64 个　　D. 任意

2. 关于 AutoCAD 的用户坐标系与世界坐标系的不同点,下面哪种说法是正确的?(　　)。

A. 用户坐标系与世界坐标系两者都是固定的

B. 用户坐标系固定,世界坐标系不固定

C. 用户坐标系不固定,世界坐标系固定

D. 两者都不固定

3. 在模型空间,将视区分割成多个视窗的命令是(　　)。

A. VPOINT　　B. VPORTS　　C. VIEW　　D. UCS

4. 关于表面模型,下面哪种说法是错误的?(　　)

A. 零厚度　　B. 只有表面而没有内部填充

C. 表面模型分为曲面模型和网格模型　　D. 表面模型没有面的特征

5. 下面表面模型不能转化的是(　　)。

A. 三维网格转实体　　B. 三维曲面转实体

C. 三维网格转曲面　　D. 三维曲面转网格

二、多项选择题

1. AutoCAD 的三维造型方法有(　　)。

A. 线框建模　　B. 表面建模　　C. 参数化建模　　D. 实体建模

2. 下列属于三维网格命令的有(　　　)。

A. RULESURF　　B. REVSURF　　C. EDGESURF　　D. SURFTAB

3. 平移网格可以作为矢量方向的图形有(　　　)。

A. 矩形　　B. 直线　　C. 闭合多段线　　D. 开放多段线

4. “动态观察”有哪几种观察形式？(　　　)

A. 受约束的动态观察　　B. 自由动态观察

C. 连续动态观察　　D. 以上都对

5. 创建网格的方法有(　　　)。

A. 直纹网格　　B. 平移网格

C. 旋转网格　　D. 边界网格

三、判断题

1. 用户坐标系统(UCS)有助于建立自己的坐标系统。(　　　)

2. 定义三维坐标系的右手法则是:右手拇指指向 X 轴正方向,中指指向 Y 轴正方向,Z 轴正方向是可以根据情况自行决定的。(　　　)

3. ViewCube 工具可在模型的标准视图和等轴测图之间进行切换。(　　　)

4. 拉伸二维或三维曲线创建三维拉伸曲面,二维或三维曲线可以是开放的,也可以是闭合的。(　　　)

5. 圆角曲面有固定半径轮廓,且与原始曲面相切。相切时会自动修剪原始曲面,以连接圆角曲面的边。(　　　)

四、实操题

1. 创建如图 11-53 所示的雨伞模型,参考图 11-54,尺寸自定。

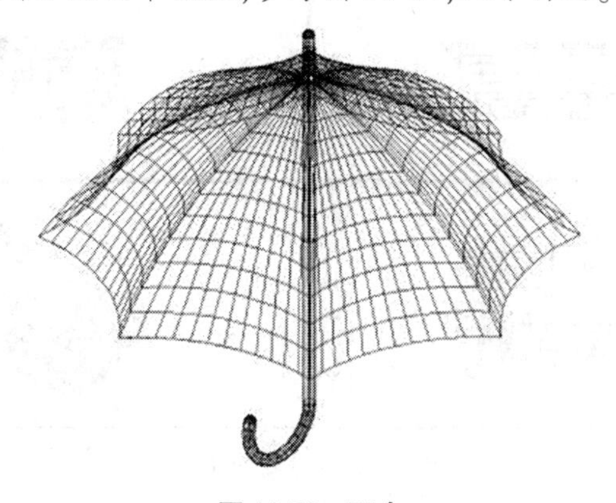

图 11-53　雨伞

2. 创建如图 11-55 所示的浴盆模型,参考图 11-56,尺寸自定。

图 11-54　雨伞四视图

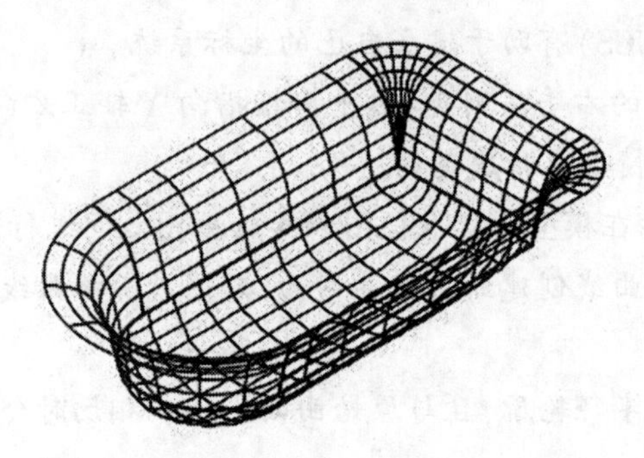

图 11-55　浴盆

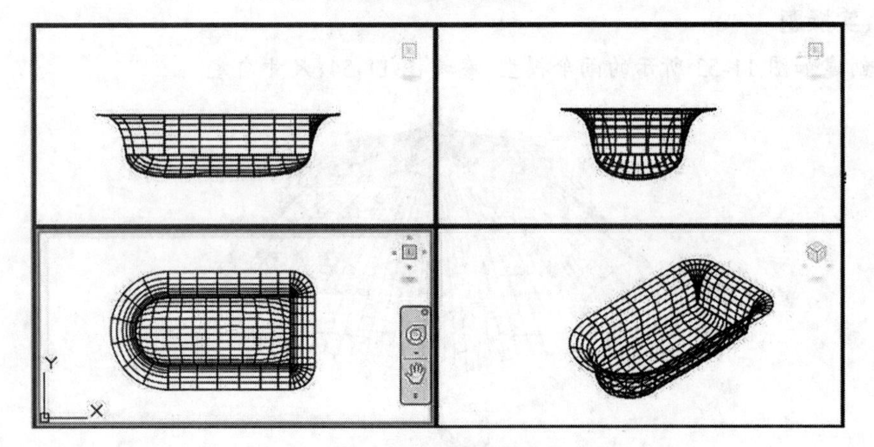

图 11-56　浴盆四视图

项目 12　三维建模

【项目导入】

在项目 11 的基础上,了解了三维建模的基本操作,进而掌握了表面模型的创建方法。学习三维建模的最终目的是学会创建三维实体,从而对实体进行实际应用。利用网格模型转化为实体模型是创建实体模型的一种方法,真正要创建实体模型还得用创建实体的专用方法。本项目主要介绍创建三维实体和编辑三维实体的基本知识。

【教学目标】

1. 知识目标

(1)了解三维线和三维面的创建。

(2)掌握实体图元的创建方法和通过三维操作及布尔运算创建实体模型。

(3)熟悉对实体进行边、面、体的编辑。

(4)掌握三维立体字的创建、对实体裁切并创建剖视图和断面图。

2. 技能目标

(1)会创建三维线和三维面。

(2)能够熟练运用二维图形创建三维实体。

(3)能够通过对实体编辑创建新实体模型。

(4)会创建三维立体字和创建实体剖视图与截面图。

3. 素质目标

(1)通过创建三维线和三维面,培养学生空间想象力。

(2)通过编辑三维实体,让学生感知丰富多彩的世界。

(3)创建立体字,让学生认识装饰之美,确立对美好生活的向往。

【思政目标】

(1)创建三维线和三维面,让学生具有立体感,进而培养工程专业素养。

(2)通过实体编辑创建新实体模型,锻炼学生探索创新的能力。

(3)创建三维立体字和创建实体二维视图,培养学生爱岗敬业的精神。

任务 12.1　创建三维线和三维面

12.1.1　创建三维线

12.1.1.1　创建三维多段线

三维多段线是作为单个对象创建的直线段相互连接而成的序列。三维多段线所有对象必须是连续的,可以不共面,但不能有圆弧,不支持宽度。

1. 命令的启动方式

(1)在命令行中输入:"3DPOLY"。

(2)在主菜单中选择:"绘图"→"三维多段线"。

(3)在功能面板上选择:"常用"→"绘图"→"三维多段线"。

2. 示例

创建如图12-1所示的三维多段线。

命令: 3DPOLY↙

指定多段线的起点: 0,0,0↙　　(输入 *A* 点)

指定直线的端点或[放弃(U)]: 10,0,0↙　　(输入 *B* 点)

指定直线的端点或[放弃(U)]: @0,0,10↙　　(输入 *C* 点)

指定直线的端点或[闭合(C)/放弃(U)]: @0,10,0↙　　(输入 *D* 点)

指定直线的端点或[闭合(C)/放弃(U)]:↙　　(结束命令)

12.1.1.2　创建螺旋线

1. 命令的启动方式

(1)在命令行中输入:"HELIX"。

(2)在主菜单中选择:"绘图"→"螺旋"。

(3)在建模工具栏中单击"螺旋"按钮。

(4)在功能面板上选择:"常用"→"绘图"→"螺旋"。

2. 示例

创建如图12-2所示的螺旋线。

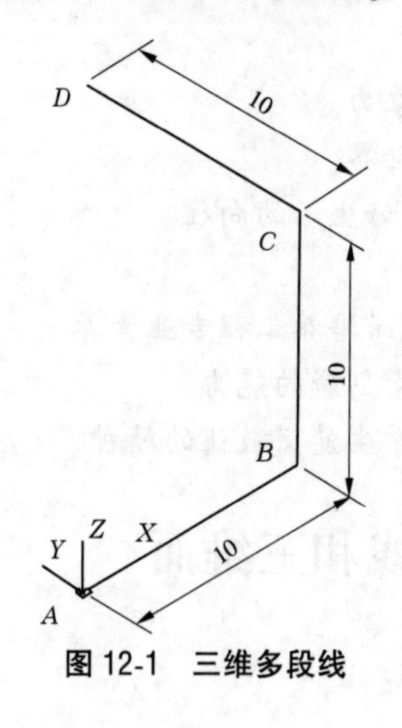

图12-1　三维多段线

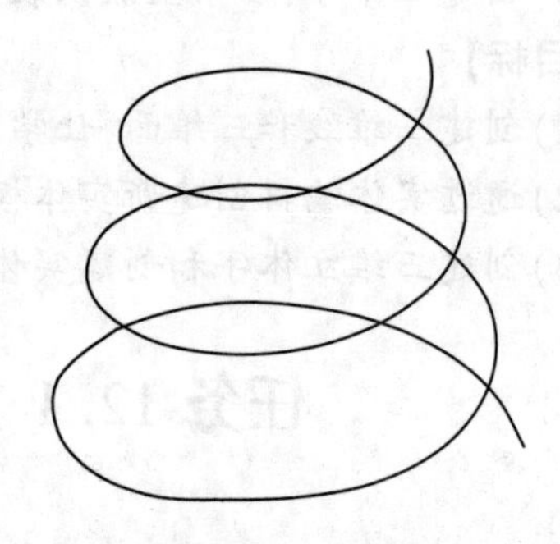

图12-2　螺旋线

命令: HELIX↙

圈数 = 3.0000　　扭曲=CCW

指定底面的中心点:↙　　(指定中心点)

指定底面半径或[直径(D)] <3.0015>: 5↙　　(指定底面半径)

指定顶面半径或［直径(D)］<5.0000>：3↙　　（指定顶面半径）

指定螺旋高度 或［轴端点(A)/圈数(T)/圈高(H)/扭曲(W)］<4.8867>：10↙
（指定螺旋高度）

3.参数说明

“指定底面半径”：指定螺旋线的底圈半径。

“指定顶面半径”：指定螺旋线的顶圈半径。

”指定螺旋高度”：指定螺旋线的高度。

“［轴端点(A)/圈数(T)/圈高(H)/扭曲(W)］”：分别是与底面中心点对应的另一端点、螺旋线的圈数、螺旋线的高度、螺旋线的扭曲方向(顺时针还是逆时针)。

12.1.2　创建三维面

12.1.2.1　创建面域

面域是指具有边界的平面闭合区域，它是二维实体，不是二维图形。它与二维图形的区别是面域除了包括封闭的边界形状，还包括边界内部的平面，就像一个没有厚度的平面。闭合区域可以是直线、多段线、圆、圆弧、椭圆、椭圆弧和样条曲线的组合。面域内部可包含孔。

1.命令的启动方式

(1)在命令行中输入：“REGION”。

(2)在主菜单中选择：“绘图”→“面域”。

(3)在绘图工具栏中单击“面域”按钮。

2.命令的操作过程

命令：REGION↙

选择对象：指定对角点：找到 4 个↙

选择对象：

已提取 1 个环。

已创建 1 个面域。

12.1.2.2　创建三维面

在三维空间中创建三侧边或四侧边的曲面。输入三维面的最后两个点后，该命令将自动重复将这两个点用作下一个三维面的前两个点。构成各个三维面的顶点最多不能超过 4 个。

1.命令的启动方式

(1)在命令行中输入：“3DFACE”。

(2)在主菜单中选择：“绘图”→“建模”→“网格”→“三维面”。

2.命令的操作过程

命令：_3DFACE↙

指定第一点或［不可见(I)］：

指定第二点或［不可见(I)］：

指定第三点或［不可见(I)］<退出>：

指定第四点或［不可见(I)］<创建三侧面>:

指定第三点或［不可见(I)］<退出>:

指定第四点或［不可见(I)］<创建三侧面>:

指定第三点或［不可见(I)］<退出>:↙　　（结束命令）

任务 12.2　创建三维实体

12.2.1　创建实体图元

12.2.1.1　创建多段体

1. 命令的启动方式

(1)在命令行中输入:“POLYSOLID”。

(2)在主菜单中选择:“绘图”→“建模”→“多段体”。

(3)在建模工具栏中单击“多段体”按钮。

(4)在功能面板上选择:“常用”→“建模”→“多段体”,或“实体”→“图元”→“多段体”。

2. 命令的操作过程

命令: POLYSOLID↙

高度 = 80.0000, 宽度 = 5.0000, 对正 = 居中

指定起点或［对象(O)/高度(H)/宽度(W)/对正(J)］<对象>:

指定下一个点或［圆弧(A)/放弃(U)］:　　（左键单击选择某一点）

指定下一个点或［圆弧(A)/放弃(U)］:　　（左键单击选择另一点）

指定下一个点或［圆弧(A)/闭合(C)/放弃(U)］:↙

（输入“U”后回车结束命令或者当连续绘制两条以上的多段体时输入“C”后回车使所绘制图形闭合）

3. 参数说明

“对象(O)”:指定要转换为实体的对象,可以选择直线、圆弧、圆及二维多段线。

“高度(H)”:指定实体的高度。

“宽度(W)”:指定实体的宽度。

“对正(J)”:绘制多段体时,光标路径与多段体截面的对齐方式,可以设置为左对正、右对正或居中。

4. 示例

绘制一段多段墙体,如图 12-3 所示。

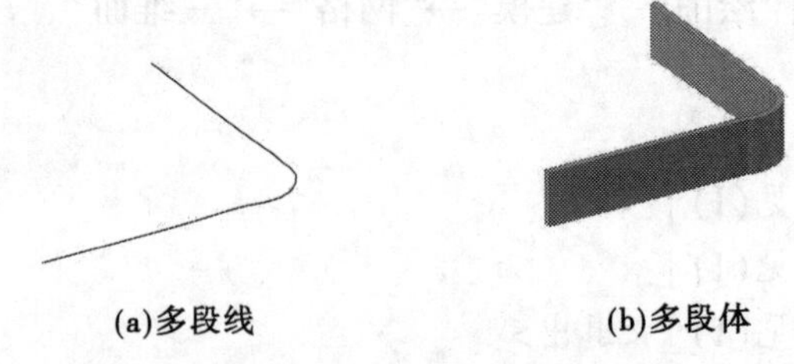

(a)多段线　　(b)多段体

图 12-3　创建多段体

命令: POLYSOLID ↙

高度 = 4.0000, 宽度 = 0.2500, 对正 = 左对齐

指定起点或 [对象(O)/高度(H)/宽度(W)/对正(J)] <对象>:W↙

指定宽度 <0.2500>: 2.4↙

高度 = 4.0000, 宽度 = 2.4000, 对正 = 左对齐

指定起点或 [对象(O)/高度(H)/宽度(W)/对正(J)] <对象>: H↙

指定高度 <4.0000>: 36↙

指定起点或 [对象(O)/高度(H)/宽度(W)/对正(J)] <对象>: J↙

输入对正方式 [左对正(L)/居中(C)/右对正(R)] <居中>: C↙

高度 = 36.0000, 宽度 = 2.4000, 对正 = 居中

指定起点或 [对象(O)/高度(H)/宽度(W)/对正(J)] <对象>: O↙

选择对象:　　　　　　　　　　　　　　(鼠标左键单击多段线)

12.2.1.2　创建长方体(B)/圆锥体(C)/圆柱体(CY)/棱锥体(P)/球体(S)/楔体(W)/圆环体(T)

创建长方体(B)/圆锥体(C)/圆柱体(CY)/棱锥体(P)/球体(S)/楔体(W)/圆环体(T)与项目 11 中创建曲面一样有其统一性,虽然他们参数有所不同,但在操作上基本一致。这里把他们集中在一起以楔体为例讲解,其他实体图元的创建方法与此类似。

1. 命令的启动方式

(1)在命令行中输入:"WEDGE"。

(2)在主菜单中选择:"绘图"→"建模"→"楔体"。

(3)在建模工具栏中单击"楔体"按钮。

(4)在功能面板上选择:"常用"→"建模"→"楔体",或"实体"→"图元"→"楔体"。

2. 命令的操作过程

命令: WEDGE↙

指定第一个角点或 [中心(C)]:　　　　　　(指定楔体底面的一个角点)

指定其他角点或 [立方体(C)/长度(L)]:　　　　(指定楔体底面的另一个角点)

指定高度或 [两点(2P)]: ↙　　　　　　　　(输入楔体高度)

3. 参数说明

"中心(C)":以指定的楔体底面中心为固定点创建楔体。

"立方体(C)":创建等边楔体。

"长度(L)":按照指定长宽高创建楔体。长度与 X 轴对应,宽度与 Y 轴对应,高度与 Z 轴对应。

"两点(2P)":指定两点之间的距离为楔体的高度。

4. 示例

创建如图 12-4 所示的楔体。

图 12-4　创建楔体

命令: WEDGE↙

指定第一个角点或 [中心(C)]:

(指定楔体底面的一个角点)

指定其他角点或 [立方体(C)/长度(L)]: L↙

指定长度: 50↙

指定宽度: 30↙

指定高度或 [两点(2P)]<10.0000>:60↙

5. 注意事项

在创建棱锥体时可以创建棱台。下面是创建棱锥体时的相关参数。

"边(E)":指定棱锥体底面一条边的长度。

"侧面(S)":指定棱锥体的侧面数。可以输入 3~32 之间的数。

"内接":指定棱锥体底面内接于棱锥体的底面圆。

"两点(2P)":将棱锥体的高度指定为两个指定点之间的距离。

"轴端点(A)":指定棱锥体轴的另一端点位置。

"顶面半径(T)":指定棱锥体的顶面半径,并创建棱锥体平截面。

创建结果如图 12-5 所示。

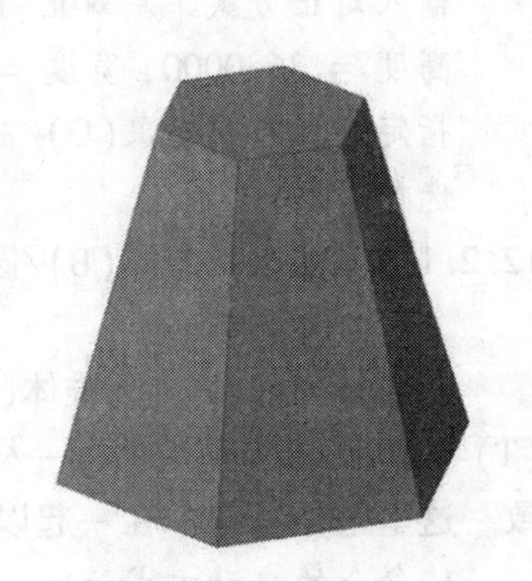

图 12-5 棱锥体

12.2.2 创建三维实体

12.2.2.1 按住并拖动创建三维实体

按住并拖动有边界的区域创建三维实体。拖动对象是二维多段线形成的闭合边界和三维实体面,如果是二维线,拖动创建的是曲面。

1. 命令的启动方式

(1)在命令行中输入:"PRESSPULL";

(2)在建模工具栏中单击"按住并拖动"按钮 。

(3)在功能面板上选择:"常用"→"建模"→"按住并拖动",或"实体"→"实体"→"按住并拖动"。

2. 命令的操作过程

命令: PRESSPULL↙

选择对象或边界区域:

如果此时选择的是二维多段线形成的闭合边界或三维实体面对象,系统执行以下操作:

指定拉伸高度或 [多个(M)]: ↙

指定拉伸高度或 [多个(M)]:

已创建 1 个拉伸

选择对象或边界区域:

如果此时选择的是两个二维多段线之间的区域,系统执行以下操作:

选择对象或边界区域:选择要从中减去的实体、曲面和面域...

差集内部面域...

指定拉伸高度或 [多个(M)]: ↙

指定拉伸高度或 [多个(M)]:M↙

选择边界区域: 选择要从中减去的实体、曲面和面域...

差集内部面域...

选择了 1 个,共 2 个

选择边界区域:

指定拉伸高度或 [多个(M)]: ↙

指定拉伸高度或 [多个(M)]:

已创建 2 个拉伸

3. 参数说明

“选择对象或边界区域”:对象是指二维多段线形成的闭合边界或三维实体面,边界区域是指两个二维多段线之间的区域。

“多个(M)”:可以同时选择多个对象或边界区域。

4. 示例

创建如图 12-6 所示的形体。

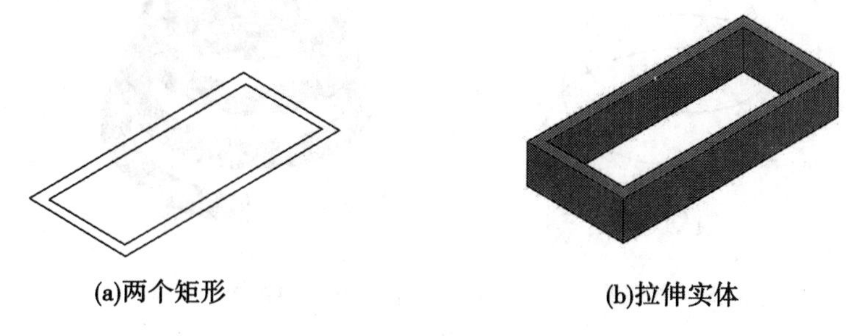

(a)两个矩形　　(b)拉伸实体

图 12-6　按住并拉伸创建实体

12. 2. 2. 2　拉伸、旋转、扫掠、放样创建三维实体

拉伸、旋转、扫掠、放样创建三维实体与项目 11 中拉伸、旋转、扫掠、放样创建曲面方法一样,只是在创建曲面时转换一下创建模型就可以创建实体了。模式(MO)有“实体(SO)/曲面(SU)”两种选项,SO 为实体模式,SU 为曲面模式。

默认情况下,通过“曲面”→“创建”→“拉伸、旋转、扫掠、放样”创建的是曲面模型,通过“绘图”→“建模”→“拉伸、旋转、扫掠、放样”,或“实体”→“实体”→“拉伸、旋转、扫掠、放样”,或“常用”→“建模”→“拉伸、旋转、扫掠、放样”创建的是实体。

这里只以扫掠创建三维弹簧为例,其他创建实体的方法读者自己练习。

1. 命令的启动方式

(1)在命令行中输入:“SWEEP”。

(2)在下拉菜单中选择:“绘图”→“建模”→“扫掠”。

(3)在建模工具栏中单击“扫掠”按钮 。

(4)在功能面板上选择:“实体”→“实体扫掠”,或“常用”→“建模”→“扫掠”。

2. 命令的操作过程

命令: SWEEP↙

当前线框密度： ISOLINES=4,闭合轮廓创建模式 = 实体

选择要扫掠的对象或［模式(MO)］：_MO 闭合轮廓创建模式［实体(SO)/曲面(SU)］<实体>：_SO

选择要扫掠的对象或［模式(MO)］：找到 1 个 （选择扫掠对象）

选择要扫掠的对象或［模式(MO)］：↙

选择扫掠路径或［对齐(A)/基点(B)/比例(S)/扭曲(T)］： （选择扫掠路径）

3. 参数说明

“对齐(A)”：指定是否对齐轮廓以使其作为扫掠路径切向的法向。

“基点(B)”：指定要扫掠对象的基点。

“比例(S)”：指定比例因子以进行扫掠操作。

“扭曲(T)”：设置被扫掠对象的扭曲角度。

4. 示例

沿如图 12-7(a)所示的螺旋线扫掠圆创建弹簧，结果如图 12-7(b)所示。

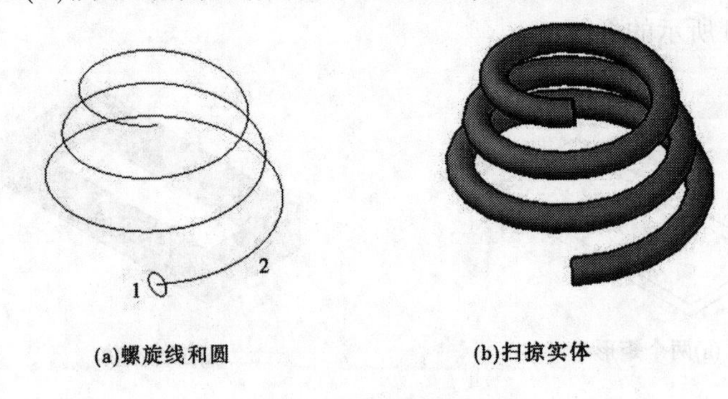

图 12-7 扫掠创建实体

12.2.3 布尔运算

12.2.3.1 并集

将两个以上的三维实体、曲面和二维面域合并为一个组合的三维实体、曲面和二维面域。合并时必须选择相同类型的对象。

1. 命令的启动方式

(1)在命令行中输入：“UNION”。

(2)在下拉菜单中选择：“修改”→“实体编辑”→“并集”。

(3)在建模工具栏中单击“并集”按钮。

(4)在功能面板上选择：“实体”→“布尔值”→“并集”，或“常用”→“实体编辑”→“并集”。

2. 示例

合并如图 12-8(a)所示的四棱柱和圆柱，结果如图 12-8(b)所示。

12.2.3.2 差集

从一个三维实体或面域中减去另一个三维实体或面域。差集时必须选择相同类型的

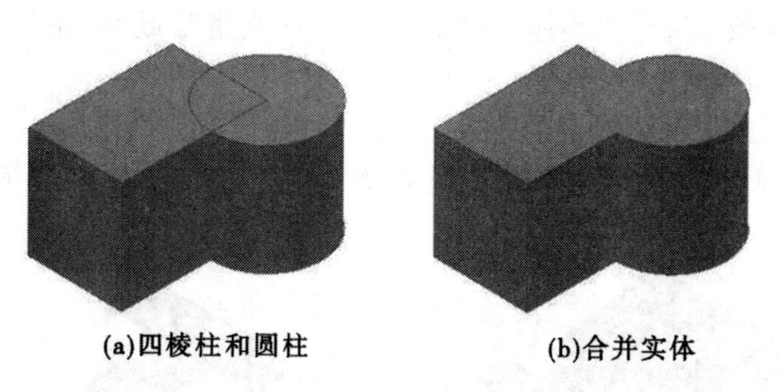

(a)四棱柱和圆柱 (b)合并实体

图 12-8 并集

对象。

1. 命令的启动方式

(1)在命令行中输入:“SUBTRACT”。

(2)在下拉菜单中选择:“修改”→“实体编辑”→“差集”。

(3)在建模工具栏中单击“差集”按钮。

(4)在功能面板上选择:“实体”→“布尔值”→“差集”,或“常用”→“实体编辑”→“差集”。

2. 示例

如图 12-9(a)所示的四棱柱和圆柱,从圆柱中减去四棱柱,结果如图 12-9(b)所示。

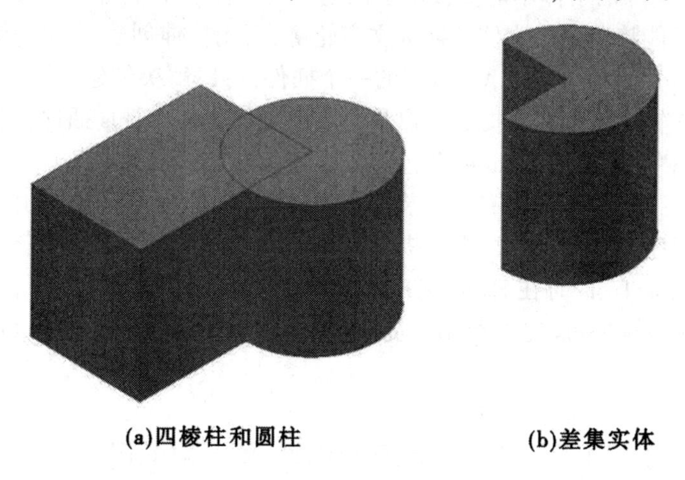

(a)四棱柱和圆柱 (b)差集实体

图 12-9 差集

12.2.3.3 交集

从重叠的两个三维实体或面域中创建新的三维实体或面域。交集时必须选择相同类型的对象。

1. 命令的启动方式

(1)在命令行中输入:“INTERSECT”。

(2)在下拉菜单中选择:“修改”→“实体编辑”→“交集”。

(3)在建模工具栏中单击“交集”按钮。

(4)在功能面板上选择:“实体”→“布尔值”→“交集”,或“常用”→“实体编辑”→“交集”。

2. 示例

如图 12-10(a)所示的实体 1 和实体 2,求两个实体公有部分,结果如图 12-10(b)所示。

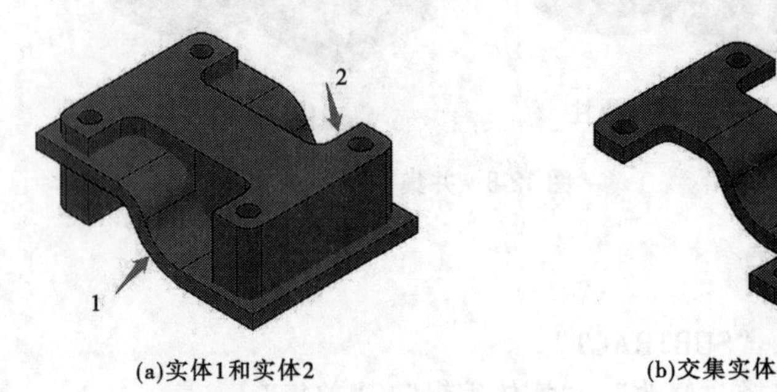

(a)实体1和实体2　　(b)交集实体

图 12-10　交集

12.2.4　创建三维字体

12.2.4.1　AutoCAD Express Tools 插件

用 AutoCAD 输入的字体不能直接用于创建三维字体。由于用 EXPLODE 命令也不能分解单行文字,不能将单个的字体转换为文字轮廓,再用拉伸创建三维字体。

AutoCAD Express Tools 是 CAD 自带的一个插件,可以解决创建三维字体的问题。

在安装 CAD 软件的时候会提示用户是否要安装 Express Tools 插件,安装以后在 CAD 界面上面的菜单栏中就会有“Express”这个工具。

如果在安装 CAD 的时候没有点安装这个插件,可以在控制面板里的添加删除软件里找到 CAD 安装程序,然后点更改,根据提示,添加安装就可以了,或者重新安装一下 CAD,提示是否装 Express Tools 时在 Express Tools 前的复选框中打个勾就行了。

AutoCAD Express Tools 是一组用于提高工作效率的工具,可扩展 AutoCAD 的强大功能。

12.2.4.2　Express Tools 的文字工具

Express Tools 扩展工具分为几大类:图块编辑、文字编辑、图层管理、标注编辑、选择工具、修改编辑、文件管理、绘图工具等。

这里只讲文字工具中用于创建三维文字的几个功能。

TEXTFIT:文字拟合,设置文字的宽度,压缩或拉伸文字。

TEXTMASK:文字遮罩,可以生成遮罩来遮挡文字后面的重叠对象。

TXTEXP:文字分解,将文字分解为图形对象,如果文字是作为设计的一部分,可以使用这种功能将文字炸开成线,避免在不同的环境下打开文字发生变化。另外还可以通过将操作系统的字体炸开,获取文字的轮廓线,得到空心文字或利用文字轮廓线建模。

ARCTEXT:弧形文字,可以沿弧线书写文字。

12.2.4.3　创建空心字

1. 创建多段线空心字

步骤:

(1)用多行文字“MTEXT”命令,打开“多行文字编辑器”,“字符”标签里选择一种中文字体,例如中山行书(事前下载字体,并载入系统字库),并输入“水利与环境”五个字,字号大小为 7 号字,如图 12-11 所示。

水利與環境

图 12-11　字体

注意:字体要选择笔画有宽度的,中英文均可,不要单线体(如 txt. shx, gbenor. shx, gbcbig. shx 等)。

(2)用分解文字 “Txtexp”命令(或“Express”→“Text”→“Explode Text”,或 “Express Tools”→“Text”→“Explode”),分解所选文字,如图 12-12 所示。

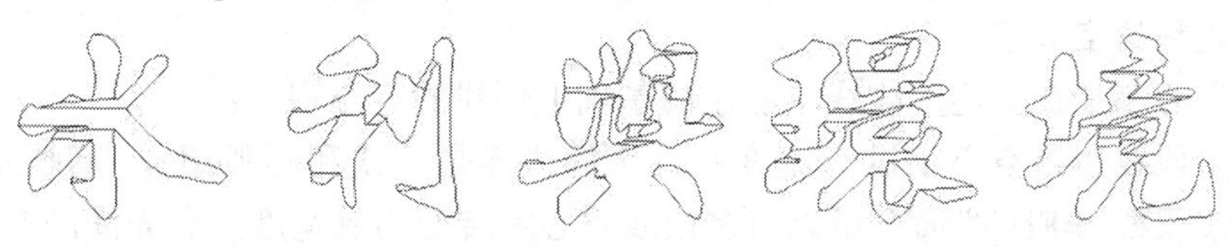

图 12-12　“Txtexp”字体

注意:在 CAD 中,文字属于一类特殊的对象,必须分解成线后,才能对其进行更多的处理。分解文字“Txtexp”命令的功能是把文字分解为组成它的直线和圆弧。这里不要用“Explode”。

(3)再用分解“Explode”命令将图 12-12 中的文字二次分解成单根线条。

(4)用修剪 “Trim” 命令和删除“Erase”命令,修剪或删除掉每个文字笔画内部多余的线条,如图 12-13 所示。

图 12-13　“Trim”“Erase”字体

(5)用边界创建“Boundary”命令(或“绘图”→“边界”)打开“边界创建”对话框,在“对象类型”里选择“多段线”选项,按“拾取点”按钮,在每个笔画内部逐一单击,回车。

注意:因在第(4)步里修剪后笔画成为许多个独立的零碎直线和圆弧,所以用这个命令再把每一个笔画连成封闭的多段线。该命令的结果,实际上是在原地复制了一份对象,并且颜色变为随层色。可将原对象删除,以免影响操作。

也可以用编辑多段线“PEDIT”命令(或“修改”→“对象”→“多段线”),将修剪后的文字转换为多段线,过程如下:

命令：PEDIT↙

选择多段线或［多条(M)］：（在文字轮廓上选择一段线）

选定的对象不是多段线

是否将其转换为多段线？<Y>↙（将选择的一段线转换为多段线）

输入选项［闭合(C)/合并(J)/宽度(W)/编辑顶点(E)/拟合(F)/样条曲线(S)/非曲线化(D)/线型生成(L)/反转(R)/放弃(U)］：J↙（将文字轮廓线合并为多段线）

选择对象：指定对角点：找到 167 个

选择对象：↙（将选择的文字轮廓线转换为多段线）

多段线已增加 162 条线段

输入选项［打开(O)/合并(J)/宽度(W)/编辑顶点(E)/拟合(F)/样条曲线(S)/非曲线化(D)/线型生成(L)/反转(R)/放弃(U)］：↙

注意：一次只能转换一个轮廓线，因此要分别转换每个文字中的封闭轮廓线。

(6)框选"水利与环境"，按"Ctrl+1"，打开"对象特性"对话框，在"颜色"栏里，选择一种颜色给空心文字赋予一种颜色，或者单击右侧的下拉箭头，选"其它"，这里有更多的颜色可供选择，以增强文字效果，或给不同文字设置图层，以区分颜色。

2. 创建描边空心字

描边空心字是在上述多段线空心字的基础上创建的空心字。

上述多段线边界空心字没有宽度并且字的边界是直线和圆弧组成，笔画并不光润。运用编辑多段线"PEDIT"命令可以将多段线空心字转变为有宽度的和光润的空心字。

步骤：

(1)复制上述"水利与环境"五个多段线空心字，注意不要一起复制了分解后的零碎直线和圆弧。

(2)用编辑多段线"PEDIT"命令(或"修改"→"对象"→"多段线")，操作过程如下：

命令：PEDIT↙

选择多段线或［多条(M)］：M↙（选择多个文字）

选择对象：指定对角点：找到 25 个

选择对象：↙（选择所有文字）

输入选项［闭合(C)/打开(O)/合并(J)/宽度(W)/拟合(F)/样条曲线(S)/非曲线化(D)/线型生成(L)/反转(R)/放弃(U)］：W↙（设置文字边界宽度）

指定所有线段的新宽度：0.02↙

输入选项［闭合(C)/打开(O)/合并(J)/宽度(W)/拟合(F)/样条曲线(S)/非曲线化(D)/线型生成(L)/反转(R)/放弃(U)］：S↙

（使用样条曲线拟合文字，使文字变得光润）

输入选项［闭合(C)/打开(O)/合并(J)/宽度(W)/拟合(F)/样条曲线(S)/非曲线化(D)/线型生成(L)/反转(R)/放弃(U)］：↙

结果如图 12-14 所示。

注意：线宽数值不要太大，否则笔画间距就小，打印出来会模糊不清。要确认删除了原分解后的零碎直线和圆弧，否则有的笔画存在反转扭曲现象。

图 12-14　描边空心字体

3. 创建填充文字

创建了空心文字，我们自然会想到，能不能用图像填充文字内部呢？答案是肯定的。

(1)用图案填充“Hatch”或渐变色“Gradient”命令填充图案和颜色。

同任务 8.2 中的方法一样，这里不再讲解。举例如图 12-15 所示。

(a)GRAVEL图案填充　　(b)对色渐变填充

图 12-15　图案填充“Hatch”空心字

对每个笔画用不同的颜色填充，会得到一个五颜六色的文字效果。换用木纹的、大理石的图案，又可以制作出“木纹字”和“大理石字”等。

(2)用超级图案填充“Super Hatch”命令填充图片图案。

用超级图案填充“Super Hatch”命令(或“Express”→“Draw”→“Super Hatch”，或“Express Tools”→“Draw”→“Super Hatch”)打开“超级图案填充”对话框，单击“图像”(Image...)按钮，在随后出现的“选择图像文件”对话框里选择一个图像文件，例如一幅花朵的图像，单击“打开”，出现“图像对话框”，确认复选“插入点”和“比例”为“指定”，然后单击“确定”，指定缩放比例因子或按两次左键拉出所选图像，在出现“接受该图像的位置吗”提示后，回车，提示“制定选项”时，再次回车接受默认的“内部点”，在笔画内部逐一单击，回车后花朵图像就被填充到笔画内了，如图 12-16 所示。

图 12-16　超级图案填充“Super Hatch”空心字

注意：填充图像实际上是一个图像裁剪过程，而且拉出图像的大小会影响最终的填充效果，所以在拉出图像时最好能参照文字的位置，而且还要确认要显示图像的哪一部分，使那部分大小覆盖整个文字，这样文字笔画所在位置的部分图像将被保留，而笔画之外的部分将被裁剪掉。

12.2.4.4　创建三维字

用上述方法创建了多段线空心字或描边空心字后就可以创建三维曲面字和三维实体字。

1. 创建三维曲面字

(1)将视图样式调整为“西南等轴测”。

(2)用“曲面”→“创建”→“拉伸”命令对上述多段线空心字或描边空心字拉伸创建三维曲面字。过程如下:

命令: _EXTRUDE↙

当前线框密度: ISOLINES=4,闭合轮廓创建模式 = 曲面

选择要拉伸的对象或[模式(MO)]: _MO 闭合轮廓创建模式[实体(SO)/曲面(SU)] <实体>: _SU

选择要拉伸的对象或[模式(MO)]: 指定对角点: 找到 1246 个

选择要拉伸的对象或[模式(MO)]: ↙

2 个对象已从选择集中删除。

指定拉伸的高度或[方向(D)/路径(P)/倾斜角(T)/表达式(E)] <0.5000>: 0.5↙

结果如图 12-17 所示。

2. 创建三维实体字

(1)将视图样式调整为“西南等轴测”。

(2)用“实体”→“实体”→“按住并拉伸”命令对上述多段线空心字或描边空心字拉伸创建三维实体字。

结果如图 12-18 所示。

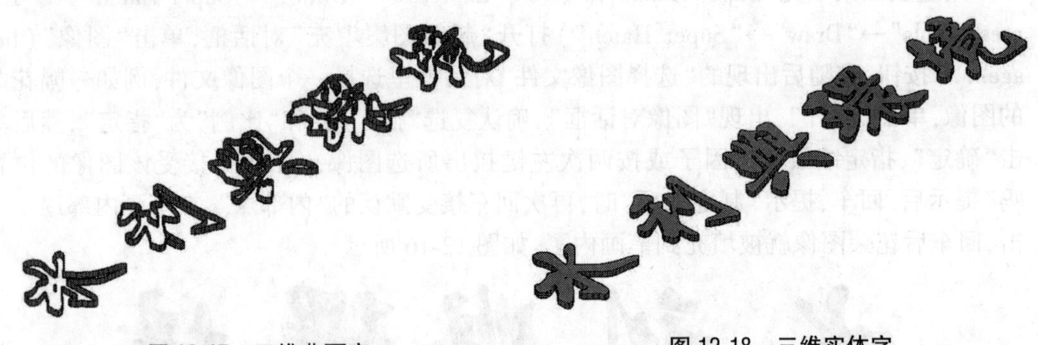

图 12-17　三维曲面字　　　图 12-18　三维实体字

注意:

(1)用“实体”→“实体”→“按住并拉伸”命令在选择边界区域时,应把光标放在空心字的空心区域,不要选择边界轮廓,否则拉伸的字体内部空隙会有实体堵着,还得用“差集”减去。

(2)用“实体”→“实体”→“拉伸”命令也可以创建三维实体字,但用“拉伸”命令只能选择边界轮廓,不能在空心字的空心区域选择区域,拉伸创建的字体要用差集减去字体内部空隙的实体部分。

(3)也可以用“绘图”→“面域”命令将上述空心字的空心区域转换为面域,用“差集”命令将多余部分减去,然后用“拉伸”命令拉伸面域创建三维实体字。

12.2.4.5　创建圆弧字

1. 创建圆弧空心字

步骤：

（1）用三点圆弧命令“Arc”画一段圆弧，如图 12-19（a）所示。

（2）用圆弧对齐文本“Arctext”命令（或“Express”→“Text”→“Arc-Aligned Text”，或“Express Tools”→“Text”→“Arc-Aligned Text”）输入文字“水利与环境”，结果如图 12-19（b）所示。

（a）圆弧　（b）圆弧对齐文字

图 12-19　圆弧文字

输入圆弧对齐文本“Arctext”命令，系统让选择一段圆弧。选择圆弧后，出现如图 12-20 所示的“ArcAlignedText Workshop-Create”对话框，对输入的文字进行相应设置。

注意：输入文字之前要设置文字样式，如设置“默认”样式为“方圆孙中山行书”，否则在下面过程中分解时字体会分解成宋体字。

（3）用分解“Explode”命令将圆弧文字分解，此时“水利与环境”五个字被分解成了五个独立字体。

注意：分解文字“Txtexp”命令不能分解圆弧文字。

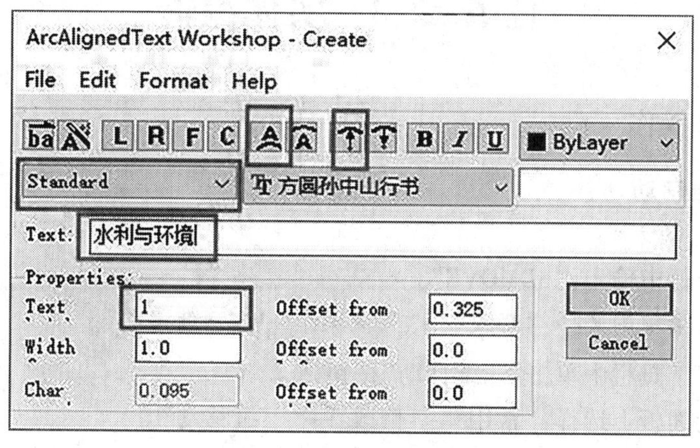

图 12-20　“ArcAlignedText Workshop Create”对话框

（4）用分解文字“Txtexp”命令将分解后的“水利与环境”五个字再进行分解，如图 12-21 所示。

注意：分解文字时，文字会逃离圆弧，且变小。需要用缩放、移动命令将文字复位。

（5）用前面讲解的方法删除文字笔画内部线，再用边界创建“Boundary”命令或用编辑多段线“PEDIT”命令创建圆弧空心文字。

图 12-21　“Txtexp”分解文字

2. 创建圆弧三维字

用“实体”→“实体”→“按住并拉伸”命令对上述圆弧空心字创建三维实体字，如图 12-22 所示。

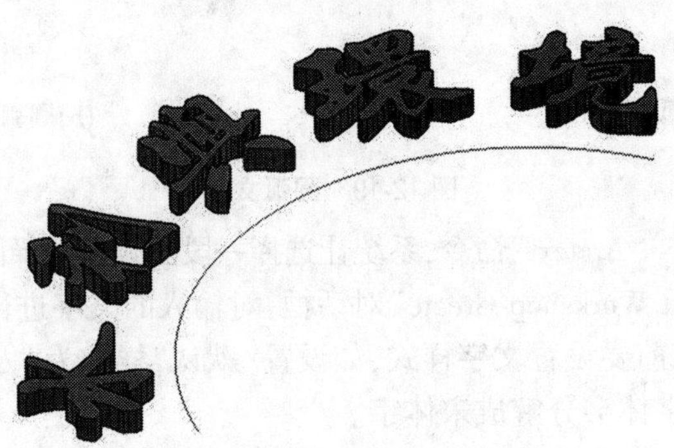

图 12-22　拉伸圆弧文字

任务 12. 3　实体编辑

12. 3. 1　实体操作

12. 3. 1. 1　三维移动

1. 命令的启动方式

(1) 在命令行中输入：“3DMOVE”。

(2) 在下拉菜单中选择：“修改”→“三维操作”→“三维移动”。

(3) 在建模工具栏中单击“三维移动”按钮。

(4) 在功能面板上选择：“常用”→“修改”→“三维移动”。

2. 命令的操作过程

命令：3DMOVE↙

选择对象：　(选择移动对象)

指定基点或 [位移(D)] <位移>：　(选择移动基点或者输入位移数据)

3. 参数说明

“位移(D)”：移动到在命令行提示下输入的坐标值位置。

12.3.1.2　三维旋转

1. 命令的启动方式

(1)在命令行中输入:“3DROTATE”。

(2)在下拉菜单中选择:“修改”→“三维操作”→“三维旋转”。

(3)在建模工具栏中单击“三维旋转”按钮。

(4)在功能面板上选择:“常用”→“修改”→“三维旋转”。

2. 命令的操作过程

命令: _3DROTATE

UCS 当前的正角方向:　ANGDIR=逆时针　ANGBASE=0

选择对象:　(选择旋转对象)

指定基点:　(选择旋转基点)

拾取旋转轴:　(选择旋转轴)

指定角的起点或键入角度:　(输入旋转角度)

3. 参数说明

“拾取旋转轴”:在三维缩放小控件上,指定旋转轴。移动鼠标直至要选择的轴轨迹变为黄色,然后单击以选择此轨迹。

12.3.1.3　三维对齐

1. 命令的启动方式

(1)在命令行中输入:“3DALIGN”。

(2)在下拉菜单中选择:“修改”→“三维操作”→“三维对齐”。

(3)在建模工具栏中单击“三维对齐”按钮。

(4)在功能面板上选择:“常用”→“修改”→“三维对齐”。

2. 命令的操作过程

命令: _3DALIGN

选择对象:

指定源平面和方向 ...

指定基点或 [复制(C)]:　(选择对齐对象的基点)

指定第二个点或 [继续(C)] <C>:　(选择对齐对象的第二点)

指定第三个点或 [继续(C)] <C>:　(选择对齐对象的第三点)

指定目标平面和方向 ...

指定第一个目标点:　(选择对齐目标位置对象的基点)

指定第二个目标点或 [退出(X)] <X>:　(选择对齐目标位置对象的第二点)

指定第三个目标点或 [退出(X)] <X>:　(选择对齐目标位置对象的第三点)

3. 示例

对齐如图12-23(a)所示的两个四分之一圆柱。

命令: _3DALIGN

选择对象:

指定源平面和方向 ...

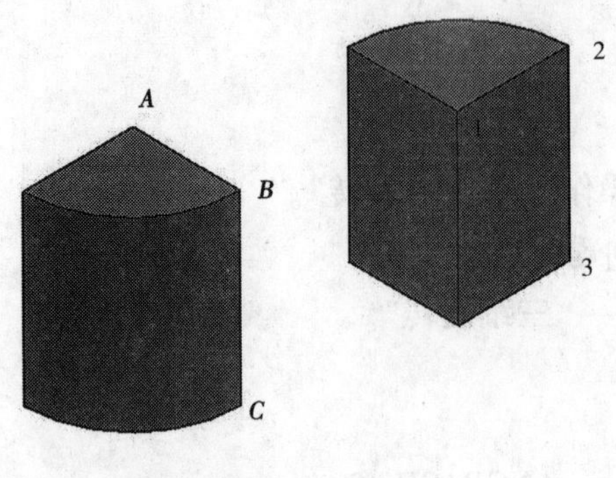

(a)两个四分之一圆柱

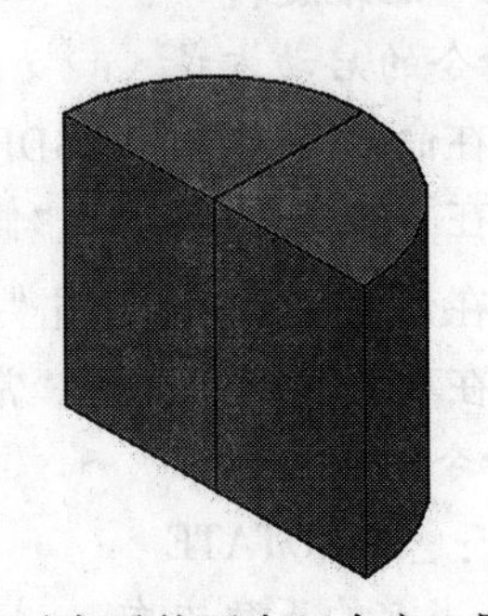

(b)对齐后的两个四全之一圆柱

图 12-23　三维对齐

指定基点或 [复制(C)]:　　(选择移动对象的 A 点)

指定第二个点或 [继续(C)] <C>:　　(选择移动对象的 B 点)

指定第三个点或 [继续(C)] <C>:　　(选择移动对象的 C 点)

指定目标平面和方向 ...

指定第一个目标点:　　(选择目标对象的 1 点)

指定第二个目标点或 [退出(X)] <X>:　　(选择目标对象的 2 点)

指定第三个目标点或 [退出(X)] <X>:　　(选择目标对象的 3 点)

结果如图 12-23(b)所示。

12.3.1.4　三维镜像

1. 命令的启动方式

(1)在命令行中输入:"MIRROR3D"。

(2)在下拉菜单中选择:"修改"→"三维操作"→"三维镜像"。

(3)在功能面板上选择:"常用"→"修改"→"三维镜像"。

2. 命令的操作过程

命令: _MIRROR3D

选择对象:　　(选择镜像对象)

指定镜像平面 (三点) 的第一个点或 [对象(O)/最近的(L)/Z 轴(Z)/视图(V)/XY 平面(XY)/YZ 平面(YZ)/ZX 平面(ZX)/三点(3)]:　　(选择镜像平面)

是否删除源对象? [是(Y)/否(N)]:　　(选择是否保留源对象)

3. 参数说明

"对象(O)":使用选定圆、圆弧或二维多段线作为镜像平面。

"最近的(L)":选择最后定义的镜像平面。

"视图(V)":将当前视口作为镜像平面。

"XY 平面(XY)/YZ 平面(YZ)/ZX 平面(ZX)":指定标准平面(*XY*、*YZ* 或 *ZX*)作为镜像平面。

"三点(3)":通过三个点定义镜像平面。

12.3.1.5　三维阵列

1. 命令的启动方式

(1)在命令行中输入:"3DARRAY"。

(2)在下拉菜单中选择:"修改"→"三维操作"→"三维阵列"。

(3)在建模工具栏中单击"三维阵列"按钮。

2. 命令的操作过程

命令: _3DARRAY

选择对象: 指定对角点: 找到 2 个　(选择阵列对象)

选择对象: ↙

输入阵列类型 [矩形(R)/环形(P)] <矩形>:P↙　(选择阵列形式)

输入阵列中的项目数目: 6↙　(输入阵列数目)

指定要填充的角度 (+=逆时针, -=顺时针) <360>:↙　(输入阵列旋转角度)

旋转阵列对象? [是(Y)/否(N)] <Y>:↙　(是否保留源对象)

指定阵列的中心点:　(选择阵列中心)

指定旋转轴上的第二点:

或矩形阵列

命令: _3DARRAY

选择对象: 指定对角点: 找到 2 个

选择对象: ↙

输入阵列类型 [矩形(R)/环形(P)] <矩形>:R↙

输入行数 (---) <1>: 4↙

输入列数 (|||) <1>: 3↙

输入层数 (...) <1>: 3↙

指定行间距 (---): 30↙

指定列间距 (|||): 20↙

指定层间距 (...): 30↙

3. 参数说明

"矩形(R)":在行(X 轴)、列(Y 轴)和层(Z 轴)矩形阵列中复制对象。一个阵列必须具有至少两个行、列或层。

"环形(P)":绕旋转轴复制对象。

12.3.1.6　剖切

1. 命令的启动方式

(1)在命令行中输入:"SLICE"。

(2)在下拉菜单中选择:"修改"→"三维操作"→"剖切"。

(3)在功能面板上选择:"常用"→"实体编辑"→"剖切",或"实体"→"实体编辑"→"剖切"。

2. 命令的操作过程

命令: _SLICE

选择要剖切的对象: (选择剖切对象)

指定切面的起点或[平面对象(O)/曲面(S)/Z 轴(Z)/视图(V)/XY(XY)/YZ(YZ)/ZX(ZX)/三点(3)]<三点>: (选择剖切面)

在所需的侧面上指定点或[保留两个侧面(B)]: (选择保留一侧或两侧)

3. 注意事项

可以进行剖切的对象为三维实体和曲面,网格不能被剖切。

12.3.1.7 加厚

1. 命令的启动方式

(1)在命令行中输入:"THICKEN"。

(2)在下拉菜单中选择:"修改"→"三维操作"→"加厚"。

(3)在功能面板上选择:"常用"→"实体编辑"→"加厚",或"实体"→"实体编辑"→"加厚"。

2. 命令的操作过程

命令: _THICKEN

选择要加厚的曲面: (选择加厚曲面对象)

指定厚度: (输入加厚数据)

3. 注意事项

可以进行加厚的对象为曲面,网格和三维实体不能被加厚。

12.3.2 实体编辑

12.3.2.1 编辑边

1. 提取边

1)命令的启动方式

(1)在命令行中输入:"XEDGES"。

(2)在下拉菜单中选择:"修改"→"三维操作"→"提取边"。

(3)在功能面板上选择:"常用"→"实体编辑"→"提取边",或"实体"→"实体编辑"→"提取边"。

2)命令的操作过程

命令: _XEDGES

选择对象: (选择要复制边的对象)

2. 压印边

将位于三维形体上的二维平面图形或与三维形体相重合的表面压印在三维形体的表面上,从而在三维形体的表面创建更多的边。

1)命令的启动方式

(1)在命令行中输入:"IMPRINT"。

(2)在下拉菜单中选择:"修改"→"实体编辑"→"压印边"。

(3)在功能面板上选择:"常用"→"实体编辑"→"压印边",或"实体"→"实体编辑"→"压印边"。

2) 命令的操作过程

命令：_IMPRINT

选择三维实体或曲面： （选择被压印的实体）

选择要压印的对象： （选择压印的图形）

是否删除源对象［是(Y)/否(N)］<N>： （选择是否保留源图形）

3. 着色边

1) 命令的启动方式

(1) 在命令行中输入："SOLIDEDIT"。

(2) 在下拉菜单中选择："修改"→"实体编辑"→"着色边"。

(3) 在功能面板上选择："常用"→"实体编辑"→"着色边"。

2) 命令的操作过程

命令：SOLIDEDIT↙

实体编辑自动检查： SOLIDCHECK=1

输入实体编辑选项［面(F)/边(E)/体(B)/放弃(U)/退出(X)］<退出>：E↙

输入边编辑选项［复制(C)/着色(L)/放弃(U)/退出(X)］<退出>：L↙

选择边或［放弃(U)/删除(R)］： （选择着色的边）

4. 复制边

1) 命令的启动方式

(1) 在命令行中输入："SOLIDEDIT"。

(2) 在下拉菜单中选择："修改"→"实体编辑"→"复制边"。

(3) 在功能面板上选择："常用"→"实体编辑"→"复制边"。

2) 命令的操作过程

命令：SOLIDEDIT↙

实体编辑自动检查： SOLIDCHECK=1

输入实体编辑选项［面(F)/边(E)/体(B)/放弃(U)/退出(X)］<退出>：E↙

输入边编辑选项［复制(C)/着色(L)/放弃(U)/退出(X)］<退出>：C↙

选择边或［放弃(U)/删除(R)］： （选择复制的边）

5. 偏移边

在选定的面或曲面上偏移三维实体或曲面上的边，得到闭合多段线或样条曲线。

1) 命令的启动方式

(1) 在命令行中输入："OFFSETEDGE"。

(2) 在功能面板上选择："实体"→"实体编辑"→"偏移边"。

2) 命令的操作过程

命令：OFFSETEDGE↙

角点 = 锐化

选择面： （选择要偏移边的面）

指定通过点或［距离(D)/角点(C)］:D↙
（选择偏移边通过的点或输入偏移距离）
指定距离 <0.0000>:10↙
指定要偏移的侧面上的点:　　（指定偏移边所在的侧面）
选择面:　　（继续选择偏移边，回车结束命令）

3）示例

在如图 12-24(a)所示的上表面偏移表面轮廓，得到偏移边，如图 12-24(b)所示。

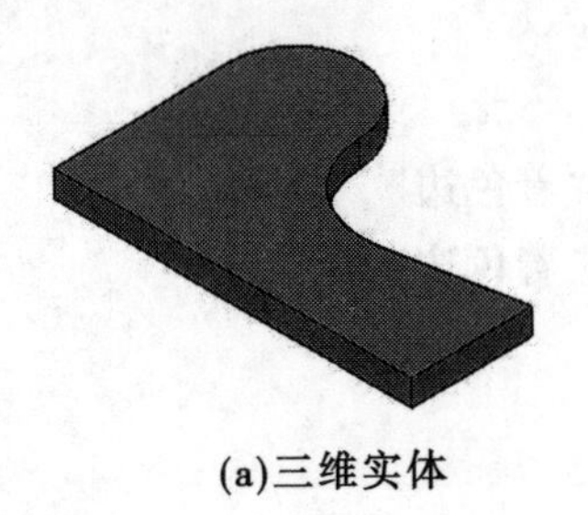
(a)三维实体

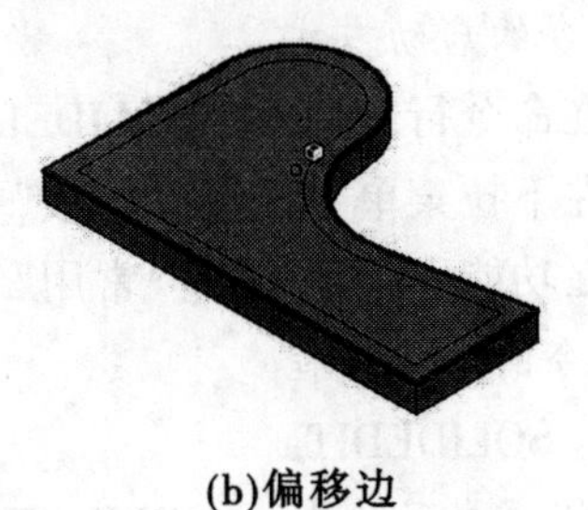
(b)偏移边

图 12-24　创建偏移边

6. 圆角边

1）命令的启动方式

(1)在命令行中输入:“FILLETEDGE”。
(2)在下拉菜单中选择:“修改”→“实体编辑”→“圆角边”。
(3)在功能面板上选择:“实体”→“实体编辑”→“圆角边”。

2）命令的操作过程

命令: _FILLETEDGE
半径 = 1.0000
选择边或［链(C)/环(L)/半径(R)］:R↙
输入圆角半径 <1.0000>: 3↙
选择边或［链(C)/环(L)/半径(R)］:
按 Enter 键接受圆角或［半径(R)］: ↙

3）示例

如图 12-25(a)所示的三维实体，圆角边如图 12-25(b)所示。

7. 倒角边

1）命令的启动方式

(1)在命令行中输入:“CHAMFEREDGE”。
(2)在下拉菜单中选择:“修改”→“实体编辑”→“倒角边”。
(3)在功能面板上选择:“实体”→“实体编辑”→“倒角边”。

2）命令的操作过程

命令: _CHAMFEREDGE 距离 1 = 1.0000，距离 2 = 1.0000
选择一条边或［环(L)/距离(D)］: D↙

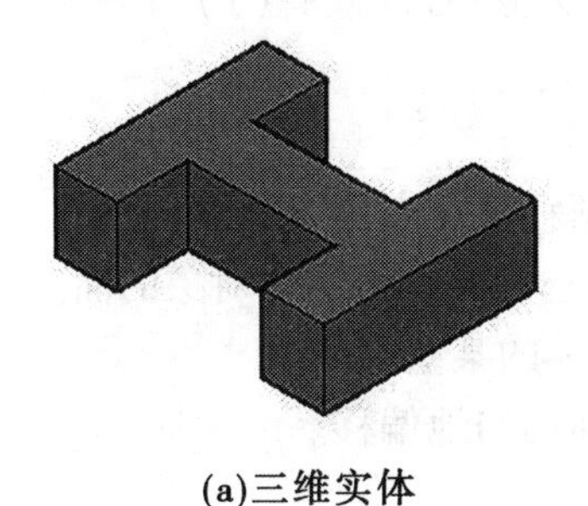

(a)三维实体　　(b)圆角边

图 12-25　创建圆角边

指定距离 1 <1.0000>: 2↙
指定距离 2 <1.0000>: 2↙
选择一条边或［环(L)/距离(D)］:
选择同一个面上的其他边或［环(L)/距离(D)］:
选择同一个面上的其他边或［环(L)/距离(D)］:
按 Enter 键接受倒角或［距离(D)］: ↙

3)注意事项

连续选择要倒角的边必须在一个平面上。

4)示例

如图 12-26(a)所示的三维实体,倒角边如图 12-26(b)所示。

(a)三维实体

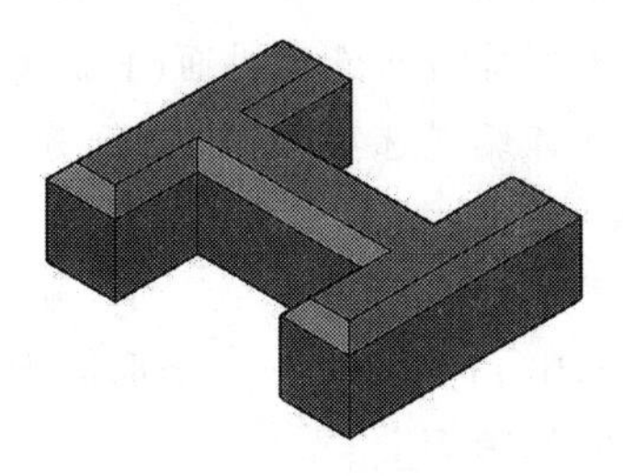

(b)倒角边

图 12-26　创建倒角边

12.3.2.2　编辑面

1. 命令的启动方式

(1)在命令行中输入:“SOLIDEDIT”。

(2)在下拉菜单中选择:“修改”→“实体编辑”。

(3)在功能面板上选择:“常用”→“实体编辑”,或“实体”→“实体编辑”。

2. 命令的操作过程

命令: SOLIDEDIT↙
实体编辑自动检查:　SOLIDCHECK=1
输入实体编辑选项［面(F)/边(E)/体(B)/放弃(U)/退出(X)］<退出>: F↙

输入面编辑选项[拉伸(E)/移动(M)/旋转(R)/偏移(O)/倾斜(T)/删除(D)/复制(C)/颜色(L)/材质(A)/放弃(U)/退出(X)] <退出>:

3. 参数说明

“拉伸(E)”:通过指定拉伸高度或路径、拉伸的倾斜角度来拉伸形体表面。

“移动(M)”:在形体上沿指定的高度或距离移动选定的三维实体对象的面。

“旋转(R)”:绕指定的轴旋转一个或多个面或实体的某些部分。

“偏移(O)”:按指定的距离或通过指定的点,将面均匀地偏移。

“倾斜(T)”:以指定的角度倾斜三维实体上的面。

“删除(D)”:删除面,包括圆角和倒角。

“复制(C)”:将面复制为面域或体。

“颜色(L)”:修改面的颜色。

“材质(A)”:将材质指定到选定面。

12.3.2.3 编辑体

1. 命令的启动方式

(1)在命令行中输入:“SOLIDEDIT”。

(2)在下拉菜单中选择:“修改”→“实体编辑”。

(3)在功能面板上选择:“常用”→“实体编辑”,或“实体”→“实体编辑”。

2. 命令的操作过程

命令: SOLIDEDIT↙

实体编辑自动检查: SOLIDCHECK=1

输入实体编辑选项[面(F)/边(E)/体(B)/放弃(U)/退出(X)] <退出>: B↙

输入体编辑选项[压印(I)/分割实体(P)/抽壳(S)/清除(L)/检查(C)/放弃(U)/退出(X)]:

3. 参数说明

“压印(I)”:将位于三维形体上的二维平面图形或与三维形体相重合的表面压印在三维形体的表面上。

“分割实体(P)”:将用差集或并集生成的一个不相连的三维实体对象分割为几个独立的三维实体对象,不同于分解命令。

“抽壳(S)”:是用指定的厚度创建一个空的薄层。可以创建空腔体,也可以创建一面开口的薄壁结构。

“清除(L)”:删除共享边及那些在边或顶点具有相同表面或曲线定义的顶点。

“检查(C)”:验证三维实体对象是否为有效实体。

4. 编辑体示例

抽壳如图12-27(a)所示的三维形体,并对薄壁体进行剖切。

(1)抽壳三维实体:

命令: _SOLIDEDIT

实体编辑自动检查: SOLIDCHECK=1

输入实体编辑选项[面(F)/边(E)/体(B)/放弃(U)/退出(X)] <退出>:B↙

(a)三维实体

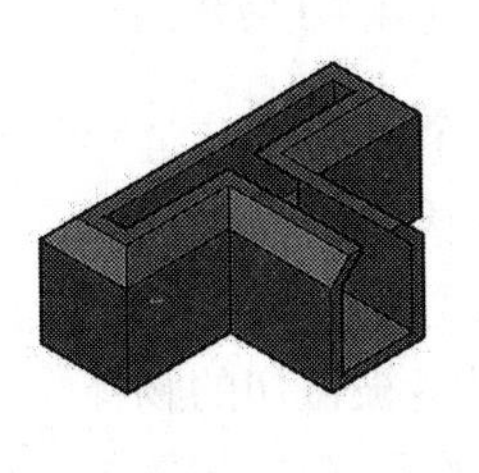

(b)抽壳并剖片

图 12-27　编辑体

输入体编辑选项

[压印(I)/分割实体(P)/抽壳(S)/清除(L)/检查(C)/放弃(U)/退出(X)] <退出>:S↙

选择三维实体:　　　　　　　　　　　　　　　　　　(选择三维实体)

删除面或[放弃(U)/添加(A)/全部(ALL)]:　　　　(选择三维实体上要开口的面)

正在恢复执行 SOLIDEDIT 命令。

删除面或[放弃(U)/添加(A)/全部(ALL)]:找到一个面,已删除 1 个。

删除面或[放弃(U)/添加(A)/全部(ALL)]:

输入抽壳偏移距离:1↙　　　　　　　　　　　　　　(输入空腔体厚度)

已开始实体校验。

已完成实体校验。

输入体编辑选项

[压印(I)/分割实体(P)/抽壳(S)/清除(L)/检查(C)/放弃(U)/退出(X)] <退出>:↙

实体编辑自动检查: SOLIDCHECK=1

输入实体编辑选项[面(F)/边(E)/体(B)/放弃(U)/退出(X)] <退出>:↙

(2)剖切空腔体:

命令:_SLICE

选择要剖切的对象:找到 1 个　　　　　　　　　　　　(选择薄壁体)

选择要剖切的对象:↙

指定切面的起点或[平面对象(O)/曲面(S)/z 轴(Z)/视图(V)/xy(XY)/yz(YZ)/zx(ZX)/三点(3)] <三点>:

指定平面上的第二个点:

第一点和第二点必须具有不同的 X,Y 坐标。*无效*

指定平面上的第二个点:

在所需的侧面上指定点或[保留两个侧面(B)] <保留两个侧面>:

结果如图 12-27(b)所示。

12.3.3　实体截切与展平

12.3.3.1　几个名词

1. 截切名词

如图 12-28 所示的弯管截切。

(1)截断体:被截切的物体。

(2)截面平面:截切物体的平面,也叫截平面、剖切平面。

(3)截面:截面平面与截断体相接触的面,也叫断面。

(4)截面线:截面平面的投影线,也叫平面迹线。

2. 夹点名词

截面对象夹点可帮助用户移动截面对象和调整其大小。

如图 12-29 所示的截面对象夹点。

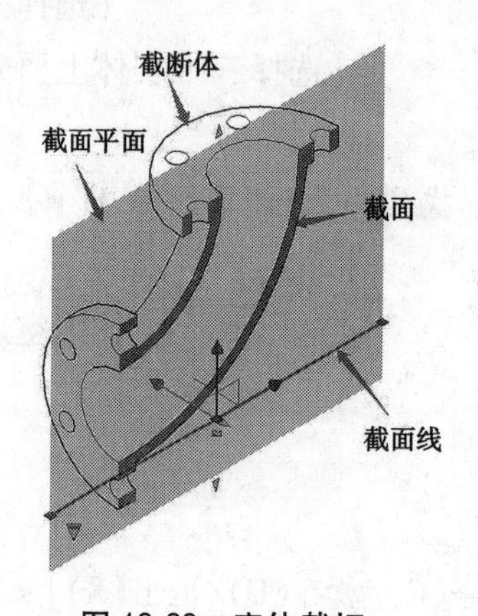

图 12-28　实体截切

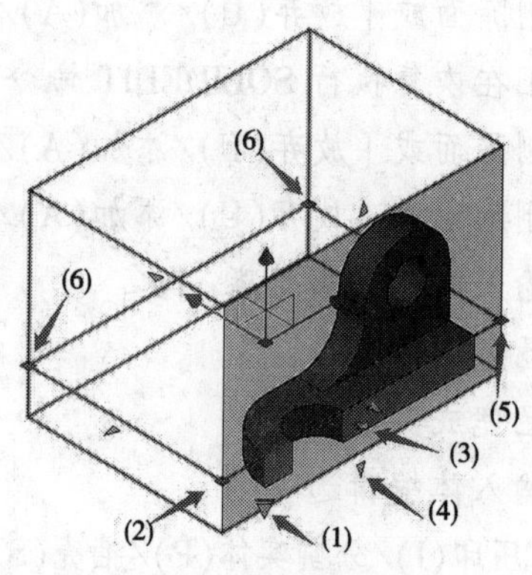

图 12-29　截面对象夹点

(1)菜单夹点:显示截面对象状态的菜单,此菜单用于控制关于剪切平面的视觉信息的显示。

(2)基准夹点:用作移动、缩放和旋转截面对象的基点。它将始终与菜单夹点相邻。

(3)方向夹点:控制二维截面的观察方向。若要反转截面平面的观察方向,单击“方向”夹点。

(4)箭头夹点:通过修改截面平面的形状和位置修改截面对象。只允许在箭头方向进行正交移动。(仅限截面边界状态和体积状态)

(5)第二夹点:绕基准夹点旋转截面对象。

(6)线段端点夹点:拉伸截面平面的顶点。无法移动线段端点夹点以使线段相交。线段端点夹点显示在折弯线段的端点处。(仅限截面边界状态和体积状态)

一次仅可选择一个截面对象夹点。

12.3.3.2　创建截面平面

实体截切首先要创建截面平面,也就是给实体添加一个剖切平面。在由三维实体、曲面或面域组成的三维模型中移动此平面,可以获得不同的截面视图。

1. 命令的启动方式

(1)在命令行中输入:"SECTIONPLANE"。

(2)在功能面板上选择:"常用"→"截面"→"截面平面",或"实体"→"截面"→"截面平面"。

2. 命令的操作过程

命令: SECTIONPLANE↙

类型 = 平面

选择面或任意点以定位截面线或[绘制截面(D)/正交(O)/类型(T)]:

(指定第一点)

指定通过点:　　(指定第二点)

3. 参数说明

"选择面或任意点以定位截面线":用来定位截面线的面或任意点。第一点可建立截面对象旋转所围绕的点。

"绘制截面":定义具有多个点的截面对象以创建带有折弯的截面线。

"正交":将截面对象与相对于 UCS 的正交方向对齐。

"类型":在创建截面平面时,指定平面、切片、边界或体积四种类型。选择样式后,命令将恢复到第一个提示,且选定的类型将设置为默认。

"指定通过点":设置用于定义截面对象所在平面的第二个点。

截面平面的四种类型:

(1)平面。将显示截面线和透明截面平面。剪切平面向所有方向无限延伸。

(2)切片。二维方框显示沿剪切平面方向的深度。切片不能包含任何折弯,并且绘图选择选项处于禁用状态。

(3)边界。二维方框显示剪切平面的 XY 范围。沿 Z 轴的剪切平面无限延伸。

(4)体积。三维方框显示剪切平面在所有方向上的范围。

截面平面的类型如图 12-30 所示。

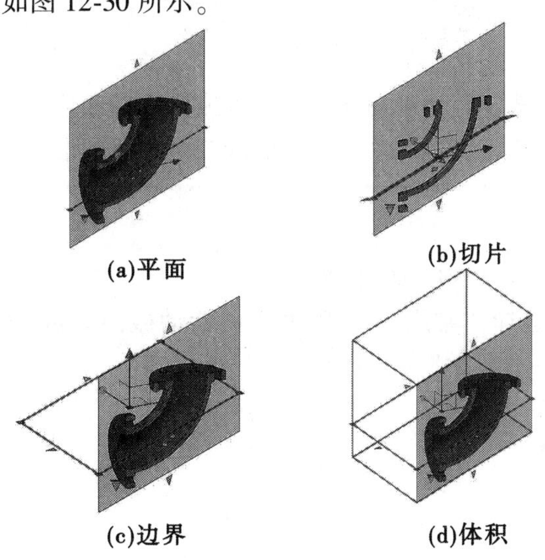

图 12-30　截面平面的类型

4. 注意事项

创建截面平面时最好在二维平面视图下创建。

12.3.3.3 截面平面操作

1. "截面平面"功能区

选择一条截面线时,"截面平面"选项卡将显示在功能区上,如图 12-31 所示。

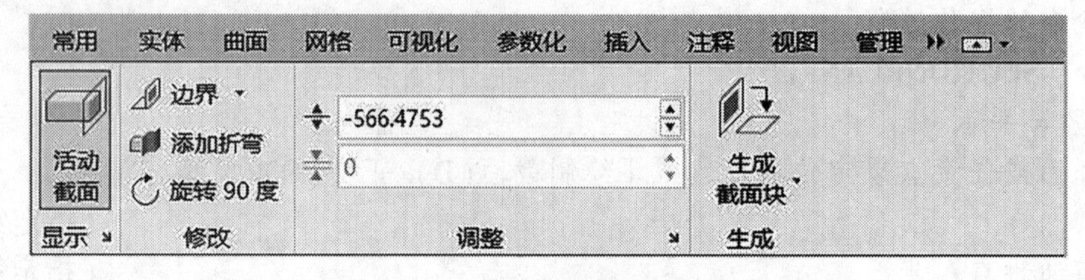

图 12-31 "截面平面"功能区

1)"显示"面板

(1)活动截面:打开或关闭选定截面对象的活动截面。

(2)截面平面设置:设置选定截面平面的显示选项。在此可以设置二维截面、三维截面和活动截面的截面轮廓线、截面填充图案、背景线、曲线切线、切除的几何体的属性。

2)"修改"面板

(1)截面对象类型:显示可用的截面对象类型的列表。截面类型有平面、剖切、边界、体积。

(2)添加折弯:将折弯线段添加至截面对象。

(3)旋转 90 度:绕截面线旋转截面对象 90°。

3)"调整"面板

(1)截面偏移:将垂直于截面平面的截面对象移向 WCS 原点,或从该原点移开。

(2)切片厚度:增加或减小截面对象的切片厚度。

(3)"调整面板增量"对话框:为功能区"调整"面板上的"截面偏移"和"切片厚度"控件设置默认增量或减小单位值。

4)"生成"面板

(1)生成截面块:将选定截面平面保存为二维或三维截面块。

(2)提取截面线:从点云创建活动截面平面的二维几何图形。

2. 创建活动截面

1)命令的启动方式

(1)在命令行中输入:"LIVESECTION"。

(2)在功能面板上选择:"常用"→"截面"→"活动截面",或"实体"→"截面"→"活动截面"或"截面平面"→"显示"→"活动截面"。

2)命令的操作过程

命令: _LIVESECTION

选择截面对象: (选择截面平面)

3)注意事项

打开或关闭截面平面,可以显示包含截面平面的整个对象或隐藏切除几何体,只能在截面平面处于激活状态时打开此选项。

4)示例

如图 12-32 所示的弯管切除几何体。

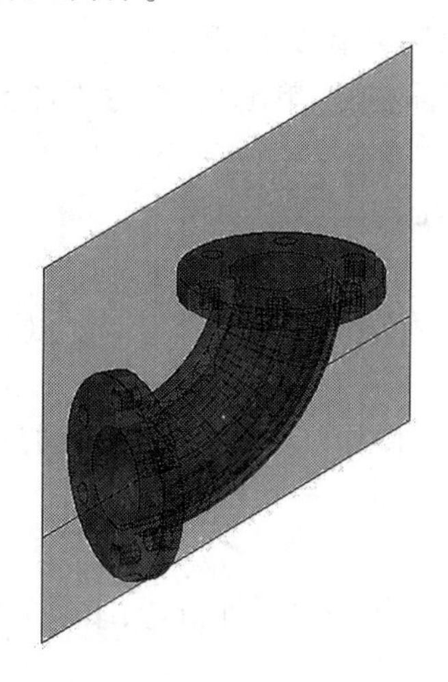

图 12-32　弯管切除几何体

(1)选择截面对象。

(2)在截面线上单击鼠标右键,单击“显示切除的几何体”以显示切除的几何体。

3. 移动截面平面

通过在对象中移动截面平面来使用活动截面分析模型。如图 12-33 所示的水槽模型,滑动截面平面可以看到其内部结构的变化。使用此方法创建可保存或重复使用的横截面视图。

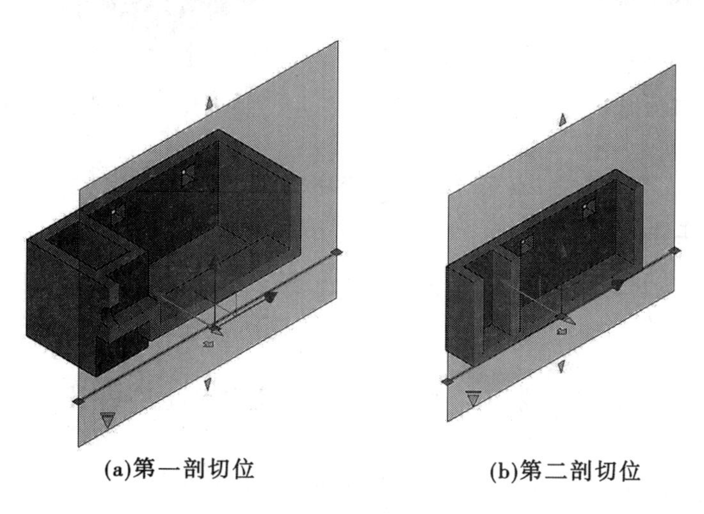

(a)第一剖切位　　(b)第二剖切位

图 12-33　移动截面平面

4. 折弯截面平面

折弯截面平面可以创建阶梯剖视图。截面平面可以包含多个截面或折弯截面。

1) 命令的启动方式

(1) 在命令行中输入:"SECTIONPLANEJOG"。

(2) 在功能面板上选择:"常用"→"截面"→"添加折弯",或"实体"→"截面"→"活动截面"或"截面平面"→"修改"→"添加折弯"。

(3) 选择截面平面,单击鼠标右键,单击"将折弯添加至截面"。

2) 命令的操作过程

命令: SECTIONPLANEJOG↙

选择截面对象:　　(选择要折弯的截面平面)

指定截面线上要添加折弯的点:　　(在选择的截面线上添加折弯点)

3) 注意事项

添加折弯最好在平面视图上操作。添加折弯后可通过箭头夹点适当调整截面平面位置。

4) 示例

对如图 12-34(a)所示的截面剖切位添加折弯,结果如图 12-34(b)所示。

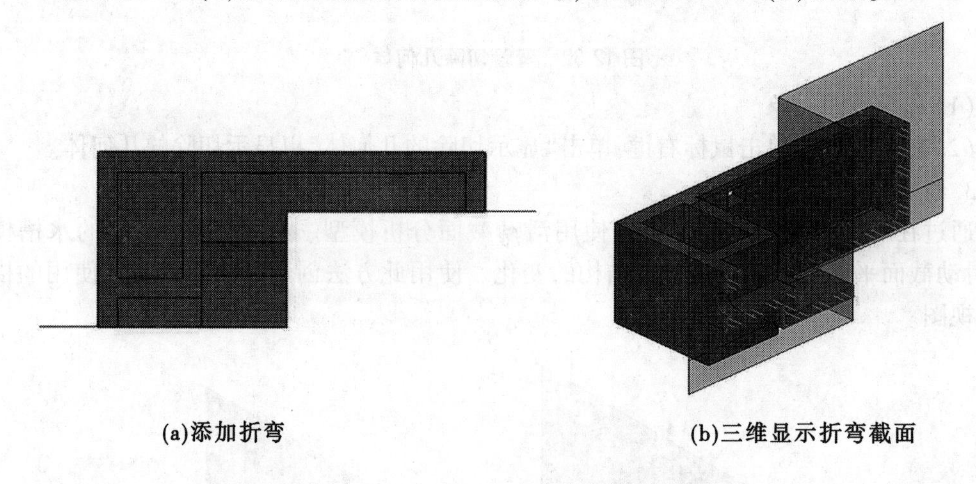

(a)添加折弯　　(b)三维显示折弯截面

图 12-34　折弯截面平面

12.3.3.4　创建实体截面

实体截切后,可得到四种截面形式:活动截面、三维截面、二维截面和平面横截面。

1. 设置截面平面

1) 命令的启动方式

(1) 在功能面板上选择:"常用"→"截面"→ "截面平面设置或实体"→"截面"→"截面平面设置"。

(2) 选择截面平面,活动截面平面选项,选择"截面平面"→"显示"→"截面平面设置"。

(3) 选择截面平面,单击鼠标右键,单击"活动截面设置"。

打开"截面设置"对话框,如图 12-35 所示。

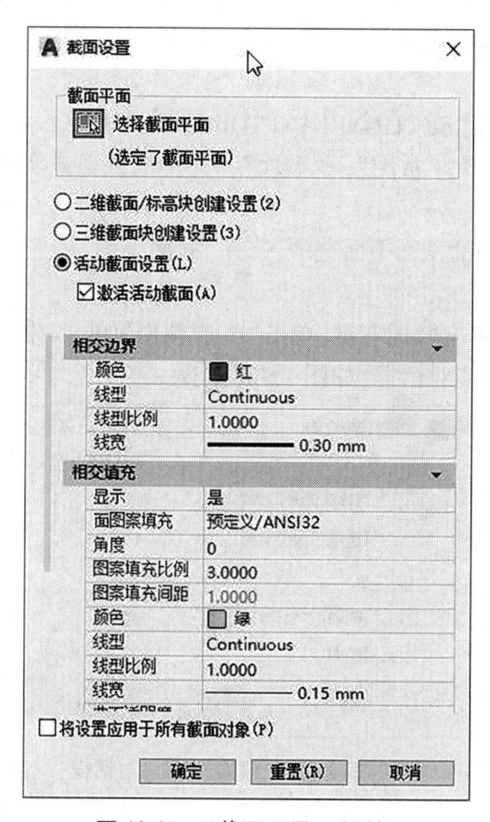

图 12-35　“截面设置”对话框

2)参数说明

“选择截面平面”:如果显示“未选择截面平面对象”,下面选项为灰色。单击“截面平面”,选择相应截面平面,激活选项。

(1)“二维截面/标高块创建设置”:设置从三维对象生成二维截面时二维截面的显示方式。

(2)“三维截面块创建设置”:设置生成三维对象时三维对象的显示方式。

(3)“活动截面设置”:设置打开活动截面时,截面对象在图形中的显示方式。

(4)“激活活动截面”:打开选定截面对象的活动剖切。

选择不同选项,激活不同选项特性,主要包括:

(1)相交边界。设置截面轮廓。

(2)相交填充。设置截面图案。

(3)切除的几何体。设置剖切后移去的几何体。

(4)曲线切线。控制与截面平面相切的曲线所包含的内容。(仅二维截面块)

(5)背景线。设置剖切后形体上可见的线。(仅活动截面)

“将设置应用于所有截面对象”:选中时,将所有的设置应用于图形中的所有截面对象。清除后,仅将设置应用于当前截面对象。

“重置”:将对话框中的所有设置重置为其默认值。

2. 创建二维截面和三维截面

1)命令的启动方式

(1)在命令行中输入:“SECTIONPLANETOBLOCK”。

(2)在功能面板上选择:“常用”→“截面”→“生成截面或实体”→“截面”→“生成截面”。

(3)选择截面平面,激活截面平面选项,选择“截面平面”→“生成”→“生成截面块”→“生成截面块”。

(4)选择截面平面,单击鼠标右键,单击“生成截面”→“二维/三维块”。

打开“生成截面/立面”对话框,如图 12-36 所示。

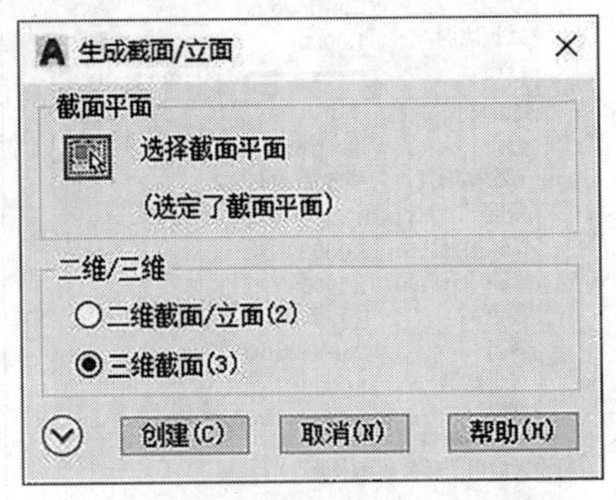

图 12-36 “生成截面/立面”对话框

2)参数说明

“选择截面平面”:如果显示“未选择截面平面对象”,下面选项为灰色。单击选择“截面平面”,选择相应截面平面,激活选项。

“二维截面/立面”:创建二维剖视图。

“三维截面”:在三维形体上创建截面。

3)示例

对如图 12-33(a)所示的截面剖切位创建二维截面和三维截面,结果如图 12-37 所示。创建过程如下:

(1)设置截面轮廓、截面图案、背景线三个图层,内容略。

(2)设置截面平面:对二维截面/标高块创建设置、三维截面块创建设置、活动截面设置三个选项分别设置截面轮廓、截面图案、背景线的属性特征。

(3)生成截面块:选择“二维截面/立面”创建二维剖视图,选择“三维截面”在三维形体上创建截面。

注意:设置二维截面/标高块属性时,设置背景线不显示,得到的是平面横截面,如图 12-37(c)所示。

12.3.3.5 创建三维模型的展平视图

创建三维模型的展平视图可以在当前 UCS 的 *XY* 平面上创建二维轴测图。

1. 命令的启动方式

(1)在命令行中输入:“FLATSHOT”。

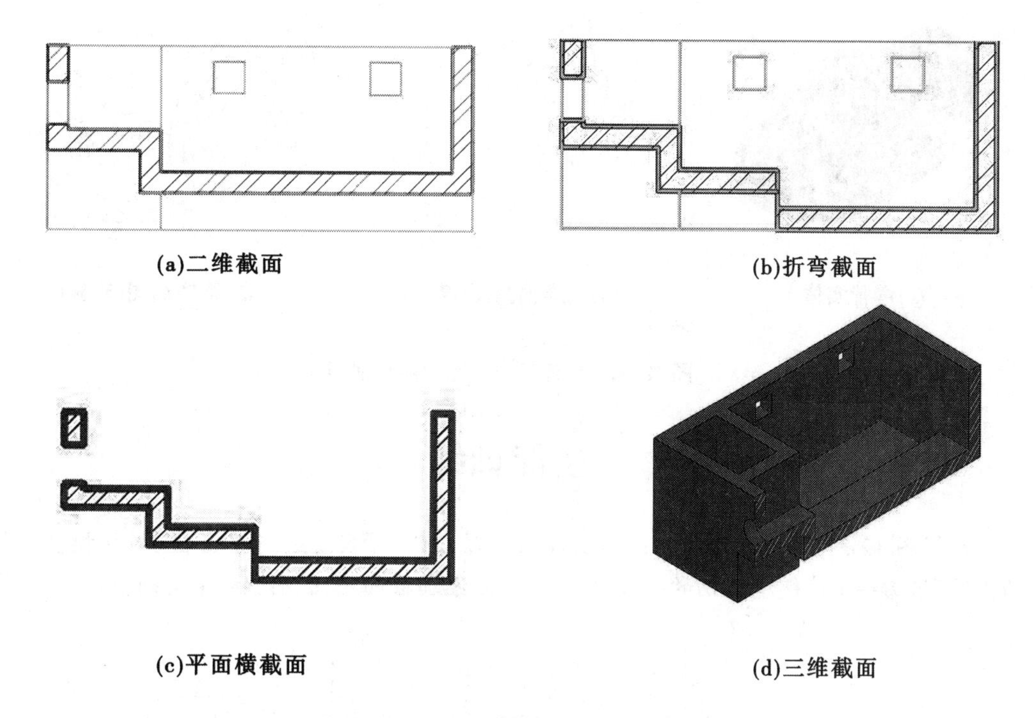

(a)二维截面　(b)折弯截面

(c)平面横截面　(d)三维截面

图 12-37　创建二维截面和三维截面

(2)在功能面板上选择:“常用”→“截面”→ “平面摄影或实体”→“截面”→ “平面摄影”。

2. 命令的操作过程

(1)在功能面板上选择;“常用”→“截面”→ “平面摄影”。

(2)在“平面摄影”对话框的“目标”下,单击其中一个选项。

(3)更改“前景线”和“暗显直线”的颜色及线型设置。

(4)单击“创建”。

(5)在屏幕上指定要放置块的插入点。如果需要,请调整基点、比例和旋转角度。

3. 注意事项

仅可以在模型空间中执行平面摄影过程。平面摄影将捕获模型空间视口中的所有三维对象。因此,请确保将不想捕捉的对象放置到处于关闭或冻结状态的图层上。

可以通过调整“平面摄影”对话框中的“前景线”和“暗显直线”设置来控制隐藏线的显示方式。要获取最佳网格对象,请清除“暗显直线”下的“显示”框,以便不表示隐藏线。

4. 示例

将图 12-38(a)所示的弯管实体平面展示为二维轴测图,结果如图 12-38(b)、(c)所示。

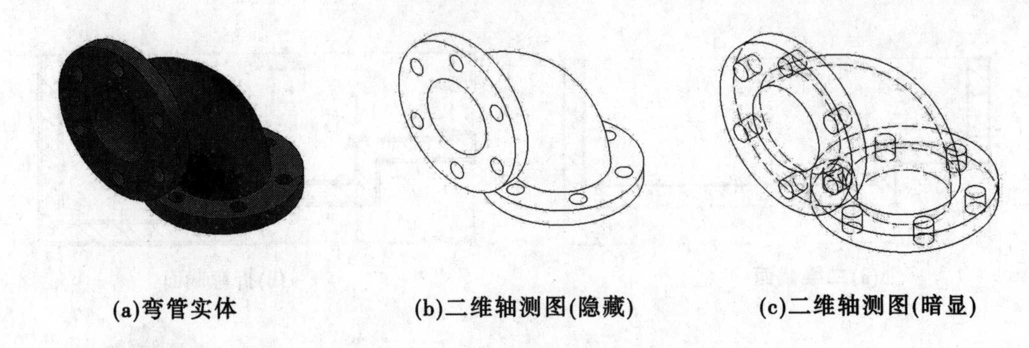

(a)弯管实体　　(b)二维轴测图(隐藏)　　(c)二维轴测图(暗显)

图 12-38　创建三维模型的展平视图

技能训练

根据图 12-39 所示的组合体视图创建组合体模型,对模型进行平面摄影,得模型二维轴测图;沿 *B—B* 作模型剖切的剖切体;沿 *A—A* 添加截面平面,作 *A—A* 全剖视图。

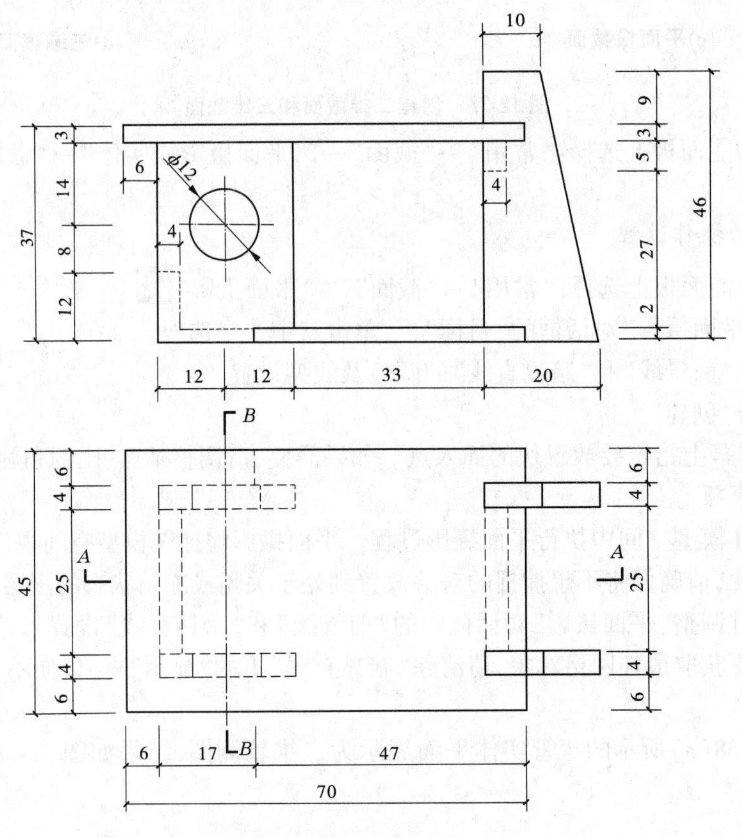

图 12-39　组合体视图

训练指导:

(1)在主菜单,“编辑”→“带基点复制”,复制平面图;“编辑”→“粘贴为块”,将平面图粘贴在新文件的坐标原点位置，如图 12-40 所示。

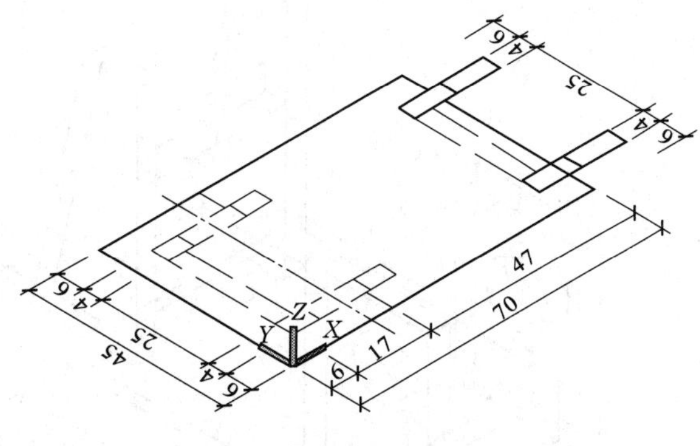

图 12-40　复制平面图

(2)在功能区，“常用”→“绘图”→“多段线”，在 *XY* 平面上绘制底板平面轮廓；“常用”→“建模”→“拉伸”，拉伸厚度为 2 的底板，如图 12-41 所示。

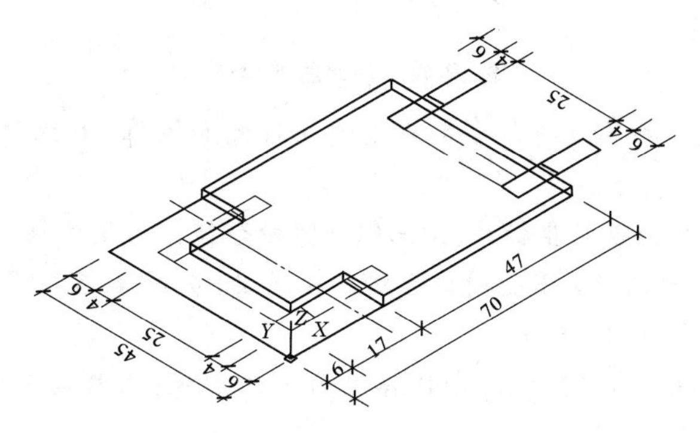

图 12-41　创建底板

(3)在平面图上，“常用”→“建模”→“长方体”，创建高 34 的边墙；90°旋转 *X* 轴，在边墙的一个侧面上找到直径为 12 的圆心，绘制圆，用拉伸命令拉伸厚度为 4 的圆柱；用差集命令从边墙上减去圆柱。

(4)将坐标系切换为世界坐标系，用三维镜像命令镜像边墙。

(5)用长方体命令创建前端高度为 12 的矮墙，如图 12-42 所示。

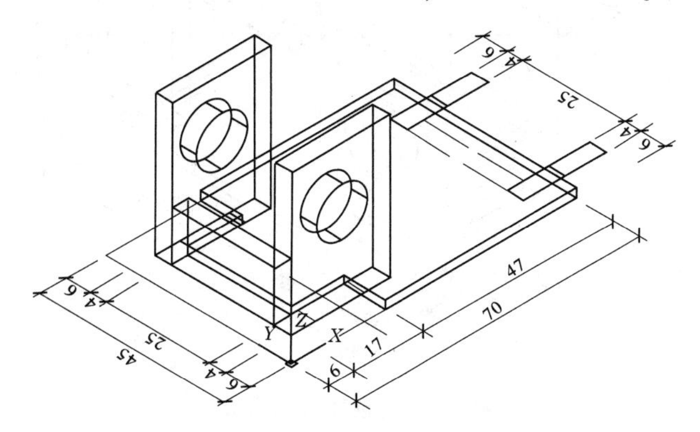

图 12-42　创建前端墙体

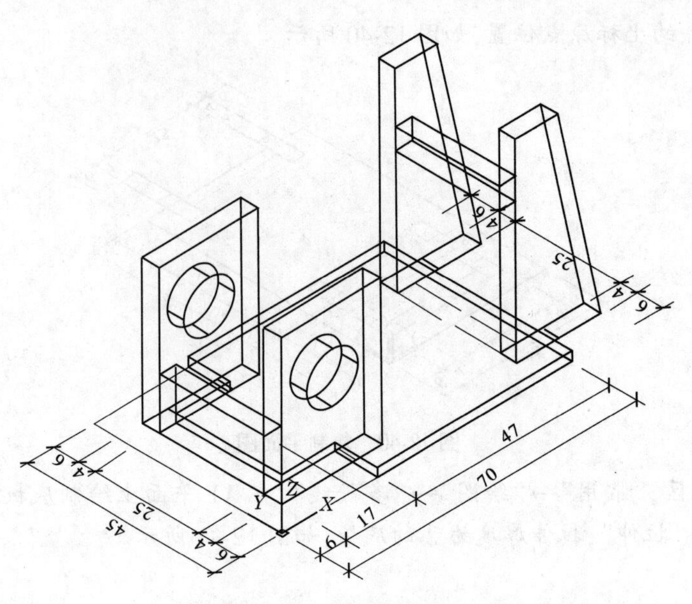

图 12-43　创建后端梁柱

(6)90°旋转 X 轴,用多段线命令在后端作立柱侧面轮廓;用拉伸命令拉伸厚度为 4 的立柱。

(7)将坐标系切换为世界坐标系,用三维镜像命令镜像后端立柱。

(8)用长方体命令,在 XY 平面内作后端立柱间梁(截面 4×5);用移动命令将梁向上移动 29(@0,0,29),如图 12-43 所示。

(9) 用长方体命令,在 XY 平面内作厚度为 3 的面板;用移动命令将面板向上移动 34(@0,0,34),如图 12-44 所示。

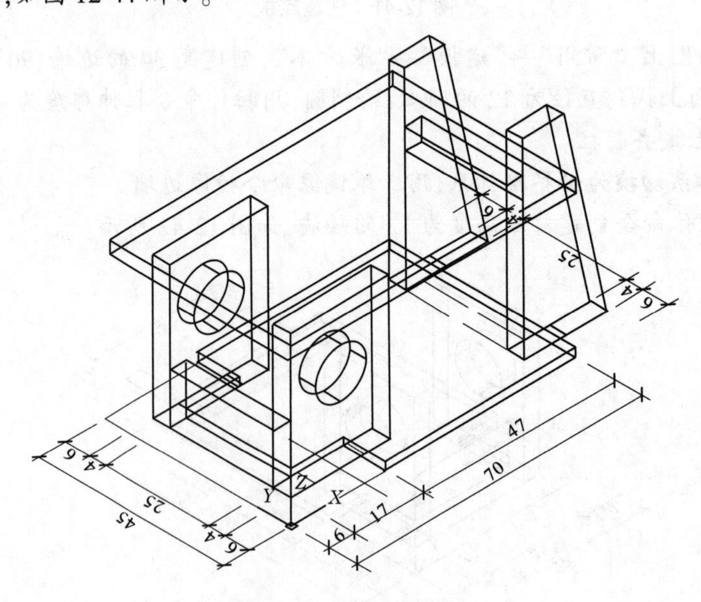

图 12-44　创建上部面板

(10)删除平面图,用并集命令将模型合并;将视觉样式调整为灰度,如图 12-45 所示。

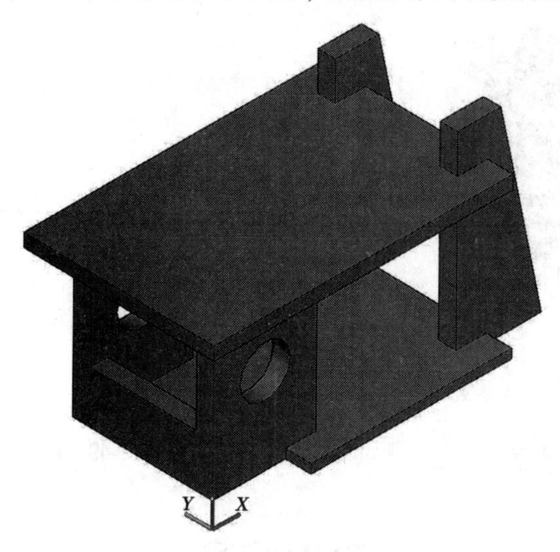

图 12-45　合成模型

(11)在功能区,“常用”→“截面”→“平面摄影”,在 *XY* 平面上创建模型的二维轴测图(隐藏暗线),如图 12-46 所示。

(12)在功能区,“常用”→“实体编辑”→“剖切”,沿 *B*—*B* 位置在模型表面剖切,保留右半部分,如图 12-47 所示。

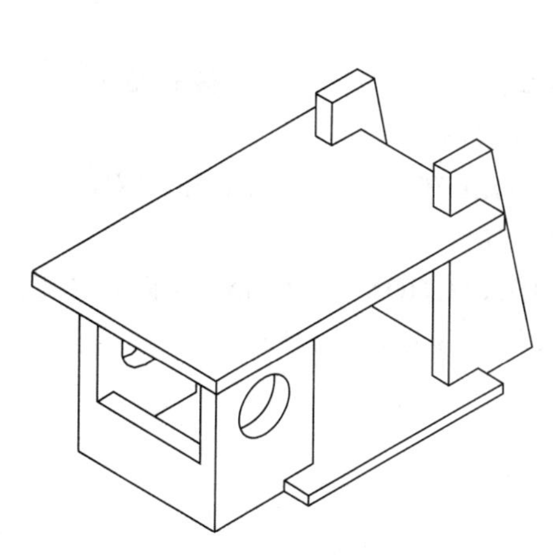

图 12-46　二维轴测图(隐藏暗线)

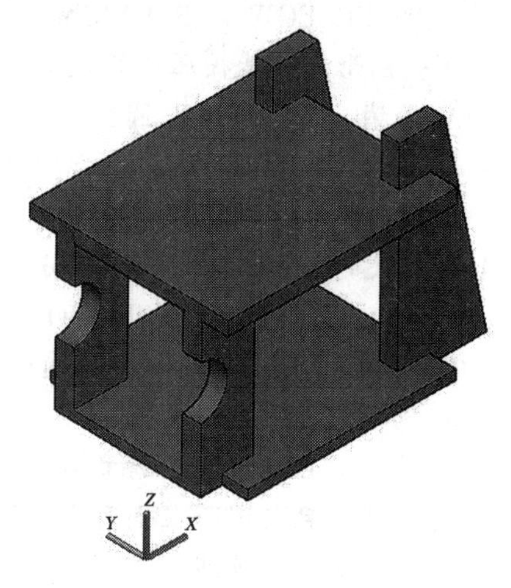

图 12-47　剖切模型

(13)在功能区,“常用”→“截面”→“截面平面”,在俯视图上沿 *A*—*A* 添加截面平面。西南等轴测显示,如图 12-48 所示。

(14)设置二维截面属性;激活截面平面,选择“截面平面”→“生成”→ “生成截面块”→“生成截面块”,在 *XY* 平面上生成二维截面,如图 12-49 所示。

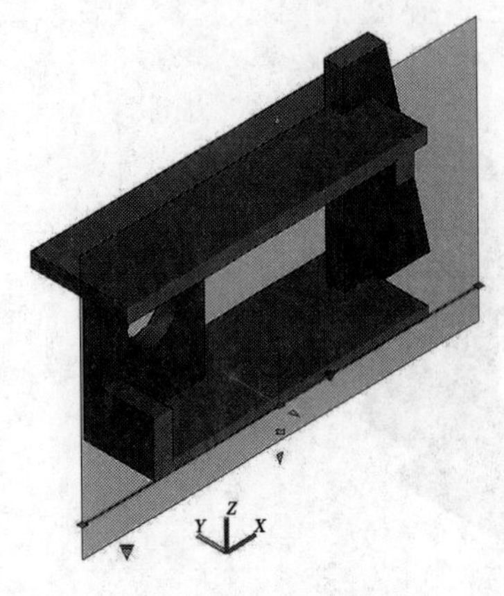

图 12-48　活动截面

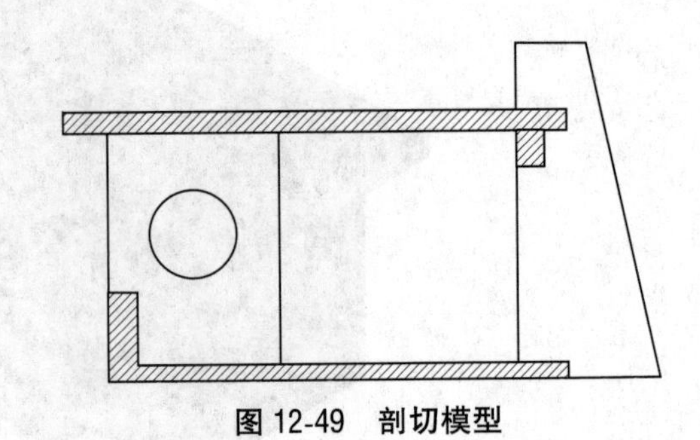
图 12-49　剖切模型

巩固练习

一、单项选择题

1. 组合面域是两个或多个现有面域的全部区域合并起来形成的;组合实体是两个或多个现有实体的全部体积合并起来形成的,这种操作称(　　)。

A. INTERSECT　B. UNION　C. SUBTRACTION　D. INTERFERENCE

2. 下列图形对象能被压印的是(　　)。

A. 面域　B. 圆　C. 实心体　D. 网格表面

3. 作一空心圆筒,可以先建立两个圆柱实心体,然后用命令(　　)。

A. SLICE　B. UNION　C. SUBTRACT　D. INTERSECT

4. 用定义的剖切面将实心体一分为二,应执行(　　)命令。

A. SLICE　B. SECTION　C. SUBTRACTION　D. INTERFERENCE

5. 使用 ROTATE3D 命令时,若通过选择原来指定旋转轴,则旋转轴为(　　)。

A. 圆的直径

B. 过圆心且与 Z 轴平行的直线

C. 过圆心且与圆所在平面垂直的直线

D. 点与圆心的连线

二、多项选择题

1. 如果要将 3D 对象的某个表面与另一对象的表面对齐,不应使用(　　)命令。

A. MOVE　B. MIRROR3D　C. ALIGN　D. ROTATE3D

2. 属于布尔运算的命令有(　　)。

A. 差集　B. 打断　C. 并集　D. 交集

3. 下面命令属于三维实体编辑的是(　　)。

A. MIRROR3D　B. ROTATE3D　C. ALIGN　D. ARRAY

4. 利用二维图形创建实体的方法主要有(　　)。

A. 旋转　　B. 拉伸　　C. 放样　　D. 扫掠

5. 创建截面平面时，可以指定(　　)类型。

A. 平面　　B. 切片　　C. 边界　　D. 体积

三、判断题

1. 用剖切命令(SLICE)画剖视图，用切割命令(SECTION)画剖面图。(　　)

2. 用 3DARRAY 命令创建三维阵列时，行间距、列间距和层间距不能是负值。(　　)

3. 用拉伸命令(EXTRUDE)可将任何二维图形延伸成三维实心体。(　　)

4. 抽壳命令只能使物体向内部抽出薄壳。(　　)

5. 用“Txtexp”命令不能分解圆弧文字。(　　)

四、实操题

1. 根据如图 12-50 所示的二维视图，创建三维实体模型。

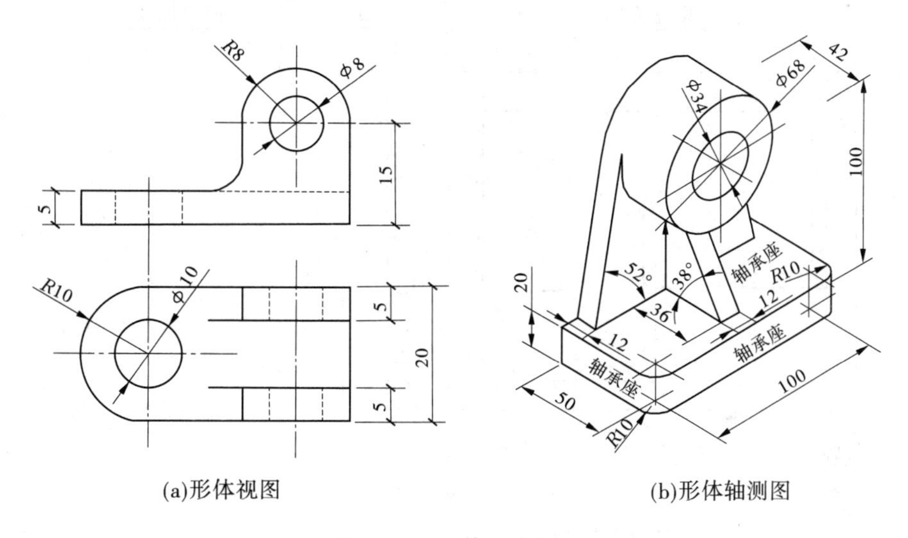

(a)形体视图　　(b)形体轴测图

图 12-50　形体二维视图

2. 根据图 12-51 所示的平面图形，创建带有文字的实体模型。模型外缘厚 5，中间厚度 3，字体厚 2 。

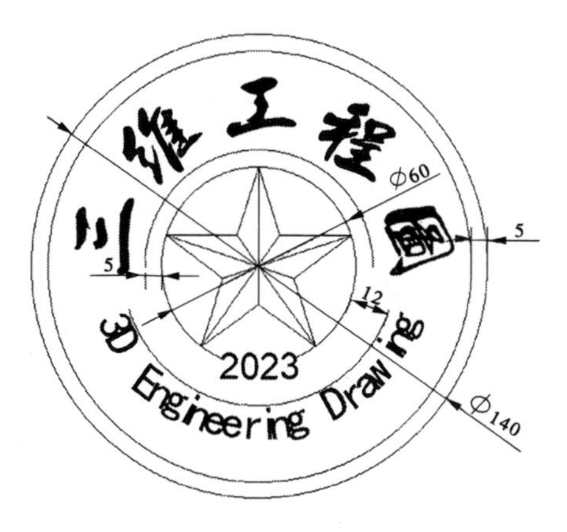

图 12-51　平面图形

3. 根据图 12-52 所示的建筑施工图，创建建筑模型，并对模型进行平面摄影，得模型二维轴测图；沿 1—1 作模型剖切的剖切体；沿 2—2 添加截面平面，作 2—2 阶梯剖视图。

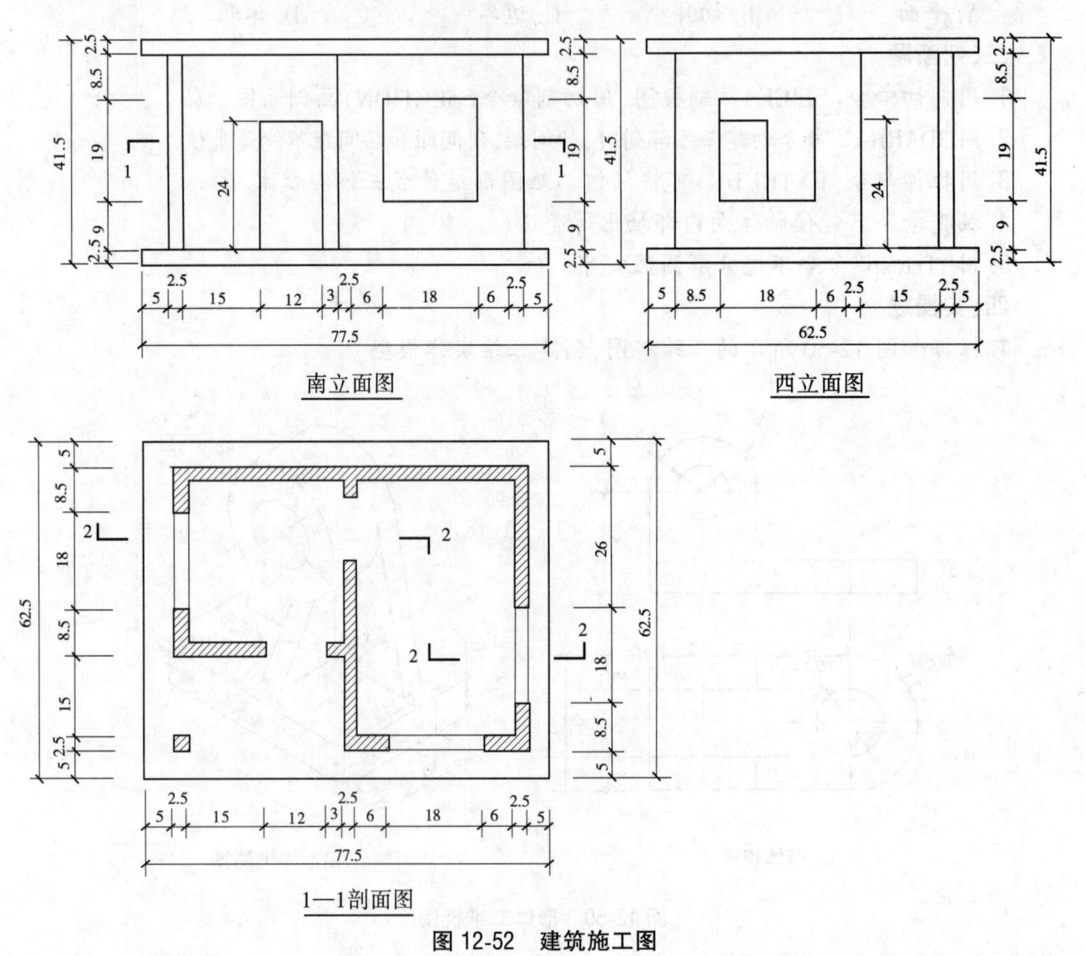

图 12-52　建筑施工图

4. 根据图 12-53 利用放样、拉伸及其他三维实体构造方法绘制某进水闸模型(部分)。

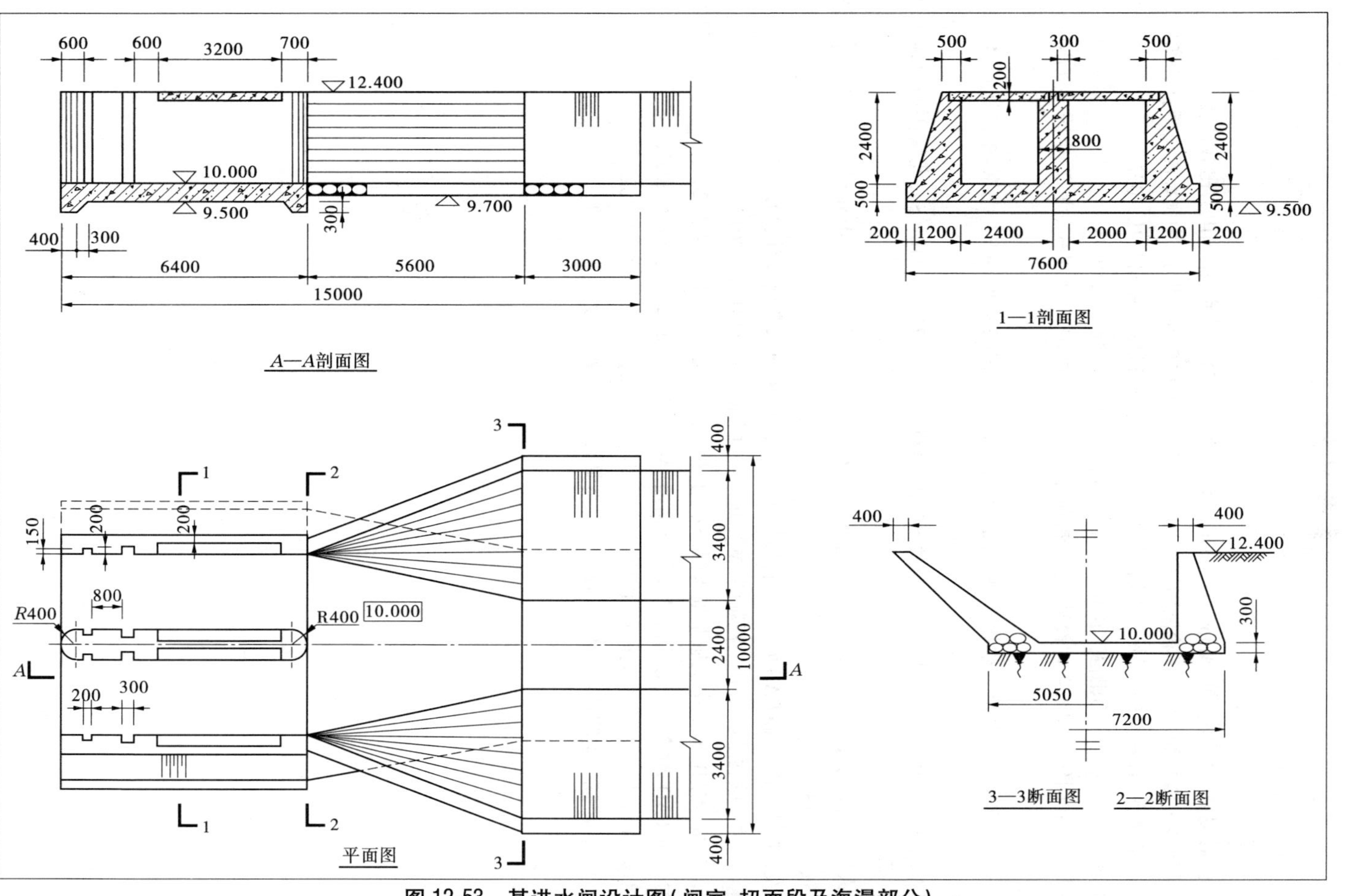

图 12-53　某进水闸设计图（闸室、扭面段及海漫部分）

参考文献

[1] 孙爱充,叶以家,刘志刚,等. AutoCAD 2000 命令参考手册[M]. 北京:中国电力出版社,2001.
[2] 国家质量技术监督局. CAD 工程制图规则:GB/T 18229—2000[S]. 北京:中国标准出版社,2001.
[3] 窦忠强,张苏华. 计算机辅助设计与绘图习题集[M]. 北京:机械工业出版社,2002.
[4] 沈刚,毕守一. 水利工程识图实训[M]. 北京:中国水利水电出版社,2010.
[5] 中华人民共和国住房和城乡建设部. 建筑制图标准:GB/T 50104—2010[S]. 北京:中国计划出版社,2011.
[6] 中华人民共和国住房和城乡建设部. 总图制图标准:GB/T 50103—2010[S]. 北京:中国计划出版社,2011.
[7] 中华人民共和国水利部. 水利水电工程制图标准 基础制图:SL 73. 1—2013[S]. 北京:中国水利水电出版社,2013.
[8] 中华人民共和国水利部. 水利水电工程制图标准 水工建筑图:SL 73. 2—2013[S]. 北京:中国水利水电出版社,2013.
[9] 卢德友. 工程 CAD(AutoCAD2016 实用教程) [M]. 郑州:黄河水利出版社,2017.
[10] 苏静波,钟春欣,张珏. 水利工程制图[M]. 北京:中国水利水电出版社,2018.
[11] 张云杰. AutoCAD 2022 中文版基础入门一本通[M]. 北京:电子工业出版社,2021.
[12] 谷岩. AutoCAD 2022 中文版实战从入门到精通[M]. 北京:人民邮电出版社,2022.
[13] 徐明毅,陈敏林. 水利水电工程 CAD 技术[M]. 北京:中国水利水电出版社,2022.
[14] 丁文华,岳晓瑞. 建筑 CAD[M]. 3 版. 北京:高等教育出版社,2022.